多旋翼无人机技术基础
第2版

符长青　曹兵　编著

清华大学出版社
北京

内 容 简 介

本书系统、全面地介绍了多旋翼无人机技术基础的主要内容和知识体系。全书共 10 章,主要内容包括多旋翼无人机的基本概念、飞行原理和翼型设计、动力装置、空气动力学、结构动力学、气动弹性力学、飞行控制技术、复合材料结构设计和总体设计。

本书源于实践、选材新颖、内容丰富、理论联系实际,具有很强的实操性,既适合作为高等院校相关专业本科生、研究生的专业基础课教材,也适合从事多旋翼无人机科研、生产和培训的工作人员,以及广大航模爱好者。对于希望全面了解多旋翼无人机知识的其他读者,本书也有一定的参考价值。

图书在版编目(CIP)数据

多旋翼无人机技术基础/符长青,曹兵编著.—2 版.—北京:清华大学出版社,2024.3
ISBN 978-7-302-65782-8

Ⅰ.①多… Ⅱ.①符… ②曹… Ⅲ.①旋翼机－无人驾驶飞机－研究 Ⅳ.①V279

中国国家版本馆 CIP 数据核字(2024)第 047413 号

责任编辑:刘向威
封面设计:文 静
责任校对:申晓焕
责任印制:刘海龙

出版发行:清华大学出版社
　　　　　　网　　　址:https://www.tup.com.cn,https://www.wqxuetang.com
　　　　　　地　　　址:北京清华大学学研大厦 A 座　　　邮　　编:100084
　　　　　　社 总 机:010-83470000　　　　　　　　　邮　　购:010-62786544
　　　　　　投稿与读者服务:010-62776969,c-service@tup.tsinghua.edu.cn
　　　　　　质量反馈:010-62772015,zhiliang@tup.tsinghua.edu.cn
　　　　　　课件下载:https://www.tup.com.cn,010-83470236
印 装 者:三河市科茂嘉荣印务有限公司
经　　销:全国新华书店
开　　本:185mm×260mm　　**印　张:**21.5　　　　　　**字　　数:**526 千字
版　　次:2017 年 1 月第 1 版　2024 年 4 月第 2 版　　**印　　次:**2024 年 4 月第 1 次印刷
印　　数:1～1500
定　　价:68.00 元

产品编号:098816-01

前　言

多旋翼无人机也称为多旋翼无人直升机,是一种没有搭载驾驶员的旋翼飞行器,具有垂直起降、空中悬停、低空飞行和原地回转等独特飞行技能,在民用和军用市场上都大有用武之地。

在人类航空史上,多旋翼无人机从概念到应用,经历了一段漫长的发展过程。近年来,多旋翼无人机作为航空产品领域的一枝新秀,以新颖的结构布局、独特的飞行方式和广泛的用途引起了人们越来越多的关注和重视,迅速成为新的创业和创新研究热点。一时间,研究者、投资者和广大的航模爱好者接踵而至,纷纷开始多旋翼无人机的研发、投资和使用,经过近5年起步阶段的实验研究、技术积累和市场摸索,多旋翼无人机大规模发展的序幕逐步被拉开。

当前,多旋翼无人机在国内外市场上商机无限,世界各国掀起了一股研发和应用多旋翼无人机的热潮,特别是属于消费级的微型机,因操作简单、价格便宜,市场上有众多适合个人自己动手组装(DIY)的成套软硬配件出售,只要自己动动手,经过简单的组装,就能实现每个人的"飞行梦想"。遥望蓝天,每天都有成千上万架多旋翼无人机在空旷的田野上,在风景怡人的旅游胜地,在居民自家的院墙中腾空而起,承载着人们的"飞行梦想"自由飞翔。

多旋翼无人机的第一个特点是具有多个旋翼,它采用旋翼变速或桨叶变总距(无周期变距)的方式改变旋翼升力的大小,因而取消了传统单旋翼直升机操纵系统中必不可少的自动倾斜器。多旋翼无人机通常都有四个或多个旋翼,如四旋翼式、六旋翼式、八旋翼式、十六旋翼式和三十二旋翼式等。多旋翼无人机的第二个特点是飞机上没有搭载驾驶员,即机上无人。事实上,多旋翼无人机并不是无人驾驶,虽然机上没有载人,但它却离不开在地面上操纵它飞行的人(驾驶员)。因此,多旋翼无人机要想真正完成一项特定的任务,光靠能在天空中自由飞行的旋翼机本身还不够,除了旋翼机及其携带的任务设备外,还需要有地面控制设备、数据通信设备、维护设备,以及指挥控制和必要的操作、维护人员等。因此,完整意义上的多旋翼无人机应称为多旋翼无人机系统,它是一种闭环控制回路的"人-机系统"。本质上,多旋翼无人机属于一种电子自动化和智能化控制的高科技产品,技术含量相当高,其设计研制和应用发展等问题需要引起大家足够的重视。

本书第一作者符长青有四十多年从事航空器研发的实践经验,其中有二十多年从事直升机设计和研究,二十多年从事计算机软件开发,近年来在广东科技学院担任专业课教师,有机会将工作实践、教学经验与理论研究相结合并完成了本书的编著工作。本书第二作者曹兵是辽宁天行健航空科技公司董事长,有多年从事多旋翼无人机研制和生产的工作经历。本书源于作者的工作实践和专业知识,系统而又全面地介绍了多旋翼无人机基本技术的主要内容。

在编写本书的过程中,得到了南京航空航天大学高正教授、张呈林教授、陈仁良教授、王华明教授的大力支持和帮助,他们提供了许多技术资料和编写意见,借此机会向他们表示衷心的感谢。同时,本书在编写过程中还得到了广东科技学院副院长黄炭教授、计算机系主任曹文文教授,以及有关部门的领导、专家与同仁的大力支持与帮助,在此一并表示深深的谢意。

尽管我们付出了大量的艰苦努力,但因水平有限,书中难免存在不妥之处,欢迎同行指正和交流,希望能与国内同行携手,大家一起共同努力,将我国多旋翼无人机发展水平推向一个新的高度。

作 者

2024 年 1 月

目　录

第3章　DIY 四旋翼无人机组装　　63

第 4 章　多旋翼无人机动力装置　　101

第5章　多旋翼无人机空气动力学   135

第6章　多旋翼无人机结构动力学   167

第 7 章　多旋翼无人机气动弹性力学　197

第 10 章 多旋翼无人机总体设计 295

第1章

概　述

主要内容

(1) 与多旋翼无人机相关的基本概念。

(2) 多旋翼无人机系统的基本概念。

(3) 多旋翼无人机的构型、用途和类型。

(4) 多旋翼无人机的发展历程、市场前景和开源飞控。

(5) 民用多旋翼无人机的飞行管理。

1.1　与多旋翼无人机相关的基本概念

近年来,多旋翼无人机作为航空产品领域的一枝新秀,以新颖的结构布局、独特的飞行方式和广泛的用途引起了越来越多的关注和重视,风行全球航空业界,迅速成为国际上新的研究热点。深入研究有关多旋翼无人机的研制设计和应用发展等技术问题,首先要回顾一些有关的物理学基本概念,以便了解和掌握多旋翼无人机飞行的基本原理和特性。

1.1.1　基本的物理概念和定律

多旋翼无人机(也称为多旋翼无人驾驶直升机或多旋翼无人直升机)的设计、生产和应用都必须遵循人类科学技术的基本定律,并从不断探索的实践中总结出一套严谨的理论体系,指导其进一步的创新和发展。

1. 速度和加速度

(1) 速度。平均速度是运动物体通过的一段位移和所用时间的比值,即 $v=s/t$,常用单位为 m/s,公式中,v 为速度,s 为位移,t 为时间。运动物体在某一时刻(或某一位置)的速度,称为瞬时速度,平时人们所说的速度大多指瞬时速度。速度是有方向的,所以是矢量。

(2) 加速度。加速度即速度的改变率,是运动物体速度的变化量 Δv 与发生这一变化所

用时间 Δt 的比值,即 $a=\Delta v/\Delta t$,常用单位为 m/s^2,公式中,a 为加速度。加速度是矢量,它的方向是运动物体速度变化(量)的方向,与外力的合力方向相同。如果加速度是负数,则代表减速。

2. 牛顿三大运动定律

牛顿三大运动定律指明了作用力和物体运动的关系,属于动力学研究的基本问题,是经典力学的基本定律。这三条定律之间有着紧密的内在联系,共同构成了牛顿力学的完整理论体系。

(1)牛顿第一运动定律。任何一个物体在不受外力或受平衡力的作用时,总是保持静止状态或匀速直线运动状态,直到有作用在它上面的外力迫使它改变这种状态为止。物体具有保持运动状态不变的性质称为惯性。一切物体都具有惯性,惯性是物体的物理属性,所以牛顿第一运动定律又称为惯性定律。

(2)牛顿第二运动定律。物体的加速度跟物体所受的合外力成正比,跟物体的质量成反比。牛顿第二运动定律也称为加速度定律,它表明力的瞬时作用规律:力和加速度同时产生,同时变化,同时消失。牛顿第二运动定律可以用一个矢量方程表示:$F=ma$。公式中,m 为物体的质量,a 为加速度,F 为外力,应用计算时应规定正方向,凡与正方向相同的力或加速度均取正值,反之取负值。

(3)牛顿第三运动定律。两个物体之间的作用力和反作用力,在同一直线上,大小相等,方向相反。牛顿第三运动定律也称为作用力与反作用力定律。

3. 动能、势能和压力

(1)动能。动能是指物体因运动而具有的能量。动能是能量的一种,数值上 $E=mv^2/2$,公式中,E 为动能,m 为物体的质量,v 为速度。它在国际单位制下单位是焦耳(J)。动能具有瞬时性,是指力在一个过程中对物体所做的功等于在这个过程中动能的变化。动能是状态量,无负值。

动能定理:运动质点的动能的增量等于其他物体对它所做的功。动能定理一般只涉及物体运动的始末状态,通过运动过程中做功时能量的转化求出始末状态的改变量。但是总的能量是遵循能量守恒定律的,能量的转化包括动能、势能、热能、光能等能量的变化。

(2)势能。势能是由相互作用的物体之间的相对位置,或由物体内部各部分之间的相对位置所确定的能量。按作用性质的不同,势能可以分为引力势能、弹性势能、电势能和核势能等。势能不是单独物体所具有的,而是相互作用的物体所共有的。

(3)压力。垂直作用于流体或固体界面单位面积上的力即为压力。

4. 空气属性

(1)连续性假设。大气连续性假设是在进行空气动力学研究时,将大量的、单个分子组成的大气看成是连续的介质的过程。所谓连续介质就是组成介质的物质连成一片,内部没有任何空隙。在其中任意取一个微团都可以看成是由无数分子组成的,微团表现出来的特性体现了众多分子的共同特性。对大气采用连续性假设的理由是与所研究的对象(飞机)相比,空气分子的平均自由行程要比飞机的尺寸小得多。空气流过飞机表面时,与飞机之间产生的相互作用不是单个分子所为,而是无数分子共同作用的结果。

(2)黏性。流体都是有黏性的,空气也是有黏性的。黏性是施加于流体的应力和由此产生的变形速率以一定的关系联系起来的流体的一种宏观属性,表现为流体的内摩擦。由于黏性的耗能作用,在无外界能量补充的情况下,运动的流体将逐渐停止下来。黏性对物体表面附近的流体运动产生重要作用,使流速逐层减小并在物体表面上为零,在一定条件下也可使流体脱离物体表面。凡是有黏性作用的地方,各层气流的速度是不均一的,这也是摩擦阻力产生的根源。

5. 伯努利方程

伯努利定律的实质是流体的机械能守恒,即动能＋重力势能＋压力势能＝常数。其最为著名的推论为:等高流动时,流速大,压力就小。空气的密度是很容易随压强(压力)而改变的,但是当空气流速不大时,由流速引起的压强变化还不足以使空气的密度有显著的变化,这样的流动称为不可压缩流动。空气中的伯努利方程通常写为

$$p + \frac{1}{2}\rho V^2 = C \tag{1-1}$$

式中,C 为常数;p 为静压;$\frac{1}{2}\rho V^2$ 为动压,即单位体积的动能,与高度和速度有关。

伯努利方程表明:空气的压力是由两部分相加而来的,一部分是静压,为空气静止时对外界的压力;另一部分是动压,是空气流动时对外界的压力。如果空气不流动,那么空气此时的静压值就是常数 C 值,当空气流动起来就产生了动压,空气流动越快,动压就越大,静压就越小。

6. 飞行器、飞行力学和空气动力学

(1)飞行器:空气中的运动体,一个复杂的被控对象。要想控制它,需要了解气流特性与飞行器在气流中飞行时的特性。

(2)飞行力学:研究飞行器在大气中飞行时的受力与运动规律,建立飞行器动力学方程。

(3)空气动力学:空气动力学是力学的一个分支,研究物体在同气体进行相对运动情况下的受力特性、气体流动规律和伴随发生的物理和化学变化。

7. 自动控制和自动控制系统

(1)自动控制。自动控制是指在没有人直接参与的情况下,利用外加的设备或装置,使机器、设备或生产过程的某个工作状态或参数自动地按照预定的规律运行。自动控制是相对人工控制概念而言的,是工程科学的一个分支。它利用反馈对动态系统的自动影响,使得输出值接近人们想要的值。从方法的角度看,它以系统理论为基础。

(2)自动控制系统。自动控制系统,简称自控系统,是在无人直接参与下可使操纵过程或其他过程按期望规律或预定程序进行的控制系统。自动控制系统是实现自动化的主要手段,包括实现自动控制功能的装置及其被控对象,由控制器、被控对象、执行机构和变送器4 个环节组成。

8. 微机电系统

微机电系统(Micro-Electro-Mechanical System,MEMS)是集微传感器、微执行器、微机械结构、微电源微能源、信号处理和控制电路、高性能电子集成器件、接口、通信等于一体的微型器件或系统。它是在微电子技术基础上发展起来的,融合了光刻、腐蚀、薄膜、电铸、注塑、硅微加工、非硅微加工和精密机械加工等技术,来制作高科技电子机械器件。

MEMS 的尺寸为几毫米乃至更小,其内部结构一般在微米甚至纳米量级,是一个独立的智能系统,主要由传感器、执行器和微能源三大部分组成,具有微型化、智能化、多功能、高

集成度和适于大批量生产等特点。常见的产品包括 MEMS 加速度计、MEMS 麦克风、微马达、微泵、微振子、MEMS 光学传感器、MEMS 压力传感器、MEMS 陀螺仪、MEMS 湿度传感器、MEMS 气体传感器以及它们的集成产品等。

1.1.2 系统论的基本概念

系统论是研究系统的模式、性能、行为和规律的一门科学。它为人们认识各种系统的组成、结构、性能、行为和发展规律提供了一般方法论的指导。

1. 系统的分类

所谓系统，是混乱、无秩序的反义词，通俗地说，就是有组织、有秩序地达到某种目的的一个组合体。在自然界和人类社会中普遍存在着各种系统。

（1）自然系统。自然系统就是由自然物所组成的系统，是自然形成的。

（2）人造系统。人造系统是由人工造出来的系统，主要有三种类型。

① 工程技术系统：由人们从加工自然物中获得的零、部件装配而成的系统。

② 管理系统：由一定的制度、组织、程序、手续等所构成的系统。

③ 科学体系：根据人们对自然现象和社会现象的科学认识所创立的系统。

（3）复合系统。复合系统是自然系统与人造系统相结合的系统。现实生活中的大多数系统都是复合系统。

（4）静态系统与动态系统。静态系统的性能与功效不随时间而改变，反之就是动态系统。应注意的是静态系统并非指系统中一切都绝对静止，即使是静态系统，仍存在着少量的物质、能量交换。

（5）封闭系统与开放系统。当系统与环境联系不密切，即很少与环境发生能量、物质、信息的交换时，该系统称为封闭系统。封闭系统不易变化发展，往往形成静态系统。与外界环境完全没有联系的系统称为孤立系统，它在宇宙间实际上是不存在的，只是为了方便研究与计算，把某些封闭系统中与外界联系不密切的因素忽略不计，近似地将系统作为孤立系统来对待。开放系统是与环境经常有较多的物质、能量、信息的交换的系统，而且这种交换影响着系统的结构、功能和发展，一旦与外界的联系切断便会影响系统的稳定，甚至破坏系统。任何系统欲构成高速度发展的动态系统，首先必须改封闭系统为开放系统。

（6）实体系统与虚拟系统。实体系统是以矿物、生物、机械、人类等实体物理方面的存在物为组成部分的系统。与此相对应，虚拟系统是以概念、想象、原理、法则、方法、制度、步骤、手续等非物理方面的存在物为组成部分的系统。

2. 系统论的基本理论

系统论的基本理论可以概括为以下四个方面。

（1）整体的功能不等于各部分功能之总和。系统论的这一理论也称为"整体性原则"。它要求人们在研究和处理问题时，要牢固地树立全局观念，始终把研究对象看作一个有机的整体。

（2）系统的结构决定系统的功能。结构是系统内部各个要素的组织形式，功能是系统在一定环境下所能发挥的作用。系统的结构决定系统的功能，不同的结构可以发生不同的功能。

（3）动态观点。任何系统都是一个运动过程，如，思维过程以感觉、知觉、记忆、分析、综合等来表征它的运动过程。系统论、控制论、信息论都是以动态的观点去分析考查事物，注意事物的运动状态,考察研究事物运动的过程,从而选择恰当的过程。

(4) 最优化观点。人们对系统进行研究和改造的最终目的是使系统发挥最优的功能。一个系统可能有多种组成方案,要选择最优的方案,使系统具有最优功能。例如,对生产系统的要求是高产、优质、低成本、低消耗、高利润等,具有多种目标。为了使生产系统具有最优的功能,必须将这些目标综合起来考虑,采用功能最优的方案,这就需要进行最优的设计、控制和管理。

1.1.3 控制论的基本概念

1. 控制和控制论的定义

控制是施控者作用于受控对象的一种主动行为,使受控对象按照施控者的意愿行动,如领导、指挥、管理、教育、设计、调节等都是主动的控制行为。控制是有目的的,如果控制系统的目的是一个,则称其为单目标控制系统;如果是多个,则称其为多目标控制系统。

控制论是研究各种不同系统所共同具有的控制规律的科学。控制论的研究表明,无论是自动机器,还是神经系统、生命系统,甚至是经济系统、社会系统,撇开各自的性质、形态、特点,都可以看作自动控制系统。在这类系统中有专门的调节装置来控制系统的运转,维持自身的稳定和系统的目的功能。控制机构发出指令,作为控制信息传递到系统的各个部分(即控制对象)中去,由它们按指令执行之后再把执行的情况作为反馈信息输送回来,并作为决定下一步调整控制的依据。整个控制过程就是一个信息流通的过程,控制就是通过信息的传输、变换、加工、处理来实现的。根据这一理论,任何一个系统都能进行运算和记忆。美国麻省理工学院的一位教授为了证实这个观点,曾用石块和卫生纸卷制造过一台简单的、能运行的计算机。

系统控制方法分为两种:一种是反馈控制,又称为被动控制或闭环控制;另一种是前馈控制,又称为主动控制或开环控制。两种控制形式的主要区别是有无信息反馈。

2. 反馈控制

反馈就是在完成控制的过程中,收集行动效果的响应信息,并把其响应同目的要求相比较,进行工作的调整。这种行动后果的响应信息就称为反馈信息,当行动响应同目标要求一致时,控制过程便完成了;当行动响应效果偏离目标甚至与目标背道而驰时,就需要对系统进行调节,使其逐步接近目标,最后使系统得到合理的发展,如图 1-1 所示。

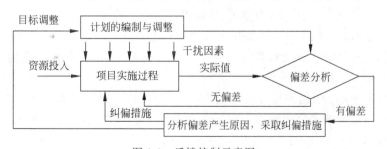

图 1-1 反馈控制示意图

反馈控制是一种技术方法,"控制信息→反馈信息→控制信息"形成闭环的信息通道,可以应用于各种场合,完成具有各种目的性的控制任务。按照反馈信息通道的多少,单路或多路反馈可以构成多级闭环控制系统。反馈信息被用来加强控制量对系统的作用,称为正反馈;反馈信息被用来抵消控制量对系统的作用,称为负反馈。所谓反馈控制就是由控制器发出的控制信息的再输出发生影响,以实现系统预定目标的过程。正反馈能放大控制作用,实现自组织控制,但也使偏差加大,导致振荡。负反馈能纠正偏差,实现稳定控制,但它会减弱控制作用、损耗能量。

反馈控制对系统的控制和稳定起着决定性的作用,无论是生物体保持自身的动态平稳(如温度、血压的稳定),还是机器自动保持自身功能的稳定,都是通过反馈机制实现的。反馈是控制论的核心问题。控制论就是研究如何利用控制器,通过信息的变换和反馈作用,使系统能自动按照人们预定的程序运行,最终达到最优目标的学问。

3. 前馈控制

前馈控制是没有反馈信息的控制,系统中只有前馈的控制信息通道,通常只应用于比较简单的场合,在工程建设项目中较少采用。前馈控制示意图如图 1-2 所示。

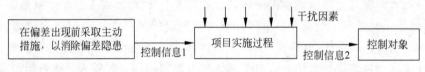

图 1-2　前馈控制示意图

就工程项目而言,控制器是工程项目的管理者。前馈控制对控制器的要求非常严格,前馈控制系统中的人必须具有开发的意识。而反馈控制可以利用信息流的闭合,调整控制强度,因而对控制器的要求相对较低。工程项目实施中的反馈信息,由于受各种因素影响,将出现不稳定现象,即信息振荡现象,这种现象在项目控制论中称为负反馈现象。从工程项目控制的角度理解,负反馈就是反馈信息失真。管理者由此做出的决策将影响工程进度、质量、费用三大目标的实现。因此,在工程建设项目实施过程中,必须避免负反馈现象的发生。

1.1.4　飞行器和航空飞行器的分类

1. 飞行器的分类

飞行器按照其飞行环境和工作原理可分为三大类:航空飞行器、航天飞行器、火箭和导弹。

(1)航空飞行器。航空飞行器是指飞行动力依靠空气,只能在大气层内飞行的飞行器,如孔明灯、风筝、热气球、地效船、滑翔机、扑翼机、飞机、直升机、无人机等。

(2)航天飞行器。航天飞行器是指飞行动力不依靠空气而是依靠自身携带气体的反作用力来推动的飞行器。航天飞行器主要在大气层之外的空间飞行,如人造地球卫星、空间站、载人飞船、航天飞机等。

(3)火箭和导弹。火箭和导弹可以在大气层内外飞行,动力装置和飞行范围接近航天飞行器。依靠火箭发动机提供推进力的飞行器称为火箭;依靠制导系统控制其飞行轨迹的飞行器称为导弹。

2. 航空飞行器的分类

航空飞行器根据其自身的相对密度(单位体积的质量)是否大于空气(大气)的相对密度,又分为两种。

(1)无动力航空飞行器。自身的相对密度比空气的相对密度小,如孔明灯、热气球等,或是靠风的推力升扬于空中,如风筝等,其特点都是不需要安装动力装置就能飞上天空,统称为无动力航空飞行器。

（2）动力航空飞行器。自身的相对密度比空气的相对密度大,需要依靠动力装置提供飞行动力才能升空的航空飞行器,称为动力航空飞行器,包括固定翼飞机(简称飞机)和旋翼飞行器等。其中飞机可分为有人驾驶飞机(简称有人飞机)和无人驾驶飞机(简称固定翼无人机)两类;旋翼飞行器可分为有人驾驶直升机(简称有人直升机)、无人驾驶直升机(简称无人直升机)和多旋翼无人机三类,其中无人直升机和多旋翼无人机统称为旋翼无人机,固定翼无人机和旋翼无人机统称为无人机。从图1-3可以看出,多旋翼飞行器只有无人机,没有有人驾驶的多旋翼飞行器,其原因在下面章节中将会详细介绍和讨论。

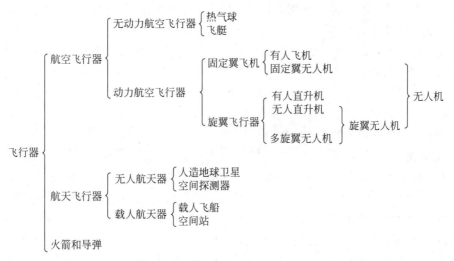

图 1-3 飞行器的分类

这里有个概念需要说明一下,为什么直升机不能称为"直升飞机"？原因是由固定机翼提供升力的航空器称为"飞机",而"直升机"是由旋翼提供升力的航空器。为了强调两者在升力来源上的差别,避免概念上的混淆,因此"直升机"不能称为"直升飞机"。但是,有些复合或组合航空器的升力既有旋翼提供的,又有固定机翼提供的,人们仍习惯于把它们称为特殊型式的"直升机",如复合式直升机、组合式直升机、倾转旋翼式直升机等。当然,有些书中把它们定义为"直升飞机",这在概念上也是没错的,只是不太符合人们习惯做法而已。

1.2 多旋翼无人机系统的基本概念

所谓无人机,即机上不搭载驾驶员的飞行器。按照技术来划分,现代无人飞行器可分为固定翼无人机、单旋翼无人直升机、多旋翼无人飞行器、无人飞艇、无人伞翼机、扑翼式微型无人机6大类,而前3类应用最为广泛,其中多旋翼无人飞行器又由于其结构简单、价格相对低廉的特点,应用场景迅速拓展,发展前景最受关注。

1.2.1 多旋翼无人机的定义

旋翼飞行器是利用旋翼转动产生升力的飞行器,它是一个大家族,包括传统的旋翼机、单旋翼直升机和多旋翼飞行器等。

1．旋翼驱动方式的分类

旋翼飞行器如果按照旋翼驱动方式（有无发动机驱动）来分类，可以分为两大类。

（1）旋翼由发动机驱动的旋翼机，如单旋翼直升机和多旋翼飞行器，其旋翼由发动机（汽油发动机或电动机）驱动，优点是可以垂直起降及在空中悬停不动。

（2）旋翼无发动机驱动的旋翼机，它是一种利用前飞时的相对气流吹动旋翼自转以产生升力的旋翼航空器。它的前进力由发动机带动螺旋桨直接提供，而旋翼没有连接发动机，即它的旋翼无发动机驱动，必须靠航空器向前滑跑加速产生相对气流吹着旋翼旋转才能起飞。这种旋翼机实际上是一种介于直升飞机和固定机翼飞机之间的飞行器，外形与直升飞机相似。它与直升飞机的最大区别是旋翼旋转无发动机驱动，而是在向前飞行的过程中，由前方气流吹动旋翼旋转产生升力。在飞行中，直升飞机的旋翼面向前倾斜，而这种旋翼机的旋翼面则是向后倾斜的。它的机动性远逊于直升飞机，既不能垂直起降，也不能在空中悬停不动，更不能倒飞，没有直升飞机所具备的优点，却具有直升飞机的大部分缺点，如速度慢、载荷小等。本书除了本小节以外，所有提到旋翼机的地方指的都是"旋翼由发动机驱动的旋翼机"，本书其他任何地方都不涉及"旋翼无发动机驱动的旋翼机"的问题。

2．无人机、航空模型和航模运动

1）无人机

无人机即无人驾驶飞机（unmanned aerial vehicle，UAV），是一种以无线电遥控（半自主控制方式）或由自身程序控制为主（全自主控制方式）的无人驾驶（不搭载驾驶员）的飞机。它是高科技、新技术的集中载体，与载人飞机相比，它具有体积小、造价低、效费比好，伤亡风险小，生存能力强，机动性能好，使用方便、成本低，用途广泛等许多优点。它的研制成功和运用，揭开了以远距离攻击型智能化武器、信息化武器为主导的"非接触性战争"的新篇章，备受世界各国军队的青睐。它在现代战争中有极其重要的作用，在民用领域也有广阔的前景。

2）航空模型

航空模型简称航模。一般把不能飞行的，以某种飞机的实际尺寸按一定比例制作的模型称为飞机模型，而把能在空中飞行的模型称为模型飞机，即航空模型。航空模型是一种有尺寸和质量限制的微型航空器，在国际航空联合会（FAI）制定的竞赛规则里明确规定：航空模型是一种重于空气的，有尺寸限制的，带有或不带有发动机的，可遥控的、不能载人的航空器。

3）航模运动

航空模型运动是以放飞、操纵自制的航模进行竞赛和创纪录飞行的一项航空运动。它既是一项体育运动又是一项科技竞赛活动，它的生命力在于它的趣味性和知识性，有助于培养人们对航空事业的兴趣，普及航空知识。亲手制作的航模翱翔于蓝天，往往会使青少年产生美好的遐想。小小的模型飞机中包含的内容可不少，在里面既能找到物理、数学、美学、工艺等学科的知识，也可以使人掌握多种技能，对培养个人综合素质有非常大的益处，这是其他行业或运动难以相比的。

目前航模世界锦标赛设有30个项目，其中包括有专门记录各项绝对成绩的纪录项目，比赛每两年举行一次。我国航空模型运动起步于20世纪40年代，1947年举行首届全国比赛。新中国成立后，于20世纪50年代建立了组织指导机构。中国航空模型运动的全国性组织是中国航空运动协会所管辖的中国航空模型协会，促使我国群众性的航空模型运动得到蓬勃发展。1978 年 10 月我国加入了国际航空联合会,1979 年开始步入世界赛场。我国选手曾获得 20 多项世界冠军,58 人 59 次打破 31 项世界纪录。

4) 航模级多旋翼无人机

纵观多旋翼无人机的发展历史和现状,它与航模运动有着千丝万缕的联系。主要原因有两点。

(1) 自 2010 年以来,国内外许许多多的航模运动爱好者利用他们所掌握的航空知识,积极投身于多旋翼无人机的研制和发展。他们大多是 15～30 岁的年轻人,头脑聪明、雄心勃勃、精力旺盛、干劲十足,是近几年多旋翼无人机大发展浪潮中最引人注目的弄潮儿,他们所做出的成绩和贡献举世瞩目。

(2) 按照国际航空联合会对航模的定义,迄今为止,如果仅从质量和尺寸上来看,世界上大多数多旋翼无人机属于航模的范畴。但是根据我国《轻小无人机运行规定(试行)》规定,当航空模型使用了自动驾驶仪、指令与控制数据链路或自主飞行设备时,就可将其认定为无人机,应纳入民航监管范围,即目前大多数多旋翼无人机既是航模,又是无人机,称之为航模级多旋翼无人机。

3. 多旋翼无人机的定义

多旋翼无人机的英文为 multi-rotor unmanned aircraft,缩写为 MUA,就是多旋翼无人驾驶飞行器,简称为多旋翼无人机或多旋翼无人直升机。它是一种没有搭载驾驶人员的旋翼飞行器,具有垂直起降、空中悬停、低空飞行和原地回转等独特飞行技能,在军用和民用市场上都大有用武之地。

多旋翼无人机的第一大特点是具有多个旋翼,它采用旋翼旋转变速或桨叶变总距(无周期变距)的方式改变旋翼升力的大小,因而取消了传统单旋翼直升机操纵系统中必不可少的自动倾斜器。多旋翼无人机通常都有 4 个或更多个旋翼,如四旋翼式、六旋翼式、八旋翼式、十六旋翼式、三十二旋翼式等,其中四旋翼式是结构最简单、最流行的一种,英文为 quadrotor。多旋翼无人机的第二大特点是飞机上没有搭载驾驶员,即机上无人驾驶。事实上,多旋翼无人机并不是真正离开了人的驾驶,虽然多旋翼无人机上确实没有人驾驶操纵,但它却离不开身在地面或船舶上的驾驶员对它进行操纵控制。

驾驶操纵多旋翼无人机的人称为多旋翼无人机驾驶员,他与多旋翼无人机之间构成一个完整的人-机系统,是一种闭环控制回路系统。多旋翼无人机所具备的"机上无人,人在系统"的特点,使多旋翼无人机可以具有许多有人驾驶旋翼飞机无可比拟的出色性能:由于机上无人,多旋翼无人机不仅取消了有人驾驶飞机上为保障人员安全所有必备的设施,使结构大为简化,而且可以毫无顾忌地执行各种危险任务。它不仅适合在室内等环境中使用,而且可广泛应用于人们难以接近或很难到达的工作环境中,承担和完成各种危险、单调的工作;多旋翼无人机大多体积小、质量轻、成本低廉;能按编程全自主飞行;可在更狭窄的场地垂直起降,能在室内飞行,以及能超低空和贴地飞行,行动适应性极强。

1.2.2　多旋翼无人机系统及其飞行机组 ◀

1. 多旋翼无人机系统的定义

多旋翼无人机要想真正完成一项特定的任务,光靠能在天空中自由飞行的旋翼机本身还是不够的。除了需要旋翼机及其携带的任务设备外,还需要有地面控制设备、数据通信设备、维护设备,以及指挥控制及其必要的操作、维护人员等。因此,完整意义上的多旋翼无人机应称为多旋翼无人机系统,它是一个高度智能化的闭环反馈控制系统。

多旋翼无人机系统包括空中系统、地面系统、任务载荷和综合保障系统,其中空中系统由飞行器平台、动力系统、控制、导航系统、机载终端等组成;地面系统包括地面指挥控制系统、起降控制系统、地面终端、地面数据处理系统等;任务载荷是多旋翼无人机完成任务所需的设备,如航拍摄影、空中监视、电力架线、灾难救援、气象观测、地理测绘、资源勘探、管道巡检、消防灭火及农林植保等领域的各种专用设备;综合保障系统是保证多旋翼无人机系统能够正常工作的支援保障系统,主要包括人员及其使用培训、维护维修设备、通信和机场设施等,如图1-4所示。

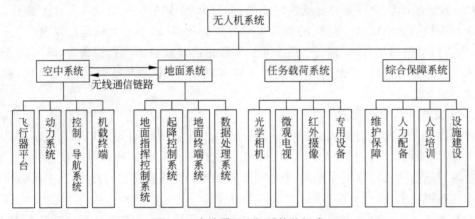

图 1-4 多旋翼无人机系统的组成

为了保证飞行平台的机载终端与地面终端之间的无线数据通信畅通,必须在空中飞行平台与地面指挥控制中心之间建立安全可靠的无线数据通信链路。它是保持无人机与控制站之间通信联络的关键子系统,主要包括机载/地面数据终端、发射设备、接收设备、显示设备以及天线等设备,如图1-5所示。传输媒介通常采用无线电波,但也可以采用激光束或光纤传输的光波,其主要功用是产生、传输和处理无人机遥控指令和遥测信息等数据流。根据传输方向的不同,无线数据通信链路可以分为上行链路和下行链路,其中上行链路主要完成控制站和遥控器至无人机遥控指令的发送和接收确认;下行链路主要完成无人机至地面控制站的遥测数据以及红外或视频图像数据的发送。

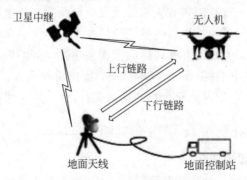

图 1-5 多旋翼无人机系统数据链路示意图

2．多旋翼无人机飞行机组

在多旋翼无人机系统所有的要素中，人是决定性因素，因为多旋翼无人机设计生产和应用飞行所需要的资金、设备、原材料、科学技术等都是靠人去掌握、组织和运用的，要提高多旋翼无人机的飞行性能和使用效率，也必须通过人的努力去实现，特别是大中型多旋翼无人机系统。在实际应用飞行过程中，为保障能顺利完成任务，需要有一个飞行机组来执行其飞行任务，其主要组成人员包括以下几名。

（1）驾驶员。多旋翼无人机驾驶员是经过正规培训，并取得了驾驶资格的"飞手"，每次执行具体的操纵多旋翼无人机飞行任务时要由运营人任命指派。他是在多旋翼无人机飞行期间适时操纵飞行控件的人，对多旋翼无人机的飞行负主要职责。

（2）机长。多旋翼无人机系统的机长是指在多旋翼无人机系统飞行时间内，全面负责整个系统飞行和安全的驾驶员。机长对多旋翼无人机的运行直接负责，并具有最终决定权。在飞行中遇有紧急情况时，机长必须采取适合当时情况的应急措施。

（3）观测员。多旋翼无人机观测员的任务是通过目视观测多旋翼无人机的飞行状况，协助驾驶员安全实施飞行。观察员由运营人指定训练有素的人员担任。

（4）运营人。运营人是指从事或拟从事多旋翼无人机运营的个人、组织或企业。

3．载人多旋翼飞行器和旋翼自转状态

虽然多旋翼无人机最大的特点是机上无人操纵驾驶，即机上没有搭载驾驶员，依靠本身的自动控制系统自主控制飞行，但并不是说这种机型就不适合用作载人（旅客）的客机。在设计和制造载重能力足够大（足以安全承载旅客重量）的大中型多旋翼无人机时，只要在机体上加上供人乘坐的客舱和保障人员安全所有必备的设施，多旋翼无人机就能成为真正的载人客机，可以作为空中交通运输工具，用来载人（搭载旅客）飞行。它具有无需人为操作，便能自动起降、自动驾驶、自动避开障碍及按照目的地自动规划航线飞行，方便快捷等优点。人们通常把这种用于载客（人）的多旋翼无人机称为载人多旋翼飞行器，简称多旋翼客机。从发展的眼光来看，今后载人多旋翼飞行器必将成为多旋翼无人机发展的新热点。

确保人员安全是任何载人飞行器飞行中最重要、最基本的要求。对于载人多旋翼飞行器，当飞行中出现自动控制或动力系统发生故障，无法正常工作的紧急情况时，可以采取与传统直升机相同的旋翼自转方式进行紧急着陆。其操控方法和原理是：载人多旋翼飞行器上安装有红色的紧急按钮，飞行中一旦发生旋翼失去动力的危急情况，机上乘员可立即按下该红色紧急按钮，打开自转离合器使旋翼与发动机脱钩，旋翼处于无动力的自转状态，利用其原有的旋转动能和飞行高度的势能，保持旋翼稳定旋转。由于旋翼没有动力，处于失速情况下，飞行器下坠过程中所产生的相对气流会从下往上吹动旋翼旋转，就好像风车一样，从而重新产生升力，使飞行器能在空中进行滑翔，并实现比较平稳的着陆。

1.3 多旋翼无人机的构型、用途及分类

常见的无人驾驶飞机主要有两大类：无人固定翼飞机和无人旋翼飞行器。两者相比较，无人固定翼飞机具有续航时间长、飞行速度快、飞行效率高和载荷大等优点，缺点是起飞降落时机场需要有长距离跑道。多旋翼无人机（多旋翼无人直升机）具有无需机场跑道、垂

直起降及在空中悬停不动等许多优点。

1.3.1 多旋翼无人机的构型和用途

1. 多旋翼无人机的外形结构

多旋翼无人机的外形结构多种多样,通常有以下几种构型。

(1)以旋翼数量划分。根据多旋翼无人机所具有的旋翼数量,其可分为四、六、八、十二、十六、十八、二十四、三十六旋翼等多种类型。不同旋翼数量的构型,其空气动力学特性也各具特色,其中四旋翼无人机结构简单,机动性很好,能够做出3D特技,是许多玩家的最爱;而六旋翼、八旋翼无人机稳定性更好,是航空摄影摄像的良好平台;还有其他旋翼数量的构型也深受需求各异的用户喜爱。

(2)以旋翼分布位置划分。根据最前与最后两个旋翼轴的连线与机体前进方向是否在同一直线上,可将多旋翼无人机划分为Ⅰ型(或称为+型)和X型两种。如果连线与前进方向是在同一直线上,则多旋翼无人机呈Ⅰ型,否则呈X型。因为X型结构的实用载荷前方的视野比Ⅰ型的更加开阔,所以在实际应用中,多旋翼无人机大多采用X型外形结构。除了这两种类型以外,还有其他类型的结构外形,包括V型、Y型和IY型等,如图1-6所示。

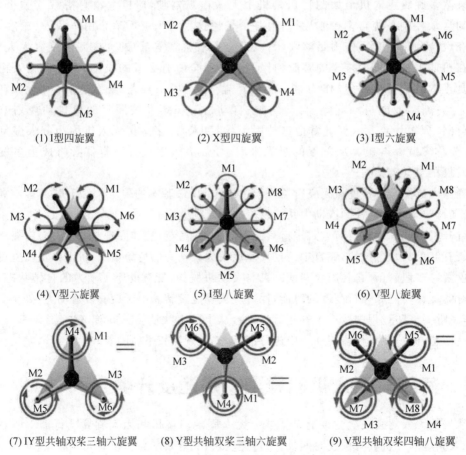

图1-6　多旋翼无人机外形结构的类型

（3）以共轴发动机数量划分。为了在不增大体积的情况下使多旋翼无人机的马力（总功率）更大，最简单的办法是把两台发动机上下叠放。上下两台发动机分别驱动两个大小相同、转向相反的旋翼转动（如图1-7所示），使它们产生的反扭矩相互抵消。其构型如图1-6所示，包括IY型共轴双桨三轴六旋翼、Y型共轴双桨三轴六旋翼、V型共轴双桨四轴八旋翼等类型。这种构型虽然能节省空间，但由于上下叠放的两个旋翼之间存在着较大的空气动力干扰，会导致效率下降20%。

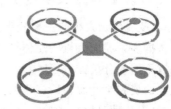

图1-7　共轴双桨四轴八旋翼无人机的外形结构示意图

（4）以旋翼能否倾转划分。倾转四旋翼无人机是一种将固定翼无人机和单旋翼无人直升机的特点融为一体的多旋翼无人机。其机身和普通固定翼无人机基本相似，两个机翼分别位于机身的前后，位于机翼两端的4个螺旋桨发动机可以向上和向前转动。当4个螺旋桨发动机从水平状态转到垂直状态时，就可以像普通直升机一样实现垂直起降和悬停；当4个螺旋桨发动机处于水平状态时，就能产生一个向前的拉力，使它能像固定翼飞机一般向前快速飞行；在4个螺旋桨发动机处于这两种状态之间时，既产生了升力，又产生了拉力，能使它以低速飞行。与普通无人直升机相比，倾转四旋翼无人机飞行速度快，航程远，升限高，噪声小，降落和起飞更迅速；与固定翼无人机相比，它能够垂直起降和空中悬停。

2. 多旋翼无人机的用途

多旋翼无人机具有垂直起降、空中悬停、低空飞行和原地回转等独特飞行技能，可广泛应用于国民经济建设的各个领域。它可搭载各种专业设备仪器，承担和完成各种危险、单调的工作，在恶劣环境下进行全天候作业。其应用范围极为广泛，主要包括以下几个方面。

（1）石油开发服务、输油管路监测和安全保护。

（2）消防部门的火情探查、监视，消防灭火、消防抢险、灾害救援。

（3）林业部门的护林防火、播种和病虫害防治。

（4）物流快递公司送货。

（5）交通部门的道路交通检测、疏导与控制，海港的接送引航员服务。

（6）电力部门的输电线路建设、巡查和维护。

（7）新闻及电影摄制的航空摄像及照相。

（8）农牧业的农作物监测、喷洒农药、牧群监测与驱赶。

（9）海岸警卫的海面搜寻、海岸巡逻、海界标监测。

（10）环保部门的环境污染及土地状况监测。

（11）海关与税收部门的非法走私监视、边界巡逻。

（12）海洋渔业部门的渔业保护、海洋资源调查。

（13）地方政府的大气参数采集与检测、分析，灾害普查、抢险和救援。

（14）警察部门的反恐、失踪人员搜寻、落水人员救生、安全与突发事件监视、现场处理。

（15）普查机构的地理、地质、考古勘定。

（16）河道管理部门的水路和水情监测、洪水与污染控制。

（17）水务部门的水务与水管道监测、维护。

（18）实现载人化，搭乘旅客，作为便捷的交通运输工具等。

1.3.2 多旋翼无人机的分类

1. 多旋翼无人机的主要分类方法

依据多旋翼无人机的总体结构、外形、操纵方法、使用需求等不同的内容，多旋翼无人机可以有不同的分类方法，其中最主要的分类方法是按其动力装置的类型进行分类。多旋翼无人机的旋翼桨叶旋转所产生的升力和需要克服阻力产生的阻力力矩的大小，不仅取决于旋翼的转速，而且取决于旋翼桨叶的桨距。从旋翼空气动力原理上讲，调节旋翼转速（变速）和桨距（变距）都可以调节升力的大小。如果多旋翼无人机以电动机作为动力来源，采用电调方式改变旋翼转速来调节升力的大小就非常简单方便；如果多旋翼无人机以燃油发动机作为动力来源，由于燃油发动机的最佳功率对应的转速是固定不变的，因此就不能采取变速的方法，只能采取改变旋翼桨叶桨距的方法来调节升力的大小。

依据多旋翼无人机动力装置的类型，可将多旋翼无人机划分为最基本的两大类。

（1）油动多旋翼无人机。以燃油发动机作为动力来源，包括活塞发动机、定轴涡轮发动机、自由涡轮发动机等机型。油动多旋翼无人机属于旋翼桨距可控类，即旋翼变距类。这里有一点需要特别强调的是：虽然它与单旋翼直升机一样具有旋翼桨距操纵系统，但它与单旋翼直升机最大的区别是只操纵旋翼总矩，取消了旋翼周期变矩控制和尾桨，即取消了单旋翼直升机旋翼桨距操纵系统中结构复杂的自动倾斜器、液压系统和尾桨，从而大大简化了总体结构。油动多旋翼无人机大多是大、中、小型的无人旋翼飞行器，属于工业级或商业级类。

（2）电动多旋翼无人机。以电动机作为动力来源，采用直流电机作为驱动旋翼旋转的发动机，发动机类型大多为无刷直流电机，也有部分使用有刷直流电机的情况，所有电机运转所需的能量由聚合物锂电池或新能源方式（如燃料电池）提供。电动多旋翼无人机属于旋翼桨距不可控类，即旋翼变速类。电动多旋翼无人机空气螺旋桨的桨矩是固定的，其向上的升力大小取决于空气螺旋桨的转速，转速越大，升力越大；转速越小，升力越小。电动多旋翼无人机大多是微微型、微型和轻型的无人旋翼飞行器，属于消费级类（航模），比较适合个人使用，特别适合个人自己动手组装（DIY）。

2. 多旋翼无人机的其他分类方法

多旋翼无人机的其他分类方法，包括按照旋翼数量、用途、质量、控制方式和市场定位等分类。下面按常用的几种分类方法对多旋翼无人机进行分类。

（1）按外形结构划分。根据多旋翼无人机所具有的旋翼数量可将其分为四、六、八、十二、十六、十八、二十四、三十六旋翼等类型；按照旋翼分布位置可将其划分为 I 型、X 型、V 型、Y 型和 IY 型等类型；根据共轴引擎数量可将其分为三、四、六、八、十二、十六轴双桨多旋翼等类型（如图 1-6 和图 1-7 所示）。

（2）按用途划分。多旋翼无人机依据其用途分类有民用和军用两类。

民用多旋翼无人机：多旋翼无人机在民用方面应用范围极为广泛，可以细分为许多种类型。

军用多旋翼无人机：多旋翼无人机在军事方面的应用主要有边防巡逻，空中侦察、监视，排爆扫雷，对地攻击，空中格斗，拦截导弹，实施精确打击和自杀性攻击，以及伤员救助等。

（3）按质量划分。多旋翼无人机依据其质量分类有以下 5 种。

微微型多旋翼无人机（Ⅰ类）：空机质量和起飞全重小于1.5kg。

微型多旋翼无人机（Ⅱ类）：空机质量介于1.5～4kg之间，起飞全重介于1.5～7kg之间。

轻型多旋翼无人机（Ⅲ类）：空机质量介于4～15kg之间，起飞全重介于7～25kg之间。

小型多旋翼无人机（Ⅳ类）：空机质量介于15～116kg之间，起飞全重介于25～150kg之间。

大中型多旋翼无人机：空机质量大于116kg，起飞全重大于150kg。

（4）按控制方式划分。多旋翼无人机的飞行控制方式一般有半自主控制和全自主控制两种方式。

半自主控制方式是指自动驾驶仪的控制算法能够保持多旋翼无人机的姿态稳定（或定点）等，但无人机还是需要通过人员遥控操纵。半自主控制方式多旋翼无人机的飞行需遥控操纵，无需地面站，大多属于航模范畴或玩具类。

全自主控制方式是指自动驾驶仪的控制算法能够完成多旋翼无人机航路点到航路点的位置控制以及自动起降等。在这种控制方式下，多旋翼无人机可以在无人驾驶的条件下完成复杂的空中飞行任务和搭载各种负载任务，可以被看作"空中机器人"。全自主控制方式多旋翼无人机可完全自主驾驶，其特点是载重大、航程远、升限高，操控复杂，需地面站支持，广泛应用于国民经济建设和国防军事领域，属于传统概念中所谓"真正的"无人机范畴。

（5）按市场定位划分。多旋翼无人机按其应用市场定位级别，包括机型、动力、航时、载重和售价等，可以划分为以下两种。

工业级：大中型多旋翼无人机，大多为油动变距型，旋翼直径较大，具有大续航时间和大载重，主要用于包括农业、林业、物流、电力、安防、警用、消防、测绘、巡逻、搜救、监测，以及排爆扫雷、对地攻击等民用和军用的广泛应用领域，售价为十几万元、几十万元、几百万元或几千万元。

消费级：微微型、微型和轻型多旋翼无人机，大多为电动变速型，空气螺旋桨直径小，结构简单、造价低、航时短、载重小，属于航模和玩具性质，比较适合个人使用，售价为几千或几万元。

（6）按有无载客能力划分。按这种方法可将多旋翼无人机划分为可载人和不可载人两类，其中可载人的类型称为载人多旋翼飞行器，或称为多旋翼客机，主要用作便捷的空中交通运输工具，特别适合于山区、草原、农牧场、海岛等交通不便利的地区，以及用来解决大城市地面道路拥堵的难题。

1.4 多旋翼无人机的发展历程和市场前景

在人类航空史上，多旋翼无人机从概念到应用，经历了一段漫长的发展过程。近年来，多旋翼无人机受到人们越来越多的关注和重视，掀起了一股研发和广泛应用多旋翼无人机的热潮。特别是属于消费级的微微型和微型机，其操作简单、价格便宜，市场有众多适合个人自己动手组装的成套软硬配件出售，只要经过简单的组装，就能实现人们自幼就有的"飞行梦想"。现在，每天都有成千上万架多旋翼无人机在空旷的田野上，在风景怡人的旅游胜地，在居民自家的后院或客厅中腾空而起，承载着人们的"飞行梦想"自由飞翔。现在，多旋翼无人机商机无限,这股热潮还可看作是载人多旋翼飞行器大规模发展的前奏。

1.4.1 多旋翼无人机的发展历程

1. 探索阶段:20 世纪 90 年代初之前

在人类航空事业发展史上,多旋翼飞行器概念的提出是非常早的。从 1903 年莱特(Wright)兄弟创造的固定机翼飞机滑跑起飞成功,到 20 世纪 90 年代初之前,多旋翼飞行器经历了漫长的技术探索过程。在此期间,人们在发展能垂直起降的飞机方面付出了很多的努力。在旋翼飞行器升空后,为实现其可控稳定飞行,第一个需要解决的问题是配平旋翼旋转所引起的反扭矩,因此,早期能垂直起降的飞机设计方案大多是多旋翼式,靠多个旋翼彼此反转来解决相互间的反扭矩配平问题。

1907 年 8 月,法国 C. Richet 教授指导 Breguet 兄弟进行了他们的四旋翼式飞机的飞行试验,这是世界上第一架多旋翼飞行器。1920 年,E. Oemichen 设计了一个四旋翼飞行器的原型,但是第一次试飞失败了,在经过改进设计后,于 1924 年实现了首飞,飞行时间为 14min。1921 年,B. G. De 在美国建造了另一架大型四旋翼飞行器,除飞行员外可承载 3 人,原本期望的飞行高度是 100m,但是最终只飞到 5m。

1956 年,M. K. Adman 设计的一架四旋翼飞行器试飞取得成功,这架飞机重达 1t,依靠两台 90 马力(约 66 千瓦)的发动机实现了悬停和机动。然而,由于操作这架飞机的工作量繁重,且飞机在速度、载重量、飞行范围、续航性等方面无法与传统单旋翼直升机竞争,因此该研究工作被迫停止。

四旋翼飞行器的机体结构属于非线性、欠驱动系统,多个旋翼之间升力大小的协调平衡要想完全依靠人手来调控,几乎是不可能的,因此只能用自动控制器来控制其飞行姿态。早期多旋翼飞行器的设计方案受制于惯性导航系统体积、质量过大,传感器、微控制器等软硬件技术不成熟等问题,多旋翼飞行器的姿态检测和控制等受限于当时的电子、计算机及自控水平,结果所有的设计方案和产品都未能进入实用阶段,致使多旋翼飞行器的实际应用工作一直停滞不前。在"此路不通"的情况下,人们另辟蹊径,发明了设计精巧、结构复杂的旋翼自动倾斜器,它由与操纵线系相连的不旋转件和与桨叶变距拉杆相连的旋转件组成,使欠驱动四旋翼飞行器系统变成了完整驱动的单旋翼直升机系统,从而使旋翼飞行器的复杂操纵得以实现。1939 年春,美籍俄罗斯人 Igor Sikorsky 采用旋翼自动倾斜器及尾桨平衡旋翼反扭矩的方法,设计制造了世界公认的第一架实用的单旋翼直升机 VS-300,他也因此被称为"直升机之父"。

归纳起来,多旋翼飞行器在技术探索阶段遇到的主要障碍有:

(1) 惯性导航系统体积庞大,重达数十千克,难以应用在小型飞行器上;

(2) 电子自动控制系统不成熟;

(3) 电子计算机体积大,运算速度慢。

2. 奠基阶段:20 世纪 90 年代初至 2005 年

在此阶段,微机电系统(MEMS)技术获得高速发展,为多旋翼飞行器的实用化发展奠定了坚实基础。微机电系统相对于传统的机械,尺寸更小,最大的不超过 1cm,甚至仅仅为几微米,其厚度就更加微小。质量只有几克的 MEMS 惯性导航系统被开发运用,使制作多旋翼飞行器的自动控制器成为现实。此外,由于四旋翼飞行器的概念与军事试验渐行渐远,它开始以独特的方式通过遥控玩具市场进入消费领域,结构简单,价格便宜,使用方便。

在这一阶段,相关的重大成果主要有:

(1) MEMS 惯性导航系统成熟,质量只有几克;

(2) MEMS 去噪声的数学算法成熟;

(3) 出现了运算速度快、体积小、质量轻的电子计算机(单片机)。

3. 起步阶段:从 2005 年至 2010 年

2005 年是多旋翼飞行器发展的重要转折点。在这一年,稳定可靠的多旋翼无人机自动控制器研制成功,有关多旋翼飞行器的学术研究开始获得广泛的关注,更多的学术研究人员开始研究多旋翼,并搭建自己的多旋翼无人机系统。

2006 年,德国 Microdrones 公司正式推出 md4-200 四旋翼无人机系统,开创了电动多旋翼无人机在专业领域应用的先河,并于 2010 年推出 md4-1000 四旋翼无人机系统,在全球专业无人机市场取得成功。另外,德国人 H. Buss 和 I. Busker 在 2006 年主导了一个四轴开源项目,从飞控到电调等全部开源,推出了四旋翼无人机最具参考的自驾仪 Mikrokopter。2007 年,配备 Mikrokopter 的四旋翼无人机像"空中的钉子"停留在空中。很快他们又进一步增加了组件,甚至使多旋翼无人机实现了半自主飞行。美国 Spectrolutions 公司在 2004 年推出 Draganflyer Ⅳ 四旋翼无人机,并随后在 2006 年推出了搭载 SAVS(稳定航拍视频系统)的版本。

之前一直被各种技术瓶颈限制住的多旋翼无人机系统突然出现在人们的视野中,大家惊奇地发现居然有这样一种小巧、稳定、可垂直起降、机械结构简单的飞行器存在。当这种简单而又现实的可能糅合进了人们头脑中总也挥之不去的飞行梦想时,就极大地激发起了大家对翱翔于蓝天白云的渴望和激情。一时间研究者、投资者和广大的航模爱好者接踵而至,纷纷开始多旋翼飞行器的研发、投资和使用。经过 5 年起步阶段的实验研究、技术积累和市场摸索,多旋翼无人机大规模发展的序幕逐步被拉开。

在此期间,另一个重要的因素是全球电子商务正处于向纵深快速发展的阶段,这与拓宽多旋翼无人机的销售渠道有着十分密切的关系。2006 年 5 月 10 日,淘宝网正式推出淘宝商城,开创了全新的 B2C 业务,由淘宝网提供电商平台,生产厂商和经销商可直接在淘宝网上开店。而支付宝通过绑定银行卡和支付宝账户,让很多非网银用户也可以直接在网上购物,2009 年支付宝的用户数超越 2 亿。世界上有总数超过 35 亿的网民使用电子商务,从而极大地拓展了网购商品的人群。借助于电子商务和网络营销手段,国内许多生产多旋翼无人机的中小企业可以通过网络实现全天候、国际化的商务活动,通过网络进行宣传和营销,创造更多的销售机会和渠道,从而大大提高了多旋翼无人机在世界市场上的销售额。

4. 大发展阶段:从 2010 年开始

2010 年是多旋翼无人机大发展的元年。在这一年,法国的 Parrot 公司经过 6 年努力(2004—2010 年),发布了世界上第一款真正受到大众关注的四旋翼无人机 AR. Drone,它不仅控制简单,可实现悬停,还可以通过 Wi-Fi 将所搭载相机拍摄到的图像传送到手机上,并开放了 API 接口供科研人员开发应用。AR. Drone 性能非常优秀,轻便灵活、操作便捷,最终大获成功。

实际上,对促使多旋翼无人机大发展具有重大意义的事件还有开源飞控代码的公布和发展,因为多旋翼无人机研制最核心的知识在于飞行控制算法的设计和程序编写。2007—2009年,德国人最早公布了比较完善的MK飞控代码,引来众多爱好者开始研究和制作飞控程序。2010年,法国人Alex在模型网站Regroups发布了他的Multiwii飞控程序,彻底地将多旋翼无人机的制作拉到了大众化水平。Multiwii使用数字传感器,通过IIC数据总线传输数据,因此比之前的模拟传感器飞控更加方便且小型化,其使用的控制器也是非常大众化的Arduino。虽然Multiwii程序写得并非特别易读,但在硬件方面,它直到今天也是最简单、坚实的飞控之一。此后,之前不具备多旋翼控制功能的开源自驾仪纷纷增加了多旋翼这一功能,同时也有新的开源自驾仪不断加入,这极大地降低了初学者的门槛,使制造多旋翼无人机在飞控硬件制作或购买配件组装方面变得比较容易,成本进一步降低。饮水思源,客观地说,正是开源飞控为多旋翼无人机产业大发展铺垫好了广阔深厚的群众基础。

2013年1月,中国大疆创新公司(DJI)推出精灵(Phantom)四旋翼无人机,它最大的优点是控制简便,新手学习半个多小时就可以自由飞行。它具有优雅的白色流线型外形,尺寸比AR. Drone大得多,抗风性更好,还具有内置GPS导航功能,可以在户外很大的范围内飞行。更重要的是,当时利用GoPro运动相机拍摄极限运动已经成为欧美国家的时尚,而Phantom提供了挂载GoPro的连接架,让用GoPro相机的人们有了从天空向下的拍摄视角。此外,DJI还发明了精准的相机消抖云台,让S800的航拍影像质量达到了电影级别,在好莱坞的电影拍摄者中建立了良好的口碑,也带动了"航拍公司"这个产业的形成;发明了四旋翼系统的黑匣子IOSD,让飞行数据可以被记录、分析,增加飞行的安全性;开发了优秀的图传系统,提高了远程实时图像传输的质量等。从2013年开始,中国DJI的产品作为"会飞的相机",迅速成为了世界上销量最大的四旋翼无人飞行器,每月销量成千上万,占领了全球70%以上的市场。

大疆创新(DJI)、零度等许多公司除了在市场上积极销售成品机以外,还针对欧美国家盛行的DIY精神,在国内外大力推销组装四旋翼无人机所需的成套软硬件的零配件,附有详细的装配说明书,人们经过简单的学习,就能动手组装出一架属于"自己制造"的、值得自豪的飞机。这种市场推销手法既让所有崇尚DIY精神的人为之振奋,跃跃欲试,又像星星之火,点燃了人们心中自幼就有的"飞行梦想",即使在组装过程中遇到了一点困难,也欲罢不能。自此,自己动手组装四旋翼无人机就开始成为一种时尚,流行于世界各地。随着DIY四旋翼无人机活动的火爆流行,众多爱好者的参与不仅对多旋翼无人机产业大发展做出了扎扎实实、身体力行的贡献,而且还起到了擂鼓助威、宣传普及的重要作用。有统计资料数据表明:在消费级四旋翼无人机销售市场上,组装所用的软硬零配件的销售额已经超过了成品机的销售额。

与此同时,学术界也开始高度重视和关注多旋翼飞行器技术。2012年2月,美国宾夕法尼亚大学的Vijay Kumar教授在TED上进行了四旋翼飞行器发展历史上里程碑式的演讲,展示了四旋翼飞行器的灵活性以及编队协作能力。这一场充满数学公式的演讲大受欢迎,它让世人看到了多旋翼飞行器的内在潜能,迄今已经有500多万次观看,是TED成百上千个演讲中浏览量最高的演讲之一。自此之后,多旋翼飞行器受到的关注度迅速提升,成为新的商业焦点,在全球范围内掀起了一股将多旋翼飞行器商业化的热潮,引导多旋翼飞行器进入大规模快速发展期。

随着多旋翼无人机的生产和应用在国内外蓬勃发展,特别是低空、慢速、微轻型多旋翼无人机数量的快速增加(占到民用无人机市场的绝大多数份额),以及多旋翼无人机技术的快速进步和商业销售市场的迅速扩展,人们开始将目光转向大型、快速、便捷、航程大的载人多旋翼飞行器的开发研制,近年来国内外企业先后推出了几种不同的设计方案,并都取得了试飞成功。载人化将是多旋翼无人机今后最重要的转型发展趋势,发展前景极其光明远大。目前,中国的 DJI、零度以及美国的 3DRobotics 和法国的 Parrot 等已经成为这一市场的龙头企业。

1.4.2　多旋翼无人机市场

1. 多旋翼无人机市场商机无限

从多旋翼无人机的应用领域上来看,其已经由原来以微轻型无人机发烧友和爱好者为主的娱乐功能向航拍、搜救、物流、消防、监测、运输等领域发展,市场空间大大拓展。

(1)娱乐功能。娱乐功能主要看重微轻型多旋翼无人机的飞行稳定性,技术上难度不大,价格便宜。搭载摄像功能的多旋翼无人机可以说是"会飞的照相机",它前所未有地将人们的视野拓展至高空,随时随地拍摄出震撼无比的鸟瞰照片及炫酷视频,吸引了无数消费者的目光。娱乐功能作为多旋翼无人机应用的"排头兵",对于整个行业的初期发展功不可没。

(2)航拍功能。航拍功能要求多旋翼无人机具备稳定性、续航能力和装载能力,目前已经得到广泛重视,并由此产生了专门的航拍产业。例如,好莱坞原来使用直升机拍摄电影,租金高达每小时 20000 美元,而使用多旋翼无人机以后,成本大大降低。

(3)搜寻功能。搜寻功能要求多旋翼无人机能够识别目标并发回反馈,灾难预防则要求多旋翼无人机能够处理地面数据,在技术上的要求比较高,但是市场潜力很大。

(4)物流功能。物流功能要求多旋翼无人机能安全稳定地飞行,准确识别目标,并能应对途中各种突发情况,技术要求最高,但物流效率会得到极大提升,其市场空间很大。例如亚马逊 PrimeAir 服务利用小型多旋翼无人飞行器,送货速度可以达到 80km/h。

(5)消防功能。消防功能包括火情探查、现场监视、消防灭火、消防抢险、灾害救援等,其中高层建筑的消防救火是世界性难题,使用多旋翼无人机可有效解决这个难题。多旋翼无人机可以携带高压水枪、无后坐力空气炮、脉冲水雾炮,投掷消防器材、救援器材等,飞到高空近距离进行灭火救灾作业。

(6)警用功能。多旋翼无人机可以携带摄像、红外及图像传输装置,于空中实施近距离实时监控,同时可以携带抓捕网枪、催泪瓦斯等从空中进行远距离抓捕罪犯,以及承担反恐防暴、失踪人员搜寻、落水人员救生、群发突发事件监视、现场处理等工作。

(7)植保功能。植保功能是指多旋翼无人机应用于农业植保,为大面积农产品种植提供农药、化肥喷撒服务,以及进行农作物生长情况监测、牧群监测与驱赶等作业。

(8)巡测及其他功能。巡测及其他功能包括多旋翼无人机应用于电力部门的输电线路建设、巡查和维护;石油输油管路巡视监测和安全保护;森林护林防火巡视监测;海关与税收部门的非法走私监视、边界巡逻;海岸警卫的海面搜寻、海岸巡逻等。

(9)交通运输功能。随着载人型多旋翼无人机的快速发展,载人的多旋翼无人机作为人们出行用的一种新型的航空交通运输工具,具有可在自家后院或家门口起飞降落、飞行速度快、在途时间短以及安全可靠、舒适便捷等许多优点。可以预见到不久的将来,载人型多旋翼无人机会像小汽车一样普及。

这里需要特别提到的是,2016年10月,美国优步公司(Uber)发布《快速飞入城市空中交通白皮书》,提出电动垂直起降飞行器(eVTOL)和城市空中交通(UAM)的概念。该公司指出,正如摩天大楼能更有效地利用有限的城市土地一样,城市空中交通将利用三维空域缓解地面交通的拥堵,基于电动垂直起降飞行器构成的交通网络,未来有望在郊区和城市之间,并最终在市区内实现迅速而可靠的交通网络。该白皮书详细介绍了城市空中交通的应用前景、应用模式和技术规划等内容。优步公司以互联网企业的思维和风格,加上强大的号召力和雄厚的资本,迅速在全球范围内掀起了面向城市空中交通应用的电动垂直起降飞行器的投资和研发热潮。欧洲空客公司、美国波音公司和巴西航空工业公司等老牌制造商正在加大电动垂直起降飞行器的研发投入。与此同时,丰田、戴姆勒、现代、通用等汽车行业大牌厂商也不甘落后,纷纷进军电动垂直起降飞行器市场,许多新的初创公司推出了令人震惊的创新设计,旨在与大型飞机制造商和汽车制造商在这一新的领域展开竞争。在数以百计的电动垂直起降飞行器设计方案中,大多采用的是多旋翼无人机或多旋翼复合型无人机结构设计方案。换言之,多旋翼无人机和多旋翼复合型无人机即将成为未来城市空中交通运输的主要工具。

2. 国内外多旋翼无人机发展现状的对比分析

纵观当下多旋翼无人机的国际市场,尽管国际巨头纷纷布局多旋翼无人机行业,但是在这一快速成长的市场中,中国多旋翼无人机企业无论在技术上还是销量上,都已经占据了绝对的主导地位,相关统计资料数据表明,中国多旋翼无人机出口已占据全球90%的市场。

众所周知,多旋翼无人机是一个综合了空气动力学、动力装置、导航制导、无线通信、电子信息、智能控制、系统软件等多项软硬件技术的复杂系统。人们不禁要问:在国内的电子制造业普遍落后于发达国家的情况下,为什么国内的无人机企业能够快速崛起并主导全球的这一市场呢?

要想回答这个问题,需要从人才培养、软件技术和硬件成本等多方面进行对比分析。

(1) 人才培养。人力资源是人世间最宝贵的资源,任何事业要想求得大的发展,最重要的是必须以"造就人"作为根本。当前我国多旋翼无人机事业蓬勃发展、兴旺发达的局面,主要得益于国家对高科技人才培养工作的高度重视。在国内有关学术研究方面,国防科技大学在2004年即开始了对微型多旋翼飞行器的研究,并进行了一系列的建模和实践;哈尔滨工业大学、南京航空航天大学、西北工业大学等高校也在该领域相继进行了较多的实验和探索。中国除了有2000多所大学作为高科技人才培养的基地以外,还有中国航空模型协会在全国各省市和自治区建立的地方航空模型俱乐部,每年都要举行一次全国性航空模型比赛,使航空模型活动在全国各大、中城市和部分小城市普及开来。与此同时,也有不少专业学术机构在从事着青少年科技人才的培养,例如2001年6月21日,中国自动化学会机器人竞赛工作委员会正式成立。从2004年开始,每年都要举办全国空中机器人(分为固定翼和旋翼两种)比赛。它是中国航空航天领域和智能控制领域最高规格、最高水平的科技赛事之一。

2007～2009年,德国公布和发展了开源的四旋翼无人机MK飞控代码,这促使我国广大青少年自制四旋翼无人机的活动开始活跃起来并更有深度。广大爱好者以AMOBBS和5iMX论坛为基地,进行了很多关于四旋翼无人机飞控代码、电路等的研究和改进工作。与此同时,针对不同的年龄段和受教育程度,全国有许多类似的机器人竞赛组织,为培养我国一批又一批的航空、机械电气、自动控制方面的人才,特别是多旋翼无人机研制急需的软硬件人才立下汗马功劳。比较著名的竞赛包括:①全国航空模型比赛;②亚太机器人国内选拔赛;③中国智能机器人大赛;④全国大学生机器人电视大赛;⑤中国教育机器人大赛;⑥全国青少年科普竞赛;⑦ABB杯自动化大赛;⑧中国机器人大赛。

全国各地成千上万的航模运动爱好者为了能在比赛中取得好成绩,既要刻苦学习相关的航空理论和自动控制软硬件知识,又要自己动手制作参赛用的旋翼无人机模型和编写飞控软件。整个参赛过程大大提高了他们的理论知识,丰富了他们的实践经验,从而使他们能够成为航空、自控和计算机软硬件专业技术人才。正是这种超前的高规格、严要求的比赛,为日后中国多旋翼无人机事业的兴起培养和储备了许多优秀的技术后备人才。等到现在多旋翼无人机进入大发展阶段时,他们就派上大用场了,成为我国多旋翼无人机企业研发和生产的中坚力量。

(2)软件技术。中国多旋翼无人机企业如大疆创新、零度智控等公司大都发源于高校及军事院所,在技术上具有较多的储备。加上国内企业发展相关软件和算法时间较早,所以占据了先发优势,使得后来行业兴起时国内企业能够"一步早"而"步步早",在技术上领先国外企业。

(3)硬件成本。从硬件上来说,微轻小型多旋翼无人机(航模)其实壁垒并不高,其成本主要是一些精密零件的组装和空气动力学的设计。借助于国内完善的电子元器件供应链,中国多旋翼无人机企业能够以较低的成本生产和销售产品,大大提高了产品的性价比。

1.4.3 多旋翼无人机与其他类型无人机的对比分析

现在,世界各国掀起了一股研发和广泛应用多旋翼无人机的热潮。多旋翼无人机设计、制造和应用的"群众运动"就像是滚雪球一样越滚越大。旋翼飞行器家族也随着具有各种各样用途的多旋翼无人机不断涌入而变成了一个非常庞大的家族。放眼世界,无论是在和平的建设环境中,还是在残酷的战场上,每天都有成千上万架各种类型的多旋翼无人机腾空而起,肩负着人们赋予的任务在忙碌地工作着。

虽然无人机家族是由固定翼无人机、无人直升机和多旋翼无人机三类组成的,而且按照诞生(试飞成功)的时间计算,多旋翼无人机年龄最小,投入使用的时间最短,但它却深受大家的喜爱。下面通过对这三类无人机特点的对比分析,来说明人们缘何青睐多旋翼无人机。

1. 无人机家族发展简史

(1)固定翼无人机。固定翼无人机是无人机家族中的老大。世界上第一架试飞成功并投入实际应用的固定翼无人机是英国"蜂后"无人机,它诞生于1935年,是现代无人机历史上的"开山鼻祖"。随后,该无人机被运用于第二次世界大战各大战场,执行侦察任务,在英国皇家空军服役到1947年。因为当时的科技相对落后,无人机性能差、故障多,不能出色地完成任务,所以受到冷落,甚至被军方弃用,随后的30多年,无人机的发展基本上处于停滞不前的状态。

20世纪80年代初期,随着科技的高速发展,无人机的技术也在逐渐成熟。1982年以色列首创无人机与有人机协同作战,十分成功,无人机才重回大家的视线,真正开启了无人机的发展之路。世界上有一些国家生产制造了多种型号的固定翼无人机,如美国1986年投产的"先锋RQ-2A",1994年投产的"捕食者MQ",2009年投产的"哨兵RQ-170"和2010年投产的"全球鹰"固定翼无人机等。这些固定翼无人机仅用于军事行动,如作为侦察机和靶机等,数量稀少、任务神秘、真容罕见。除非身处战场,否则与广大平民百姓的生活基本上没有多大关系,因此一直不受大家的关注。

(2)无人直升机。无人直升机是无人机家族中的老二。20世纪90年代中后期,美国无人直升机研制呈迅猛发展趋势,各大直升机公司纷纷介入,也带动了全球无人直升机的研制热潮。2005年,美国诺斯罗普·格鲁曼公司将有人驾驶直升机改装为无人直升机,取名为"火力侦察兵",现有海军型和陆军型两个型号。改装过程充分利用成熟的直升机技术和零部件,仅对机身和燃油箱进行改进,而机载通信系统和电子设备又采用了诺斯罗普·格鲁曼公司的"全球鹰"无人机所使用的系统,这样做显然有利于节省成本和缩短研制周期。

2019年11月,由西科斯基飞行器公司S-76商用直升机改装而成的无人直升机SARA进行了自主飞行试验,试验结果表明,改装后的无人直升机具有飞行速度快、航程远和可靠性高的特点。

除美国外,加拿大、英国、法国、新西兰和中国等国家也都在研制自己的无人直升机。

(3)多旋翼无人机。多旋翼无人机是无人机家族中的老三,其诞生和发展过程在前面章节中都已经介绍,在此不再赘述。

2. 固定翼无人机的优缺点

(1)优点。固定翼无人机在空中飞行时,由气流高速流过机翼而产生升力,电动机或燃油发动机只需要提供动力克服前飞时遇到的空气阻力(一般是机身重量的 $1/10\sim1/3$),所需的动力(能量)很小,耗能低,其动力系统能量有效利用率非常高。与旋翼无人机相比,具有载重量大、飞行速度快、续航时间长、航程远、飞行高度高等优点。

(2)缺点。固定翼无人机起飞和降落需要很长的跑道,受场地的局限性很大;不具备空中悬停特性,也不能慢速飞行(有最低飞行速度限制)和超低空飞行,因此很难应用于民用无人机领域;操控难度较大,一般需要经过专业培训,从而增加了操控风险。

3. 无人直升机的优缺点

(1)优点。无人直升机可垂直起降、空中悬停,朝任意方向飞行,慢速飞行及超低空飞行(如树梢高度飞行)。

(2)缺点。包括无人直升机和多旋翼无人机在内的旋翼无人机,其旋翼系统既要负责提供向上的升力,又要负责克服前飞时的空气阻力,两者所需的能量全部由电动机或燃油发动机提供,其中提供升力所消耗的能量占大部,为总能耗的 $70\%\sim90\%$,电动机或燃油发动机只余下小部分能量用来克服前飞时的空气阻力,因此其动力系统能量有效利用率非常低,耗能高。与固定翼无人机相比,具有飞行速度低、耗油量高、航程短、载重小、最大飞行高度低等缺点。操控难度较大,一般需要经过专业培训,从而增加了操控风险。

4. 多旋翼无人机的优缺点

(1)优点。与无人直升机相同,可垂直起降、空中悬停,朝任意方向飞行,慢速飞行及超低空飞行(如树梢高度飞行)。但是其结构比无人直升机简单,活动机械部件比无人直升机少。

(2)缺点。与无人直升机相同,动力系统能量有效利用率非常低,耗能高。与固定翼无人机相比,具有飞行速度低、耗油量高、航程短、载重小、最大飞行高度低等缺点。

5．用户体验

什么是用户体验？国际标准化组织 ISO 9241-210-2019 标准将用户体验定义为"人们对于针对使用或期望使用的产品、系统或者服务的认知印象和回应"。通俗来讲就是"这个东西好不好用，用起来方不方便"。因此，用户体验是主观的，且其注重实际应用时产生的效果。

根据多年来对无人机用户的访问调查和统计分析，得出使用过三种无人机类型的用户体验结果如下。

（1）操控性方面。多旋翼无人机的操控是最简单的。它不需要跑道便可以垂直起降，起飞后可在空中悬停。它的操控原理简单，操控器 4 个遥感操作对应飞行器的前后、左右、上下和偏航方向的运动。在自动驾驶仪方面，多旋翼无人机自驾仪控制方法简单，控制器参数调节也很简单。相对而言，学习固定翼无人机和无人直升机的操控飞行不是简单的事情。固定翼无人机飞行场地要求开阔，受场地影响较大；无人直升机飞行过程中会产生通道间耦合，自动驾驶仪控制器设计困难，控制器调节也很困难。

（2）可靠性方面。多旋翼无人机没有活动的机械部件，它的可靠性基本上取决于无刷电机的可靠性，因此可靠性较高。相比而言，固定翼无人机和无人直升机都有活动的机械连接部件，飞行过程中会产生磨损，导致可靠性下降。而且多旋翼无人机能够悬停，飞行范围受控，相对固定翼无人机更可靠安全。

（3）安全性方面。多旋翼无人机在安全性方面也是表现最出色的。无人直升机具有结构性的先天缺陷，难以操纵，导致故障频发；多旋翼无人机不仅可以自由悬停，而且成本也不高，可以实现有效控制。

（4）维护性方面。多旋翼无人机的维护性是最好的，因其结构简单，若电机、电子调速器、电池、旋翼桨叶、机架损坏，很容易替换。而固定翼无人机和无人直升机结构相对复杂一些，机械零件比较多，维护比较麻烦。

（5）成本价格方面。多旋翼无人机结构简单、使用方便、成本低廉，自学组装容易。

（6）飞行效率方面。多旋翼无人机最大的缺点是其载荷小，续航时间短，使用普通的锂电池通常一次充满电要花一个小时，但仅能满足半小时的飞行任务，这是最大的短板。

综合以上多方面的因素考虑，多旋翼无人机仍然是目前大多数用户的首选。多旋翼无人机的旋翼数量有三旋翼、四旋翼、六旋翼和八旋翼等，迄今为止四旋翼仍是最受欢迎的多旋翼无人机。

1.5　多旋翼无人机的开源飞控

多旋翼无人机之所以能快速得到广泛的应用，除了它自身结构简单、成本低廉以外，主要还得益于现代微机电系统和开源飞控技术的快速发展。从前面章节的介绍和讨论中可知：与其他类型无人机相比较，多旋翼无人机对飞行自动控制能力的要求是最高和最难的，正是大批基于微机电系统的开源飞控给了它强大的生命力，使它能在各种类型航空飞行器的应用和发展过程中力压群雄、独占鳌头。

1.5.1 开源软件和开源硬件的基本概念

1. 开源软件、闭源软件和商品软件的定义

（1）开源软件。开源（open source）的概念最早被应用于开源软件。开源软件是一种去中心化的软件开发模式，它公开分发软件源代码以进行开放式协作和对等生产，称为"开源方式"。开源方式是在开源社区内进行思考和协作的一种软件开发形式。这一理念基于知识自由和核心原则：透明、协作、交付、包容和社区。开源社区的思想交流和软件开发活动推动了各个行业的创新及科学技术的进步。开源软件运动创造了一种通过软件源代码协作和共享的方式，协助个人及团体实现科技创新目标。

实际上开源软件是协作式软件。组建开源社区的目的是依靠软件开发人员的集体力量，通过同行评审达到相互交流、改进和共享使用源代码的目标。开源社区内既有一些经验丰富、水平高超的软件开发高手，也有不少初出茅庐、缺乏经验的新手，众多新老软件开发人员汇聚在一起，通过网络交流构想和分析代码，共同或单独创建更多创新的软件解决方案。这种可扩展且灵活的软件开发和使用方式，可确保任何拥有源代码的软件人员都能将其修改、增强和重新分发，从而提高可复用性和可访问性。开源软件基于对等生产和大规模协作的基本原则，从而为最终用户创造可持续的软件开发体验。

开放源代码促进会是开源软件的群众性组织，与此同时，每一个开源项目均拥有自己的论坛，由团队或个人进行管理，论坛定期发布开源代码，而对此感兴趣的程序员都可以下载这些代码，并对其进行修改，然后上传自己的成果，管理者从众多的修改中选择合适的代码改进程序并再次发布新版本。如此循环，形成"共同开发、共同分享"的良性循环。

（2）闭源软件。闭源软件是不向公众分发的专有软件。这类软件进行了加密，因此仅创建该代码的原始作者有权合法复制、修改、更新和编辑源代码。闭源软件的目的是防止用户修改、共享、复制或重新发布源代码。

（3）商品软件。商品软件是指通过交易或贸易方式面向社会公众发行的各种商品化的软件。作为商品软件，其功能、性能通常已经过严格测试，因而相当可靠，其使用方法也非常便利。软件供应商收取了用户的软件使用费用，因此不仅应该向用户提供程序（通常是目标码文本）和使用说明（通常是手册的形式），而且应该向用户提供包括版本更新在内的技术服务。

2. 开源硬件的定义

开源软件的发展逐渐与硬件相结合，产生了开源硬件。开源硬件的定义延伸着开源软件的定义，是指可以通过公开渠道获得的硬件设计，包括电路原理图、电路板布局数据、材料清单、设计方案和图纸，以及硬件设计的源代码等。换言之，设计思想和方案可自由分享的硬件都属于开源硬件的范畴，任何人都可以对开源硬件的设计进行学习、修改、发布、制作和销售。类比开源软件，你可能会误以为开源硬件是可以免费获得、自由修改并再分发的硬件。如果你这么想，就大错特错了，毕竟硬件是有形的，其加工过程中的材料费、运输费、燃料费和人工费等都是看得见摸得着的。

开源软件通常产生在开源硬件之前，例如手机安卓系统就是开源软件之一，基于安卓系统诞生了许多新的手机品牌和生产厂商。硬件与软件的不同之处是实物资源的目标始终是致力于创造实物商品，因此，生产在开源硬件许可下的产品的人和公司有义务明确该产品没有在原设计者核准前被生产、销售和授权,并且没有使用任何原设计者拥有的商标。在复制成本上,开源软件的成本也许是零,但是开源硬件不一样,其复制生产成本较高。

开源硬件的群众性组织称为开源硬件协会。实际上,在人类社会早期,硬件产品的开发生产都是开源的,例如打印机、PC,甚至苹果电脑,它们的整个设计原理图都是公开的。到了 20 世纪 60 年代,很多公司为了在激烈的全球市场竞争中增强自己的竞争力,开始注重保护自己的市场竞争资源,特别是知识产权资源,从而选择了闭源。这种情况再加上很多的贸易壁垒、技术壁垒、专利版权等,就出现了不同公司之间的互相起诉,类似于三星公司和苹果公司之间所做的那样。这种做法虽然在一定程度上有利于保护知识产权和促进技术创新,但是会阻碍小公司或者个体创新的发展。

1.5.2　无人机开源飞控的基本概念

无人机开源飞控导航系统,简称无人机开源飞控,通常具有良好的硬件与软件架构体系,因为它们融汇了来自全球各地的无人机爱好者和大学研究机构设计人员的贡献。

1. 无人机开源飞控的定义

无人机开源飞控是建立在开源思想基础上的无人机飞控导航系统项目,它包含开源软件和开源硬件,开源软件又包含飞控硬件中的固件和地面站软件两部分。广大的无人机爱好者不但可以参与软件的研发,也可以参与硬件的研发;不但可以购买硬件来开发软件,也可以自制硬件,这样便可让更多人自由享受该项目的开发成果。

2. 无人机开源飞控协议的类型

现今存在的开源协议很多,而经过开放源代码促进会批准的开源协议有 58 种。如果想要开源自己的代码,最好也是选择这些已被批准的开源协议。目前常用的开源飞控主要遵行两个协议,一个是 BSD,另一个是 GPL。

(1) BSD 开源协议。BSD 开源协议是一个给予使用者很大自由的协议。使用者可以自由地使用、修改源代码,也可以将修改后的代码作为开源或者专有软件再发布。

以 BSD 协议代码为基础二次开发自己的产品时,需要满足 3 个条件:

① 如果再发布的产品中包含源代码,则在源代码中必须带有源代码中的 BSD 协议;

② 如果再发布的只是二进制类库/软件,则需要在类库/软件的文档和版权声明中包含原来代码中的 BSD 协议;

③ 不可以用开源代码的作者/机构名字和原来产品的名字做市场推广。

BSD 代码鼓励代码共享,但需要尊重代码作者的著作权。BSD 由于允许使用者修改和重新发布代码,也允许使用者在 BSD 代码上开发商业软件进行发布和销售,因此是对商业集成很友好的协议。很多商业公司企业希望自己的功能成为核心竞争力,一般都会使用基于 BSD 协议的开源软件,这样可以避免共享自己的代码。

(2) GPL 开源协议。GPL 开源协议与 BSD 开源协议等鼓励代码重用的许可很不一样。GPL 的出发点是代码的开源/免费使用和引用/修改/衍生代码的开源/免费使用,但不允许修改后和衍生的代码作为闭源的商业软件发布和销售。例如,Linux 就是采用了 GPL 开源协议,这也就是为什么人们能用免费的各种 Linux,包括商业公司的 Linux 和 Linux 上各种各样的由个人、组织,以及商业软件公司开发的免费软件。

GPL 协议规定软件产品中只要有一个子软件使用了 GPL 协议,则该软件产品必须也要采用 GPL 协议，即必须也是开源和免费的。由于 GPL 严格要求使用了 GPL 类库的软件产品必须使用 GPL 协议，对于使用 GPL 协议的开源代码、商业软件或者对代码有保密要求的部门就不适合集成/采用作为类库和二次开发的基础。因此 GPL 协议更偏向于个人用户的社区。

3. 无人机开源飞控的发展历程

无人机开源飞控的发展历程大致可分为 3 代。

（1）第一代开源飞控使用 Arduino 或其他类似的开源电子平台为基础，扩展连接各种 MEMS 传感器，能够让无人机平稳地飞起来，其主要特点是模块化和可扩展能力。

（2）第二代开源飞控大多拥有自己的开源硬件、开发环境和网络社区，采用全集成的硬件架构，将全部陀螺仪、加速度计、磁力计、微处理器，甚至 GPS 等电子设备全部集成在一块电路板上，以提高可靠性。它使用全数字三轴 MEMS 传感器组成航姿系统，能够控制无人机完成自主航线飞行，同时可加装电台与地面站进行通信，初步具备完整自动驾驶仪的功能。此类飞控通常能够支持多种无人设备，包含固定翼无人机、旋翼无人机和无人驾驶车辆等，并具备多种飞行模式，包含手动飞行、半自主飞行和全自主飞行。第二代飞控的主要特点是高集成性和高可靠性，其功能已经接近商业自动驾驶仪标准。

（3）第三代开源飞控在软件和人工智能方面进行了一些重大革新，加入了集群飞行、图像识别、自主避障、自动跟踪飞行等高级飞行功能，向机器视觉、集群化和开发过程平台化的方向发展。

简言之，开源飞控为无人机行业的发展做出了巨大贡献，让无人机产业得以蓬勃发展，给无数行业领域带来了新的便利。此外，开源也让全球无人机玩家充分发挥自己的才智，贡献自己的技术，让无人机技术的发展更上一层楼。

4. 无人机开源飞控的选择方法

选择无人机开源飞控主要考虑以下几方面的因素及采取正确的方法。

（1）适配。目前，众多无人机生产厂商中拥有自己的商用飞控技术和品牌的较少，多数生产厂家走了一条设计、研发、生产机体，采购成熟飞控，最后开拓市场渠道的道路，这有利于公司的快速起步并且占领市场制高点。无人机生产厂商选择无人机开源飞控时要从满足用户需求的目标出发，根据无人机系统的类型，考虑到降低开发风险、提高研发效率、减少维护成本等各方面的因素，选择的开源飞控要能完全适配自己公司设计生产的无人机，以确保生产出来的无人机飞得又稳又好，飞行性能和品质等都能达到用户需求。

（2）三看。相比几年前，现在无人机开源飞控的种类和品牌众多，大多数开源飞控的品质已经基本稳定，市场也趋于成熟。无人机生产厂商如何选择一款性能稳定、品质可靠的开源飞控呢？可以采用"三看"诀窍："一看"公司产能，年产至少达到 1000 套以上各类工艺流程、质量管理、测试体系才能基本走通、健全。"二看"器件筛选，工业级以上的产品尤其是需要"归零"管理的产品器件筛选非常重要，需要考察公司在器件筛选的流程、筛选率等，确定基础器件的稳定。"三看"测试环境，飞控产品属于"零容忍"故障产品，质量要全检，至少需要经历模块级测试、产品级测试、系统级测试。虽然产品形态是飞控，但必须经过整机安装后的飞行测试，再拆装复原，才能出厂。

（3）服务。在无人机的实际使用中，开源飞控生产厂商的专业服务是一个特别重要的因素，尤其是对于在第一线使用无人机的客户而言。以农业植保应用为例，农田施药的作业季在 3～10 月,而旺季主要集中在 5～8 月,需要高强度、大负荷、不间断作业,在温差大、湿度大、环境复杂的农田出现各类故障在所难免。优质的服务需要 7×24 小时提供不间断技术支持、配件更新、调试指导,才能让使用者最大限度减小损失、获取效益,而且这些专业服务目前只有开源飞控生产厂商做得最好,因此要选择售后服务好的厂商。

1.6　民用多旋翼无人机飞行管理

在民用无人机迅猛发展的大背景下,其安全问题也成为公众关注的焦点。国内曾经发生过无人机违规飞行对民航客机产生影响的事件,也发生过无人机危及地面人员生命财产安全的事件。在此背景下,民航局陆续颁布了一系列文件来规范管理无人机的审定与运营工作,以保障航空安全。民用多旋翼无人机属于无人机的范畴,因此也必须遵守无人机相关的法律法规。

1.6.1　航空空域的划分

空域是国家资源,事关国家主权,受到军队的严密控制、保护和管理。和平时期,为了保证飞行安全及提高运行效率,航空器运行的空间被划分为各类空域,用以规范航空器的运行行为及相应的空中交通服务。空域管理与使用是面向公众的公共服务,以保障空域得到合理、充分和有效的利用。

1. 民用航空空域划分

我国民用航空空域划分为以下几类。

(1) 飞行情报区。飞行情报区是为了提供飞行情报服务和告警服务而划定范围的空间。全国共划分为沈阳、北京、上海、昆明、广州、武汉、兰州、乌鲁木齐、三亚、香港和台北 11 个飞行情报区。

(2) 管制空域。管制空域是一个划定的空间,在其中飞行的航空器要接受空中交通管制服务。根据所划空域内的航路结构和通信导航气象监视能力,我国将管制空域分为 A、B、C、D 4 类。

① A 类空域:A 类空域为高空管制空域,在我国境内 6600m(含)以上直至巡航高度层上限的空间划分为若干高空管制空域。A 类空域只允许 IFR(instrument flight rules,仪表飞行规则)飞行,并对所有在其中飞行的航空器提供空中交通管制服务。

② B 类空域:B 类空域为中低空管制空域。在我国境内 6600m(不含)以下、最低高度层以上的空间划分为若干中低空管制空域。B 类空域接受 IFR 飞行和 VFR(visual flight rules,目视飞行规则)飞行,并对在其中飞行的航空器提供空中交通管制。

③ C 类空域:C 类空域为进近管制空域,通常是设置在机场附近,便于进场和离场航空器飞行的管制空域,其垂直范围在 6000m(含)以下、最低高度以上,水平范围为以机场基准点为中心,半径 50km 的空间。C 类空域接受 IFR 飞行和 VFR 飞行,并对所有在其中飞行的航空器提供空中交通管制服务。

④ D 类空域:D 类空域为塔台管制空域,通常包括起落航线、第一等待高度层(含)至地球表面的空间和机场机动区。D 类空域接受 IFR 飞行和 VFR 飞行,并对所有在其中飞行的航空器提供空中交通管制服务。D 类空域的空中交通管制服务由塔台管制室负责。

(3) 禁区。禁区是禁止航空器飞行的一个划定范围的空域。禁区的设置通常是为了保护重要的国家设施、工业集团(避免由于航空器事故引起灾难性的后果,如核电站、敏感的化工集团)或者是关系到国家安全保卫的特别敏感的设施。

(4) 限制区。限制区是在一个国家的陆地或领海上空根据某些规定条件限制航空器飞行的一个划定范围的空域,如飞行空域、炮射区、靶场等。

(5) 危险区。危险区是一个划定范围的空域,在规定的时间内,此空域中可能存在对飞行有危险的活动。危险区不仅可以在主权空域内设置,也可以在公海上空等非主权空域内设置,但应公布时间和高度范围,以及设置危险区的原因。

(6) 航路。在我国,航路的宽度(即航路保护区的宽度)为航路中心线两侧各 10km。

(7) 航线。满足定期航班需求而尚未建立航路的航线称为固定航线;由于临时性的航空运输或通用航空飞行的需要在航路和固定航线之外飞行的航线称为临时航线。航线导航设备不能保证航空器进行 IFR 飞行时,应进行 VFR 飞行。

2. 低空空域划分

民用航空飞行高度一般在 6000m 以上。低空空域指的是 1000m 以下的飞行区域。我国已经开放低空空域,给广大老百姓的私人飞行器(包括有人驾驶和无人驾驶的飞行器)使用,以发展繁荣我国的航空业。低空空域划分为管制空域、监视空域、报告空域三类,其准入条件如下。

(1) 管制空域。飞行计划获得许可;航空器配备甚高频通信设备、高精度高度表、二次雷达应答机和广播式自动相关监视设备(ADS-B);无线电保持持续双向畅通;民用航空器驾驶员实施目视飞行最低应持有私人执照或运动执照、学生执照,实施仪表飞行最低应持有私人执照。

(2) 监视空域。飞行计划已报备;航空器配备甚高频通信设备和广播式自动相关监视设备;无线电保持持续双向畅通;民用航空器驾驶员最低应持有运动执照或学生执照;空域内飞行航空器空速不大于 450km/h。

(3) 报告空域。飞行计划已报备,民用航空器驾驶员最低应持有运动执照或学生执照;空域内飞行航空器空速不大于 450km/h。

3. 无人机飞行空域划分和分类管理

(1) 无人机飞行空域划分。包括多旋翼无人机在内的无人机飞行空域主要依靠完善的法规和制度、科学的空域划设、灵活的飞行程序、共享的信息平台、准确的通信和监视来进行管理。

无人机飞行空域划分方法如下。

① 视距内运行(visual line of sight operations,VLOS):无人机驾驶员或观测员与无人机保持直接目视视觉接触的操作方式,无人机处于驾驶员或观测员目视视距内半径 500m,相对高度低于 120m 的飞行区域内。

② 超视距运行(extended VLOS,EVLOS):无人机在目视视距以外的运行。

③ 融合空域:是指有其他有人驾驶航空器同时运行的空域。

④ 隔离空域:专门分配给无人机运行的空域,通过限制其他航空器的进入以规避碰撞风险。

⑤ 人口稠密区:是指城镇、乡村、繁忙道路或大型露天集会场所等区域。

⑥ 重点地区:是指军事重地、核电站和行政中心等关乎国家安全的区域及周边,或地方政府临时划设的区域。

⑦ 机场净空区：也称机场净空保护区域，是指为保护航空器起飞、飞行和降落安全，根据民用机场净空障碍物限制图要求划定的空间范围。

（2）无人机飞行管理的分类。民用无人机划分为 7 类，除了按质量，将空机质量≤116kg 和起飞全重≤150kg 的无人机分为 4 类以外，还设定植保类无人机为Ⅴ类无人机，无人飞艇为Ⅵ类无人机，100m 之外超视距运行的Ⅰ、Ⅱ类无人机为Ⅶ类无人机。

（3）无须证照管理的无人机。

Ⅰ类无人机（空机质量和起飞全重小于 1.5kg）。

在室内、拦网内等隔离空间运行的无人机。

（4）无人机飞行管理的要求。

① 无人机云系统（简称无人机云）：指轻小型民用无人机运行的动态数据库系统，用于向无人机用户提供航行服务、气象服务等，对民用无人机运行数据（包括运营信息、位置、高度和速度等）进行实时监测。接入系统的无人机应即时上传飞行数据，无人机云系统对侵入电子围栏的无人机具有报警功能。

② 电子围栏：指为阻挡即将侵入特定区域的航空器，在相应电子地理范围中画出特定区域，并配合飞行控制系统、保障区域安全的软硬件系统。

③ 主动反馈系统：指运营人主动将航空器的运行信息发送给监视系统。

④ 被动反馈系统：指航空器被雷达、ADS-B 系统、北斗等手段从地面进行监视的系统，该反馈信息不经过运营人。

⑤ 民用无人机驾驶员资格要求：民用无人机驾驶员应当根据其所驾驶的民用无人机的等级分类，符合《民用无人机驾驶员管理规定》（AC-61-FS-2016-20R1）中关于执照、合格证、等级、训练、考试、检查和航空经历等方面的要求。

⑥ 禁止酒驾：民用无人机驾驶员在饮用任何含酒精的液体之后的 8 小时之内或处于酒精作用之下或者受到任何药物影响及其工作能力对飞行安全造成影响的情况下，不得驾驶无人机。

⑦ 控制能力要求：驾驶员应当能够随时控制无人机。对于使用自主模式的无人机，无人机驾驶员必须能够随时操控。

1.6.2　与民用多旋翼无人机飞行相关的法律问题

1. 空域限制的法律问题

国家领空事关主权，因此，国家对于空域的管制是非常严格的，并进行统一管理。《中华人民共和国飞行基本规则》规定，空域通常划分为航路、航线、空中禁区、空中限制区和空中危险区等。国家重要的政治、经济、军事目标上空，可以划设空中禁区；位于航路、航线附近的军事要地、兵器试验场上空和航空兵部队、飞行院校等航空单位的机场飞行空域，可以划设空中限制区；射击场或者发射场等，根据其射向、射高、范围，可以在上空划设空中危险区。同时，军用或民用机场还存在净空保护区域，《通用航空飞行任务审批与管理规定》明确规定"无人驾驶的航空器，不允许在国家重要目标和国家重大活动场所上空从事通用航空飞行"。另外，除了平面空域限制外，在垂直空域内，民用多旋翼无人机的飞行高度也存在一定限制，应尽可能避免遥控飞机进入过高空域。在空域限制区域，任何航空器，包括民用多旋翼无人机的起降飞行都会受到严格的禁止或限制，若有违反则需要承担相应的法律责任。

2．民用多旋翼无人机适航法律问题

适航管理即民用多旋翼无人机飞行资质问题。根据民用航空法，航空器及其发动机、螺旋桨和民用航空器上的设备，应当向国务院民用航空主管部门申请领取型号合格证书，并取得适航证书，方可飞行。另外，从事通用航空活动应当具备通用航空经营许可证，例如通用航空中的空中拍照，即指在航空器，包括飞机、直升机、飞艇和多旋翼无人机等使用摄影机、摄像机、照相机等，为影视制作、新闻报道、比赛转播拍摄空中影像资料等飞行活动。根据《非经营性通用航空登记管理规定》，对于超轻型飞行器，包括超轻型民用多旋翼无人机，不要求其具有国籍登记证和适航证，对航空人员也无执照要求。

《无人驾驶航空器飞行管理暂行条例》规定，组织无人驾驶航空器飞行活动的单位或者个人应当在拟飞行前 1 日 12 时前向空中交通管理机构提出飞行活动申请。空中交通管理机构应当在拟飞行前 1 日 21 时前作出批准或者不予批准的决定。

3．民用多旋翼无人机安全责任问题

民用多旋翼无人机起飞以后脱离地面，翱翔于天空，其有可能对建筑物、构筑物设施设备以及人的生命财产造成危害。《中华人民共和国侵权责任法》规定"民用航空器造成他人损害的，民用航空器的经营者应当承担侵权责任，但能够证明损害是因受害人故意造成的，不承担责任"，这说明若民用多旋翼无人机的侵权责任是飞行高度造成的责任，即高度危险责任，一旦发生损害，则应承担赔偿责任，且只有在"受害人故意"的一种情况下才能够免责，这无疑对民用多旋翼无人机的安全适航责任提出了非常高的要求。

这就需要民用多旋翼无人机生产企业和使用人提高安全意识，必须提升民用多旋翼无人机飞行质量，防止民用多旋翼无人机坠毁后发生燃烧或飞行过程中发生旋翼伤人等事件。民用多旋翼无人机一般都要求安装防碰撞装置，即在民用多旋翼无人机实体四周形成球形保护，设置防撞条。另外，更重要的是应采取安全防范的技术措施，以预防民用多旋翼无人机被不法分子利用作为暴恐的手段。

4．民用多旋翼无人机和隐私权问题

2013 年国家测绘地理信息局办公室颁发《关于街景影像地图采集制作活动有关政策问题的批复》，明确规定"编制形成的实景地图，应按照规定送测绘地理信息行政主管部门进行地图审核，经审核批准取得审图号后方可公开使用"。民用多旋翼无人机基于其得天独厚的优势，在信息采集上能力超群，但也会涉及个人或商业隐私问题。很多驾控者操纵民用多旋翼无人机拍摄照片，有意或无意间会侵犯到他人或其他商事主体的个人隐私或商业秘密。因此，民用多旋翼无人机企业在开展摄影服务时，应当同时做好侦测工作，通过技术和人力对人脸、门牌、车牌等进行模糊化处理。

1.6.3 民用多旋翼无人机飞行管理文件

无规矩不成方圆，包括民用多旋翼无人机在内的无人机产业要想走向成熟，首先要解决的便是行业标准的建设与完善问题。为此，我国民航局已经颁发了多个管理文件，主要涉及空域飞行管制、航空器适航性审定、航空器驾驶人员审核和航空作业许可 4 个方面。

1．《通用航空飞行管制条例》

2003 年 5 月 1 日，我国开始施行《通用航空飞行管制条例》。该条例明确规定无人机用于民用业务飞行时，必须当作通用航空飞机对待。我国通用航空的法规是相对完整的，民用无人机市场完全可遵照现有相关通用航空法规框架进行发展。从 2005 年开始,按民航部门的要求,无人机都必须加装空管应答机,并具备防撞功能。

2.《民用无人驾驶航空器实名制登记管理规定》

2017 年 5 月 16 日,民航局航空器适航审定司发布《民用无人驾驶航空器实名制登记管理规定》。

目的:为加强民用无人驾驶航空器(以下简称民用无人机)的管理,对民用无人机拥有者实施实名制登记,特制定本管理规定。

适用范围:适用于在中华人民共和国境内最大起飞质量为 250g 以上(含 250g)的民用无人机。

内容摘要:自 2017 年 6 月 1 日起,民用无人机的拥有者必须按照本管理规定的要求进行实名登记。2017 年 8 月 31 日后,民用无人机拥有者,如果未按照本管理规定实施实名登记和粘贴登记标志的,其行为将被视为违反法规的非法行为,其无人机的使用将受影响,监管主管部门将按照相关规定进行处罚。

3.《无人驾驶航空器飞行管理暂行条例》

2023 年 5 月,国务院、中央军委公布了《无人驾驶航空器飞行管理暂行条例》,2024 年 1 月 1 日起实施。该条例是我国首次从国家战略层面对无人机管理和发展做出部署,规定在中华人民共和国境内辖有无人驾驶航空器系统的单位、个人和与无人驾驶航空器飞行有关的人员及其相关活动,应当遵守本条例。

该条例根据运行风险大小,把民用无人机分为五类:微型、轻型、小型、中型、大型。

(1) 微型无人机指空机质量小于 0.25kg,设计性能同时满足飞行真高不超过 50m,最大飞行速度不超过 40km/h,无线电发射设备符合微功率短距离发射设备技术要求的遥控驾驶航空器。

(2) 轻型无人机指同时满足空机质量不超过 4kg,最大起飞质量不超过 7kg,最大飞行速度不超过 100km/h,具备符合空域管理要求的空域保持能力和可靠被监视能力的遥控驾驶航空器,但不包括微型无人机。

(3) 小型无人机指空机质量不超过 15kg 或者最大起飞质量不超过 25kg 的无人机,但不包括微型、轻型无人机。

(4) 中型无人机指最大起飞质量超过 25kg、不超过 150kg,且空机质量超过 15kg 的无人机。

(5) 大型无人机指最大起飞质量超过 150kg 的无人机。

中型、大型无人机,应当进行适航管理。

4.《民用无人机驾驶员管理规定》

2018 年 8 月 31 日,民航局飞行标准司发布了《民用无人机驾驶员管理规定》。

目的:近年来随着技术进步,民用无人驾驶航空器(简称无人机)的生产和应用在国内外得到了蓬勃发展,其驾驶员(业界也称操控员、操作手、飞手等,在本咨询通告中统称为驾驶员)数量持续快速增加。面对这样的情况,局方有必要在不妨碍民用无人机多元发展的前提下,加强对民用无人机驾驶员的规范管理,促进民用无人机产业的健康发展。

适用范围:用于民用无人机系统驾驶人员的资质管理。其涵盖范围包括:无机载驾驶人员的无人机系统、有机载驾驶人员的航空器,但该航空器可同时由外部的无人机驾驶员实施完全飞行控制。分布式操作的无人机系统或者集群,其操作者个人无须取得无人机驾驶员执照,具体管理办法另行规定。

内容摘要:针对执照和等级要求、无人机系统驾驶员管理等方面提出要求,旨在按照国际民航组织的标准建立我国完善的民用无人机驾驶员监管体系。

5.《民用无人驾驶航空器系统实名登记管理程序》

2021年10月29日,民航局制定并公布了《民用无人驾驶航空器系统实名登记管理程序》。

目的:为加强对民用无人驾驶航空器的登记管理,保障民用无人驾驶航空器航空活动安全,维护民用无人驾驶航空器活动秩序,促进民用无人驾驶航空器产业健康有序发展,特制定本程序。

废止:自本程序生效之日起,如下文件废止:《民用无人驾驶航空器实名制登记管理规定》(AP-45-AA-2017-03)。

适用范围:本程序适用于民用无人驾驶航空器的实名登记,以及涉及境外飞行和载人飞行的民用无人驾驶航空器的国籍登记、未进行国籍登记或注销登记函件等事项的管理。

6.《民用无人驾驶航空器系统适航审定管理程序》

2021年10月29日,民航局制定并公布了《民用无人驾驶航空器系统适航审定管理程序》。

为了满足公众对民用无人驾驶航空器系统的需求,促进我国民用无人驾驶航空器系统的设计、生产和安全运行,根据其实际使用情况,提出基于风险的适航审定原则,实施分级审定,制定本管理程序。

本管理程序适用于按照国家规定纳入适航管理的国内民用无人驾驶航空器系统的设计生产批准函和适航批准的申请、受理、审查和颁发,以及对证件持有人的管理和监督,对于进口民用无人驾驶航空器系统,根据适用的双边适航协议、备忘录或技术性协议处理。

对无人机适航审定项目依据项目风险等级开展分级审定,并且明确了低、中、高风险三类项目的局方介入程度。同时,审定程序还突出了基于体系的审定理念,以对申请人适航管理体系进行审查为先导,考察申请人的适航管理能力,建立申请人适航管理体系的能力清单,明确申请人的权利责任,进而促进申请人建立、完善其适航管理体系,提高自身适航管理能力,保证产品对适用的适航和环保要求的符合性、产品制造的一致性,确保交付的产品符合经批准的设计并处于安全可用状态。

1.6.4 无人机操控员证照

无人机操控员证照是操控小型、中型、大型民用无人驾驶航空器,必须持有的相应证照。

1. 民用无人机操控员执照(CAAC)

民用无人机操控员执照(CAAC)是由中国民航局飞行标准司直接颁发和管理的执照,与有人驾驶航空器同属一个签发单位,是唯一由民航局直接颁发的无人机执照,具有权威的法律效力,是全国通用、驾驶无人机和就业的必要证件(类似于汽车驾照)。

持有民用无人机操控员执照可用于飞行空域申报、航线申请、从事无人机相关的商业飞行等。

CAAC无人机执照主体为电子执照,是直接记录在民航系统里的,通过手机即可随时查看。

2．民用无人驾驶航空器系统驾驶员合格证（AOPA）

民用无人驾驶航空器系统驾驶员合格证（AOPA）由中国航空器拥有者及驾驶员协会（Aircraft Owners and Pilots Association of China，AOPA-China）颁发。中国航空器拥有者及驾驶员协会（AOPA-China）是国际航空器拥有者及驾驶员协会（IAOPA）的中国分支机构，是 IAOPA 在中国的唯一合法代表，是国务院批准、民政部注册、中国民用航空局主管的代表通用航空行业的全国性协会。

在 2018 年前，AOPA 被授权负责我国民用无人机管理工作。中国民航局 2013 年出台《民用无人驾驶航空器系统驾驶员管理暂行规定》，按照规定，在我国境内凡起飞质量大于 7000g、飞行高度 120m 以上、飞行距离 500m 以外及飞入复杂空域的，驾驶员需取得中国航空器拥有者及驾驶员协会的资格证。当时 AOPA 确实是最权威的无人机证件。

随着我国民用无人机管理制度体系逐步建立，无人机驾驶员培训考证相关管理规定得到完善，自 2018 年 9 月 1 日起，中国航空器拥有者及驾驶员协会颁发的现行有效的无人机驾驶员合格证（AOPA），自动转换为民航局颁发的无人机驾驶员电子执照（CAAC），原合格证所载明的权利一并转移至该电子执照。特别提醒：凡通过民航局 CAAC 无人机操控员执照考试后，即可获得 AOPA 无人机合格证，请注意考取顺序，否则将只能取得一个证件。

3．民用无人机操控员应用合格证（ALPA）

民用无人机操控员应用合格证（ALPA）由中国民航飞行员协会（ChALPA）颁发。ALPA 合格证与 AOPA 合格证类似，学习内容及考试规则与民航局无人机执照（CAAC）一样。考取民航局无人机执照后，还可同步增发 ALPA 合格证，不需额外再考。

ALPA 与 AOPA 的区别首先在于颁发机构不同。AOPA 由国际航空器拥有者协会颁发，为国际协会中国分会；而 ALPA 来自中国民航飞行员协会，为民航局官方直属单位，中国民航飞行员协会下设无人机管理办公室，负责证书的颁发和管理工作。

另外，AOPA 只有无人机驾驶员一个种类，适用面较窄，针对性不强；ALPA 合格证分多种行业应用类合格证。学员可以根据自己的工作需要增加考试，考取不同的无人机应用方向。目前能申请的应用类别有植保、物流、巡检、安防、测绘等，无人机管理办公室还负责颁发无人机系统工程师合格证。

4．中国航空运动协会航模执照（ASFC）

中国航空运动协会（Aero Sports Federation of China），简称中国航协（ASFC），是中国航空运动协会中由热心支持航空运动的单位或个人自愿结成的非营利性的体育社团，是国际航空运动联合会国际航空运动联合会的成员单位，隶属于国家体育总局，主要负责管理全国航空体育运动项目。

ASFC 是由中国航空运动协会颁发的证件，属于航模证，只适合用于小型或微型无人机（航模）的飞行（总质量 7kg 以下的无人机）。其承认范围仅限于无人机体育竞赛，是不能用作商业行为的执照。不过，现在 ASFC 中级执照也可以作为申请空域的材料。

5．慧飞无人机应用技术培训中心（UTC）

慧飞无人机应用技术培训中心（Unmanned Aerial Systems Training Center，UTC），是大疆旗下的无人机培训机构，培训内容涵盖航拍、植保、测绘、安防等行业的应用技术技能培训。飞手在通过相关考核后会获得《慧飞学员合格证书》以及《UTC 无人驾驶航空器系统操作手合格证》；后者此前由大疆创新（DJI）联合中国航空运输协会通用航空分会（CATAGA）、中国成人教育协会（CAEA）联合颁发。2023年4月23日，慧飞发布认证机构变更通告，会由垂直行业组织进行认证。UTC证件主要针对行业应用服务，可作为入职企业的工作能力资格证明。

本章小结

近年来，多旋翼无人机作为航空产品领域的一枝新秀，以新颖的结构布局、独特的飞行方式和广泛的用途引起了人们越来越多的关注和重视，风行全球航空业界，迅速成为国际上新的研究热点。深入研究有关多旋翼无人机的研制设计和应用发展等技术问题，首先要回顾一些有关的物理学基本概念，以便了解和掌握多旋翼无人机飞行的基本原理和特性。在人类航空史上，多旋翼无人机从概念到应用，经历了长达100多年的发展历程。当前中国多旋翼无人机企业无论在技术上还是销量上，都已经占据了绝对的主导地位。从多旋翼无人机的应用领域上来看，已经由原来以轻小型无人机发烧友和爱好者为主的娱乐功能向航拍、搜救、物流、消防、监测、运输等领域发展，市场空间大大拓展。

本章学习的重点是回顾温习有关速度和加速度、牛顿三大运动定律、动能、势能和压力、空气属性、伯努利定律、飞行器、自动控制、微机电系统等基本物理概念；了解和熟悉系统论、控制论等基础知识；熟悉和掌握多旋翼无人机系统的定义及其飞行机组，载人多旋翼飞行器的定义和旋翼自转着陆的原理；了解和掌握多旋翼无人机外形结构的多样性、用途和分类方法；熟悉和掌握多旋翼无人机的发展历史和市场商机；对比分析当前国内外多旋翼无人机发展现状；了解开源软件和开源硬件的基本概念，熟悉无人机开源飞控协议的类型及无人机开源飞控的选择方法，其中特别要关注多旋翼无人机载人化的发展动向。

无规矩不成方圆，包括民用多旋翼无人机在内的无人机产业要想走向成熟，首先要解决的便是行业标准的建设与完善问题。为此，我国民航局已经颁发了多个管理文件。按照现行的相关法规，将一架民用多旋翼无人机飞上天，涉及的手续和问题是很多的，主要包括空域飞行管制、航空器适航性审定、航空器驾驶人员审核、航空作业许可、民用多旋翼无人机和隐私权问题等几个方面。随着我国民用多旋翼无人机适航管理的不断完善，民用多旋翼无人机适航管理要求和技术标准将逐步健全，民用多旋翼无人机的市场化运营在获得更多空域的同时也会得到更严格的监管，"黑飞"也将得到有力遏制，航空安全与公众利益将得到更好的保障。本章学习的另一个重点是了解和熟悉有关民用航空空域及多旋翼无人机飞行空域划分的基本知识；熟悉和掌握与多旋翼无人机飞行相关的法律法规。

习题

1. 举例说明速度、加速度、动能、势能和压力的物理定义。
2. 简述牛顿三大运动定律、空气属性和伯努利方程的基本物理概念。
3. 什么是飞行器、飞行力学、空气动力学、自动控制、自动控制系统和MEMS？
4. 简述系统论基本理论的内容。什么是反馈控制和前馈控制？两者主要区别是什么？
5. 画出航空飞行器分类图。

6. 什么是多旋翼无人机？多旋翼无人机系统包括哪些分系统？

7. 多旋翼无人机飞行机组有哪些成员？各起何作用？

8. 什么是载人多旋翼飞行器？简单说明旋翼自转着陆的原理。

9. 多旋翼无人机外形结构有哪些类型？多旋翼无人机主要用途有哪些？

10. 多旋翼无人机按其动力装置主要划分为哪两大类？其他分类方法有哪些？

11. 简述多旋翼飞行器发展的历史和市场前景。

12. 对比分析当前国内外多旋翼无人机发展现状。

13. 对比分析三种无人机(固定翼无人机、无人直升机和多旋翼无人机)的特点。

14. 简述开源软件、开源硬件和无人机开源飞控的定义。如何选择多旋翼无人机开源飞控？

15. 民航空域、低空空域和多旋翼无人机飞行空域是怎样划分的？

16. 与民用多旋翼无人机飞行相关的法律问题有哪些？

17. 民用多旋翼无人机飞行管理文件有哪些？

第2章

多旋翼无人机的
飞行原理和翼型设计

主要内容

(1) 多旋翼无人机的飞行原理和控制方式。

(2) 多旋翼无人机的特点和对比分析。

(3) 翼型的几何参数和主要类型。

(4) 翼型空气动力特性和影响因素。

(5) 多旋翼无人机飞行速度受限的原因和翼型设计。

2.1 多旋翼无人机的飞行原理和控制方式

多旋翼无人机与单旋翼无人直升机同属于无人旋翼飞行器的范畴,它们既有相同之处,也有不同的地方。本章主要讨论多旋翼无人机飞行的基本原理、飞行控制方式、特点以及翼型的基本概念和基础知识,包括翼型的几何参数、翼型的空气动力特性和翼型选择设计等。

2.1.1 多旋翼无人机的飞行原理

伯努利定律是空气动力最重要的理论基础,简单地说,流体的速度越大,静压力越小;速度越小,静压力越大。当多旋翼无人机的旋翼桨叶在空气中旋转运动时,只要设法使桨叶上部空气流速较快,静压力较小;桨叶下部空气流速较慢,静压力较大,就可以利用旋翼桨叶上下两边的静压力差,产生向上的升力,抵消地球向下的引力。当旋翼所有桨叶产生的总升力大于或等于多旋翼无人机的总重量时,多旋翼无人机就升空了,即在空气中飞起来了。

1. 竹蜻蜓的飞行原理

1）竹蜻蜓的结构

竹蜻蜓又叫"飞螺旋"和"中国陀螺"，这是我们祖先的奇特发明。有人认为，中国在公元前 400 年就有了竹蜻蜓，另一种比较保守的估计说它是明代（公元 1400 年左右）流行的民间玩具，一直流传到现在。

竹蜻蜓的结构十分简单，由一根竹棒和一个竹片两部分构成，竹片被削成了向同一方向的倾斜面。竹片前面圆钝，后面尖锐，上表面呈圆拱形，下表面比较平直，如图 2-1 所示。

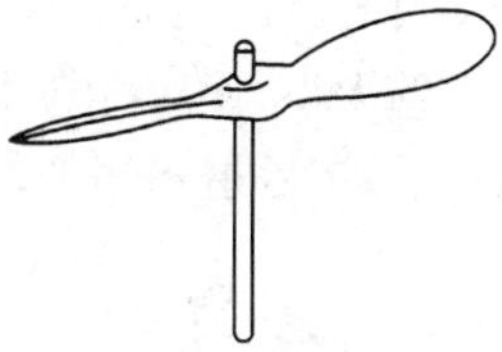

2）竹蜻蜓的升力来源

竹蜻蜓为什么能在空中飞起来？

图 2-1　竹蜻蜓示意图

当孩子们用双手夹住竹棒使劲一搓时，竹蜻蜓就会旋转起来，当气流经过竹片圆拱的上表面时，其流速快而压力小；当气流经过平直的下表面时，其流速慢而压力大。根据伯努利定律，竹片上下表面之间形成了一个压力差，便产生了向上的升力。当升力大于它本身的重量时，竹蜻蜓就会腾空而起，旋转着飞向空中。在空中自由自在地飞行一会儿后，随着转速降低，竹蜻蜓又会旋转着稳稳地落回地面。

竹片的斜面也起了关键作用，当转动竹棒使得竹片旋转起来的时候，旋转的竹片将空气向下推，形成一股强风，而空气也给竹蜻蜓一股向上的反作用力，这股升力随着叶片的倾斜角而改变。

2. 多旋翼无人机的飞行原理

现代多旋翼无人机尽管比竹蜻蜓复杂千万倍，但其飞行原理却与竹蜻蜓相似，多旋翼无人机的旋翼或空气螺旋桨产生升力的道理与竹蜻蜓是相同的。旋翼或空气螺旋桨的桨叶就好像竹蜻蜓的竹片，旋翼轴就像竹蜻蜓的那根细竹棍儿，带动旋翼的发动机就好像孩子们用力搓竹棍儿的双手。

多旋翼无人机采用固定桨距或可变桨距（只变总距，无周期变距）的旋翼作为升力系统装置，因此其飞行原理也与竹蜻蜓竹片基本相同。多旋翼无人机靠旋翼旋转来产生空气动力，包括使机体悬停和上升的升力。旋翼的桨叶平面形状细长，相当于固定翼飞机大展弦比的梯形机翼，当它以一定迎角和速度相对于空气运动时，就产生了空气动力，如图 2-2 所示。

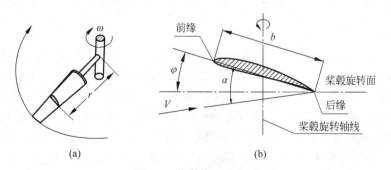

(a)　　　　　　　　　　　　　(b)

图 2-2　旋翼桨叶示意图

旋翼绕轴旋转时，每片桨叶类同于一个机翼，桨叶与发动机（或变速器）轴相连接的部件称为桨毂。旋翼桨叶的截面形状称为翼型，翼型弦线与垂直于桨毂旋转轴平面之间的夹角称为桨叶的安装角,也称为桨距(总距),地面驾驶员通过遥控操纵系统来改变旋翼的转速或总距,从而改变旋翼向上的升力的大小。根据不同的飞行状态,总距的变化范围为 $2°\sim14°$。沿半径方向每段桨叶上产生的空气动力在桨轴方向上的分量为旋翼总升力,在旋转平面上的分量产生的阻力将由发动机所提供的功率来克服。

旋翼系统是多旋翼无人机最重要的部件或分系统,因为旋翼无人机飞行所需的升力是靠旋翼旋转产生的。同时,通过处于机体不同位置上的多个旋翼之间相互协调地改变各自升力的大小,使所有升力合成的总升力倾斜,产生一个水平面上的分力(拉力),可实现整个机体前进、后退和侧飞。

2.1.2 多旋翼无人机的飞行控制

1. 单旋翼直升机的操纵系统

单旋翼直升机的飞行控制与固定机翼飞机的飞行控制不同,单旋翼直升机的飞行控制是通过直升机旋翼的倾斜实现的。图 2-3 所示是单旋翼直升机旋翼系统与操纵系统连接的示意图。

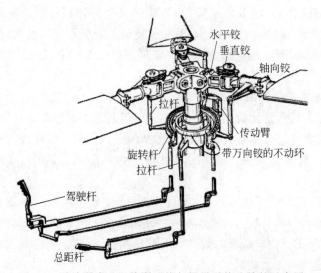

图 2-3 单旋翼直升机旋翼系统与操纵系统连接的示意图

自动倾斜器是单旋翼直升机旋翼操纵系统必不可少的装置,它将经直升机飞行操纵系统传递过来的驾驶员或自动驾驶仪的指令转换为旋翼桨叶的受控运动。因为旋翼是旋转的,自动倾斜器被用于将驾驶员的指令从不旋转的机身传递到旋转的桨叶。它由两个零件组成:不旋转环(又称不动环)和旋转环(又称动环)。不旋转环(通常位于外侧)被安装在旋翼轴上,并通过一系列推拉杆与周期变距和总距操纵装置、液压系统相连。它能够向任意方向倾斜,也能垂直移动;旋转环(通常位于内侧)通过轴承被安装在不旋转环上,能够同旋翼轴一起旋转。扭力臂用于保证旋转环与桨叶同步旋转。防扭臂则用于阻止不旋转环旋转。这两个环作为一个单元体同时倾斜和上下。旋转环通过拉杆与变距摇臂相连,另外,不旋转环还有蜘蛛式和万向节式等不同形式。

通过操纵杆与自动倾斜器的连接,单旋翼直升机旋翼桨叶的桨距调节可以按两种方式进行。第一种方式是各桨叶同时增大或减小桨距,称为总距操纵,从而增大或减小直升机起飞、悬停、垂直上升或下降飞行所需要的拉力;第二种方式是周期性调节各个桨叶的桨距,称为周期性桨距操纵。例如,打算前飞,就将驾驶杆向前推,推动旋转斜盘(称为自动倾斜器)向前倾斜,使各个桨叶每旋转一圈时,其桨距发生相应的周期变化。旋翼的每个桨叶转到前进方向时,它的桨距减小,产生的拉力也跟着下降;反之,当桨叶转到后方时,它的桨距增大,产生的拉力也跟着增加。结果,各个桨叶梢运动轨迹构成的叶端轨迹平面或旋翼锥体,将向飞行前进方向倾斜,旋翼产生的总拉力也跟着向前倾斜,旋翼总拉力的一个分量就成为向前飞行的拉力,从而实现了向前飞行。单旋翼直升机旋翼桨毂及其操纵机构的主要缺点是自动倾斜器旋转器件多,液压操纵系统结构复杂笨重,维护工作量大等。

单旋翼直升机旋翼由发动机带动在空气中旋转,给周围的空气以作用力矩。根据作用力和反作用力原理,空气也以大小相等、方向相反的反力矩作用于旋翼,该力矩从旋翼传到机体上,使机体发生逆向旋转,这个反作用力矩通常称为反扭矩。为了克服这种反扭矩,最简单的办法是安装一个尾桨,由尾桨旋转所产生的平衡力矩来抵消旋翼力矩,保证单旋翼直升机的平衡飞行。通过调节尾桨的桨距,使尾桨拉力变大或变小,从而改变平衡力矩的大小,实现单旋翼直升机机头转向或转弯操纵。单旋翼直升机有一个缺点是尾桨要耗费一部分能量(约为发动机功率的 15%)。

2. 多旋翼无人机的飞行控制方式

与单旋翼直升机情况一样,多旋翼无人机的旋翼旋转产生升力的同时,空气对旋翼的反作用也形成一个与旋翼旋转方向相反的作用力矩,驱使机体反向旋转。为了克服旋翼旋转产生的反作用力矩问题,多旋翼无人机运用多个旋翼按照不同方向转动来克服彼此的反扭矩,使总扭矩为零(如图 2-4 所示)。下面以四旋翼无人机为例,说明多旋翼无人机的飞行控制问题。

如图 2-4 所示,四旋翼无人机有 4 个处于同一高度平面旋转的旋翼,前后旋翼(1 和 3)逆时针方向旋转,左右旋翼(2 和 4)顺时针方向旋转。位于两个轴向上的旋翼反方向旋转抵消彼此扭矩,从而使四旋翼无人机能在空中保持预定方向飞行或悬停不动。四旋翼无人机在空中飞行时有 6 个自由度,它们分别是沿三个坐标轴做平移和旋转动作。在图 2-4 中,规定沿 X 轴正方向运动为向前运动,垂直于旋翼运动平面的箭头向上表示此旋翼升力提高,向下表示此旋翼升力下降,没有箭头表示升力不变。

(1)垂直运动。当同时增加或减小 4 个旋翼的升力时,四旋翼无人机便会垂直上升或下降;当 4 个旋翼产生的升力等于机体的自重时,四旋翼无人机便保持悬停状态(如图 2-4(a)所示)。

(2)俯仰运动。改变旋翼 1 和旋翼 3 的升力,保持旋翼 2 和旋翼 4 的升力不变,产生的不平衡力矩使机身绕 Y 轴旋转,实现四旋翼无人机的俯仰运动(如图 2-4(b)所示)。

(3)滚转运动。改变旋翼 2 和旋翼 4 的升力,保持旋翼 1 和旋翼 3 的升力不变,产生的不平衡力矩使机身绕 X 轴旋转,实现四旋翼无人机的滚转运动(如图 2-4(c)所示)。

(4)偏航运动。当旋翼 1 和旋翼 3 的升力增大,旋翼 2 和旋翼 4 的升力下降时,旋翼 1 和旋翼 3 对机身的反扭矩大于旋翼 2 和旋翼 4 对机身的反扭矩,机身便在富余反扭矩的作用下绕 Z 轴转动,实现四旋翼无人机的偏航运动(如图 2-4(d)所示)。

(5)前后运动:改变旋翼 3 和旋翼 1 的升力,同时保持其他两个旋翼升力不变,四旋

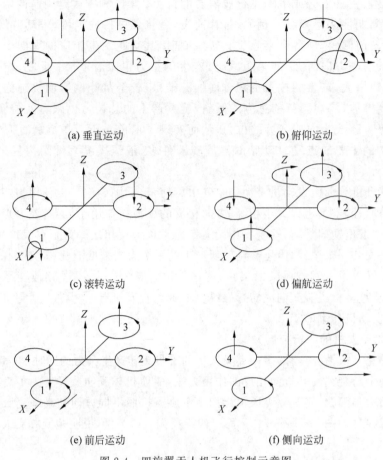

图 2-4　四旋翼无人机飞行控制示意图

无人机首先发生一定程度的倾斜,从而使旋翼升力产生水平分量,实现四旋翼无人机的向前和向后运动(如图 2-4(e)所示)。

(6) 侧向运动:在图 2-4(f)中,因为结构对称,所以侧向飞行的工作原理与前后运动完全一样。

3. 四旋翼无人机飞行控制的特点

如图 2-4 所示,因为在控制四旋翼无人机飞行时,只能通过控制 4 个旋翼的升力来改变它的 6 个飞行姿态,所以四旋翼无人机是一个 4 输入 6 输出的欠驱动系统。欠驱动系统是指系统的独立控制变量个数小于系统自由度个数的一类非线性系统,在节约能量、降低造价、减轻质量、增强系统灵活性等方面都比完整驱动系统优越。欠驱动系统结构简单,便于进行整体的动力学分析和试验,同时由于系统的高度非线性、参数摄动、多目标控制要求及控制量受限等原因,欠驱动系统又足够复杂。当驱动器故障时,完整驱动系统可能变成欠驱动系统,欠驱动控制算法可以起到容错控制的作用。下面通过四旋翼无人机与固定机翼飞机、单旋翼直升机的比较,来了解多旋翼无人机飞行控制的特点。

(1) 固定机翼飞机。固定机翼飞机是通过改变机翼空气动力学结构来实现姿态控制的,它是自稳定系统。当在空中飞行时,发动机稳定工作之后,不需要怎么控制,就能自己抵抗气流的干扰保持稳定。此外,固定机翼飞机的姿态控制是完整驱动系统,它在任何姿态下(除了失速状态)都可以调整到另外一个姿态,并且保持这个姿态。

(2)单旋翼直升机。单旋翼直升机是通过改变旋翼的空气动力学结构来实现姿态控制的,它是不稳定系统,但它是完整驱动系统。它的旋翼桨叶既能产生向上的升力,也能产生向下的推力。飞行中,机体可以自由调整姿态,而且没有失速的问题,什么时候都能调整姿态,可以在空中如散步一般自由运动。所以单旋翼直升机虽然不稳定、很难控制好,但是姿态翻转的时候完全可以控制回到正常的姿态。

(3)四旋翼无人机。四旋翼无人机是通过协调改变各旋翼升力的大小来实现姿态控制的,需要对旋翼旋转转速或总距进行精准的同步调制。它是不稳定系统,也是欠驱动系统。它的旋翼桨叶只能产生向上的升力,不能产生向下的推力,所以它不稳定,很难控制好,飞行器翻转之后基本没办法控制回来,会直接坠机。历史的经验证明:四旋翼飞行器的非线性、欠驱动系统结构让双手来控制难度实在太高,只能用自动控制器来控制飞行姿态才能解决问题。

4. 多旋翼无人机飞行安全保障措施

为保障多旋翼无人机飞行安全,需要采取以下措施。

(1)安装感知与避让系统。安装感知与避让系统的目的是确保多旋翼无人机在飞行中能与其他航空器保持一定的安全飞行间隔,以防止与其他飞行器发生碰撞。

(2)加装 GPS 模块。利用 GPS 定位及在飞行控制程序中设置禁飞区,以确保多旋翼无人机无法进入特定敏感区域(如机场、军事要地)。

(3)在飞行程序中设置飞行高度限制,避免飞行高度过高,避免进入限制高度的禁飞空域。

(4)在飞行程序中设置一键起飞降落、自动避障及自动返航功能。

(5)一般情况下,多旋翼飞行器飞行倾斜角度超过 30°时,旋翼升力骤降,会导致其加速下坠。为了避免这种情况,要求自动控制器应具备防止多旋翼飞行器飞行中发生过分倾斜的功能。

2.2　多旋翼无人机的特点和对比分析

发动机特性的优劣对多旋翼无人机的飞行性能有很大的,甚至是决定性的影响。多旋翼无人机发动机类型和型号的选择,要能够保证在多旋翼无人机飞行包线范围内具有足够的功率,还要考虑发动机在各种外界条件下的有效功率,以适应各种使用状态,并在设计中尽量提高功率利用系数。

2.2.1　多旋翼无人机的特点

1. 油动多旋翼无人机的特点

油动多旋翼无人机通常采用涡轮轴发动机或活塞式发动机作为动力装置,旋翼转速取决于发动机的主轴转速。发动机转速有一个最优值,接近这个转速工作时,发动机效率高、寿命长。因此油动多旋翼无人机在飞行中发动机转速基本上是不变的,旋翼升力的改变主要靠调节桨叶总距来实现。因为桨距变化将引起阻力力矩变化,所以在调节旋翼桨距的同时还要调节发动机油门,保持转速尽量靠近最优转速工作。虽然油动多旋翼无人机的旋翼桨距是可变的,但它只进行总矩操控,没有周期变距,取消了无人直升机旋翼操纵系统中结构复杂的自动倾斜器及液压系统,从而大大简化了总体结构,提高了飞行可靠性和稳定性。

2. 电动多旋翼无人机的特点

电动多旋翼无人机的旋翼系统采取定矩变速调节升力方案,能克服无人直升机旋翼桨毂及其操纵系统结构过于复杂的弊端,从而具有结构简单、质量轻、故障率低、维护简便等许多优点,缺点是旋翼直径小、载重小、续航时间短、电池消耗大等。

电动多旋翼无人机大多采用直流电机作为驱动旋翼旋转的发动机,由聚合物锂电池或燃料电池提供能量,将电能转变为机械能。多旋翼无人机在飞行中为了实现前进、后退、侧飞和转弯等,采用电调控制直流电机的转速。对直流电机转速的控制既可采用开环控制,也可采用闭环控制。这两种转速控制系统相比较,后者的机械特性比前者好;当理想空载转速相同时,后者的静差率(额定负载时电机转速降落值与理想空载转速之比)比前者要小得多;当要求的静差率相同时,后者的调速范围可以大幅提高。无刷直流电机的转速控制方案如图2-5所示。

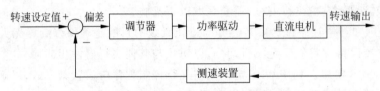

图2-5 无刷直流电机的转速控制方案

2.2.2 多旋翼无人机的对比分析

1. 油动多旋翼无人机与电动多旋翼无人机的比较

油动多旋翼无人机与电动多旋翼无人机是目前市场上广泛应用的两种多旋翼无人机类型,其中油动型大多属于工业级,电动型大多属于消费级。针对不同的用途和使用环境,它们都大有用武之地。从性能和特点上对比分析,油动型优于电动型。

(1)续航能力。油动型优于电动型。一般情况下,电动多旋翼无人机采用聚合物锂电池作为能源,只能飞行20min或0.5h左右就需更换电池,但如果采用燃料电池则可以飞行3h;油动多旋翼无人机的飞行时间主要由机上携带的油量决定,一般可达几个小时或更长时间。

(2)旋翼尺寸。油动型优于电动型。由于旋翼直径越大越难改变其转速,因此电动型采用变速来改变旋翼升力大小的方法限制了旋翼直径的大小。如果旋翼直径太大,旋翼桨叶的转动惯量会很大,调节桨的转速时,反应就会很慢,这时飞机就很难控制。油动型采用变距来改变旋翼升力大小的方法就没有这种限制。

(3)载重能力。油动型优于电动型。一般情况下,电动多旋翼无人机载重量只有几千克;油动多旋翼无人机载重量可达几百、几千千克或更多。

(4)操控性。油动型优于电动型。油动型采用旋翼桨叶变总距来改变升力大小,其操控响应速度要比电动型采用变速改变升力大小的方法快。

(5)安全性。油动型优于电动型。对于油动型载人多旋翼飞行器,当飞行中出现自动控制或动力系统发生故障,无法正常工作的紧急情况时,机上乘员可立即按下应急按钮,使旋翼与发动机脱钩,让旋翼处于无动力的自转状态。由于旋翼没有动力,飞行器下坠过程中所产生的相对气流会从下往上吹动旋翼旋转,就好像风车一样,从而重新产生升力,使飞行器可以比较平稳地着陆。

（6）抗风能力。油动型优于电动型。多旋翼无人机旋翼变距的操控动作要比改变电机转速的动作灵活很多,飞行中遇到风时,其反干扰的响应速度也就快很多;另外,电动多旋翼无人机大多是微小型的,总体结构轻巧,有点"弱不禁风",相比之下,油动多旋翼无人机的抗风能力则要强得多。

（7）价格和成本。油动型优于电动型。电动多旋翼无人机购买价格便宜,但使用成本高,因为它靠聚合物锂电池飞行,电量消耗大,充电一次只能飞 20min,需经常充电及更换电池,而电池价格高、寿命短;油动多旋翼无人机购买价格高,但使用维护成本低。按照总体拥有成本(购置费用加上使用维护费用)计算,总成本油动型优于电动型。

（8）载客特性。油动型优于电动型。载人多旋翼飞行器因为要载人,所以必须有强大的承载能力。驱使旋翼转动不论使用电机还是燃油发动机,主要看使用的是什么能源,如果使用电池,首先要解决的就是续航时间的问题。电动型采用锂电池,续航时间只有 20min 左右,显然安全保障系数太低。例如,为了防止飞到目的地但没法降落,就需要有更大的续航余量,才能保障飞行器的安全性,这一点很重要。如果采用燃料电池,续航时间能达到 1h 则没有问题。油动型多旋翼无人机由于动力装置的功率足够大,载重量和航程大,且续航时间长,因此可以制造成能乘坐多人、甚至几十人的大型客机。电动型因受到旋翼直径不能太大的限制,载重能力小,只能制造成能乘坐很少人的轻小型客机。

2．多旋翼无人机与单旋翼无人直升机的比较

从 1939 年至今,单旋翼直升机一直占据着旋翼飞行器家族的"霸主"地位,世界上 90% 以上的直升机都是单旋翼直升机,其他类型的直升机(共轴式、横列式、纵列式)加起来也占不到 10% 的比例。将多旋翼无人机与单旋翼无人直升机进行比较,可以看出多旋翼无人机所具有的一些特点或优点。

（1）飞行效率高。单旋翼无人直升机飞行时,尾桨要损耗发动机 15% 左右的功率。相比之下,多旋翼无人机因为省去了尾桨,所以比单旋翼无人直升机飞行效率要高。

（2）飞行控制方式独特。单旋翼无人直升机与多旋翼无人机之间最大的区别在于旋翼系统有无自动倾斜器,前者旋翼采用自动倾斜器来实现桨叶周期变距;后者旋翼取消了自动倾斜器,桨叶没有周期变距,旋翼采取变速(电动)或变总距(油动)的方法来改变升力大小。对于载客的单旋翼直升机和多旋翼飞行器而言,前者借助于自动倾斜器可以实现人工驾驶操纵,但后者不行,必须借助先进的自动控制器才能进行操控。智能化的自动控制系统可避免人(驾驶员)为错误,所以更安全。

（3）结构简单。多旋翼无人机取消了结构复杂、活动零部件比较多的自动倾斜器及其液压操纵系统,而且没有长长的尾巴,因而其机械结构简单,维护比较方便。

（4）操控性好。多旋翼无人机操控简单,操控器的 4 个遥感操作对应多旋翼无人机前后、左右、上下和偏航方向的运动,自动驾驶仪的控制方法和控制器的参数调节都很简单方便,转向和变线更灵活。

（5）可靠性高。多旋翼无人机活动部件少、故障率低、可靠性高。

（6）安全性好。由于多旋翼无人机的旋翼多，当某个旋翼出现故障时，其余旋翼可起到保障飞行安全的作用，因而其安全性更好。瑞士联邦理工学院已经开发出了一种能够防止多旋翼无人机因为其中一个旋翼失灵而坠毁的算法。当一个旋翼失灵时，多旋翼无人机开始以特定算法设计的方式在空中旋转，最后会沿一定的角度慢慢下降，与平时的降落没有太大区别，不至于直接坠毁。

（7）维护性好。多旋翼无人机传动结构简单、维护简便；采用的通用、标准化零部件多，互换性好。

（8）耦合特性。多旋翼无人机具有高度的耦合特性，一个旋翼升力发生变化时，会引起其他旋翼及整个系统做出相应的调整。为了及时、准确无误地响应这种调整要求，需要使用可靠的自动控制器。

2.3　翼型的几何参数和主要类型

多旋翼无人机的旋翼桨叶剖面形状（翼型）直接影响到多旋翼无人机的气动性能和飞行品质，因此要想更好地探索或了解多旋翼无人机的飞行原理和飞行性能，就必须对其旋翼桨叶翼型的设计选择、几何参数和气动性能有所了解。

2.3.1　翼型的定义和几何参数

1. 翼型的定义

多旋翼无人机旋翼的桨叶剖面称为翼型。翼型是所有依靠空气动力飞行的飞行器（如飞机、直升机）能够在天空飞翔的关键因素，对飞行器的性能影响很大。

翼型设计是空气动力学研究的一项重要内容，翼型的发展过程就是人类在空气动力学领域不断进步的写照，是人类从实现早期的飞天梦想，到追求更快、更高飞行理想的理论基础。对于不同类型的飞行器和不同的飞行速度，所要求的翼型形状是不同的，如固定翼飞机机翼与旋翼飞行器旋翼桨叶的翼型，其几何参数差别相当大。对于低亚声速飞机，为了提高升力系数，翼型形状为圆头尖尾形；对于高亚声速飞机，为了提高阻力发散马赫数，采用超临界翼型，其特点是前缘丰满、上翼面平坦、后缘向下凹；对于超声速飞机，为了减小激波阻力，采用尖头、尖尾形翼型。总之，为了适应各种不同的需要，航空前辈们应用空气动力学理论知识和大量的风洞实验，通过不懈的努力设计了许多不同类型的翼型，可供后人选用，并为现代翼型进一步发展打下了坚实的基础。

2. 翼型的几何参数

翼型的各部分名称如图2-6所示，翼型是由中弧线（或弯度线）和基本厚度翼型叠加而成的。与翼型的上表面和下表面等距离的曲线称为中弧线。中弧线与上表面和下表面的外形线在前端的交点称为前缘，后端的交点称为后缘。前缘和后缘端点的连线称为弦线，弦线是测量迎角的基准线。翼型表面的无量纲坐标如下。

（1）弦长。弦线被前缘、后缘所截长度，或前、后缘在弦线上投影之间的距离称为弦长，用 b 表示。以前缘作为原点，弦线作为 x 坐标，方向从前缘指向后缘；y 坐标垂直于弦线。翼型上、下表面各点距离弦线的 y 数值用弦线长度的相对坐标的函数表示（上、下表面分用下标 u 和 l 标注）。

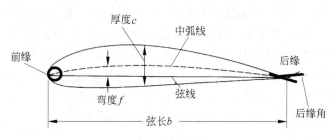

图 2-6　翼型示意图

$$\begin{aligned} \bar{y}_{u} &= \frac{y_{u}}{b} \\ &\qquad\qquad 0 \leqslant \bar{x} \leqslant 1 \\ \bar{y}_{l} &= \frac{y_{l}}{b} \end{aligned} \qquad (2\text{-}1)$$

（2）弯度。翼型中弧线是其上弧线和下弧线之间的内切圆圆心的连线。中弧线和弦线的间隔称为弯度，以 f 表示。中弧线坐标 y 的最大值称为最大弯度，其最大值的 x 轴向位置称为最大弯度位置。

相对弯度定义为弯度 f 与弦长 b 之比。如果中弧线是一条直线（与弦线合一），则这个翼型是对称翼型。如果中弧线是曲线，那么翼型有弯度。在一定的范围内，弯度越大，升阻比越大。但超过了这个范围，阻力就增大得很快，升阻比反而下降。中弧线最高点到弦线的距离一般是弦长的 4%～8%，中弧线最高点位置同旋翼桨叶上表面边界层的特性有很大关系。翼型的最大厚度是指上弧线同下弧线之间内切圆的最大直径。一般来说，厚度越大，阻力也越大。中弧线 y 向坐标（弯度函数）如下。

相对弯度

$$\bar{f} = \frac{f}{b} = \bar{y}_{f\max} \qquad (2\text{-}2)$$

最大弯度位置

$$\bar{x}_{f} = \frac{x_{f\max}}{b} \qquad (2\text{-}3)$$

（3）厚度。翼型与中弧线垂直方向测量的上表面和下表面的距离称为翼型厚度，以 c 表示，其最大值称为最大厚度。对于普通的翼型，垂直于弦线（除去前缘附近）的上下表面的距离作为翼型厚度也没有很大的差别。翼型厚度沿弦线的变化称为厚度分布。翼型的最大厚度与弦长的比值即相对厚度，如厚度为 10 的翼型，最大厚度和弦长的比是 10%。厚度分布函数为

$$\bar{y}_{c}(\bar{x}) = \frac{y_{c}}{b} = \frac{1}{2}(\bar{y}_{u} - \bar{y}_{l}) \qquad (2\text{-}4)$$

相对厚度

$$\bar{c} = \frac{c_{\max}}{b} = \frac{2y_{c\max}}{b} = 2\bar{y}_{c\max} \qquad (2\text{-}5)$$

最大厚度位置

$$\bar{x}_{c} = \frac{x_{c\max}}{b} \qquad (2\text{-}6)$$

（4）前缘、后缘。翼型中弧线的最前点和最后点分别称为翼型的前缘和后缘。

（5）前缘半径。翼型的前缘是圆的，要很精确地画出前缘附近的翼型曲线，通常需要前缘半径。这个与前缘相切的圆，其圆心在 $\bar{x}=0.05$ 处中弧线的切线上（如图 2-6 所示）。翼型前缘半径决定了翼型前部的"尖"或"钝"，前缘半径小，在大迎角下气流容易分离，使飞机的稳定性变坏；前缘半径大对稳定性有好处，但阻力又会增大。

（6）后缘角。翼型上下表面在后缘处切线间的夹角称为后缘角。

2.3.2　空气在翼型表面的流动和压力分布

1. 空气在翼型表面的流动

通常翼型的坐标由离散的数据表格给出（如表 2-1 和表 2-2 所示）。

因为流过翼型上、下表面的气流速度不同而产生升力。基本原理是：翼型的迎角和弯度使得翼型上表面的空气比下表面的空气流动得快，因为翼型下表面呈水平状或凹状，上表面呈凸状，翼型迎向空气流，空气沿翼型上下表面从前缘向后缘流动，然后在翼型尾端汇合，如图 2-7 所示。由于沿翼型上表面的流动路程比下表面的流动路程长，因此，空气沿翼型上表面的流速比沿下表面的流速大，相应地，翼型上表面的压力将小于下表面，空气流体对翼型将有一个由下向上的作用力。

2. 翼型表面的压力分布

由伯努利方程可知，较高的速度产生较低的压力，翼型的上表面流速高而下表面流速低，因而旋翼桨叶上下表面的总压差产生净升力，这是旋翼升力的来源。图 2-8 所示的是翼型上下表面典型的压力分布，注意，上表面产生的压力约是总升力的 2/3，因此上表面比下表面更重要。

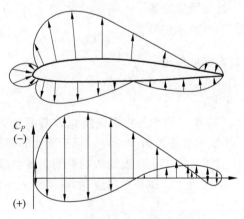

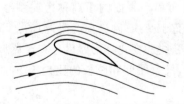

图 2-7　空气在翼型表面的流动示意图　　图 2-8　翼型表面压力分布曲线

相对于来流，有迎角的平板也会产生升力，例如风筝，好多平板形状的风筝也可以在气动升力的作用下飞上天空，当然，风筝最后的稳定是多种作用力综合作用的结果；还有一些使用各种平板材料作为机翼剖面形状的航模飞机，在强劲动力的作用下也可以起飞。因为流过平板"翼型"上面的气流必然要从翼型表面分离，使得升力减小而阻力大大增加，所以飞机要维持平衡，就要靠发动机输出比有弯度翼型更大的动力来提高速度，使得升力进一步增大，以保证垂直方向力的平衡，同时也保证水平方向力的平衡，所以整机的气动效率是很差的。

翼型的升力随迎角的变化用以下参数来描述：零升迎角、升力线斜率、升力线偏离线性时的迎角最大升力系数和最大升力系数对应的迎角等。因为目前的计算手段很难准确确定气流分离后的特性，所以翼型的升力特性一般尽可能地利用试验数据。一个有弯度的翼型，即使其弦线与来流夹角（迎角）为零，也会产生升力。有弯度的翼型存在一个使产生升力为零的角度，因为有弯度的翼型迎角为零时升力大于零，所以这一角度必然小于零，称为零升迎角。此迎角几乎等于以度为单位的翼型的相对弯度。

2.3.3　翼型的主要类型

翼型一般都有名称，是用设计者或者研究机构名字的缩写加上数字来表示的。随着航空科学的发展，各个航空业发达的国家都设计出了大量高性能的翼型，建立了各种翼型系列。美国有 NACA 系列，德国有 DVL 系列，英国有 RAE 系列，俄罗斯有 ЦАГИ(TsAGI)系列等。这些翼型的资料包括几何特性和气动特性，可供飞行器气动设计人员选取合适的翼型。

翼型的描述既有像 Go795、RAF15、NACA0012 等在表示机构的名字后面加上表示开发顺序的数字来描述的方式，也有用翼型的几何尺寸表示的，有时还有用气动特性的数字来表示的例子。

一般情况下，对于多旋翼无人机这类低速飞行器，选择翼型时要求升阻比大，最大升力系数高，最小阻力系数低，低阻范围宽，失速过程缓和等。它的外形特点是头部丰满，最大厚度靠前。典型的低速翼型有 Clark Y，NACA 4 位数字和 5 位数字翼型。早期的翼型大部分是采用试凑法设计的。在 20 世纪 30 年代，NACA 发展了一系列使用广泛的翼型族。NACA 系列翼型族按中弧线和基本厚度翼型划分，每族翼型都有按一定规律分布的一组中弧线和一定的基本厚度。按这种基本厚度翼型族和这种中弧线组所组成的翼型称为标准翼型。以标准翼型为基础，进行某些修改的翼型称为修改翼型。

1. NACA 4 位数字翼型族

NACA 4 位数字翼型族用 4 个数字表示翼型的几何特征。以 NACA2415 翼型为例说明，如图 2-9 所示。

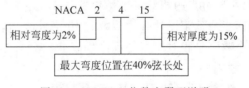

图 2-9　NACA 4 位数字翼型说明

第 1 个数字 2 表示相对弯度的百倍数值，即相对弯度是 2%。

第 2 个数字 4 表示最大弯度相对位置的 10 倍数值，即弯度最大值在 40% 弦长处（对称翼型为 0）。

第 3 和第 4 个数字 15 表示翼型的相对厚度的百倍数值，即相对厚度为 15%。

此外还有 4 数字翼型的改良型——修正 4 位数字翼型。例如 NACA6412-34，前面的 4 个数字和 4 系列翼型的意义相同。横线后的第一个数字表示修正翼型的前缘半径是原来翼型的几倍。例如，0 表示翼尖的前缘，3 表示 1/3 倍，6 表示 1 倍，9 表示 3 倍。最后的数字 4 表示最大厚度在 40% 弦长处。

2．NACA 5 位数字翼型族

NACA 5 位数字翼型的意义和 4 位数字翼型略有不同，如图 2-10 所示。

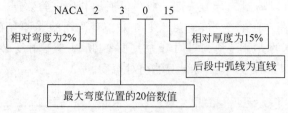

图 2-10　NACA 5 位数字翼型说明

NACA 5 位数字翼型的第 1 个数字 2，其正确的理解是相对弯度为 2％，设计升力系数为 2×3/20，这是用弯度来表示设计升力系数。第 2 个数字 3 表示最大弯度位置的 20 倍数值。第 3 个数字表示后段中弧线的类型，0 表示直线，1 表示反弯度曲线。最后两个数字 15 表示相对厚度的百倍数值。

3．NACA 6 位数字翼型族

NACA 发展了从 1 系列、2 系列到 8 系列的翼型，但是最成功的是 1 系列、6 系列和 7 系列翼型。其中 6 系列翼型在现役低速飞机的机翼中广泛使用（如图 2-11 所示），1 系列翼型主要用于螺旋桨翼型。

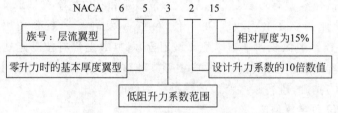

图 2-11　NACA 6 位数字翼型说明

以 NACA653-215 为例，说明 6 系列翼型的数字意义。第 1 个数字 6 是 6 数字翼型。第 2 个数字是零升力时最小压力点的相对横坐标位置的 10 倍数值。第 3 个数字 3 是翼型的低阻升力系数范围，即高于或低于设计升力系数的 10 倍数值。第 4 个数字是设计升力系数的 10 倍数值。最后两个数字是相对厚度的百倍数值。

2.4　翼型空气动力特性和影响因素

空气动力学主要研究物体在空气中做相对运动情况下的受力特性、气体流动规律和伴随发生的物理、化学变化。要想了解多旋翼无人机飞行中的空气动力学知识，包括如何依靠多个旋翼产生的升力克服自身重力而飞起来，以及怎样控制飞行姿态和保持平稳，首先要学习和了解旋翼桨叶翼型空气动力学特性，因为后者是前者的基础。

2.4.1　翼型空气动力特性

1．翼型的空气动力系数

在翼型平面上，把来流 V_∞ 与翼弦线之间的夹角定义为翼型的几何迎角，简称迎角 α。

相对弦线而言,来流上偏为正,下偏为负。空气绕翼型流动视为平面流动,翼型上的气动力视为无限长桨叶在展向取单位展长所受的气动力。当气流绕过翼型时,在翼型表面上每点都作用有压强 p(垂直于翼面)和摩擦切应力 τ(与翼面相切),它们将产生一个合力 R,合力的作用点称为压力中心,合力在来流方向的分量为阻力 X,在垂直于来流方向的分量为升力 Y,合力在弦线方向的分量为 A,在垂直于弦线方向的分量为 N,如图 2-12 所示。

$$N = \oint (-p\cos\theta + \tau\sin\theta)\,\mathrm{d}s$$
$$A = \oint (\tau\cos\theta + p\sin\theta)\,\mathrm{d}s \tag{2-7}$$

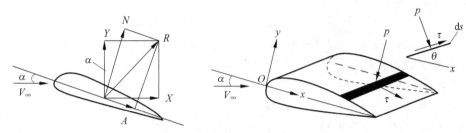

图 2-12 翼型上的气动力示意图

由式(2-7)和图 2-12 可得出翼型升力 Y 和阻力 X 分别为

$$Y = N\cos\alpha - A\sin\alpha$$
$$X = N\sin\alpha + A\cos\alpha \tag{2-8}$$

空气动力矩取决于力矩点的位置。如果力矩点位于压力中心,则力矩为零。如果矩点位于翼型前缘,则叫做前缘力矩;如果位于力矩不随迎角变化的点,则叫做翼型的气动中心,为气动中心力矩 M_z。规定翼型抬头为正、低头为负。以往的实践表明:薄翼型的气动中心为 $0.25b$,大多数翼型在 $0.23b \sim 0.24b$ 之间,层流翼型在 $0.26b \sim 0.27b$ 之间。

$$M_z = -\oint (-p\cos\theta + \tau\sin\theta)x\,\mathrm{d}s + \oint (\tau\cos\theta + p\sin\theta)y\,\mathrm{d}s \tag{2-9}$$

2. 翼型的升力特性

翼型无量纲升力系数定义为

$$C_y = \frac{Y}{\dfrac{1}{2}\rho_\infty V_\infty^2 b} \tag{2-10}$$

式中,C_y 为翼型升力系数;ρ_∞ 为空气密度;V_∞ 为气流相对速度;b 为翼型弦长;Y 为翼型升力。

升力系数随迎角的变化曲线在迎角较小时是一条直线(如图 2-13 所示),直线的斜率称为升力线斜率,为

$$C_y^\alpha = \frac{\mathrm{d}C_y}{\mathrm{d}\alpha} \tag{2-11}$$

(1)薄翼型斜率的理论值等于 $2\pi/\mathrm{rad}$ 度,即 $0.10965/(°)$,实验值略小。NACA 23012 的是 $0.105/(°)$,NACA 631-212 的

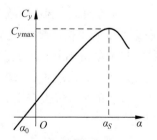

图 2-13 翼型升力特性曲线

是 0.106/(°)。实验值略小的原因在于实际气流的黏性作用。有正迎角时,上下翼面的边界层位移厚度不一样,其效果等于改变了翼型的中弧线及后缘位置,从而改小了有效的迎角。

(2) 对于有弯度的翼型,升力系数曲线不通过原点,通常把升力系数为零的迎角定义为零升迎角 α_0,而过后缘点与几何弦线成 α_0 的直线称为零升力线。一般弯度越大,α_0 越大。

(3) 当迎角大过一定的值之后,曲线就开始弯曲,再大一些,就达到了它的最大值,此值记为最大升力系数 C_{ymax},它是翼型用增大迎角的办法所能获得的最大升力系数,相对应的迎角称为临界迎角 α_S。过此值再增大迎角,升力系数反而开始下降,这一现象称为翼型的失速,所以这个临界迎角也称为失速迎角。在临界迎角 α_S 以下,C_y 与气动迎角 α 呈线性关系。气动迎角 α 与几何迎角之间关系为

$$\alpha = \alpha_{ge} - \alpha_0 \tag{2-12}$$

式中,α_{ge} 为几何迎角;α_0 为以几何弦为准的零升力迎角,一般为负值。

3. 翼型的阻力特性

空气虽然黏性很小,但是由于黏性的存在,当空气流过物体时,就会产生阻力。翼型阻力是由表面摩擦、流动分离和超声速的激波产生的,包括摩擦阻力和形状阻力(形阻也叫黏性压差阻力)两部分。翼型摩擦阻力是空气流经翼型表面时,由于空气黏性的作用而产生的阻力,另外,空气离开翼型表面时因与附近的空气相互牵制摩擦也要产生阻力。图 2-14 所示为翼型阻力特性曲线。

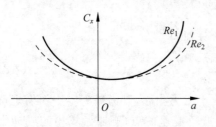

图 2-14 翼型阻力特性曲线

翼型的升力和阻力特性受中弧线的形状、翼型厚度和厚度分布的影响较大,特别是受弯度和翼型厚度的影响很大。翼型弯度增加,升力系数增加;翼型厚度减小,最小阻力系数减小。无论是摩擦阻力,还是压差阻力,都与黏性有关。因此,阻力系数与雷诺数 Re 存在密切关系。翼型无量纲阻力系数定义为

$$C_x = \frac{X}{\frac{1}{2}\rho_\infty V_\infty^2 b} \tag{2-13}$$

式中,C_x 为翼型阻力系数;X 为翼型阻力,其余参数与式(2-10)相同。

(1) 在任何迎角下型阻系数都不会等于零,因为气体是有黏性的,流过翼型时必然产生阻力。

(2) 在迎角较小时,随着迎角的增大,型阻系数基本不变;当迎角较大时,型阻系数随迎角的增大增长较快,这是黏性作用导致边界层分离而引起的。

(3) 存在一个最小阻力系数。在小迎角时,翼型的阻力主要是摩擦阻力,阻力系数随迎角变化不大;在迎角较大时,出现了黏性压差阻力的增量,阻力系数与迎角的二次方成正比;当迎角等于或大于临界迎角后,分离区扩及整个上翼面,阻力系数增大。当 $Re_2 > Re_1$ 时,$C_{x2} < C_{x1}$。

4. 翼型的极线

通常情况下,把翼型升力特性和阻力特性结合起来,构成表示翼型升力系数和阻力系数

的关系曲线称为极线,如图 2-15 所示。

在极线上的每一个点代表相应的一个迎角,由原点至该点的连线表示翼型在这一迎角下的气动合力的大小和方向。因此,极线其实就是空气动力合力的矢量曲线。从极线中还可以找出 5 个特征点。

① 型阻系数最小值点 $C_{x\min}$。

② 最有利状态点 $(C_y/C_x)_{\max}$。

③ 最经济状态点 $(C_{y3/2}/C_x)_{\max}$。

④ 升力系数最大点 $C_{y\max}$。

⑤ 零升阻力系数点 C_{x0}。

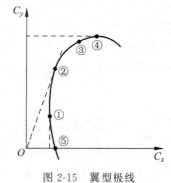

图 2-15　翼型极线

所谓"最有利",即升阻比为最大,与航程最远相关;所谓"最经济",则与续航时间最久相关。

5. 翼型的俯仰力矩特性

力矩描述使物体绕支点旋转的作用的大小。翼型的俯仰力矩特性表示翼型绕前缘的力矩系数 C_m 相对于迎角 α 的变化曲线,也可以表示为 $C_m - C_y$ 的关系。由于翼型压力中心是气动合力作用线与翼型弦线的交点,则在应用范围内,气动合力力矩可以近似写成

$$C_m = -\bar{x}_p \cdot C_y \tag{2-14}$$

式中,$\bar{x}_p = x_p/b$ 是翼型压力中心离开前缘的相对距离;b 为弦长。对于普通翼型,有如下关系:

$$C_m = C_{m0} + \frac{\partial C_m}{\partial C_y} \cdot C_y \tag{2-15}$$

式中,C_{m0} 为零升力矩;$\dfrac{\partial C_m}{\partial C_y}$ 为力矩系数对升力系数的斜率,为常数,一般为负数,意味着随着升力系数的增大低头力矩增加。相距前缘为 x(无量纲 $\bar{x} = x/b$)的任意一点的俯仰力矩系数为

$$C_{mx} = -C_y(\bar{x}_p - \bar{x}) = C_m + \bar{x} \cdot C_y \tag{2-16}$$

6. 翼型的气动中心

在任意迎角下,翼型绕某一特定点的俯仰力矩保持不变,该点称为气动中心,又叫焦点,也即气动力增量的作用点。注意,气动力增量作用点和气动力的作用点是不一样的,它是迎角发生变化时,气动力的增加量力矩为零的点,是和飞行器的操纵性与稳定性紧密相关的一个重要参数,也是测量俯仰力矩的参考点之一。如果使 $\bar{x} = \left(-\dfrac{\partial C_m}{\partial C_y}\right) = \bar{x}_F$,则有

$$C_{mx} = C_{m0} = 常数 \tag{2-17}$$

此 F 点即为翼型焦点,绕焦点的力矩不随 C_y 而变,始终等于零升力矩系数。焦点位置是固定的,它不因迎角变化而移动。在亚声速情况下,大多数翼型绕 1/4 弦点的俯仰力矩几乎与迎角无关,$C_{m0} \approx -0.01$,$\bar{x}_F \approx 0.25$,即气动中心位于 1/4 弦点处。

7. 翼型的压力中心

翼型压力中心又叫压心,是翼型上下表面所受的气动分布力按照力的合成的基本原则合成的总力的作用点,所有的分布力相对于这一点和力矩(假设抬头力矩为正,低头力矩为

负)为零。压力中心在迎角变化时,在翼型中央弦线上前后移动,翼型的弯度越大,移动的距离越大。压力中心的位置和速度无关。对于对称机翼,即使迎角变化,压力中心在弦线25%附近不变化。对于对称翼型,$C_{m0}=0$,压力中心(p)与焦点(F)重合。对于非对称翼型来说两者不重合。压力中心(p)位置与焦点(F)的关系式:

$$\bar{x}_p = -(C_m/C_y) = -(C_{m0}/C_y) + \bar{x}_F \tag{2-18}$$

2.4.2 影响翼型空气动力的因素

影响翼型空气动力的因素很多,如飞行器的飞行高度、飞行速度、风速、空气温度和湿度状况,以及翼型的几何形状、表面粗糙度等,其中主要的影响因素有雷诺数、马赫数等。

1. 雷诺数

雷诺数(Reynolds number)是一种可用来表征流体流动情况的无量纲数,以 Re 表示。在流体力学中,雷诺数 Re 是指在给定来流条件下,流体惯性力和黏性力的比值。雷诺数的大小决定了黏性流体的流动特性,雷诺数越小意味着黏性力影响越显著,雷诺数越大则惯性力影响越显著。雷诺数很小的流动,其黏性影响遍及全流场;雷诺数很大的流动(如一般飞行器绕流),其黏性影响仅在物面附近的边界层或尾迹中才是重要的。在不同的流动状态下,流体的运动规律、流速的分布等都是不同的,因此雷诺数的大小决定了黏性流体的流动特性。雷诺数的计算公式为

$$Re = \rho v d / \eta \tag{2-19}$$

式中,v、ρ、η 分别为流体的流速、密度与黏性系数;d 为一特征长度。

空气有比水或油小的黏性。雷诺数在计算飞行器的阻力特征时很重要。飞行器在空气中飞行所遇到的阻力主要分为摩擦阻力和压差阻力两种,空气的黏性与这两种阻力的大小有密切的关系。雷诺数被用来分析不同的流体特征,例如层流和乱流:雷诺数小,意味着流体流动时各质点间的黏性力占主要地位,呈层流流动状态;雷诺数大,意味着惯性力占主要地位,流体呈紊流(也称湍流)流动状态。一般雷诺数 $Re < 2300$ 为层流状态,$Re > 4000$ 为紊流状态,$Re = 2300 \sim 4000$ 为过渡状态。

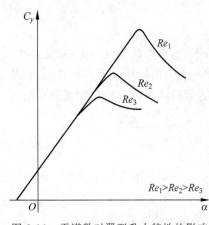

图 2-16　雷诺数对翼型升力特性的影响

雷诺数对常用翼型的升力线斜率影响很小,但对最大升力系数有明显的影响。一般 C_{ymax} 随 Re 的增大而增大,翼型阻力随雷诺数的增大而减小。因为雷诺数越大,黏性的影响就越小,从而延缓了气流分离的发生,如图 2-16 所示。雷诺数及翼型表面的光滑程度决定着翼型表面的附面层[①]状态和转捩点[②]位置,从而影响翼型摩擦阻力。

气动外形优化设计的目的在于实现翼型良好的气动效率,满足飞行器的性能需求。续航时间和航程是飞行器设计中考虑的重要问题,也是翼型气动优化的重要目的。从续航时间角度考虑,

---

① 附面层是靠近物体表面,存在较大速度的流体薄层,也称边界层。

② 转捩点是机翼表面附面层由层流向紊流转变的点。

亚跨声速内飞行的飞行器,在最佳续航和升阻比最大状态下的续航时间最长,因此传统高雷诺数翼型气动优化的目标是获取升阻比最大的翼型。而对于低雷诺数条件内的飞行器,翼型气动外形优化从功率因子方面考虑,有利于实现续航时间延长的目的,翼型升阻比最大时的功率因子不一定最大,反之也成立。因此,低雷诺数翼型的气动优化从功率因子角度考虑,能获得满足低速小型飞行器航时性能要求的优化翼型。

2. 马赫数

马赫数(Mach number)定义为物体速度与声速的比值,即声速的倍数。其中它又细分为多种,如飞行器在空中飞行使用的飞行马赫数、气流速度的气流马赫数、复杂流场中某点流速的局部马赫数等。由于马赫数是速度与声速之比值,而声速在不同高度、温度等状态下又有不同数值,因此无法将马赫数的数值换算为固定的 km/h 或非单位符号等单位。马赫数如果作为速度单位来使用,则必须同时给出高度和大气条件(一般默认为国际标准大气条件)。

马赫数主要用于亚声速、超声速或可压流动计算。马赫数(Ma)在计算飞行器的飞行性能时很重要,如图 2-17 和图 2-18 所示。飞行器速度在 $Ma\,0.3$ 以下时可以认为是低速(可以不考虑空气压缩性影响);速度在 $Ma\,0.8$ 以下的为亚声速;在 $Ma\,0.8\sim1.2$ 上下的为跨声速;$Ma\,1.2\sim5$ 的为超声速;$Ma\,5.0$ 以上的为高超声速。一般民用飞机飞行速度多为亚声速或高亚声速,军用战斗机可以达到 $Ma\,3.0$ 或更高。美国最新高超声速飞机已达到 $Ma\,7.0$,航天飞机再入大气层可以达到 $Ma\,25$ 以上。

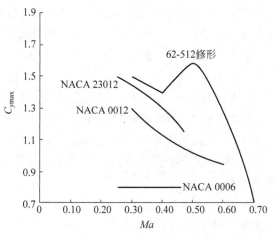

图 2-17　Ma 对升力特性的影响

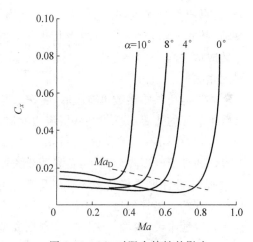

图 2-18　Ma 对阻力特性的影响

由于声音在空气中的传播速度随着不同的条件而不同,因此马赫数也只是一个相对的数值。在低温下声音的传播速度慢些,1 马赫对应的具体速度也就低一些。因此相对来说,在高空比在低空更容易达到较高的马赫数。当马赫数 $Ma<0.3$ 时,流体所受的压力不足以压缩流体,仅会造成流体的流动。在此状况下,流体密度不会随压力而改变,此种流体称为亚声速流,流场可视为不可压缩流场。一般的水流及大气中空气的流动,例如湍急的河流、台风和汽车的运动等,皆属于不可压缩流场。但流体在高速运动(流速接近声速或大于声速)时,流体密度会随压力而改变,此时气体的流动称

为可压缩流场。

Ma 是标志空气压缩性影响的一个相似参数。对于多旋翼无人机前飞时的前行桨叶翼剖面有

$$Ma = (\Omega \cdot r + V_0)/a \tag{2-20}$$

式中, a 为声速; Ω 为旋翼旋转转速; r 为桨叶翼剖面半径; V_0 为飞行速度。

3. 音障

音障是一种物理现象,当飞行器的速度接近声速时,将会逐渐追上自己发出的声波。声波叠合累积会造成震波的产生,进而对飞行器的加速产生障碍,而这种因为声速造成提升速度的障碍称为音障。突破音障进入超声速后,从飞行器最前端起会产生一股圆锥形的冲击波,这股冲击波如爆炸一般,故称为音爆或声爆。强烈的音爆不仅会对地面建筑物产生损害,对飞行器本身伸出冲击面之外的部分也会产生破坏。而音障不仅有声波,还有来自空气的阻力。对于多旋翼无人机旋翼翼而言,当旋翼桨叶桨尖接近马赫数时,桨叶前方急速冲来的空气不能够像平常一样通过旋翼扩散开,于是气体都堆积到了旋翼和机体的周围,产生极大的压力,也会引发出一种看不见的空气旋涡,俗称"死亡旋涡",这也被叫作音障,如果旋翼和机体不做特殊加固处理,那么将会被瞬间摇成碎片。

4. 失速

在正常情况下,多旋翼无人机旋翼桨叶的升力与迎角成正比,迎角增大,升力随之增加。但是一旦迎角增大到某一数值,则会出现相反的情况,即迎角增大,升力反而急剧下降,这个数值称为临界迎角。当超过临界迎角之后,流经桨叶上表面的气流会出现严重分离,形成大量涡流,升力开始下降,阻力急剧增加,飞行速度发生急剧下降,飞行器剧烈抖动,随后下坠,造成严重的飞行事故,这种现象叫失速。为了避免产生失速,旋翼桨叶旋转时的迎角必须小于临界迎角。旋翼桨叶临界迎角的大小是决定旋翼最大升力的关键因素之一。

临界迎角与雷诺数也有关联,雷诺数越大,越不容易失速。因为雷诺数越大,流经旋翼桨叶上表面的边界层会越早从层流边界层过渡为紊流边界层,而紊流边界层不容易从桨叶表面分离,所以不容易失速;雷诺数小的旋翼桨叶上表面的边界层尚未从层流边界层过渡为紊流边界层时就先分离了,容易造成失速。一般翼型数据都会注明该数据是在雷诺数多大时所得,并注明雷诺数多少时在几度攻角发生失速。

不同的翼型在失速时的特性并不相同,有的失速后升力很快减小,有的减小幅度就缓和得多。一般来说,翼型的失速特性根据翼型厚度可分为三种类型,如图 2-19 所示。

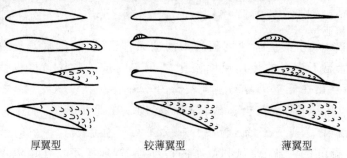

厚翼型   较薄翼型   薄翼型

图 2-19 不同厚度翼型的失速特性示意图

（1）厚翼型失速。厚翼型一般指圆前缘，最大厚度大于 14% 的翼型。发生失速时，翼型从后缘开始失速，开始时，湍流边界层随着迎角的增加而增厚，在迎角为 10° 左右时，边界层开始从后缘分离。迎角进一步增大，分离点向前移动。此时升力的损失比较缓慢，俯仰力矩的改变也较小。

（2）较薄翼型失速。翼型从前缘开始失速。如果翼型为中等厚度（6%～14%），则在很小的迎角下气流就从前缘分离，但是立即又会附着在翼型表面上，因此操控人员几乎无法觉察到失速。在更大的迎角下，边界层不再附着，整个翼型几乎立即失速，从而导致升力和俯仰力矩的剧烈变化。

（3）薄翼型失速。薄翼型发生失速时，边界层在小迎角下从头部分离，而后立即再附着，这些分离气泡随着迎角的增加会向后延伸，当延伸到翼型后缘时，翼型达到最大升力。超过这一迎角后，气流在整个翼型上分离，从而失速，升力下降比较平缓，但是俯仰力矩变化较大。

2.4.3　翼型的选择

翼型的选择是对现有各种翼型的几何参数和性能进行对比分析，从中挑选出能满足飞行器空气动力学要求的翼型。选择翼型时通常要考虑以下因素。

1．翼型总体外形的考虑

（1）双凸翼型的上弧线和下弧线都向外凸，但上弧线的弯度比下弧线大。这种翼型比对称翼型的升阻比大。

（2）平凸翼型的下弧线是一条直线，这种翼型的最大升阻比要比双凸翼型大。

（3）凹凸翼型的下弧线向内凹入，这种翼型能产生较大的升力，升阻比也比较大。

（4）S 形翼型的中弧线像横放的 S 形，这种翼型的力矩特性是稳定的。

（5）对称翼型的中弧线和翼弦重合，上弧线和下弧线对称。这种翼型阻力系数比较小，但升阻比也小。对称翼型的最大失速特性远不如有弯度的翼型，但是它的速度特性比较好。翼型的零升力矩是由弯度决定的。对称翼型的零升力矩为零，零升力矩太大会增加配平阻力。

2．翼型几何参数的考虑

1）弯度

（1）适当增加翼型弯度是提高翼型最大升力系数的有效手段，一般为 2%～6%，其中 4% 比较常见。

（2）适当前移最大弯度位置也可以提高翼型的最大升力系数，失速形式为前缘失速。

（3）最大弯度位置靠后，最大升力系数降低，但是可以取得比较缓和的失速特性。

（4）对低速和亚声速翼型，阻力主要来自摩擦阻力，因此常选择小弯度层流翼型来减小阻力。

2）厚度

（1）适当增加翼型的厚度可以提高翼型的升力线斜率，使最大升力系数增加。

（2）翼型每减小 1% 的相对厚度可以增加 0.015 的临界马赫数。

（3）对常规的 NACA 翼型，一般在相对厚度的 12%～15% 达到最大升力系数。

（4）低速翼型相对厚度可以在 12%～18% 之间选择；亚声速翼型相对厚度可以在 10%～15% 之间选择；超声速翼型参数只能在 4%～8% 之间，较薄翼型和较薄前缘半径翼

3）前缘

（1）翼型头部半径是确定大迎角下气流分离流动，从而决定最大升力系数及其他重要气动性能的几何参数。

（2）适当增加翼型的头部半径还可以提高翼型的升力线斜率。

（3）翼型前缘半径越小，越易分离，最大升力越小，波阻也越小。

（4）圆前缘翼型失速迎角大、最大升力系数大、超声速波阻大。

（5）亚音速翼型采用圆前缘，超音速翼型采用尖前缘。

2.5 多旋翼无人机飞行速度受限的原因和翼型设计

固定机翼飞机的飞行速度可以是声速（15℃下为 1224km/h）的几倍，而多旋翼无人机的飞行速度一般都限制在 300km/h 以内。为什么会这样？是什么限制了多旋翼无人机飞行速度的提高？为了回答这个疑问，需要了解与多旋翼无人机飞行性能密切相关的桨叶翼型设计问题。

2.5.1 多旋翼无人机飞行速度受限的主要原因

1. 旋翼总距与发动机油门的协调关系

多旋翼无人机旋翼总距操纵是与发动机油门操纵相结合的，在通过加大旋翼总距来增大桨叶迎角时，一方面使升力增大；另一方面也使阻力增大，这时只有增大发动机的油门才能保持旋翼的转速不变，达到增大升力的目的。当桨叶桨尖速度接近声速时，阻力会有一个突跃，如果让旋翼工作于这个状态下，则发动机需要消耗比平时多得多的功率才能维持旋转，这是非常不经济的。因此在设计旋翼的直径、转速、桨叶翼型的时候，就要根据选定的发动机功率来尽量让旋翼的各个剖面都工作在升力最大、阻力最小（升阻比值最大）的状态下，这时气动效率最高，也是最经济的。

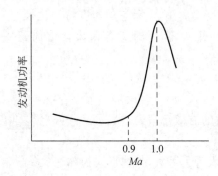

图 2-20 旋翼桨叶桨尖速度与发动机功率需求的关系

当多旋翼无人机前飞时，旋翼前行桨叶的桨尖速度是前飞速度与桨尖转动线速度之和，当它大于马赫数 0.9 时，由图 2-20 可知，发动机功率需求急剧上升，超出了发动机本身所能承受的功率范围，必须立即采取措施减少旋翼总距，降低前飞速度，否则会导致飞行事故。这就要求多旋翼无人机的飞行速度不能太快，一般最经济的飞行速度是 150～200km/h。

2. 避免发生音障的限制

在旋翼旋转角速度一定的情况下，多旋翼无人机旋翼桨叶靠近桨毂端（桨根）线速度小，桨尖线速度大。当多旋翼无人机前飞时，向前转到正侧方的前行桨叶相对气流速度是转动线速度加上前飞速度。如果飞行速度太快，使旋翼桨叶桨尖速度达到声速的 9/10，即马赫数为 0.9，局部气流的速度就可能达到声速，产生局部激波，从而使气动阻力剧增。要进一步提高速度,就需要发动机有更大的推力。更严重的是,激波能使流经旋翼桨叶表面的气流变得非常紊乱,从而使旋翼和机体剧烈抖动,操纵十分困难。同时,旋翼桨叶会下沉,机头往下栽,有可能导致机体坠毁。

其实,音障也是固定机翼飞机在超越音速飞行过程中的最大障碍,因为飞行速度在马赫数 0.9 左右的时候会产生局部的激波,使飞机附近的气流变得非常混乱,而且共振的产生也可能导致飞机结构被破坏。但是,此时固定机翼飞机有一个办法,即进行持续加速,超过音速之后就可以解决这个问题,进入超声速飞行状态。与之相比较,即使多旋翼无人机旋翼桨叶的桨尖速度超过了声速,那么在旋翼桨叶上靠近旋转中心的某一处速度也必然是在声速附近的,这样一来旋翼就会一直受到音障的影响而无法正常工作。此时为了保障安全,多旋翼无人机飞行速度要立即降下来,即为了避免产生音障,多旋翼无人机飞行时要确保旋翼桨叶的桨尖速度不能超过声速,这就限制了其前飞速度不可能快。

3. 避免机体过分倾斜的限制

多旋翼无人机前飞时,旋翼旋转时产生的升力可以依据旋转平面相对于水平面之间的倾斜角度分解为向上和水平面内的两个分量,其中垂直于水平面向上的分量称为拉力,处于水平面向前的分量是用于克服前飞阻力的前进力。由于多旋翼无人机向前飞行姿态的控制是由机体整体向前倾斜的角度决定的,当飞行倾斜角度过大时(如超过 30°),旋翼总升力分解为克服重力所需的向上拉力分量骤降,会导致拉力无法平衡机体重量,从而使多旋翼无人机在重力作用下加速下坠。为了避免出现这种危险情况,要求多旋翼飞行器飞行中不能发生过分倾斜,通常不能超过 30°,结果使旋翼总升力分解为克服前飞阻力所需的向前分量较小,使前飞速度受到限制。

2.5.2　多旋翼无人机桨叶翼型设计

在进行多旋翼无人机的总体设计时,设计与选择旋翼桨叶翼型的主要依据是多旋翼无人机的用途、大小、质量、速度,以及桨叶叶面负载、雷诺数等。通常,设计翼型的过程是一种试误法,要反复进行迭代计算及结果比较,这需要经验与耐心。

1. 多旋翼无人机桨叶翼型设计

由于旋翼工作的气动环境相当复杂,在进行桨叶翼型的设计与选择前必须首先了解翼型的空气动力学特性,通过综合考虑旋翼流场而得到一种折中方案,这是一项比较复杂和烦琐的工作。一般来说,好的旋翼桨叶翼型应具有最大升力系数 $C_{y\max}$ 高、阻力发散马赫数 Ma 大、升阻比大和俯仰力矩小 4 项优异的空气动力特性指标。在具体的翼型设计工作中,要想同时获得这 4 项空气动力特性设计指标是很难的。因此主要还是在不明显影响其他性能指标的条件下尽可能地最大化其中的一项或多项性能指标。

旋翼桨叶翼型在不同的飞行状态和不同的桨叶半径位置,其工作环境是非常不相同的。多旋翼无人机在前飞时,旋翼桨叶上的空气流动环境十分复杂,旋翼桨叶受到三维流动和非定常气动效应的强烈干扰。面对复杂的空气三维流动环境,旋翼桨叶翼型设计目标必须反映出能推迟后行桨叶失速的高升力及具有小的剖面俯仰力矩的性能,以及减小旋翼振动和改善功率的低阻特性。为了获得高效的旋翼性能,先进优秀的旋翼翼型应满足特定的要求,其设计目标必须根据任务需求和旋翼特性对性能进行仔细地权衡折中。在为翼型设计目标提出综合方法前,设计者必须清楚地了解旋翼系统实际的性能差别。

为了做好翼型设计工作,也需要设计人员更好地去掌握和理解影响翼型性能的各种因素,如翼型几何形状、来流迎角、雷诺数和马赫数。雷诺数对翼型最大升力系数的影响是很大的,因此,当评估旋翼升力储备时就要考虑所选的翼型在实际使用中的雷诺数。如果翼型最大升力系数差值超过0.1,则最好不要在桨叶的桨尖部位使用这种翼型;当旋翼桨叶的展弦比大于5时,从安全角度考虑,最好选择桨叶桨尖部位的最大升力系数比桨根部位大的翼型。另外,还要考虑到桨叶翼型的后缘角增大将使后部的边界层增厚,这样容易导致气流分离,使得翼型升力线斜率下降;但后缘角接近于零时则会给加工制造和强度、刚度带来麻烦。

为便于桨叶翼型设计,可将翼型剖面工作条件与翼型特性化成迎角和马赫数的函数,如图2-21所示。图2-21中的翼型特性主要是指失速迎角和阻力剧增或超临界流的迎角 α,同时图2-21中还给出了桨叶沿方位角运动时,一个特定径向剖面的工作状态(前飞时产生一封闭曲线,而悬停时向一个单值迎角和马赫数集中)。桨叶的桨尖剖面将体现最大马赫数,而靠近内段的剖面(如在75%半径处)将体现最大迎角。因此,由桨叶气动环境所控制的这些要求随径向剖面而变化。对给定旋翼状态下的这些要求可通过图2-21所示的曲线,将失速特性和压缩特性相比较获得。图2-21还可用于比较不同翼型剖面的特性。改进了的翼型应在整个马赫数范围内显示出迎角限制的提高。

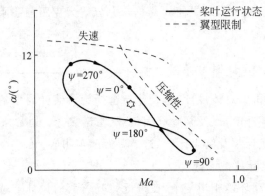

图 2-21　桨叶翼型设计要求

2. 现代旋翼桨叶先进的翼型数据

多旋翼无人机旋翼桨叶的翼型传承着传统的有人驾驶直升机的翼型,即多旋翼无人机采用与载人直升机相同的翼型,其主要原因是两者的空气动力特性相同,并且直升机翼型的发展已经相当成熟,有现成的方案可供多旋翼无人机借鉴使用。历史上直升机翼型的选择和设计经历了两个重要的发展时段。

1）第一阶段

从1939年第一架实用直升机VS-300升空起到20世纪70年代以前,早期的直升机旋翼大多选用NACA0012翼型或它的改进型。NACA0012是一个无弯度,厚12%的对称翼型,具有高升阻比的特点,即在允许的速度范围内从翼根到翼尖能够产生较大的升力,同时阻力较小。NACA0012 翼型是美国在 20 世纪 30 年代为固定翼飞机机翼设计的,没有考虑直升机旋翼特殊的空气动力问题。早期直升机旋翼大多选用它或它的改进型的原因主要有两个:一是它的马赫数 Ma 性能和升力能力之间有良好的折中,能满足直升机旋翼基本的空气动力性能要求;二是对称翼型具有稳定的压力中心。

翼型的压力中心是指升力在翼型弦线上的作用点,在固定翼飞机机翼的翼型上,气流随着迎角的变化而变化,压力中心沿着弦线移动,这对于固定翼飞机来说问题不大,因为它的尾翼可提供纵向稳定性。而对于直升机的旋翼桨叶来说则是不可接受的,因为直升机旋翼桨叶的迎角在飞行中是在不停变化的,压力中心的不停移动将引起桨叶扭转而使桨叶应力增加,并对直升机的操纵性与稳定性产生很大影响。由于对称翼型的压力中心与气动中心(焦点)重合,当桨叶剖面迎角发生变化时,气动力的增加量力矩为零。因此,虽然旋翼桨叶的迎角在不停地变化,但压力中心作用点的位置基本保持不变,这样可以提高直升机的稳定性,减轻飞行员的操纵负担。

2) 第二阶段

自 20 世纪 70 年代以后,随着直升机飞行速度的提高,旋翼在前飞时的空气流动环境变得更加复杂,前行桨叶桨尖马赫数趋近于 1,而后行桨叶趋于失速。这两种气动现象确定了直升机的飞行包线,并得出直升机可能达到的前飞速度和升力的限制边界。为了提高直升机的飞行速度和其他性能,人们开始重视直升机旋翼桨叶剖面特殊的空气动力问题,明确提出直升机空气动力学研究的目标,就是提高直升机的飞行性能,扩展其前飞速度和升力的限制边界,即研究与跨声速空气动力学相关的旋翼空气动力学问题。

20 世纪 70 年代,随着复合材料桨叶的广泛应用及直升机气动力学技术的发展,一方面,要求研制出适合先进直升机旋翼桨叶新翼型的呼声越来越高;另一方面,采用复合材料也使人们很容易设计出随桨叶翼展变化的不同翼型段、翼尖平面形状、剪裁桨叶平面形状和扭转。许多国家加大投入,专门针对直升机旋翼开展了翼型气动设计方法的研究,通过翼型设计,反复进行大量的旋翼和翼型的风洞实验,已开发出了新的、先进的直升机专用翼型,如美国波音公司的 VR 翼型系列、英国的 RAE 翼型系列、法国的 OA 翼型系列、俄罗斯的 TsAGI 翼型系列等。这些先进的新翼型在提高旋翼升力、改善失速特性、降低噪声水平等方面都发挥了重要的作用。表 2-1 和表 2-2 分别列出了法国 OA209 和 OA212 翼型的数据。

表 2-1 ONERA OA209 翼型数据表

Upper X	Upper Y	Lower X	Lower Y	Upper X	Upper Y	Lower X	Lower Y
0.00000	0.00000	0.00000	0.00000	3.51946	3.21729	3.52041	-1.58681
0.02924	0.28551	0.02934	-0.25969	3.91053	3.38387	3.91152	-1.63313
0.07810	0.47471	0.07827	-0.40758	4.49719	3.61378	4.49823	-1.69601
0.17586	0.72243	0.17611	-0.57866	5.37712	3.91946	5.37825	-1.77994
0.48866	1.21590	0.48906	-0.86200	6.35487	4.21315	6.35607	-1.86385
0.70371	1.45844	0.70419	-0.97936	7.33262	4.46694	7.33388	-1.94185
0.97746	1.71549	0.97801	-1.09121	8.31038	4.68743	8.31169	-2.01646
1.56407	2.16181	1.56475	-1.26099	9.28814	4.87973	9.28951	-2.08907
2.24839	2.58454	2.24917	-1.40076	12.22146	5.32210	12.22295	-2.29909
2.93282	2.94448	2.93369	-1.50912	14.66590	5.57137	14.66749	-2.46691

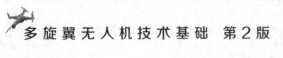
续表

Upper X	Upper Y	Lower X	Lower Y	Upper X	Upper Y	Lower X	Lower Y
17.11047	5.73865	17.11212	−2.62593	63.55637	4.20791	63.55777	−2.87947
19.55495	5.84144	19.55665	−2.77175	66.00091	3.98820	66.00226	−2.75679
21.99944	5.89332	22.00117	−2.89996	68.44547	3.75358	68.44673	−2.61931
24.44394	5.90590	24.44569	−3.00718	70.89013	3.50436	70.89130	−2.46733
26.88844	5.88899	26.89021	−3.09240	73.33468	3.24094	73.33577	−2.30135
29.33294	5.85127	29.33472	−3.15792	75.77922	2.96382	75.78022	−2.12177
31.77745	5.80034	31.77923	−3.20834	78.22378	2.67311	78.22468	−1.92799
34.22197	5.74183	34.22375	−3.24905	80.66834	2.36749	80.66914	−1.71821
36.66649	5.67851	36.66825	−3.28357	83.11290	2.04437	83.11360	−1.48962
39.11100	5.60989	39.11275	−3.31239	85.06855	1.77115	85.06916	−1.29154
41.55561	5.53337	41.55736	−3.33301	87.02421	1.48404	87.02472	−1.08045
44.00013	5.44535	44.00187	−3.34213	88.00204	1.33593	88.00250	−0.97146
46.44465	5.34314	46.44636	−3.33685	89.95770	1.03632	89.95805	−0.75468
48.88917	5.22542	48.89086	−3.31596	91.91335	0.74690	91.91361	−0.55509
51.33371	5.09200	51.33536	−3.27928	93.86901	0.49059	93.86918	−0.39291
53.77824	4.94348	53.77985	−3.22740	95.11083	0.35814	95.11096	−0.31806
56.22277	4.78067	56.22433	−3.16132	97.78036	0.19806	97.78045	−0.24304
58.66730	4.60385	58.66882	−3.08134	100.00000	0.25150	100.00000	−0.25080
61.11183	4.41303	61.11330	−2.98756				

表 2-2　ONERA OA212 翼型数据表

Upper X	Upper Y	Lower X	Lower Y	Upper X	Upper Y	Lower X	Lower Y
0.00000	0.00000	0.00000	0.00000	17.11392	7.50505	17.11122	−3.63294
0.02938	0.35259	0.02920	−0.36491	19.55849	7.80055	19.55571	−3.66613
0.07843	0.56748	0.07815	−0.59592	22.00314	8.01436	22.00030	−3.69142
0.17629	0.83576	0.17588	−0.88294	24.44768	8.15846	24.44480	−3.70821
0.48943	1.35608	0.48876	−1.39952	26.89220	8.24558	26.88931	−3.71610
0.70459	1.61303	0.70381	−1.62487	29.33670	8.28809	29.33381	−3.71670
0.97846	1.88886	0.97755	−1.84354	31.78121	8.29609	31.77830	−3.71388
1.56537	2.37732	1.56426	−2.17968	34.22570	8.27660	34.22281	−3.71228
2.24989	2.85165	2.24860	−2.45514	36.67029	8.23351	36.66741	−3.71517
2.93449	3.26639	2.93306	−2.66291	39.11477	8.16821	39.11190	−3.72266
3.52127	3.58904	3.51972	−2.80605	41.55936	8.07993	41.55650	−3.73124
3.91241	3.79045	3.91080	−2.88785	44.00384	7.96614	44.00100	−3.73654
4.49919	4.07501	4.49747	−2.99349	46.44830	7.82394	46.44550	−3.73473
5.37938	4.46780	5.37755	−3.12120	48.89276	7.65126	48.89000	−3.72382
6.35728	4.86366	6.35532	−3.22994	51.33721	7.44706	51.33451	−3.70281
7.33517	5.22392	7.33309	−3.31307	53.78165	7.21217	53.77902	−3.67170
8.31304	5.55338	8.31088	−3.37791	56.22599	6.94808	56.22342	−3.63080
9.29092	5.85534	9.28867	−3.42935	58.67041	6.65609	58.66794	−3.57999
12.22460	6.61882	12.22214	−3.53436	61.11485	6.33739	61.11245	−3.51818
14.66922	7.11563	14.66663	−3.59065	63.55926	5.99251	63.55697	−3.44437

Upper X	Upper Y	Lower X	Lower Y	Upper X	Upper Y	Lower X	Lower Y
66.00366	5.62232	66.00149	−3.35717	87.02510	1.63934	87.02428	−1.74786
68.44798	5.22823	68.44593	−3.25535	88.00285	1.43380	88.00212	−1.61239
70.89249	4.81214	70.89056	−3.13805	89.95826	1.03823	89.95768	−1.33047
73.33687	4.37645	73.33509	−3.00404	91.91377	0.68406	91.91335	−1.04824
75.78115	3.92326	75.77952	−2.85063	93.86930	0.40058	93.86901	−0.78632
78.22554	3.45337	78.22406	−2.67383	95.11107	0.27238	95.11085	−0.64092
80.66982	2.96718	80.66850	−2.46742	97.78045	0.17804	97.78031	−0.41316
83.11419	2.46508	83.11306	−2.22471	100.00000	0.33190	100.00000	−0.33810
85.06969	2.05391	85.06871	−2.00018				

本章小结

竹蜻蜓是我们祖先的奇特发明,已有上千年的历史。现代多旋翼无人机尽管比竹蜻蜓复杂千万倍,但其飞行原理却与竹蜻蜓相同,依靠旋翼旋转来产生升力。为了克服旋翼旋转产生的反作用力矩问题,多旋翼无人机运用多个旋翼按照不同方向转动来克服彼此的反扭矩,使总扭矩为零,并通过协调改变各旋翼升力的大小来实现飞行方向和姿态控制。油动多旋翼无人机与电动多旋翼无人机是目前市场上广泛受到青睐的两种多旋翼无人机类型,其中油动型大多属于工业级;电动型大多属于消费级。针对不同的用途和使用环境,它们都大有用武之地。从性能和特点上对比分析,两者各有千秋。从 1939 年至今,世界上 90％以上的直升机都是单旋翼直升机。将多旋翼无人机与单旋翼直升机进行比较,可以看出多旋翼无人机具有飞行效率高、结构简单、操控性好、可靠性高、安全性和维护性好等优点。

多旋翼无人机的旋翼桨叶剖面称为翼型,它直接影响到多旋翼无人机的气动性能和飞行品质。伯努利方程表明,较高的速度产生较低的压力,翼型的上表面流速高而下表面流速低,因而旋翼桨叶上下表面的总压差产生净升力,这是旋翼升力的来源。早期的翼型大部分是采用试凑法设计的,在 20 世纪 30 年代,NACA 开发了一系列使用广泛的翼型族。翼型的空气动力系数包括升力系数、阻力系数和俯仰力矩系数,它们受很多因素影响,其中主要的影响因素有雷诺数、马赫数等。自 20 世纪 70 年代开始,许多国家针对直升机旋翼开发出了新的、先进的专用翼型,在提高旋翼升力,改善失速特性,降低噪声水平等方面都发挥了重要的作用。本章最后用列表方式给出了法国 OA209 和 OA212 两种先进翼型的数据。

本章学习的重点是了解和掌握多旋翼无人机的飞行原理、飞行控制方式和特点等基础知识;熟悉和掌握油动多旋翼无人机与电动多旋翼无人机的对比分析,以及通过与传统单旋翼无人直升机进行比较,了解多旋翼无人机所具有的优点;了解和掌握翼型的几何参数和主要类型,空气在翼型表面的流动和压力分布,以及 NACA 4 位、5 位、6 位数字翼型族的表示方法;熟悉和掌握翼型空气动力特性,包括升力特性、阻力特性、俯仰力矩特性、气动中心(焦点)、压力中心等内容;了解影响翼型空气动力的因素,如雷诺数 Re、马赫数 Ma 以及音障和失速等基本概念;熟悉和掌握多旋翼无人机飞行速度受限的主要原因,以及熟悉多旋翼无人机桨叶翼型的设计方法和现代旋翼桨叶先进的翼型数据。

习题

1. 简述竹蜻蜓的飞行原理及多旋翼无人机的飞行原理并加以对比。
2. 单旋翼直升机的操纵系统有哪些关键部件?
3. 简述多旋翼无人机的飞行控制方式及特点。
4. 多旋翼无人机飞行时安全保障措施有哪些?
5. 列举油动多旋翼无人机和电动多旋翼无人机的实例,对两者进行对比分析。
6. 说明多旋翼无人机与单旋翼无人直升机的相同之处与不同之处,并进行对比分析。
7. 什么是翼型? 翼型的几何参数主要有哪些?
8. 用笔画出空气在翼型表面的流动情况和压力分布图。
9. 简述 NACA 4 位、5 位、6 位数字翼型族各位数字的意义。
10. 什么是翼型的升力特性、阻力特性、极曲线、俯仰力矩、气动中心和压力中心?
11. 什么是雷诺数、马赫数、音障、失速?
12. 选择翼型时通常要考虑的因素有哪些?
13. 多旋翼无人机飞行速度受限的主要原因是什么?
14. 如何进行多旋翼无人机桨叶的翼型设计?
15. 根据现代旋翼桨叶先进的翼型数据画出示意图。

第3章

DIY 四旋翼无人机组装

主要内容

（1）DIY 精神和 DIY 四旋翼无人机。

（2）DIY 四旋翼无人机部件的要求和选择。

（3）DIY 四旋翼无人机的组装。

（4）DIY 四旋翼无人机的调试。

（5）DIY 四旋翼无人机的操作练习。

3.1 DIY 多旋翼无人机的基本概念

在多旋翼无人机销售市场上，低空、慢速、微轻型多旋翼无人机的销售量快速增加，占到民用无人机市场的绝大多数份额。为了满足不同消费者的需要，商家的销售方法主要有两种：一种是销售成品机，消费者买回去可以直接放手飞；另一种销售的不是成品机，而是组装所需的各种零配件。消费者通过购买、自造将所有零配件收集齐全后，可以自己动手组装出一架属于"自己制造"的无人机。

3.1.1 DIY 精神和 DIY 多旋翼无人机的定义 ◀

人类对飞行的梦想是与生俱来的。从载人热气球开始，到飞机，再到无人机，人们逐渐实现了盼望已久的蓝天梦。到现在，飞机已经成为人们日常旅行的重要交通工具，而无人机，特别是小型无人机的真正发展时间仅有 10 年，发展速度之快、市场需求之大令人瞠目。

1. DIY 精神的定义

DIY 是"Do It Yourself"的英文缩写，兴起于近几年，逐渐成为一种流行。简单来说，DIY 就是自己动手，没有性别、年龄的限制，每个人都可以自己做，DIY 做出来的物品自有一份自在与舒适。

DIY 起源于欧美,已有 50 多年的历史。在欧美国家,由于工人薪资较高,因此一般居家修缮或家具布置,能自己动手做就尽量不找工人,以节省劳务费用。国外 DIY 产品公司通常有一系列相配合的资讯、材料、工具等,另外,产品所附的说明书非常详尽,自己动手做的过程不会有任何困难,而 DIY 产品的配件在超市就可轻易购得,因此,DIY 产品就像一般商品一样,随处可见。

2. DIY 多旋翼无人机的定义

早期的多旋翼无人机产品被定义为玩具或航模,因为它不仅好玩,而且结构简单,制作方便,人人可以 DIY。这样,人们与生俱来的飞行梦想通过简单的 DIY 就能得以实现,因而人们的热情很快就被多旋翼无人机点燃起来了。DIY 多旋翼无人机指为自己想要的多旋翼无人机通过网络查找资料,购买材料,经过组装试飞成功。不论你是不是一个发烧友,只要你实际动手组装过一架多旋翼无人机,你就能体会 DIY 精神,即成功的喜悦及亲手实现飞行梦想所带来的快感。

DIY 多旋翼无人机没有标准,它没有高手和菜鸟之分,只要适合自己就好。所谓高手,不过是接触 DIY 多旋翼无人机早一点;所谓菜鸟,也只是晚了一点。两者有区别吗?没有,都是 DIY,都在享受其中的快乐。因此,只要人们具有一定的学习精神和动手能力,稍微了解一些多旋翼无人机的飞行原理、结构、配件和组装知识,就可大胆尝试 DIY 多旋翼无人机带来的快乐。实际上,即使是新手,在 DIY 多旋翼无人机的实践活动中,也很快会发现只要用心去体会,其实它很简单,简单到会让你乐在其中,流连忘返。万一在 DIY 过程中遇到了什么困难,也不要泄气,静静心,抬起头,仰望天空。天空在召唤,大胆往前走,莫回头,坚持到最后 1 分钟,与生俱有的"飞行梦想"必定成真。

3.1.2　四旋翼无人机的组成和 DIY 步骤

人们第一次 DIY 多旋翼无人机,大多选择四旋翼无人机。原因是它的结构相对简单,目前在市面上非常流行,配件采购方便,而且在网络上建立了不少多旋翼飞行器技术交流群,大家可以在群内相互交流各自的经验和体会,当自己 DIY 遇到问题时比较容易得到别人的帮助和指点。

1. 四旋翼无人机的组成

麻雀虽小,五脏俱全。微轻型四旋翼无人机与大中型无人机的总体结构是一样的,都要在机身上安装起落装置、旋翼系统、动力装置、数据链路系统、飞行自控系统以及任务设备等。

一架典型的微轻型四旋翼无人机由 6 部分组成(如图 3-1 所示)。

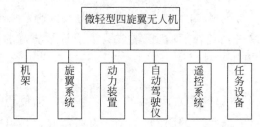

图 3-1　微轻型四旋翼无人机组成示意图

（1）机架。机架也称为机体，是四旋翼无人机的主体结构，机身和起落装置一般合为一体。

（2）旋翼系统。旋翼系统采用空气螺旋桨。

（3）动力装置。动力装置包括电机、电调和电池。

（4）自动驾驶仪。自动驾驶仪也称飞控，包括飞行控制系统和传感器。

（5）遥控系统。遥控系统包括遥控接收机和发射机。

（6）任务设备。任务设备主要有增稳云台、GPS 导航仪、照相机、摄像机、黑匣子、图像传输系统和防撞安全防护系统等。

2．DIY 四旋翼无人机的步骤

微轻型四旋翼无人机属于玩具航模类，制作简单、价格便宜，飞行高度低、速度慢，容易操纵控制，深受人们的喜爱，具有广泛的群众基础，比较适合于 DIY。特别是经过近几年的发展，已经出现了一批 DIY 四旋翼无人机爱好者和发烧友，他们成功的实践经验和心得体会对初学者很有启发和帮助，可以增加初学者的信心；另外，目前在 DIY 四旋翼无人机零部件市场上，其对应的器件也容易买到。

DIY 四旋翼无人机一般可归纳为以下 5 步。

（1）选材。市面上有太多的 DIY 四旋翼无人机所需的软硬件和各种材料可供选择。初学者要根据自己的经济情况和装机目标慎重选择，坚持先易后难、量力而为、货比三家的原则。有些可以自己制造的应尽量自制，因为自制所带来的乐趣和自豪感是无论花多少钱也买不来的。

（2）组装。所有零部件、材料和工具都准备齐全以后，就可以动手组装了。组装过程要严格按产品说明、安装要求和规范标准，按部就班、有条不紊、一丝不苟地进行，以保证产品质量，确保以后的飞行安全。

（3）调试。调试工作分无桨调试和有桨调试两个环节，目的是通过调试手段检查、发现、修正在选材和组装环节中可能存在的质量问题。

（4）模拟飞行。使用航模模拟器，通过计算机虚拟的飞行操作来模拟飞行控制，达到熟悉四旋翼无人机真实飞行操作的目的，既能保证飞行安全，又解决了场地限制和电池损耗等实际问题。

（5）试飞。试飞是 DIY 四旋翼无人机过程最令人期盼、兴奋和忐忑不安的一步。事先要拟定好试飞计划、试飞大纲或规范，做好应急预案，找一个比较空旷平坦的场地，然后进行正式试飞。试飞时先做一些简单的动作，如起飞、升降和悬停等，后做难度比较大的动作，如俯仰、前飞、偏航和翻滚等。

3.2　DIY 四旋翼无人机部件的要求和选择

DIY 四旋翼无人机对零部件的要求和选择主要取决于总体目标要求，即打算组装一架什么样的无人机。反映总体目标要求最重要的两个指标是功能要求和非功能要求（性能要求）。在 DIY 四旋翼无人机的过程中，所有的工作都是围绕着这两个指标进行的，对零部件的选择工作更是如此。

3.2.1 DIY 四旋翼无人机部件的要求

DIY 四旋翼无人机所涉及的功能要求和性能要求是确定其飞行使用范围最关键的因素,也是 DIY 时选择软硬部件最重要的依据。

1. 功能要求

功能要求描述四旋翼无人机所应提供的功能,包括它应该提供哪些服务,能搭载多少任务设备,能完成哪些任务等。

2. 性能要求

作为功能要求的补充,性能要求是指与具体功能相关的另一类要求,但它们只与四旋翼无人机的总体特性相关,如可靠性、稳定性、安全性、最大飞行速度、升限、最大航程、最大载重、留空时间、抗风能力、图传清晰度、存储空间等。与关心四旋翼无人机个别特定的功能要求相比,性能要求关心的是整体特性,因而性能要求更关键。一个功能要求得不到满足会降低无人机的能力,但一个性能要求得不到满足则有可能使它根本无法飞行。

3. 强度要求

任何一种飞行器首先要保证其可靠性,这方面的要求要比一般的地面机械高得多,这是完全可以理解的。可靠性中首要的问题是强度,各受力构件及其组合必须能承受在各种飞行状态中及着陆时可能遇到的冲击载荷。除此之外,还有刚度的要求,这一点对机架和旋翼系统等承力结构特别重要。

4. 重量要求

这个要求是航空结构与地面机械相比最突出的特点。四旋翼无人机由于受到电机功率、气动性能及结构强度的限制,最大起飞重量是一定的,因而结构越轻,所能承载的任务设备也就越多,越能更好地执行任务,改善飞行的经济性。

5. 空气动力要求

四旋翼无人机是一种在空气中飞行的飞行器,它的升力、前进所需的推力以及控制其飞行的力和力矩都是由空气动力来提供的,这样,对于构成气动外形的部件就有空气动力方面的要求,如气动效率高、废阻小等。这个要求会影响部件的外形及结构,要求结构具有足够的表面局部刚度,以便于达到较高的外形准确度等。

对于一个具体的 DIY 四旋翼无人机方案而言,以上这些要求往往是相互矛盾的。例如,强度、刚度的要求和最小重量的要求显然是相互矛盾的;而在保证强度、刚度的前提下要求结构重量最小,往往会使结构的形状复杂化,从空气动力的角度来说,这样做的结果会导致废阻的增加。因此在选择部件时必须妥善地平衡这些矛盾,综合协调,折中权衡,寻求最合理的处理方案。

3.2.2 DIY 四旋翼无人机机架、旋翼与动力装置的选择

1. 机架

DIY 四旋翼无人机的机架将飞行器的机身和起落装置融为一体,是无人机飞行和起降的基础平台,所有的部件和设备都要安装在机架上面。机架下方装有起落架,用于支撑全机重量,避免螺旋桨离地太近而发生触碰;还可消耗和吸收四旋翼无人机在着陆时的撞击能量。

1) 机架的作用

（1）提供部件安装接口。这些接口包括安装和固定电机、电调、飞控板的螺丝孔。

（2）提供整体的、稳定和坚固的飞行平台。

（3）安装起落架等缓冲装备，提供安全的起飞和降落条件，避免机上的仪器设备受到损坏。

（4）提供安全保护装置，保护人员和其他物体免于触碰到旋转中的螺旋桨。

2) 机架的基本结构

四旋翼无人机的机架可分为机臂和中心板两部分。4 个机臂用螺丝与中心板组合为一体，构成机架。其中机臂圆形末端安装有电机，另一端与中心板相连，中心板上搭载飞行控制板、接收机、电池等设备。

为保证飞行性能，目前市场上的机架多为十字对称型，也有少数轴对称型。而出于强度和厂家生产成本考虑，中心板多用玻璃纤维板制作，机臂多用尼龙材料制作。如果对重量和强度的要求比较高，可使用更为昂贵的碳纤维材料制作机架。机架轴距是指对角线两个螺旋桨中心的距离，其单位通常是毫米（mm），用于表达机架的尺寸大小。

3) 机架的材质

（1）塑胶机架。塑胶机架由塑胶制作而成，主要特点是具有一定的刚度和强度，同时又有一定的可弯曲度。其材质适合初学者的摔打，相对来说较为廉价。

（2）玻璃纤维机架。玻璃纤维机架的强度比塑胶机架的强度要高，常常制成长长的管道形，而且需要的材料很少，可减少机架的质量。

（3）碳纤维机架。碳纤维机架与玻璃纤维的机架相差无几，具有强度高、质量轻等优点。

（4）钢制或铝合金机架。钢制或铝合金机架比较适合于自制。

4) 成品机架的选购

市场有现成的机架出售，上面有各种螺丝孔，只需要将各种设备连接上去，并拧上螺丝即可进行调试，大大简化了安装过程。

（1）F450 和 F550 机架。F450 和 F550 机架是深圳大疆创新公司为了满足大多数航模爱好者而开发的机架，包括 4 个悬臂、一块下板和一块上板。悬臂上主要安装电机、电调，连接上板与下板。在下板上已经设计好了相应电路，可给 4 个电调供电。上板可以用来安装飞控和接收器等。数字 450 代表机架轴距，F450 指轴距 450mm；F550 指轴距 550mm。

（2）X450 机架。X450 机架的 4 个悬臂采用了管式结构，质量较轻，外形美观。

5) 自制机架

除了到市场上购买成品机架外，还有许多人自己动手，利用废弃的硬盘盒、玻璃钢、铝片等材料自行加工机架。自制的机架在重量、强度、刚度等性能特征上比买来的成品机架毫不逊色，而外形上则往往更具个性、结实耐用、美观大方。如果起飞质量大于 4kg，建议电机臂碳管大于或等于 16mm，机架碳板厚度为 1.5mm 及以上。

2. 旋翼系统与电机

1) 桨片

DIY 四旋翼无人机的旋翼系统是指它的空气螺旋桨，它由电机驱动高速旋转产生升力。其外形结构非常简单，两片桨叶由中间的桨毂固定在一起构成一个整体，称为桨片。四旋翼无人机有 4 个旋翼,每个旋翼都只有一个桨片,全机共有 4 个桨片,其中有两个为正桨,两个为反桨。桨叶的横剖面是翼型,假设螺旋桨在一种不能流动的介质中旋转,那么螺旋桨每转一圈,就会向前递进一个距离,称为螺距。常用桨片的尺寸有 1145、1045、9047、8045 等,其中 4 位数字的前两位代表直径,后两位代表螺距。如 1045 桨片的直径为 10 英寸,而螺距为 4.5 英寸,最大转速为 10500r/min。

2)电机

电机是四旋翼无人机的动力来源。电机类型分有刷电机和无刷电机两种,DIY 四旋翼无人机需要的是无刷电机。与传统的有刷电机不同,无刷电机属于外转子电机,也就是说,工作的时候转动的是电机的外壳,而不是内部的线圈(如图 3-2 所示)。这给电机的维护带来了方便。同时,无刷电机在扭力、转速方面都有比较优越的特性。无刷电机采用半导体开关器件(电调)来实现电子换向,具有可靠性高、无换向火花、机械噪声低等优点。常见的品牌有好盈、中特威、新西达等。

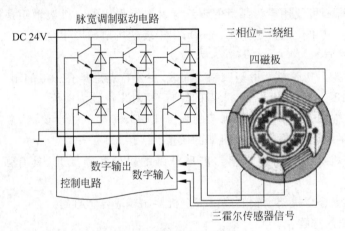

图 3-2 无刷电机电路图

(1)尺寸。无刷电机在型号命名上用 4 位数字来表示它的尺寸,如 2212、2018 电机等。前面两位数是电机转子的直径,后面两位数是电机转子的高度。形象地讲,前面两位数越大,电机越胖;后面两位数越大,电机越高。又高又大的电机,功率就大。例如,常用的新西达 2212 电机,直径为 22mm,转子的高度为 12mm。一般而言,越大的电机,其转速和扭力也就越大。

(2)标称空载 KV 值。无刷电机 KV 值定义为"转速/伏特",意思是输入电压增加 1V 无刷电机空转转速增加的转速值。例如,1000KV 电机,外加 1V 电压,电机空转时每分钟转 1000 转;外加 2V 电压,电机空转就 2000 转了;电压为 11V 的时候,电机的空转转速达到 11000r/min。KV 值越大,转速越快,扭力越小;KV 值越小,转速越慢,扭力越大。单从 KV 值无法评价电机的好坏,因为不同 KV 值适用不同尺寸的螺旋桨。

(3)电压。把一节锂电池的电压 3.7V 称作一个 S,微微型四旋翼无人机的电机常用 1S 电池驱动,而较大些的四旋翼无人机的无刷电机一般采用 2~3S,也就是 7.4~11.1V 来驱动。一般的无刷电机都可以支持 2~3S 的电压,其中最常用的配置还是 3S 的锂电池,也就是 11.1V。

3．电调

电调全称为电子调速器(ESC),是连接飞控板和电机的部件,它是多旋翼无人机最重要的部件之一。无刷电机应该选用无刷电调。无刷电调的输入是直流,可以接锂电池;输出是三相交流,直接与电机的三相输入端相连。如果通电后,电机反转,只需要把这三根线中的任意两根对换位置即可。电调还有三根信号线连出,用来与接收机连接,控制电机的运转。

1)电调功能

(1)电机调速。电调最基本的功能是电机调速,就是将飞控板的控制信号转变为电流的大小,以控制电机的转速。因为电机的电流较大,通常每个电机正常工作时平均有 3A 左右的电流,如果没有电调的存在,飞控板根本无法承受这样大的电流。

(2)变压供电。电调的第二个功能是充当变压器,将 11.1V 电压转变为 5V,为飞控板和遥控接收机供电。每个电调上面都会标出能够提供的电流值,如 20A、40A。大电流的电调可以兼容用在小电流的地方,但小电流电调不能超标使用。

(3)电源转化。电调的第三个功能是充当换相器,因为无刷电机没有电刷可用于换相(直流电源转化为三相电源供给无刷电机,并对无刷电机起调速作用),所以需要靠电调进行电子换相。

(4)其他功能。电调还有一些其他辅助功能,如电池保护、启动保护、刹车等。

2)电调参数

(1)功率。无刷电调最主要的参数是电调的功率,通常以安培数来表示,如 10A、20A、30A。不同的电机需要配备不同安培数的电调,安培数不足会导致电调甚至电机烧毁。

(2)电流。无刷电调有持续电流和 x 秒内瞬时电流两个重要参数,前者表示正常时的电流,而后者表示 x 秒内能容忍的最大电流。选择电调型号的时候,一定要注意电调最大电流的大小是否满足要求,是否留有足够的安全裕度容量,以避免电调上面的功率管烧坏。

(3)内阻。电调具有相应的内阻,需要注意其发热功率。有些电调的电流可以达到几十安培,因为发热功率是电流平方的函数,所以电调的散热性能也十分重要,大规格电调的内阻一般都比较小。

(4)刷新频率。电机的响应速度与电调的刷新频率有很大关系。在多旋翼无人机开始发展之前,电调多为航模飞机而设计,航模飞机上的舵机由于结构复杂,工作频率最大为 50Hz。相应地,电调的刷新速率也都为 50Hz。多旋翼无人机与其他类型飞机不同,不使用舵机,而是由电调直接驱动电机,其响应速度远超舵机。目前,具备 UltraPWM 功能的电调可支持高达 500Hz 的刷新频率。

3)可编程特性

通过内部参数设置,可以达到最佳的电调性能。设置的参数包括电池低压断电电压设定、电流限定设定、刹车模式设定、油门控制模式、切换时序设定、断电模式设定、起动方式设定以及 PWM(脉冲宽度调制)模式设定等。通常有以下三种方式对电调参数进行设置。

(1)可以通过编程卡直接设置电调参数。

(2)通过 USB 连接,用计算机软件设置电调参数。

（3）通过接收器，用遥控器摇杆设置电调参数。

4）常用电调分类

无刷电调的种类按品牌分，常用的有好盈、银燕、新西达、中特威，还有一些较为昂贵的电调，如蝎子和凤凰。按照功率分为 30A、40A、50A、60A、80A 和 120A 电调。不同功率的电调要对应不同的电机，否则会出现电机转速不足或烧坏电调的情况。

4. 电池

电池主要用于提供能量，属于易耗品，也是后期投入比较多的一个部件。可用作多旋翼无人机动力的电池种类很多，常见的有锂电池（LiPo）和镍氢电池（NiMh），主要源于其优良的性能和便宜的价格优势。然而，对于多旋翼无人机而言，电池单位质量的能量载荷很大程度上限制了其飞行时间和任务拓展，续航时间不够，其关键就在于电池容量较小。

在相同电池容量的情况下，锂电最轻、效率最高，因此多旋翼无人机大多都选择锂电池；选择电池的品牌除了受机架尺寸限制外，还要注意以下几个参数。

1）电池电压

锂电池组包含电池和锂电池保护线路两部分。

（1）锂电池单节电压为 3.7V，3S1P 表示三片锂聚合物电池的串联，电压是 11.1V，其中 S 表示串联，P 表示并联。又如 2S2P 表示 2 片锂聚合物电池串联，再把两个这样的串联结构并联，总电压是 7.4V，电流是单片电池的两倍，如图 3-3 所示。

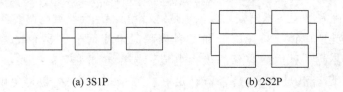

(a) 3S1P   (b) 2S2P

图 3-3　锂电池电芯组合方式

（2）电池在放电过程中电压会下降，而且由于电池本身具有内阻，其放电电流越大，由于自身内阻导致的压降就越大，所以输出的电压就越小。

2）电池容量

电池容量用毫安时（mA·h）表示，电池的容量越大，存储的能量就越大，可以提供的续航时间就越长，不过相应的重量也越大。例如 1000mA·h 电池，以 1000mA 的电流放电，可持续放电 1h；如果以 500mA 的电流放电，可以持续放电 2h。随着放电过程的进行，电池的放电能力在下降，其输出电压也会缓慢下降，导致其剩余容量与放电时间不是线性关系。单电芯充满电时的电压为 4.2V，放电完毕会降至 3.0V（再低则可能因过度放电而导致电池损坏），一般无人机在 3.6V 时会有电量报警。

在多旋翼无人机实际飞行过程中，有两种方式检测电池的剩余容量是否满足飞行安全的要求。一种方式是检验电池单节电压；另一种方式是实时检测电池输出电流并做积分计算。

3）放电倍率

电池放电能力是普通锂电池和动力锂电池最重要的区别，动力锂电池需要很大的电流

放电。电池充放电电流的大小用充放电倍率来表示,它是充放电快慢的一种量度,其单位为 C,计算公式为

$$充放电倍率 = 充放电电流 / 额定容量$$

例如额定容量为 $100mA \cdot h$ 的电池用 $20mA$ 放电时,放电倍率为 $0.2C$;$1000mA \cdot h$ 电池,放电倍率为 $5C$,则电池是以 $5000mA$ 的电流强度放电。

锂聚合物电池一般属于高倍率电池。实际使用中,所用电池 $1h$ 放电完毕,称为 $1C$ 放电;$5h$ 放电完毕,则称为 $1/5 = 0.2C$ 放电。容量 $5000mA \cdot h$ 的电池最大放电倍率为 $20C$。这很重要,如果用低 C 的电池进行大电流放电,电池会迅速损坏,甚至自燃。另外,不能让一块电池把它的电量完全放完,如果这样,这块电池就会报废。当 $11.1V$ 电池的电压降低到 $10V$ 时,最好更换电池。

4) 充电倍率

C 也表示锂电池充电倍率,只是将放电变成了充电,如 $1000mA \cdot h$ 的电池,$2C$ 快充,就代表要用 $2000mA$ 的电流来充电。充电时千万不要因为图快而贸然用大电流,或超过规定参数充电,不然电池很容易损坏。

5) 电池内阻

电池内阻主要由电极材料、电解液、隔膜电阻及各部分零件的接触电阻组成,与电池的尺寸、结构、装配等有关。电池内阻不是常数,在充放电过程中随时间不断变化,并且不是线性关系,常随电流密度的对数增大而线性增加。电池内阻很小,一般用毫欧的单位来定义它。正常情况下,内阻小的电池放电能力强,内阻大的电池放电能力弱。

6) 平衡充电器

由于四旋翼无人机电池的电流极大,其专用电池是不能用普通充电器充电的,必须要用平衡充电器。常用的 $11.1V$ 的锂电池组由 3 节 $3.7V$ 的电池组成,因为制造工艺原因,每节电池的充电放电特性都有差异,在电池串联的情况下,容易造成某节电池放电过度或充电过度。解决办法是分别对内部单节电池充电,平衡充电器就起这个作用,即采用平衡充电器来分别充每个 S,也就是每个放电单元,这样能保护电池。

经验表明,DIY 四旋翼无人机常用 $2200mA \cdot h$、3S、25C 的电池。值得注意的是,市面上杂牌动力电池虚标、掉电压、虚焊问题严重,应尽量选择知名厂家的优质电池,避免空中掉电摔机造成更大的损失。

5. 电机与螺旋桨的匹配

多旋翼无人机采用的螺旋桨越大,升力越大,但需要更大的动力;螺旋桨转速越高,升力越大;电机的 KV 越小,转动力量就越大。为了用转速来弥补升力的不足,大螺旋桨就需要采用低 KV 电机,小螺旋桨就需要采用高 KV 电机。如果高 KV 带大桨,力量不够,电机和电调很容易烧毁;如果低 KV 电机带小桨,就完全没有问题,但升力不够,可能造成无法起飞。因此,在选择电调时,要注意电调和电机的匹配问题,原则上电调的电流要和电机的峰值相同,最好是大一点(但不能过大)。不同的电机需要使用对应的桨片,如表 3-1 所示。

表 3-1　电机与桨片的选择对应关系

电机(KV 值)	桨　片
800～1000	11～10 英寸桨
1000～1200	10～9 英寸桨
1200～1800	9～8 英寸桨
1800～2200	8～7 英寸桨
2200～2600	7～6 英寸桨(注意桨强度,当心射桨)
2600～2800	6～5 英寸桨(注意桨强度,当心射桨)
2800 以上	建议使用 9050 剪桨(注意桨强度,当心射桨)

3.2.3　DIY 四旋翼无人机自动驾驶仪的选择

1. 自动驾驶仪的功能和结构

自动驾驶仪(也称为飞控板)是 DIY 四旋翼无人机的核心部件,主要作用是处理飞行参数,控制飞行过程中的稳定和运动方向。当四旋翼无人机在空中飞行时,飞控需要识别遥控器或自动控制的信号,计算当前的姿态,并且将当前的姿态与遥控器要求达到的姿态进行对比,从而计算出电机需要做出的反应,给电调发送信号调节电机转速,实现控制、改变飞行姿态的功能(如图 3-4 所示)。

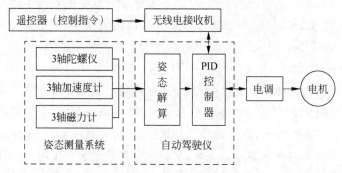

图 3-4　四旋翼无人机飞控结构示意图

1) 功能

自动驾驶仪的功能主要归结为以下几方面。

(1) 导航。导航就是解决“在哪儿”的问题。如何发挥自动驾驶仪上各种传感器的优势,综合分析判断,得到准确的位置和姿态信息,是自动驾驶仪的首要任务。

(2) 控制。控制就是解决“怎么飞”的问题。自动驾驶仪首先得到准确的位置和姿态信息,之后根据任务,通过算法计算出控制量,输出给电调,进而控制电机转速。

(3) 决策。决策就是解决“去哪儿”的问题。去哪儿可能是飞手决定的,也可能是为了安全,按照规定流程运行的紧急处理方案。

(4) 稳定。自动驾驶仪根据一些板载测量元件提供的信息,在没有任何控制的情况下,通过控制电调的输出信号保持四旋翼无人机的稳定。

(5) 测量。自动驾驶仪需要测定电池的剩余电量,以便确保四旋翼无人机能安全稳定地飞行。

2）组成结构

四旋翼无人机的自动驾驶仪分为软件部分和硬件部分。

（1）全球定位系统（GPS）。得到四旋翼无人机的位置信息。

（2）惯性测量单元（IMU）。包括 3 轴加速度计、3 轴陀螺仪、电子罗盘（或磁力计），目的是得到多旋翼的姿态信息；市面上常说的 6 轴 IMU 包含了 3 轴加速度计和 3 轴陀螺仪，9 轴 IMU 包含了 3 轴加速度计、3 轴陀螺仪和 3 轴磁力计，而 10 轴 IMU 则是在 9 轴 IMU 基础上多了气压计这一轴。

（3）气压计和超声测量模块。目的是得到绝对（气压计）或相对高度信息（超声波测量模块）。

（4）计算机。微型计算机、算法计算平台。

（5）接口。与各种传感器和电调、通信设备等的硬件接口。

自动驾驶仪可以说是整个四旋翼无人机的核心，是它的大脑。为了完成上述任务，飞控必须有比较强大的处理器，还需要与之配套的传感器，如陀螺仪、加速度计等的配合。飞控可以 DIY，也可以购买现成的飞控。

如果想 DIY 四旋翼无人机的飞控，可以以 Arduino 开放板为基础，加载传感器系统自行开发。真正要完成从硬件设计到程序编写的全部流程，完整地做一个飞控，需要对单片机、传感器、自动控制算法和软件编程都有一定的了解，其中最核心的问题是如何设计飞控的算法。

2. 自动驾驶仪选择的原则

市面上有许多性能优异的飞控板可供选择，有开源飞控，也有闭源飞控（商品飞控），比较有名的品牌如 KK 飞控板、FF 飞控板、MWC 飞控板、APM 飞控板、玉兔二代飞控板、NAZA（哪吒）飞控板、WooKong-M 飞控板和零度飞控板等。DIY 四旋翼无人机选择飞控板需要注意以下问题。

（1）经济条件。因为现在 DIY 四旋翼无人机飞控发展较快，所以存在一些低端的飞控可供资金紧缺的用户选择。目前广泛流行的开源飞控板中，FF 飞控板相对便宜，适合初学者使用；玉兔二代飞控板适合入门级的学者；KK、MWC 和 APM 更适合有较多经验者。对于那些有特殊需求的人（如高精度的航拍效果），可以选择商品飞控，如 DJI 公司的 WooKong-M 或者零度 YS-X6 飞控板。

（2）操控性能需求。从操控性来说，KK 飞控板及导航板性能先进，使用比较简单，价格适中，采用 KK 飞控板的四旋翼无人机飞行稳定，很受欢迎。FF、APM 和 MWC 飞控板也都有自稳功能。Wookong-M 或者零度的飞控操控性更好，而且能保证设备安全，但价格高。

（3）特殊功能需求。对于初学者，可以选择 FF 飞控板。要求性能更好一点，可以选择 KK、APM 和 MWC 飞控板。如果想要进行航拍，最好选择 NAZA、WooKong-M 或者零度 YS-X6 等技术成熟的品牌飞控板，因为这些飞控板比其他飞控板更稳定、安全，并具有相关的售后服务，而且可以整机选购，自己无须再去找配套设备和元件进行安装。

3. KK 飞控板及 GPS 导航板

韩国 KK 飞控板采用 MEMS（2 轴＋1 轴）3 轴陀螺，拥有比较高的灵敏度和响应精度。马达及舵机输出端口有 12 个。除支持上一代飞控板原有的布局模式外，它还支持 Butterfly、

Octo、X8、Y6T、TwinQuad、TwinHexa、Dodeca 等新的模式,兼容性极佳。KK 飞控板还提供了一个端口连接"地面站"的通道,使用 Xbee 或其他数传电台,即可用此通道与计算机软件进行实时通信。

GPS 导航板与 KK 飞控板协同工作,并且可以兼容老款 KK 飞控板。KK 导航板集成了数字气压计、GPS 模块接口、电子罗盘、3 轴加速度传感器和 3 轴陀螺传感器,此外,还拥有一个超声波模块接口及 OSD 模块接口。它除了能够为四旋翼无人机提供自主悬停、回家、定高功能,还支持双轴云台(侧飞和俯仰)增稳功能。GPS 模块内置了一颗微型电池,能够记录 GPS 星历数据,从而大大缩短下一次启动时的搜星时间。GPS 导航板重 22g(含 GPS 模块)。

4. FF 飞控板

FF 飞控板是国内模友开发的一种飞控系统,使用了 ARM 微处理器,价格便宜且易于操作,包含了陀螺仪和加速度传感器,可以实现自稳,并支持增稳云台。但是其程序不开源,而且不支持固定翼;其采用传感器的灵敏度不够,所以有时感觉也不太稳定。

与 FF 飞控板连接的 4 个电调要分别进行独立的油门行程设置,方法是将 4 个电调和接收机的连线从 FF 飞控板上全拔下来,取其中一个电调,将它和接收机的第三通道连接,将油门拉到最高;通电后用手摸该电调所连接的电机,听到电机发出"嘀嘀"连续的两声后,立刻把油门拉到最低;等电机发出"嘀嘀嘀"的确认声音,设置完成。接下来完成另外三个电调的油门行程设置。全部完成后,接回所有的连线。

接收机通道与 FF 的连接:

副翼通道 1(AILE)接 FF 的 CH1;

升降通道 2(ELEV)接 FF 的 CH2;

油门通道 3(THRO)接 FF 的 CH3;

方向通道 4(RUDD)接 FF 的 CH4;

第 5 通道 5(GEAR)接 FF 的 CH5。

5. MWC 飞控板

MWC 是 MultiWii Copter 的缩写,它是开源飞控,基于开源的 Arduino 平台。原创作者是来自法国的 Alex,他为了打造自己的 Y3 飞行器而开发了最初的 MWC 飞控。几年来经过许多高手的参与及共同努力,其开发进度越来越快。现在 MWC 已经基本成熟,可以支持更广泛的硬件平台、外围设备及更多的飞行模式,让运行 MWC 的飞控板成为国外开源飞控市场上占有率较高的产品之一。MWC 飞控通常有 Atmega328P 版本和 Atmega2560 版本。

Atmega328P 版本因为基于 Arduino 平台,实际上就是一块 Arduino ProMini 版本+一块 GY86 传感器,包含 MPU6050、HMC5883L、MS5611。其中 MPU60x0 是全球首例 9 轴运动处理传感器。它集成了 3 轴 MEMS 陀螺仪、3 轴 MEMS 加速度计,以及一个可扩展的数字运动处理器 DMP,可用 IIC 接口连接一个第三方的数字传感器,如磁力计。HMC5883L 是一种表面贴装并带有数字接口的弱磁传感器芯片,应用于低成本罗盘和磁场检测领域。MS5611 是一款高分辨率气压传感器,分辨率可达 10cm。

6. APM 飞控板

APM 飞控系统是国外的一个开源飞控系统,采用的是两级 PID 控制方式,第一级是导航级;第二级是控制级,能够支持固定翼、直升机、3 轴、4 轴、6 轴旋翼飞行器。APM 的功能十分强大,是一款广受模友推荐的飞控板,首先因为开源,用户可以根据自己的喜好选择定制不同的程序;其次是传感器种类丰富并且精度高。APM 飞控系统的主要结构和功能包括以下几个方面。

（1）飞控主芯片 Atmega1280/2560。

（2）PPM 解码芯片 Atmega168/328,负责监视模式通道的 PWM 信号监测,以便在手动模式和其他模式之间进行切换,提高系统安全。

（3）惯性测量单元采用双轴陀螺、单轴陀螺、3 轴加速度计,负责测量 3 轴角速度、3 轴加速度,配合 3 轴磁力计或 GPS 测得的方向数据进行校正,实现方向余弦算法,计算出飞机姿态。

（4）GPS 导航模块为 Lea-5h,负责测量当前的经纬度、高度、航迹方向和地速等。

（5）3 轴磁力计模块为 HMC5843/5883 模块,负责测量飞机当前的航向。

（6）空速计为 MPXV7002 模块,负责测量飞机空速(误差较大,而且测得数据不稳定)。

（7）气压计采用 BMP085 芯片,负责测量空气压力,用以换算成高度。

（8）AD 芯片为 ADS7844 芯片,将 3 轴陀螺仪、3 轴加速度计、双轴陀螺仪输出温度、空速计输出的模拟电压转换成数字量,以供后续其他模块计算。

7. 玉兔飞控板

玉兔飞控板采用 32 位 ARM 处理器以及最新的传感器,采用自主研发的软件,设置界面简单友好,飞行稳定,安全可靠,简单连接好飞控板后采用默认设置就可稳定飞行。基本板已包含高精度数字 3 轴陀螺和数字 3 轴加速度计,结构紧凑、体积小,不用附加任何板就可以实现稳定和平衡功能,还可以外接扩展超声波、气压计、3 轴地磁传感器、GPS 等,实现定高、定点、自动起降等更多的功能。8 通道遥控输入、8 通道马达/舵机输出,支持航拍云台自动稳定,输出通道的模式可以由用户定义。它自带 USB 接口,不用加扩展板就可以实现PC 升级和参数调整。提供 PC 升级工具,随时根据大多数客户的要求改进程序并能在线升级。基本功能特点如下。

（1）主处理器,ARM32 位,主频 50MHz。

（2）板载高精度数字 3 轴陀螺仪和 3 轴加速度计,实现自动稳定和自动平衡。

（3）8 路接收通道,除了主要的 4 个摇杆通道外,还可以定义辅助开关通道或云台控制通道。

（4）8 路 16 位高精度 PWM 输出通道,可定义 50～500Hz 模拟/数字舵机或非标准电调信号。

（5）输出混控支持 GIMBAL、BI、TRI、QUADP、QUADX、Y4、Y6、HEX6、HEX6X、8 路接收通道、8 通马达/舵机、8 通 LED 接口、报警器接口、USB 接口、气压计、地磁罗盘扩展板设置状态灯、ARM 主控芯片、3 轴陀螺仪、3 轴加速度计、GPS、超声波、电池电压、OCTOX8、OCTOFLATP、OCTOFLATX、FLYING_WING、FIXED WIND 等模式,还可以根据客户要求增加其他混控模式。

（6）可选择多种输出模式,默认电调输出 330Hz 信号,舵机输出 47Hz 信号。

8. NAZA 飞控板

NAZA(哪吒)飞控板是 DJI 公司出产的一款多旋翼飞控,主要版本有 Naza-M、Naza-M

Lite、Naza-M V2 和 Naza-H。对于不想使用类似于 APM 一样复杂操作的用户来说,NAZA 的飞控更合适。同样,因为其有正规厂商,所以一些售后服务比其他开源的飞控板更好,而且可以保证更高的安全性。

NAZA 飞控板以创新的 All-in-One(一体化)设计理念,将控制器、陀螺仪、加速度计和气压计等传感器集成在了一个更轻、更小巧的控制模块中,同时提供 D-Bus 支持,支持在线升级,功能、硬件均可扩展。它不仅继承了 DJI 产品优异的飞行稳定性,更提供了卓越的手感和机动性,使玩家享受更加愉悦的飞行乐趣。

基本功能特点如下。

(1) 即插即用的 GPS 模块,提供精准定位、自动返航、智能方向控制等功能。

(2) 在 GPS 模式下,可以锁定经纬度和高度精确悬停,哪怕在风力较大的情况下,也同样可以在很小范围内稳定悬停。悬停精度在垂直方向为 ±0.8m;水平方向为 ±2.5m。

(3) 多选控制模式,手动模式(可选手动、姿态、失控保护)、姿态模式、GPS 模式。

(4) 智能方向控制(CF 功能),航向锁定/返航点锁定。

(5) 增强型失控保护,自动降落/回家 & 自动降落熄火。

(6) 支持两轴云台,云台舵机多频率支持(8 轴时不支持云台)。

9. WooKong-M 飞控板

WooKong-M 多旋翼飞控是 DJI 公司出产的一款成熟的、面向商用及工业用多旋翼平台的飞控系统。它支持市面上最常见的第三方电调,无须做任何线路的修改。WooKong-M 集成了高精度的感应器元件,运用了先进的温度补偿算法和工业化的精准校准算法,使系统发挥出稳定、高效、可靠的性能。基本功能特点包括:

(1) 适用 9 种常用的多旋翼平台,支持用户自定义电机混控;

(2) 内置云台增稳功能,内置减振设计;

(3) 支持 IPAD 地面站及手机调参;

(4) 精准定位悬停,热点环绕,智能方向控制(智能航向锁定);

(5) 遥控器触发高度返航及遥控器开关触发自动返航;

(6) 失控保护和自动返航及降落,主控失去控制信号时,系统会进入失控保护模式。

10. YS-X6 飞控板

YS-X6 是零度公司一款成熟的、面向商用及工业用多旋翼平台的飞控系统,功能强大,采用 ARM+FPGA 经典架构,集成了高精度传感器元件,运用领先的温度补偿算法和工业级的姿态算法,使系统性能更稳定、高效、可靠。飞控设置简单快捷,配备智能化的地面站系统,只需将地面站软件安装在个人的智能手机、平板或计算机上,利用 WiFi 通信连接飞控即可作为控制飞行器的终端移动设备。YS-X6 具有极大的便携性,使户外航拍变得轻松便利,重 212g(含 WiFi 模块)。基本功能包括:

(1) 语音播报功能,飞行中实时收听高度、距离等播报;

(2) 自由航向,航线飞行时,飞行器的机头将实时对准飞行方向;

(3) 自动生成航线,系统自动生成航线,并在地图上会显示航线的总长度;

(4) 自定义航点,可添加 128 个航点,灵活设置航点的高度、悬停时间、飞行速度、经纬度等;

(5) 精准定位悬停,悬停精度为水平方向小于 1.5m,垂直方向小于 0.3m;

（6）超强的抗振性能，抗振性能强，能很好地适应振动性强的大型机架；

（7）内置专业减振模块，提高了飞控的可靠性、抗振性；

（8）功能拓展预留，可选择开通不同版本功能，满足不同飞行作业要求；

（9）支持多旋翼飞行器类型，包括＋4、x4、＋6、x6、Y6、＋8、x8、V8 等各种类型；

（10）绕点锁定飞行，飞行器机头始终对着目标点进行绕圈盘旋飞行。

3.2.4 DIY 四旋翼无人机传感器的类型

传感器是感知飞行姿态，识别物体、距离和温度等的仪器。传感器的作用主要是协同配合四旋翼无人机飞控工作，工作程序大致是飞控接收到来自遥控器的信号后，将信息与传感器感知的飞行姿态等数据进行对比判断，然后控制电调的输出，进而调整螺旋桨的转速，控制四旋翼无人机的飞行姿态和稳定。飞控要精准完成控制任务，离不开传感器和检测反馈信息，如图 3-5 所示。

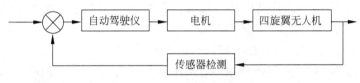

图 3-5 四旋翼无人机飞行控制系统示意图

四旋翼无人机需要使用传感器来确定空中姿态，采用的传感器多为惯性传感器。惯性传感器通过测量飞行器的加速度和角度获取飞行器瞬时速度、瞬时姿态和瞬时位置。但使用惯性传感器需要解决的一个问题就是长时间的精度问题，随着时间增加，因为存在漂移，误差会累积，所以飞行器状态变化会失去控制。加速度传感器可提供额外的参数来抵消陀螺仪参数计算时的误差，以确保四旋翼无人机有更好、更稳定的飞行状态。市场上的飞控板自带各种传感器，选购时要留意是否符合自己的要求。

1. 陀螺仪

传统陀螺仪利用"一个高速旋转的物体所指的方向，在不受外力的影响下不改变"的原理来获取系统的转动角度。陀螺具有稳定性和进动性，转动时如果受到外力的作用，陀螺会在自转的同时沿另一个固定轴不停旋转。传统的陀螺仪主要利用角动量守恒原理工作，是一个不停转动的物体，它的转轴指向不随承载它的支架的旋转而变化。但是 MEMS 陀螺仪的工作原理不是这样的。

MEMS 陀螺仪利用旋转物体在有径向运动时所受到的切向力（科氏力），采用振动物体传感角速度的概念，利用振动来诱导和探测科氏力。MEMS 陀螺仪没有旋转部件，不需要轴承，可以用微机械加工技术大批量生产。MEMS 陀螺仪利用质量块探测由相互正交的振动和转动引起的交变科氏力，振动物体被柔软的弹性结构悬挂在基底之上。整体动力学系统是二维弹性阻尼系统，在这个系统中，振动和转动诱导的科氏力把正比于角速度的能量转移到传感模式。通过改进设计和静电调试使驱动和传感的共振频率一致，以实现最大可能的能量转移，从而获得最大灵敏度。

陀螺仪提供飞行时的平衡参数，即机架与水平面的关系。通过这些参数，飞控可以控制四旋翼无人机平稳飞行。虽然 3 轴陀螺仪集成比较好，而且性能相对较好，但是因为 3 轴陀螺仪相对比较昂贵,所以建议采用 ENC03,自己用三个两两相互垂直的单轴陀螺仪搭建一个小系统。陀螺仪的参数对比如表 3-2 所示。

表 3-2 陀螺仪的参数对比

型 号	比 例 系 数	响应频率/Hz	备 注
ENC03	$0.67\text{mV/deg}\cdot\text{s}^{-1}$	50	单轴
LISY300AL		88	单轴±300°
ADIS16350AMLZ		350	三轴

2．加速度计

加速度计是一个一自由度的测量加速度的传感器。加速度计由检测质量、支承、电位器、弹簧、阻尼器和壳体组成。检测质量受支承的约束只能沿一条轴线移动,这个轴常称为输入轴或敏感轴。当仪表壳体随着运载体沿敏感轴方向做加速运动时,根据牛顿定律,具有一定惯性的检测质量力图保持其原来的运动状态不变。MEMS 加速度计采用了微机电系统技术,具有体积小、质量轻、能耗低等优点,一个 MEMS 加速度计大小只有指甲盖的几分之一。MEMS 加速度计分为压电式、容感式和热感式三种类型。

（1）压电式。压电式 MEMS 加速度计运用的是压电效应,在其内部有一个刚体支撑的质量块,有运动的情况下,质量块会产生压力,刚体产生应变,把加速度转变成电信号输出。

（2）容感式。容感式 MEMS 加速度计内部有一个质量块,是标准的平板电容器。加速度的变化带动质量块移动,从而改变平板电容两极的间距和正对面积,通过测量电容变化量来计算加速度。

（3）热感式。热感式 MEMS 加速度计内部没有任何质量块,它的中央有一个加热体,周边是温度传感器,里面是密闭的气腔,工作时,在加热体的作用下,气体在内部形成一个热气团,热气团的比重和周围的冷气是有差异的,通过惯性热气团的移动形成的热场变化让感应器感应到加速度值。

由于压电式 MEMS 加速度计内部有刚体支承的存在,通常情况下,压电式 MEMS 加速度计只能感应到"动态"加速度,而不能感应到"静态"加速度。而容感式和热感式既能感应"动态"加速度,又能感应"静态"加速度。表 3-3 给出加速度计参数对比情况,建议采用 MMA7260 或者 ADXL300。

表 3-3 加速度计参数对比

型 号	量程/g	灵 敏 度	备 注
MMA7260	1.5/2/4/6	$800\text{mV}/g(1.5g)$	
LIS3LV02DL(Q)	±2/±6	$1/1024(g)$	需要用 SPI 通信
ADXL330	±3	$300\text{mV}/g$	

3．磁力计

磁力计是利用通电导线在磁场中产生的洛伦兹力来检测磁场强度大小的传感器。洛伦兹力是指运动的带电物体(如电子)在磁场中运动时所受到磁场的作用力。MEMS 谐振式磁力计具有灵敏度、分辨力高,驱动和检测方法成熟,能够满足弱磁场的检测等特点。其工作原理是在悬臂梁中通过一定频率的交变电流,其频率等于悬臂梁的谐振频率,这样,当外界有磁场时,悬臂梁中的电流将受到洛伦兹力的作用使悬臂产生振动,振幅和外界磁场强度的大小成正比,通过检测振幅的大小就可得到磁场强度的信息。由于悬臂梁工作在谐振状态下,因此振幅会被放大 Q 倍,从而使检测精度和灵敏度得到大幅提高。四旋翼无人机利用磁力计来检测三个轴向的地球磁场数据,计算出当前的飞行方向。初学者可选择飞思卡尔公司的 MAG3110,它是一种小型、低功耗、数字 3 轴磁力计,可与加速度计结合使用,以产生定位准确的独立罗盘航向信息。

4. 气压计

地球表面的大气压是随高度的变化而变化的,它与海拔高度的关系是高度增加,大气压减小。在 3000m 范围内,每升高 12m,大气压减小 1mmHg(毫米汞柱),大约 133Pa(帕)。气压计测量高度的原理是利用大气压与海拔高度的关系,将输入信号(压力)转换为电阻变化,即通过惠斯通电桥架构的压阻式压力传感器感应施加在薄隔膜上的压力。压力传感器的一个重要参数是灵敏度,高分辨率的小型压力传感器使气压计/高度计应用得以在移动终端中实现,例如在导航仪上面,可以通过高度计准确判断出位置高度。用电桥法测电阻,实质是把被测电阻与标准电阻相比较,以确定其值。因为电阻的制造可以达到很高的精度,所以电桥法测电阻可以达到很高的精确度。初学者可选择 MEAS(瑞士)公司的 MS5611 高分辨率气压传感器,其分辨率可达 10cm。

5. 超声波传感器

超声波传感器是利用超声波的特性研制而成的传感器。超声波发射器向某一方向发射超声波,在发射的同时开始计时,超声波在空气中传播,途中碰到障碍物就立即返回来,超声波接收器收到反射波就立即停止计时。超声波在空气中的传播速度为 340m/s,根据计时器记录的时间,就可以计算出发射点距障碍物的距离。四旋翼无人机使用超声波传感器的目的是识别自身与物体的距离,以避免撞上其他物体。

6. 全球定位系统

全球定位系统(GPS)是以卫星为基础的无线电导航定位系统,它具有全球性、全天候、连续性和实时性的导航、定位和授时功能,能为各类用户提供精密的三维坐标、速度和时间。GPS 由 24 颗沿距地球 2 万 km 高度的轨道运行的 GPS 卫星组成,它们每天 24 小时不停地发回精确的时间及其位置。在地球上的 GPS 接收器同时接收 3~12 颗卫星的信息,并由接收器的 GPS 芯片解读这些信息。用接收时间减去发送时间可得到信息在空中传输所用的时间,然后乘以传输速度(光速),就得出卫星到 GPS 接收器的距离了。

GPS 接收器利用 GPS 卫星发送的信息确定卫星在太空中的位置,并根据无线电波传送的时间来计算它们之间的距离。每颗 GPS 卫星都有 4 台高精度的原子钟,同时还有一个实时更新的数据库,记载着其他卫星的当前位置和运行轨迹。当 GPS 接收器确定了一颗卫星的位置时,它可以下载其他所有卫星的位置信息,这有助于更快得到其他卫星的信息。计算出至少 4 颗卫星的相对位置后,GPS 接收器就可以用三角学来算出自己的位置。本来接收器以地面点的三维坐标为待定参数,只需要测出三颗卫星到地面点的距离就可以确定该点的三维坐标了。但为了消除可能存在的时间同步误差,将这种误差也作为一个待定参数,因而对于每个地面点,实际上至少需要观测 4 颗卫星至地面点的距离数据。

为了抵抗风的干扰,及时修正空间位置的偏移和提高悬停飞行稳定性,四旋翼无人机空中定位坐标是靠综合使用 GPS、气压计和超声波传感器三种传感器来实现的。它首先通过

GPS读数来了解自己所处的空间坐标,然后采用气压计来读取高度参数,及时修正GPS高度数据可能存在的误差,最后用超声波传感器来确保空间坐标周围的净空度。

7. 红外传感器

红外传感器是利用红外辐射与物质相互作用所呈现出来的物理效应探测红外辐射的传感器,多数情况下是利用这种相互作用所呈现出的电学效应。红外传感器可以探测具有一定温度的物体,使用时可以避免碰触动物或人体。红外传感器分热敏感和光子探测器两类。

(1)热敏感探测器。利用红外辐射的热效应,探测器的敏感元件吸收辐射能后引起温度升高,进而使某些有关物理参数发生变化,通过测量物理参数的变化来确定探测器所吸收的红外辐射。

(2)光子探测器。利用入射光辐射的光子流与探测器材料中的电子互相作用,改变电子的能量状态,引起各种电学现象。

8. 电子罗盘

电子罗盘也叫数字指南针,是利用地磁场来确定北极的一种设备。虽然GPS在导航、定位、测速、定向方面有着广泛的应用,但由于其信号常被地形、地物遮挡,导致精度大大降低,甚至不能使用。为弥补这一不足,可以采用组合导航定向的方法。高精度电子罗盘产品正是为满足用户的此类需求而设计的。它可以对GPS信号进行有效补偿,保证导航定向信息100%有效,即使是在GPS信号失锁后也能正常工作,做到"丢星不丢向"。三维电子罗盘由三维磁阻传感器、双轴倾角传感器和MCU(微控制单元)构成。三维磁阻传感器用来测量地球磁场;双轴倾角传感器在磁力仪非水平状态时进行补偿;MCU负责处理磁力仪和双轴倾角传感器的信号以及数据输出和软铁、硬铁补偿。电子罗盘具有以下特点:

(1)三轴磁阻效应传感器测量平面地磁场,双轴倾角补偿;

(2)高速度、高精度A/D转换;

(3)内置温度补偿,最大限度减少倾斜角和指向角的温度漂移;

(4)内置微处理器计算传感器与磁北极夹角。

9. 激光扫描测距雷达

激光扫描仪是利用扫描技术来测量工件的尺寸及形状等的一种仪器。激光扫描测量系统基于激光测距原理,采用一个稳定度及精度良好的旋转马达,通过旋转的光学部件发射形成二维的扫描面,以实现区域扫描及轮廓测量功能。激光光源为密闭式,不易受环境的影响,且容易形成光束,常采用低功率的可见光激光,如氦氖激光、半导体激光等。扫描仪为旋转多面棱镜或双面镜,当光束射入扫描仪后,即快速转动使激光反射成一个扫描光束。光束扫描全程中,若有工件挡住光线,则可以测知其直径大小。二维激光扫描测距系统可以实现360°范围内的激光测距扫描,产生所在空间的平面点云地图信息用于地图测绘、机器人定位导航等应用。因为激光扫描测距雷达一般用于测高或者避障,它们产生的微小偏差不会对飞行器造成很大的性能下降,所以一般可以认为出产的传感器已经足够精确。

3.2.5 DIY四旋翼无人机遥控系统的选择

1. 四旋翼无人机遥控系统的定义和组成

DIY四旋翼无人机的遥控系统是人与无人机联系,并对无人机进行操纵和控制的无线遥控设备,属于无线电遥控装置。无线电遥控利用电磁波,在远距离上按照人们的意志实现对物体对象的无线操纵和控制,这种无线控制的方式就叫作无线电遥控。从无线电遥控的定义上看,所有能够实现无线遥控的控制系统,都应视为无线电遥控装置。

四旋翼无人机遥控系统由遥控发射机(也称为遥控器)和遥控接收机两部分组成。一般发射机握持在地面驾驶员(飞手)的手中,而接收机安装在四旋翼无人机机架上。发射机用来发射信号,接收机用来接收信号,并对收到的信号进行解码和输出到电调(如图 3-6 所示)。遥控系统的操纵性能很大程度上影响了无人机的飞行状态,同时,地面驾驶员的操纵水平也会影响无人机的飞行状态,所以需要多多练习操作技术。

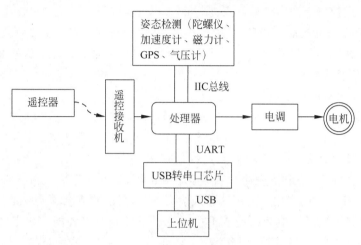

图 3-6 四旋翼无人机遥控信号接收处理示意图

2.四旋翼无人机遥控系统的功能和参数

1)功能

地面驾驶员用遥控器发送遥控指令传送到接收机上,接收机解码后传给自动驾驶仪(飞控板),自动驾驶仪根据指令控制操纵四旋翼无人机做出各种飞行动作。遥控器可以进行飞行参数的设置,如油门的正反、摇杆灵敏度大小、舵机的中立位置、通道的功能定义、飞机时间记录与提醒、拨杆功能设定。高级功能还包括四旋翼无人机回传的电池电压、电流数据等。

2)参数

(1)频率。四旋翼无人机遥控系统常用的无线电频率是 72MHz 与 2.4GHz,目前采用最多的是 2.4GHz 遥控器。2.4GHz 频段属于微波,其优点是频率高、同频概率小、功耗低、体积小、反应迅速、控制精度高。2.4GHz 微波的直线性很好,换句话说,控制模型避让障碍物的性能就差了。控制模型过程中,发射天线应与接收天线形成直线,尽量避免四旋翼无人机与遥控发射机之间有很大的障碍物。

(2)调制方式。通常调制方式有脉冲编码调制(PCM)和脉冲位置调制(PPM)两种,其中 PCM 是信号脉冲的编码方式,PPM 是高频电路的调制方式。PCM 编码的优点不仅在于有很强的抗干扰性,而且可以很方便地利用计算机编程,不增加或少增加成本,实现各种智能化设计。相比 PCM 编码,PPM 比例遥控设备实现相对简单,成本较低,但较容易受干扰。

(3)通道。一个通道对应一个独立的动作,一般有 6 通道和 10 通道。四旋翼无人机在飞行控制过程中需要控制的动作路数有上下、左右、前后、旋转,所以最低需要4通道遥控器。通道数决定了可以控制飞行器完成的功能,常见的有6通道、7通道、8通道、9通道和12通道,不同的通道可用于实现不同的功能。通道多,可以完成更多的功能,一般选择6通道以上的遥控器,最好选择8通道遥控器。

(4) 美国手和日本手。美国手和日本手指遥控器上操作杆对应的控制通道的设置不同。美国左手操作杆是"升降+偏航",右手为"俯仰+侧飞",而日本手则相反。目前,国内以美国手为主。

(5) 油门。遥控器上油门杆最低点为0油门,最高点为100%油门。常用遥控器上的油门有直接式油门和增量式油门两种,其中直接式油门不会自动回中,主要对应的是期望的推力的大小;增量式油门是松手油门自动回中,这种油门大小对应的是期望的速度大小,当油门回中时,四旋翼无人机的期望速度为零,也就意味着四旋翼无人机在原地悬停。

3. 四旋翼无人机遥控系统的常用频段

DIY四旋翼无人机的遥控系统被用于设定四旋翼无人机的预期姿态,通常使用2.4GHz频段进行通信。2.4GHz无线电遥控器是DIY四旋翼无人机使用最普遍的遥控器。2.4GHz无线技术是一种短距离无线传输技术,供开源使用,工作在ISM频段。ISM频段是工业、科学和医用频段。一般来说,世界各国均保留了一些无线频段,以用于工业、科学研究和微波医疗方面的应用。应用这些频段无需许可证,只需要遵守一定的发射功率(一般低于1W),并且不要对其他频段造成干扰即可。ISM频段在各国的规定并不统一,其中2.4GHz为各国共同的ISM频段,因此WiFi、蓝牙、ZigBee等无线网络均工作在2.4GHz频段上。2.4GHz无线电遥控器具有以下优点:

(1) 使用2.4GHz无线信号,处于国际规定的免费频段,不需要向国际相关组织交纳任何费用;

(2) 由于2.4GHz频段的频带宽度远宽于72MHz、40MHz、35MHz等频段(72MHz频段仅含50个频点,2.4GHz可含400个频点),因此其重频概率远低于使用其他频率遥控器;

(3) 2.4GHz电磁波直线性好,所需天线较短,因此2.4GHz遥控器体积小、质量轻、使用方便;

(4) 可用频点数多,加之2.4GHz无线电波绕射能力较强,在有障碍物遮挡情况下不易失控;

(5) 操作手感好,有效范围远。

市面可供选购的DIY四旋翼无人机遥控器品牌有很多,如天地飞、华科尔、JR和Futaba等。初学者入门时可以选择天地飞的遥控器,比较便宜。如果想用更好一点的遥控器,则可以选择JR和Futaba等品牌。DIY四旋翼无人机的遥控系统除了采用常规的2.4GHz无线电遥控器外,也有采用蓝牙、WiFi、ZigBee等网络通信方式作为遥控器的方案。这类遥控系统通常直接使用对应的网络协议进行通信,并用自己的数据格式进行数据的数字化传输。相比常规传统的2.4GHz无线电遥控器,它们的优点是更加精确和量化,但其缺点是通信距离较近,程序编写相对复杂,实际应用较少。

4. 四旋翼无人机遥控器

四旋翼无人机遥控器是用来发射操控无人机指令的设备,大多为盒式按键手持小型遥控发射机。遥控指令都是通过机壳外部的控制开关和按钮,经过内部电路的调制、编码,再通过高频信号放大电路由天线将电磁波发射出去。关于四旋翼无人机遥控器(如图 3-7 所示),需要了解以下几方面的内容。

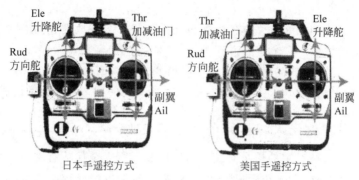

图 3-7　常用 2.4GHz 无线电遥控器各通道示意图

1) 跳频技术

无线电遥控器采用各国共同的 2.4GHz 频段,该频段对所有无线电系统都开放,现在已有众多的无线电传输系统集中工作在该频段上,包括 WiFi、蓝牙、ZigBee 等无线网络,因此实际使用中经常会遇到不可预测的干扰。跳频技术把频带分成若干个跳频信道,在一次连接中,无线电收发器按一定的码序列(即一定的规律,技术上叫作"伪随机码")不断从一个信道"跳"到另一个信道,只有收发双方是按这个规律进行通信的,而其他的干扰不可能按同样的规律进行干扰;跳频的瞬时带宽是很窄的,但通过扩展频谱技术可使这个窄带成百倍地扩展成宽频带,使干扰可能造成的影响变得很小。

2) 对码

对码指遥控器和接收机在使用前需要进行发射机和接收机的对频操作,具体来说是接通接收机和发射机电源之后进行的一系列操作,以便使接收机和发射机之间存在信号的验证,即在开机后使用同一组频道,这样接收机就可以马上收到遥控器的信号。然后遥控器把自己将要使用的频道值发送给接收机,可以固定发一段时间或者接收机收到就停发,然后遥控器就切换到自己的频道上。接收机收到频道数据后也切换到相应的频道上,并记录频道数据,这样下一次开机就不用对频了。

3) 油门摇杆位置

遥控器油门指四旋翼无人机控制供电电流的大小,电流大,电动机旋转得快,飞得高,力量大。反之同理。遥控器控制 4 个飞行动作的 4 个通道在发射机的摇杆上面,而其他的通道往往以旋钮或者拨动开关的形式放在遥控器的面板上方。根据摇杆与通道的配置关系,遥控器可以分为"左手油门(美国手)"与"右手油门(日本手)"两种,如图 3-7 所示。一般认为,日本手由于两手分开控制两个最重要的姿态量,比较适合航拍和新手使用,而美国手更适合固定翼航模。

4) 微调滑块

为了使摇杆的调节更加精确,在各个摇杆的旁边设有微调滑块。微调滑块可以比较细微地调节输出的上下限。例如,油门数值本应是 5%～10%,但是现在偏离到 6%～10%,就应将加减油门摇杆旁边的微调滑块向下滑动,使数值恢复为 5%～10%。很多飞控在解锁时需要低油门数值,如果不小心将油门微调滑块调得过高,就会导致无法解锁。

3.3 DIY 四旋翼无人机的组装

DIY 四旋翼无人机组装的基本任务是将硬件按需求合理地安装,并根据硬件配置与使用要求安装合适的软件。在组装的过程中,每完成一道工序都要做仔细的质量检查;全部组装工作完成后,要对全机做更加严格的质量检测和运行调试。所有的质量检查和调试情况都要及时记录。

3.3.1 DIY 四旋翼无人机组装前的准备工作 ◀━━━━━━━

DIY 四旋翼无人机组装的质量对其后的使用和飞行安全保障有密切的关系,因为组装过程中每项工作的准备、实施和检测调试结果,都会对最后的使用产生直接或间接的影响,其中组装前的准备工作尤为重要,它对组装后序工作的进展起指导性的作用。

1. 确定组装方案

组装工作的第一步是要制定组装方案,要拟定符合自己要求的配件清单,如表 3-4 所示。根据配件清单检查组装所需的零部件是否齐全,除了要清点实物以外,还要检查相关的产品说明书、图纸、产品合格证、保修单是否齐全。清点过程中发现的问题要记录并及时解决。如果发现缺少零部件,要立即补充。零部件最好找信誉好、有实力的知名公司购买,确保售后服务有保障。如果发现有假冒伪劣的零部件,要立即退换或重新购买合格的产品。

表 3-4　DIY 四旋翼无人机配件清单

名称	品牌	型号、规格	单位	数量	单价(元)	总价(元)	备注
机架							
叶片							
电机							
电调							
电池							
充电器							
飞控板							
遥控接收机							
遥控器							
……							
合计(元)							

2. 准备组装工具和设备

正式开展组装工作前,除了要确定配件方案,列出组装清单外,还要清点列出组装工具和设备清单,如表 3-5 所示,要将进行组装工作所需的工具和辅助材料清点列表。虽然使用的都是日常常用的工具,但如果不能事先准备好,就可能会影响组装工作的顺利进行。

表 3-5　DIY 四旋翼无人机组装工具和设备清单

名称	品牌	型号、规格	单位	数量	摆放位置	备注
螺丝刀						
电烙铁、焊锡						
热缩管						
尖嘴钳						
剥线钳						
万用表						
热风枪						
……						

3．组装时的注意事项

（1）要仔细阅读组装用零部件的用户手册、使用或安装说明书、图纸,详细了解和熟悉其品牌、型号、规格、性能、特性以及安装注意事项等。

（2）要摆放好组装工具的位置及零件的顺序,以保证组装流程简捷顺畅,组装节拍协调,组装方法可靠、方便且有效。

（3）要优先保证关键或重要零配件,如桨片、电机、电调、飞控、传感器和遥控器等性能参数的精度和产品质量,进而确保整体质量。

（4）组装使用的工具和设备,其精度应满足组装精度需要,质量应稳定可靠且寿命长。

（5）在组装过程中一定要注意正确的安装方法,不可强行安装,因为稍微用力过度就有可能造成零部件变形或损坏。对于安装位置不到位的零部件不要强行使用螺钉或螺栓定位。

（6）对于要用多个螺钉或螺栓固定的组件,要经过"先带上螺栓、轻拧紧、初拧紧和终拧紧"4 个步骤,而且必须依次对称拧紧对角线上的两个螺钉或螺栓,以保证质量。

（7）在组装过程中对所有的零配件都要轻拿轻放,应避免手指碰到卡板上的集成电路组。

（8）要建立组装质量日记,把组装全程准确记录到质量日记中。

3.3.2　DIY 四旋翼无人机自制或组装机架

1．自制轻型四旋翼无人机的机架

轻型四旋翼无人机的机架一般较大,可以 DIY 的成分比较多,例如,可以用废弃的硬盘盒、玻璃钢、铝片等加上手钻自行加工,主要可以分为中心板、四臂、电机固定座以及起落架等部分。

中心板是机架的核心,用于固定 4 个悬臂,一般上面会有 $45mm \times 45mm$ 的安装孔用于安装飞控板。中心板有两层,悬臂通过中心板上的固定螺栓固定到两层中心板的中间。悬臂的顶端有电机座固定螺孔和起落架固定螺孔。电机座在购买电机的时候会有附送。通过螺丝将电机固定到电机座上,然后用螺丝将电机座固定到四臂上,如图 3-8 所示。

2．用 KT 板自制机架

自制机架所使用的材料各式各样,其中包括用 KT 板来自制机架。

KT 板是一种 PS（聚苯乙烯）发泡板材,板体挺括轻盈、不易变质、易于加工,并可直接

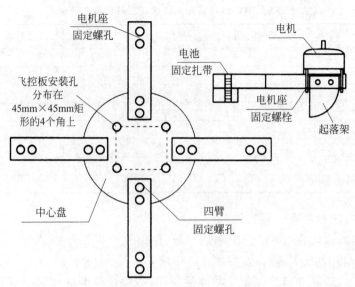

图 3-8　自制轻型四旋翼无人机的机架示意图

在板上丝网印刷、油漆(需要检测油漆适应性)及喷绘,广泛用于广告展示、建筑装饰、文化艺术及包装等方面。KT 板比较成熟的生产工艺可分为冷复合与热复合,对应称为冷板和热板。冷板板面平整,板材整体硬度高,因而在航模制作中常使用冷板。

在固定翼航模运动中,KT 板材料飞机屡见不鲜。一方面是因为飞机本身速度低、质量轻、过载小的特点,另一方面也是由于 KT 板本身的强度基本上符合飞行要求。在面积大、受力强的地方,需要用一两根 3～6mm 直径的玻璃纤维杆或者碳纤维杆做加强,这种组合使强度和重量有了最佳的配比和平衡。

四旋翼无人机在飞行过程中,不会像固定翼航模那样有较高的速度和较大的过载。但由于结构的特殊性,四旋翼无人机自身的重量比固定翼航模稍重,在使用 KT 板材料做主体的同时,使用玻璃纤维杆来加强,理论上能承受住飞行时电机的拉力和飞行器自身的重力等。因此,用这种 KT 板加玻璃纤维杆的组合来代替普通机架是可行的。

(1) 机架设计。在 AutoCAD 软件中参照市场上销售的普通机架,画出适合 KT 板机架的零件设计图。其中,每个机臂使用 KT 板,有三层,其中间用两根直径为 5mm 的玻璃纤维杆加强。中心板使用轻木板,有上下两层,使用热熔胶和尼龙扎带连接机臂,为不可拆卸式。将图纸送至模型店加工,为了制作精确,使用激光切割机加工出 KT 板四旋翼无人机所需零件。

(2) 机架制作。KT 板与 KT 板之间、KT 板与玻璃纤维杆之间、KT 板与中心板之间均使用热熔胶粘接,强度符合要求。两层中心板之间夹玻璃纤维杆,用尼龙扎带扎紧后用热熔胶固定。

用 KT 板自制的机架承载能力较小,只适合小载重、低过载的 DIY 四旋翼无人机,不适合大中型机。

3. F450 机架的组装

如果不想自制机架,到市场上购买成品机架也非常方便。现以 DJI 公司的 F450 机架为例,说明机架的组装步骤和相关注意事项。

1）F450 机架的规格参数

DJI F450 是 DJI 公司出产的一款机架，目前在市面上较为流行。进行组装之前，先要仔细阅读该产品说明书。由于 F450 机架结构简单，说明书上只有组装结构图，根据其内容，就能够掌握 F450 的组装方法。但若要使用原厂电调，则还需要将 4 只电调焊接在机身下板上。F450 机架的规格参数如下：

（1）对称电机轴距 450mm；

（2）机架质量 282g；

（3）起飞载重 800～1200g。

2）F450 机架的组装过程

单独安装机架时比较简单，要注意托架较为脆弱，安装时不要损坏了托架。机架的安装步骤如下所述。

（1）将 4 个悬臂与一个托架固定。托架需要在悬臂之上，安装时只需要将托架的 4 个孔对准悬臂的 4 个孔，然后拧上螺丝。安装时按照对角线的分布安装，若需要拿放，需要用双手分别抓握两个悬臂。

（2）电池托架安装。安装电池托架时应该将安装好的机架翻过来，让悬臂上的"脚"朝上。固定电池托架的螺丝共有 8 个，每个悬臂上需要 2 个来固定电池托架。安装时需要先将电池托架平放在机架上，并将电池托架上对应的螺丝孔与其对齐，分别将 4 个悬臂的螺丝安装并固定好后就完成安装了。到此，整个机架的安装就完成了。

3）机架组装完成后应该考虑的问题

（1）飞控安装的位置（可以同时考虑飞控的方向的朝向），以飞控为中心考虑其他部件的安装。

（2）电调安放的位置和电调的电源线和信号线的走线方式。

（3）电机的安装位置。此时要注意机架上固定电机的螺孔及螺丝是否符合规定。同时，还要注意电机安装桨后，两桨是否会有交叉。

（4）其他设备的安装。例如，安装接收器或 GPS 时需要考察是否有安装这些部件的位置，应既不影响原本走线方式，也不妨碍桨的旋转，同时不受其他部件的电磁干扰。

3.3.3　DIY 四旋翼无人机整体组装前的准备

1. 整体电路接线要求

DIY 四旋翼无人机整体电路接线的要求如图 3-9 所示。

（1）4 个电调的正负极需要并联（红色连一起，黑色连一起），并接到电池的正负极上。

（2）电调 3 根黑色的电机控制线，连接电机。

（3）电调 BEC 输出用于输出 5V 的电压，给飞行控制板供电，并接收飞控板的控制信号。

（4）遥控接收器连接在自动驾驶仪上，输出遥控信号，并同时从飞行控制板上得到 5V 供电。

2. 线路的焊接

1）香蕉头的焊接

刚买回来的部件中的线头没有经过处理，只是一些裸露的线头。如果简单将这些线头

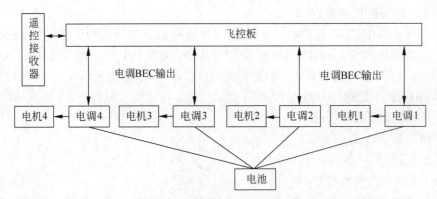

图 3-9 整体电路接线示意图

绑在一起,可能会因为电流过大导致绝缘胶带烧毁,而且不便于拆卸。为了使安装拆卸方便,现在普遍使用香蕉头作为电机和电调连接的接头。电机线、电调线分别焊接香蕉头时,都需要使用电烙铁、焊锡和香蕉头。电烙铁功率要在 60W 以上,焊锡质量要优良,中空带助焊剂。在焊接时,需要将香蕉头立起来,在没有专用的工具时可以使用钳子代替。然后将电调线或电机线与各自的香蕉头端焊接起来。

焊接完成及检查焊接牢固后,需要套上热缩管。热缩管是一种受到高温的熏烤后会缩小的空心管,一般用于包裹线路的接口部分。使用热风枪给热缩管加热,使其收缩包紧线路的接口,起到绝缘作用。

2) 电调之间的焊接

为消除接触不良的隐患,电机连接电调尽量不使用香蕉头。连接多个电调和电池时,使用 F450 机架的可以通过电池托架连接。使用其他机架安装的四旋翼无人机,则可以通过它们特有的连接方式来连接。连接方式要求如下。

(1) 区分正负极:规定红色的线为正极,而黑色的线为负极或接地线。

(2) 焊接:4 个电调的正负极需要分别焊接在一起(红色线并联一起,黑色线并联一起),焊接部分由绝缘胶布包裹,以防漏电或短路。电调的正负极分别连接到电池的正负极上。

3) T 形头焊接

电池与电调之间采用 T 形头焊接。焊接时要根据电池 T 形头的正负极(红色线为正极,黑色线为负极)来区分正负极。

3.3.4 DIY 四旋翼无人机的整体组装

1. 安装电机和电池

将电机固定在悬臂上。安装电机时,需要注意将电机固定牢固、稳定。

电池是为四旋翼无人机提供能源的部件,在安装时需要注意不能短路,也不能安装在容易受到冲击的位置。为了保证电池的散热,不要将电池封闭起来。

(1) 在固定时,需要检查电池是否固定牢固,为以后的测试和飞行做好第一次检查。

(2) 要用绳子(最好是带状)将电池固定牢。

(3) 校正电机座水平和每个电机臂与中心板的轴距。有条件时可使用数字角度仪测量每个电机座与中心板的角度,确保其完全水平。若没有数字角度仪,亦可采用气泡水平计,当然测量精度略差。测量每个电机臂与中心板的轴距是否一致。以上校正是为了消除低效的动力输出和电机自身角度误差带来的额外能量消耗。

2．安装电调

将电机和电池固定好以后,接着要安装电调,此时注意不要将电池短路。电调与飞控连接时是有顺序的,这样飞控才能识别出电调控制的电机是哪个电机,才可以给出正确的判断。安装时还需要注意安装线路的走线方式。通常新电调到手后,先根据说明书复位电调设置一次,然后把低压保护设置为最低电压、关闭电调刹车、定速。设置完毕后在未安装螺旋桨的情况下,再次确认每个电机的转向是否与飞控说明书中对应的多旋翼无人机电机转向一致。如飞控调参软件提供测试电机功能,则应逐个测试电机是否轴位正确,是否转向相符。

3．安装飞控

飞控的正面方向决定了飞行器的前行方向,一般的飞控都有一个指示箭头指向飞控的正前方,因此安装飞控时要特别注意飞控正面的朝向。同时,除了飞控的正面,还要知道自己向飞控中刻录的程序是什么。在安装前需要将配件都整理好,包括飞控板、飞控托架、六棱柱及与之匹配的螺丝。将 4 个六棱柱固定在飞控托架的 4 个孔上,将飞控放置好,拧上螺丝。

(1)飞控与电调线路连接。电机 1～电机 4 分别对应于飞控上的 M1～M4 引脚。连接时需要将对应电机的电调的信号线连接到对应引脚上。同一个电调的信号线也需要按顺序连接引脚,飞控引脚上标有三个标记,分别为 S、＋和 GND,表示信号、电源正极和接地线。与电调线的颜色对应关系是 S 对应白色线；＋对应红色线；GND 对应黑色线。每一个电调都要按这个顺序连接。

(2)飞控与遥控接收机连接。在飞控连接遥控接收机时需要仔细查看说明书,了解应该如何连接遥控接收机的引脚。例如,在 KK 飞控中只有 4 组引脚,分别对应着 AIL(副翼)、ELE(升降舵)、THR(油门)和 RUD(方向舵),必须对应连接在遥控接收机上。

4．失控返航设置

失控触发通道的接线尤其需要牢固,市面上出售的飞控触发失控返航以单通道触发为多,但也有采用多通道的。要在未安装螺旋桨的情况下正确设置和验证失控返航,例如,DJI Wookong-M 需要油门通道 15％以上和另一通道设置为特定舵量触发,因此需要两个通道正确设置失控返航。设置后通过调参软件可在地面验证设置和关闭遥控器以确认效果。

5．排除磁性物体

市面上出售的飞控板大多采用了 GPS 与地磁罗盘数据融合的方式来提高飞控定点稳定度。由于地磁极易受干扰,因此在安装多旋翼无人机时,务必要认真检查天线、安装盖等是否有磁性,需要移除有磁性的部件,以避免干扰飞控的正常工作。

3.4 DIY 四旋翼无人机的调试

DIY 四旋翼无人机在组装工作完成后就变成了待检的组装产品,在进行真正的飞行之前,为了保证安全,还要做好各项调试工作。调试工作包括测试和调整两方面,测试主要是对各项技术指标和功能进行测量和试验，以确定组装产品是否合格；调整主要是对组装结构、电子线路和电气参数进行调整。

3.4.1 DIY 四旋翼无人机无桨调试

DIY 四旋翼无人机的调试工作按阶段可分为有桨调试和无桨调试两类，其中无桨调试顾名思义就是不带桨片的调试方式。采取这种调试方式虽然不能排除所有的问题，但是可以发现存在的绝大部分问题，其主要优点是在开展调试工作的初期，能避免因桨片旋转可能带来的危险。

1. 连接线路检查调试

（1）飞控板与电调连接线路。检查飞控引脚上的三个标记是否与电调线的颜色对应。除了线序，还要区分电调的顺序，检查电调连接的电机是否连接到对应的飞控板上的电调引脚。

（2）飞控板与遥控接收机连接线路。遥控接收机不需要额外电源，其电源由飞控板提供。检查遥控接收机的通道，遥控接收机是 6 通道，检查其对应方式是否正确。

（3）检查所有连接线路准确无误后，在电路通电之前，先测试工作电压，检查插头方向，然后可以接通电源（连接电池）进行首次通电测试。检查飞控板、电调和电机是否可以正常通电。

2. 遥控器检查调试

遥控器检查的内容主要是通电后是否可以接通并发出信号。不同产品的遥控器与遥控接收机的匹配操作是不同的，这里以天地飞 WFT06X-A 遥控器为例。

1）遥控器对码

（1）接通电源后，按住接收机（型号为 WFR06S 2.4GHz）上的 SET 键，直至 STATUS 进入闪烁状态。

（2）按住遥控器上的 SET 键开机（按住 SET 键不松手，将电源开关拨动到开机处），然后松开 SET 键。

（3）再次按下 SET 键，进入对码功能。这时，遥控器上的橙色灯 STATUS 常亮。

（4）长按 SET 键，至橙色灯闪烁，进入对码状态。

（5）等待对码成功，对码成功时遥控器绿灯常亮，接收机指示灯熄灭。在对码成功后切断四旋翼无人机和遥控器的电源。

2）检查电机工作是否正常

（1）遥控器和接收机对码成功后，接通四旋翼无人机电源，再打开遥控器电源（切记不可推动遥控器摇杆），等待遥控器与接收机连接。

（2）在遥控器与接收机连接成功后，开始解锁飞控（解锁后，推动飞控油门即可使电机转动）。遥控器有日本手和美国手之分，两者解锁方式也不同。解锁后飞控上的灯会常亮，表示已经解锁。

（3）检验电机旋转方向。经过以上两步后可以推动油门，在推到一定程度时电机会开始转动。油门推得越大，电机转速越高。判断电机旋转方向的方法是准备一张纸条（宽 1～2cm，长 5～8cm），拿这张纸条的一端，使纸条另一端接触转动的电机，查看纸条弯向哪一端来判断电机转动方向。如果电机方向选择不正确，可以切断电源，然后交换电机的任意两根线。

（4）遥控器中点校准。将飞控板 PITCH 电位计逆时针旋转到底，遥控器上的微调全部回中，打开发射机电源。接通 KK 飞控电源，KK 飞控上的 LED 会闪动数下。稍等几秒，又闪动一下。KK 飞控断电，PITCH 电位计调回默认位置。

（5）校准油门行程。将 YAW 电位计逆时针旋转到底，遥控器油门调到最大（遥控器不能断电）。接通飞控电源，LED 灯快速闪烁几下，等待电机发出"嘀嘀"两声后，快速把油门拉到最低，电调发出数下短音，然后一声长音，校准完成。此时推动油门，4 个电机会同时启动。断开飞控电源和遥控器电源。YAW 电位计调回默认位置。在逐个给电调加电校正油门行程的情况下，有可能会出现其中某个或多个电机启动微调级别不一致的情况，需重校油门行程，直到所有电机同步启动和停止。

（6）将遥控器油门微调，向下拨动一些（不宜过多，否则电机无法提供足够动力）。接通飞控电源，打开遥控器开关，等待遥控器与接收机连接。遥控器与接收机连接成功后，将油门置为最低。缓慢推动油门，电机就会慢慢开始转动。在调整完毕以后需要将飞控再次锁定。

3.4.2　DIY 四旋翼无人机有桨调试

有桨调试是对安装上螺旋桨的四旋翼无人机进行的调试。在安装桨片时首先要将飞控板和电调断电，其次要根据桨片的正、反对应不同的电机安装，并在安装完桨片后检查是否固定牢固。在安装完桨片后就可以开始正式进行有桨调试工作了。

1. 有桨调试步骤

在进行四旋翼无人机有桨调试时必须时刻注意安全。首先要保证人身安全，其次是保证器械不会受到过度的损伤。必须按照调试说明书的要求，遵照一定的安全步骤进行调试，调试步骤如下所述。

（1）遥控器校准。遥控器校准主要包括微调中点校准和油门行程校准。

（2）螺旋桨平衡调试。在安装螺旋桨之前，必须对桨片进行静平衡和动平衡的调试检查，目的是减少震动。螺旋桨静平衡是指螺旋桨重心与轴心线重合时的平衡状态；螺旋桨动平衡是指螺旋桨重心与其惯性中心重合时的平衡状态。桨片出现不平衡的情况时，可以通过给轻的桨叶贴透明胶带，或用砂纸打磨偏重的螺旋桨平面（非边缘）来实现平衡。

（3）安装螺旋桨。对于不同的电机和桨片，安装方法会有所不同，要按说明书的要求安装桨片。

（4）系留试飞。第一次调试飞行时，为防止出现四旋翼无人机到处乱飞的现象，需要用一根绳子系住四旋翼无人机，限定其飞行范围。

（5）测试飞行。

① 接通电源、连接遥控器。在确认一切正常后就可以接通电源，然后打开遥控器开关，等待遥控器与接收机连接。

② 解锁飞控。解锁后，油门要保持最低。

③ 缓慢推动油门（不要移动其他摇杆），注意观察四旋翼无人机的起飞状态。如果出现较大的偏斜马上拉下油门，避免出现意外，并且锁定飞控断开电源，然后检查问题所在，排除问题后重新开始测试。

④ 检查方向控制。完成油门控制测试后，即可开始测试遥控器在其他通道的使用。来

回轻微地移动摇杆测试四旋翼无人机是否可以按照指令完成相应的飞行。若不能完成相应的飞行，则需要缓慢拉下油门，让四旋翼无人机平稳着陆，锁定飞控，断开电源，然后排除遇到的问题。这一步骤需要反复实验多次，尽可能多地发现问题并解决问题。

2．调试完成后的首飞

解开系留绳开始首飞时，要注意保持平稳起飞和平稳降落。进行首飞的操作步骤如下：

(1) 选择场地。四旋翼无人机的飞行需要一个安全的环境，所以在首飞时需要选择一个开阔的场地，如没有河流或水潭的地方，并且人流量很少。

(2) 选择天气。四旋翼无人机飞行时受天气条件的影响很大，特别是首飞，需要有良好的天气条件，不能有太大的风，这一点很重要。

(3) 首飞前的检查。首飞前必须对全机再进行一次全面检查，内容包括机架是否固定牢固；飞控板、电机和电调是否完好，固定是否牢固；电池电量是否充足等。

(4) 接通电源。确保检查无误以后，就可以接通电源。

(5) 解锁飞控。接通电源，经过几秒的等待，遥控器就会连接上接收机，并且飞控板也启动了控制系统。注意美国手和日本手的区分，解锁后保持油门位置最低。

(6) 起飞。起飞的操作需要慢慢推动油门，在无人机快要离开地面时，控制其飞行姿态，使其平稳起飞。然后，轻微调整油门，使四旋翼无人机平稳地飞行在某个高度。

(7) 飞行控制。起飞后，要使用遥控器摇杆来控制四旋翼无人机做一些简单的动作，了解四旋翼无人机接收遥控器的指令后是否能够正确执行。新手在操作时，四旋翼无人机的飞行姿态可能会不稳，不过不用担心，经过长时间的练习就会使无人机飞得越来越好。

(8) 降落。结束飞行需要让四旋翼无人机平稳降落。待四旋翼无人机开始降落时，油门停止向下拉，此时只要保持四旋翼无人机慢慢下落的趋势即可。当四旋翼无人机大概距离地面15～20cm时，让它保持当前高度1s左右。然后再次缓慢降落，并在距离地面5cm左右时继续拉下油门，直至其安全着陆。随后将四旋翼无人机锁定，锁定以后，即使推动油门电机也不会转动。

(9) 收拾整理。试飞调试完毕后，断开电源，将四旋翼无人机放入箱子，并将垃圾收拾干净带走。

3．试飞测试

试飞测试是指四旋翼无人机试飞过程中进行的相关测试，测试内容包括油门测试、偏航测试、俯仰测试和侧飞测试。这几项分别对应遥控器上摇杆的4个通道。

1) 油门测试

油门直接控制的是4个螺旋桨的转速。油门操作的作用就是保持、提高和降低四旋翼无人机的高度。在油门测试中，首先推动油门，使四旋翼无人机升高；然后，在无人机到达一定高度后拉下油门，四旋翼无人机会慢慢下降；最后在无人机快到达指定高度时，缓慢推动油门使无人机停止下降，并保持一定的高度。

2) 偏航测试

偏航是指机头的朝向发生改变，四旋翼无人机会随之改变前进方向，也就是改变航行方向。四旋翼无人机中改变航向的方式是通过改变螺旋桨转速来完成的。在偏航测试时，偏航操作是由油门摇杆的左右方向决定的。所以在测试偏航时需要左右摆动油门摇杆，而其他的摇杆要配合保持四旋翼无人机稳定。需要注意的是，如果在没有推动摇杆使四旋翼无人机前行时左右摆动油门摇杆,就会使四旋翼无人机原地旋转。而在前行状态下使用偏航操作,就会出现转弯的效果。

3) 俯仰测试

俯仰是四旋翼无人机的前行和后退的操作,当机头俯下就会前行,当机头仰起就会后退。如果想要机头仰起,则需要降低尾部螺旋桨的速度,增加机头螺旋桨的速度,但同时应该保证对角线上的两对桨的速度比相同。这样就保证了机头仰起的同时不会出现偏航的操作。俯冲操作正好相反。在进行测试操作时,需要用到遥控器的右侧摇杆(美国手)。向前推动摇杆即俯冲,向后推动摇杆即仰起。也就是说,向前推动摇杆,四旋翼无人机会向前飞;向后推动会后退。反复进行几次实验,若有异常可以进行调整,然后再次测试,直到完成测试内容。

4) 侧飞测试

侧飞的操作原理其实跟俯仰操作原理类似,只是运动方向有所改变。同俯仰操作相同,侧飞操作时,四旋翼无人机一侧(左移时为左侧,右移时是右侧)的螺旋桨转速会下降,而另一侧转速会增加,这样就会完成侧飞操作。理论上在执行该操作时机头朝向不会改变,但是实际情况会有所不同。所以在执行操作时,需要不停地调整四旋翼无人机的机头方向,确保四旋翼无人机机头方向不会改变。在测试操作时,控制侧飞操作的摇杆是右侧摇杆(美国手),此摇杆的左右摆动即侧飞操作。操作方式也同俯仰操作类似,但是应当注意操作的幅度不宜过大,每个操作的时间也不宜过长。

5) 时长要求与电机测温

试飞最好选择无风天气,尽量以姿态模式脱控 1.5m 左右定高飞行,切勿使用 GPS 模式试飞。试飞时间长短需要根据动力配置和载重而定,约达到飞行总时长 50% 后即可降落。降落地面后马上使用非接触式测温计对每个电机进行测温并记录,要求每个电机温度偏差应在 10% 以内。如有较大偏差,则需单独检查电机、配平螺旋桨、桨座是否打滑等。

6) 震动指数监测

旋翼螺旋桨的动静平衡不合格等原因可能致使多旋翼无人机在空中飞行时产生过大的震动,导致飞控传感器被噪声淹没,无法稳定飞行,甚至失控。因此试飞过程中需要对机体震动情况严加监测。市场上销售的飞控有一部分已安装了自动记录和存储震动数值的芯片,监测起来较为方便,但大多数飞控无此功能,需要借用其他有震动数值显示的飞控来完成监测记录。

3.5　DIY 四旋翼无人机的操作练习

在完成 DIY 四旋翼无人机的组装、无桨测试和有桨测试以后,新手需要认真完成各项基本动作的训练。为了能真正熟练操作控制四旋翼无人机的飞行,新手练习的内容一般可分为基本操作练习、日常飞行练习和进阶动作练习,需要循序渐进、一步一步地进行练习。

3.5.1　飞行前的检查工作

飞行过程中出现意外事故很多是因为飞行前检查工作不够仔细,四旋翼无人机上面存在的任何小问题都极有可能导致其在飞行过程出现重大事故,因此每次飞行之前都应该做足检查,防患未然。

1. 上电前的检查工作

1) 机械部分

(1) 检查螺旋桨是否完好,表面是否有污渍和裂纹,安装是否紧固,螺旋桨正反是否安装正确,转动螺旋桨看是否有干涉。

(2) 检查电机卡环是否牢固,转动电机时是否有卡涩现象,电机线圈内部是否洁净,电机轴有无弯曲。

(3) 检查机架是否牢固,螺丝有无松动。

(4) 检查云台舵机转动是否顺畅,有无干涉,云台、相机安装是否牢固。

(5) 检查魔术贴是否牢固,电池是否固定。

(6) 检查重心位置是否正确。

2) 电子部分

(1) 检查各插头连接是否紧密,插头与电线焊接部分是否有松动。

(2) 检查各电线外皮是否完好,有无刷蹭脱皮现象。

(3) 检查电子设备是否安装牢固,应保证电子设备清洁、完整,并做好防护。

(4) 检查电池有无破损、胀气、漏液现象,测量电压是否足够。

(5) 检查遥控器模式是否正确,电量是否充足,开关是否完好。

2. 上电后的检查工作

(1) 检查电调指示音是否正确。

(2) 检查舵机工作是否正常,有无高频抖动。

(3) 检查各电子设备有无不正常发热现象。

(4) 检查各指示灯是否正常。

3.5.2 DIY四旋翼无人机基本操作练习

1. 起飞与降落练习

起飞与降落是飞行过程中首要的操作,虽然简单但也不能忽视其重要性。

1) 起飞练习

解锁飞控,缓慢推动油门等待四旋翼无人机起飞。注意:推动油门时一定要缓慢,即便是已经推动一段距离,电机还没有启动,也要慢慢来。这样可以防止由于油门过大而无法控制四旋翼无人机。在四旋翼无人机起飞后,不能保持油门不变,而是待四旋翼无人机达到一定高度,一般是离地约1m后开始降低油门,并不断调整油门的大小,使四旋翼无人机在一定的高度范围内徘徊。这是因为油门稍大四旋翼无人机会上升,油门稍小四旋翼无人机会下降,必须将油门限制在这个范围内才可以保持高度稳定。

2) 降落练习

同样需要注意操作顺序:降低油门,使四旋翼无人机缓慢靠近地面;离地5～10cm处时稍微推动油门,降低下降速度;然后再次降低油门直至四旋翼无人机触地,触地后不得再次推动油门;油门降到最低,锁定飞控。相对于起飞,降落是一个更为复杂的过程,需要反复练习。

在降落和起飞的操作中还需要注意保证四旋翼无人机的稳定,四旋翼无人机的摆动幅度不可过大,否则降落或起飞时有打坏螺旋桨的可能。

2.升降练习

简单的升降练习不仅可以锻炼初学者对油门的控制,还可以让初学者学会稳定四旋翼无人机的飞行。

1)上升练习

上升过程是指螺旋桨转速增加,四旋翼无人机上升的过程。这个过程主要练习使用油门操纵杆。练习上升操作时,缓慢推动油门,此时四旋翼无人机会慢慢上升,油门推动越多,上升速度越快,但要注意不要把油门推动到最高或接近最高。在上升达到一定高度或者上升速度达到自己可控操作的限度时停止推动油门,这时会发现四旋翼无人机依然在上升。若想停止上升,必须降低油门,但油门不要降低得太猛,保持匀速即可,直至四旋翼无人机停止上升。然而这时会发现四旋翼无人机开始下降,这时又需要推动油门让四旋翼无人机保持高度,反复几次操作后四旋翼无人机即可稳定。

2)下降练习

下降过程同上升正好相反。下降时,螺旋桨的转速会降低,四旋翼无人机会因为缺乏升力开始降低高度。在开始练习下降操作前,应确保四旋翼无人机已经达到了足够的高度。在四旋翼无人机已经稳定悬停时,开始缓慢拉下油门。注意,不能将油门拉得太低,在四旋翼无人机有较为明显的下降时,停止拉油门摇杆,这时四旋翼无人机还会继续下降。同时,注意不要让四旋翼无人机过于接近地面。在到达一定高度时开始推动油门,迫使四旋翼无人机下降速度减慢,直至四旋翼无人机停止下降。这时会出现与上升操作时类似的状况,四旋翼无人机开始上升,这时又需要降低油门,使其保持现有高度。经过反复几次操作后四旋翼无人机才会保持稳定。

3.俯仰练习

俯仰操作(前行与后退)也是飞行的基本操作,是使四旋翼无人机前行和后退的操作。

1)俯冲练习

俯冲操作时,四旋翼无人机机头会略微下降,机尾会抬起,对应于螺旋桨的转速则是机头两个螺旋桨转速下降,机尾螺旋桨转速提高,螺旋桨提供的力就会随之与水平面形成一定的夹角。这样一来,不仅可以给飞行提供抵消重力的升力,而且提供了前行的动力。这时升力也会减小,所以四旋翼无人机高度会降低,可以适当推动油门。

只要往前推摇杆,四旋翼无人机就会俯冲前行。同样,在俯冲前行时需要注意,开始俯冲时要让飞行达到一定高度。飞行时轻推摇杆,四旋翼无人机即开始向前飞行。推动摇杆的幅度越大,四旋翼无人机前倾的角度越大,前行速度越大。但是在摇杆推动的幅度过大时,机头部分的两个螺旋桨有可能会过低,导致四旋翼无人机翻跟头,或者直接“坠机”(有自稳的一般不会出现这种状况)。所以在推动摇杆俯冲时,推动幅度不能过大,一般只要四旋翼无人机开始前行时即可停止推动,保持摇杆现在的位置,让四旋翼无人机继续向前飞行。同样,在飞行时需要使用其他摇杆来保持飞行方向。

2)上仰练习

上仰操作与俯冲操作类似,只不过需要将摇杆从中间位置向后拉动。在拉动的过程中,四旋翼无人机尾部两个螺旋桨会减速旋转,机头两个螺旋桨会加速旋转。然后会出现与俯冲操作相类似的现象,只不过四旋翼无人机会向后退行。缓慢拉下摇杆,使四旋翼无人机开始退行时停止拉动摇杆,这时四旋翼无人机会继续退行。当退行一定距离后,缓慢推动摇杆,直到摇杆恢复到中间位置时停止,这样四旋翼无人机就会停止退行。

4．偏航练习

偏航练习用于使四旋翼无人机改变航向。在飞行过程中改变航向也是一个基本操作。

1）左偏航练习

左偏航练习是在四旋翼无人机前行时使它向左偏转的操作。在进行偏航操作时,使用的摇杆是油门摇杆,但是只有左右方向的才是偏航操作。在左偏航时,摇杆轻轻向左侧摆动,然后四旋翼无人机的机头会开始转向。在四旋翼无人机没有进行俯仰操作时直接摇动偏航,四旋翼无人机会原地旋转,转动方向与摇杆摆动的幅度有关系,摇杆偏离中心位置越远,转动速度越快。

(1) 左转弯:这项操作需要使用俯仰操作来配合。首先需要使用俯仰操作让四旋翼无人机前行,然后缓慢将油门杆向左推一点,然后停止操作(保持现在的摇杆位置)。这时候可以看到四旋翼无人机已经开始向左转弯。保持摇杆位置2～4s即可将油门杆的左右方向回中,右侧的方向摇杆全部回中。

(2) 逆时针旋转:这项操作说起来很简单,只需要将油门杆推到一侧即可。但是在旋转时有可能无法保持正确的位置,所以在做旋转操作时需要慢慢来。首先需要将油门杆轻微拨动一下,看到四旋翼无人机开始有轻微旋转时停止拨动,保持现有位置。这时四旋翼无人机会慢慢开始转动,同时,应该注意四旋翼无人机的飞行方式,如果感觉有些控制不住,就立刻松开油门杆,让油门杆自动回中。同时,准备通过方向杆控制四旋翼无人机的位置。如果发现四旋翼无人机在旋转,则需要拨动油门摇杆。操纵四旋翼无人机旋转一圈后即可完成旋转的练习。

2）右偏航练习

右偏航练习与左偏航练习类似,只是需要将摇杆向右侧打。右偏航同样也需要两种练习,即右转弯和旋转。在实际飞行练习中,可以来回交替练习左偏航和右偏航。例如,左转弯以后紧接着右转弯,左旋转后是右(顺时针)旋转。这样来回交替练习效果更好。

5．侧飞练习

侧飞练习是让四旋翼无人机有些许的侧向倾斜,使四旋翼无人机侧向移动。

(1) 左侧飞练习:左侧飞练习需要将方向杆向左侧拨动。将方向杆轻微向左侧拨动,四旋翼无人机左侧两个螺旋桨的转速会下降。这时会发现,四旋翼无人机开始倾斜,并且向左侧飞行。飞出一定距离以后,将方向杆回中。

(2) 右侧飞练习:右侧飞练习和左侧飞练习类似,只是将方向杆向右侧拨动。同样,将方向杆打向右侧(少量即可,不可多打),四旋翼无人机右侧的螺旋桨会降低转速,机身会呈现右侧高度降低的状态,这样四旋翼无人机开始向右侧飞行。飞行一段距离后,将摇杆回中,四旋翼无人机停止飞行。

3.5.3　DIY四旋翼无人机日常飞行练习

1．悬停练习

悬停的操作步骤看似很简单,但它是一项要求高、难掌握的操作。它要求保持四旋翼无人机高度不变,飞行不会出现前移后退,不会左右摇摆。悬停操作需要凭感觉,当然需要多练习,熟能生巧。

2. 直线飞行练习

直线飞行是一个相对简单的操作,从理论上来说,只需要推动方向杆即可。但是实际情况下不会这么简单。同样由于飞控的传感器和算法的问题,有时候也因为有风,四旋翼无人机不会完全按照遥控器的操作来完成动作,所以这时需要调整遥控器的操作,保证四旋翼无人机沿直线飞行。不过需要注意,在俯仰摇杆推动或下拉的幅度过大的时候,四旋翼无人机会有下降的趋势,甚至有时候在幅度过大时直接冲向地面,所以在进行操作时要注意安全。

3. 曲线飞行练习

曲线飞行就是让四旋翼无人机沿着一条曲线飞行,路线可以是 Z 形或 S 形。曲线飞行操作肯定有别于直线飞行,当然也比直线飞行要复杂。

1）第一种练习方式

首先要明确飞行路线,确保飞行路线上没有人或任何障碍,然后在四旋翼无人机起飞后,就开始沿着曲线路径飞行。飞行时,需要采用油门摇杆控制四旋翼无人机的朝向,使用方向摇杆让四旋翼无人机开始前进飞行。这样的运动组合变成了曲线飞行的路径。

2）第二种练习方式

首先使用油门摇杆控制四旋翼无人机高度,并保持机头方向不变,然后使用方向摇杆控制四旋翼无人机的前进和侧向飞行,逐步控制即可完成机头方向不变的曲线飞行。在练习了前进方向的飞行后,可以试着练习后退时的曲线飞行。

4. 爬升练习

爬升练习类似于爬坡,主要是在四旋翼无人机前行的基础上提高四旋翼无人机的高度。相对来说,这个操作较为简单。在操作时,需要在推动方向摇杆使四旋翼无人机前进的同时,加大油门(油门大小视情况而定),这样在飞行时四旋翼无人机就会沿斜坡方向开始爬升。等到爬升到一定高度的时候,停止爬升,接下来就可以进行下降练习。

在爬升时需要注意,当开始推动方向杆的时候,四旋翼无人机前段下沉,同时因为失去必要的升力,四旋翼无人机会开始下降,并开始前行,所以这时候需要加大油门。而到了最高点时,如果仅仅是将方向摇杆恢复到中心位置,四旋翼无人机还会继续上升,这时需要适当地降低油门。

5. 下降练习

下降练习与爬升练习相似,只不过这时需要降低高度,也就是降低油门。操作方式与上升也相似,向前推动方向摇杆,适当拉下油门摇杆,这时会看到四旋翼无人机开始降低高度。在飞行时需要注意,下降的最低限度是距离地面一人高以上,因为在最后停止下降时会有新手无法控制的一个阶段,要给自己留下一些控制余地,不要一降到底,否则很有可能毁坏四旋翼无人机。

3.5.4　航模模拟器

航模模拟器是一款模拟飞行软件,安装在计算机中,将遥控器与计算机连接起来就可以进行模拟飞行操作练习。软件里有各种各样的遥控飞机可供选择,选好后拿起遥控器就能控制它在计算机里飞行,既能体验飞行的乐趣,又能掌握各种飞行技巧。航模模拟器是比例控制,它的操作和真实现场的操作基本一致,因为它的操作是用于为实际操作提供前期训练的。使用航模模拟器的最大好处是练习时不怕把飞机摔下来,在经济上是非常节省的。另外,可根据自己的需要选择合适的机型,这样就增加了新手练习的机会,新手在操作控制水平不高的情况下可以做更多的练习。现在比较流行的模拟器有如下几种。

1. RealFlight

玩这种航模模拟器的人可能是最多的。RealFlight 航模模拟器已经推出了 5 个版本,从 G1 到 G5。RealFlight 普及的最大原因就是它已经被完全破解,并且使用破解版无须另外配置加密狗。也就是说,只要从网上下载一个 RealFlight 破解版,并且连接上自己的遥控器,就可以享受飞行的乐趣了。

2. FMS

FMS 是另外一款普及率非常高的航模模拟器软件,它是完全免费的,现在很多航模器材赠送的软件都是 FMS。但是 FMS 的画面效果不太理想,所以许多人转而使用其他品牌的航模模拟器。

3. Reflex XTR

Reflex XTR 是德国人开发的一款软件,它也是专门为新手提供的一款模拟器,模拟器内置了几种直升机、固定翼和滑翔机的飞行器模式,使用效果好,安装设置简单,汉化较为彻底,推荐初学者使用,但必须使用专用的硬件狗。

4. Phoenix

Phoenix 也称凤凰,从其程序和接口的设计风格上看,它和 Reflex XTR 有很深的渊源,它吸收了 XTR 设置简单的优点,并且独出心裁,提供了水面场景;但其语言资源文件是加密的,因此汉化工作难度较大(这点不像 XTR 是标准资源,比较容易汉化),必须使用专用的硬件狗。Phoenix 是全世界最流行的一款模拟器,可自由选择飞行场景、飞行时的天气状况,如风向、风速等,更准确地模拟现实情况。使用这个软件可以让初学者迅速掌握各种复杂操作。Phoenix 的最新版本可以在 www.phoenix-sim.com 网站中获取。

5. AeroFly

AeroFly 也是德国人开发的一款软件,其 3D 引擎并不是其他几款所用的 DirectX,而是 OpenGL,同等效果下,对系统的要求比 Real Flight、Reflex 小,图像更流畅,但显卡兼容性比 Reflex、Real Flight 差,在某些老显卡下会黑屏。目前已有破解版可供下载。

3.6 民用飞机的适航管理

由于民用飞机在现代的交通运输及其他民用领域中占有越来越重要的位置,因此其研制、生产质量和安全性就成为各方面共同关心的重大问题。在国际商品市场上,民用飞机和药品被列为质量要求最高的两种商品正是这种特点的反映。

目前多旋翼无人机已经被广泛应用于国民经济建设的各个领域,成为了民用飞机的重要一员,正处于大发展时期,蒸蒸日上,方兴未艾。但是凡事都有其两面性,既要看到它积极的一面,又要看到它不足的地方。由于微轻型多旋翼无人机构造简单,花费低廉,组装、自主研制和调试相对容易,对喜欢 DIY 的普通人、航模爱好者和飞手的基础知识要求大大降低,因此近年来在 DIY、航模和拍摄领域广为流行。流行的同时,因为飞行门槛降低,很多不具备足够经验的新手在组装试飞多旋翼无人机过程中缺乏相关知识,摔机事故频发,某些调试盲点甚至让已入模多年的模友也难以避免。美国联邦航空局的报告显示,从 2015 年 8 月到 2016 年 1 月,总共发生了 583 起无人机事故。2015 年 12 月 22 日在意大利卡皮格尼奥举行的滑雪世界杯发生了惊险的一幕。一架在现场负责空中拍摄,重达 15kg 的四旋翼无人机忽然坠落下来,差点砸到正在赛道上进行比赛,曾 4 次夺得世界杯冠军及冬奥会奖牌的顶级滑雪运动员 Marcel Hirscher。随即,国际滑雪联合会宣布,所有摄像无人机都不得在比赛中使用。

多旋翼无人机目前面临的最大困局是设计无体系,质量无保证,安全无保障,风险无控制,有不少人跟着感觉走,朦朦胧胧、稀里糊涂造飞机。这是个事关安全的严重问题,应当引起大家的重视。实际上,包括多旋翼无人机在内的民用飞机,在使用过程中遇到的安全问题大多是由设计生产过程中的质量问题所造成的。

在民用航空领域中,"适航性"是表示飞机能达到政府规定的安全性标准而处于安全飞行状态的一个术语。适航指令是民航局用来纠正航空器不安全因素的法规性文件;适航标准是为保证实现民用航空器的适航性而制定的最低安全标准;适航管理就是航空器适航性控制,即以保障民用航空器的安全性为目标的技术管理,是政府适航部门在制定了最低安全标准的基础上,对民用航空器的设计、制造、使用和维修等环节进行科学统一的审查、鉴定、监督和管理。

按照民用飞机适航标准的要求,民用飞机在设计、生产过程中都要有严格的质量标准,有质量保障体系,都要遵循产品设计—试验机制造—飞行试验—适航取证的研发路线。即便是多旋翼无人机,也应该遵守同样的法则。除了起飞全重小于 1.5kg 的微微型多旋翼无人机(Ⅰ类)外,每架飞机,无论大小,伴随其整个产品生命周期的必定是一本本质量文件,这些文件完完整整地记录了飞机设计生产中所有的事情(无论是对的还是错的)并且终身可追溯。一旦出现事故,保证有据可查。

多旋翼无人机被纳入民航监管范围,就要遵循适航管理,达到适航标准的要求,DIY 四旋翼无人机也不能例外。这就要求不论是多旋翼无人机成品或部件的设计生产企业,还是DIY 的个人或团体组织,都要对多旋翼无人机的基础知识有比较全面深入的了解和学习,以克服盲目性。对于所有的多旋翼无人机制造者、拥有者、驾驶员及广大航模爱好者而言,既要知其然,又要知其所以然,才能真正了解它、熟悉它和掌握它,并且更好地应用它和使用它。

本章小结

人类对飞行的梦想是与生俱来的。最早的多旋翼无人机产品被定义成玩具、航模,因为它不仅很好玩,而且制作简单、价格便宜、飞行高度低、速度慢、容易操纵控制,深受人们的喜爱,具有广泛的群众基础,比较适合于人们 DIY。人们第一次进行 DIY 多旋翼无人机,大多采用四旋翼无人机的配件组装。麻雀虽小,五脏俱全,一个典型的微轻型四旋翼无人机由机架、旋翼系统、动力装置、飞控系统、遥控系统和任务设备等组成。由于民用飞机在现代的交通运输及其他民用领域中占有越来越重要的地位,因此其研制、生产质量和安全性就成为各方面共同关心的问题。在国际商品市场上,民用飞机和药品被并列为质量要求最高的两种商品。民用飞机在设计、生产过程中对质量有严格的要求,有质量保障体系,遵循着产品设计—试验机制造—飞行试验—适航取证的研发路线。即便是多旋翼无人机,也应该遵守同样的法则。这就要求不论是多旋翼无人机成品或部件的设计生产企业,还是 DIY 的个人或团体组织都要对多旋翼无人机的空气动力学、结构动力学、气动弹性力学、动力装置、自动控制、总体设计和项目管理等知识有比较全面和深入的了解,以克服盲目性。

本章学习的重点是学习和了解 DIY 精神和 DIY 多旋翼无人机的定义。熟悉和掌握四旋翼无人机的组成和 DIY 步骤,以及 DIY 四旋翼无人机部件的要求。了解机架的功用和选择原则,学会利用身边常见的物料自制机架的方法。了解和掌握构成动力装置的部件,包括电机、电调和电池的相关特性,以及在选择电调时如何考虑电调与电机、旋翼桨叶之间相匹配的问题。飞控是 DIY 四旋翼无人机的核心部件,主要作用是处理飞行参数,控制飞行过程中的稳定和运动方向。通过本章的学习,要熟悉和掌握飞控的结构、常用的品牌型号和选择的原则;了解传感器的作用、类型及选择方法;掌握遥控系统的工作原理,以及遥控器和遥控接收机的选择原则。熟悉和掌握 DIY 四旋翼无人机组装前的准备工作、整体组装的方法和步骤,以及进行无桨调试、有桨调试和试飞测试工作内容。要熟悉和掌握 DIY 四旋翼无人机基本操作练习方法和日常飞行练习的方法,以及熟练掌握使用航模模拟器软件的方法和技能,并经常在计算机上进行模拟飞行操作练习,从中体验飞行的乐趣,掌握各种飞行技巧。

习题

1. 什么是 DIY 精神?简述 DIY 多旋翼无人机的定义。
2. 四旋翼无人机由哪些主要部件组成?
3. DIY 四旋翼无人机组装的步骤有哪些?
4. DIY 四旋翼无人机机架有何作用?通常采用什么材质?
5. DIY 四旋翼无人机动力装置由哪些部件构成?它们如何与桨片匹配?
6. 什么是自动驾驶仪?市面上比较流行的飞控板有哪些?简述它们的结构特点。
7. 举例说明陀螺仪、加速度计、磁力计、气压计的功用。
8. 举例说明超声波传感器、GPS、红外传感器、电子罗盘和激光扫描测距雷达的功用。
9. 什么是无人机遥控系统、遥控器的通道、日本手和美国手?
10. 简述 DIY 四旋翼无人机整体组装的内容。
11. DIY 四旋翼无人机无桨调试和有桨调试有何区别?
12. 简述 DIY 四旋翼无人机调试完成后的首飞、试飞测试的内容。
13. 每次飞行前要做好哪些检查工作?
14. 简述 DIY 四旋翼无人机基本操作练习、日常飞行练习的内容。
15. 什么是航模模拟器?现在市面上比较流行的模拟器品牌有哪些?各有何特点?
16. 什么是适航指令、适航标准和适航管理?

第4章

多旋翼无人机动力装置

主要内容

（1）多旋翼无人机动力装置的基本概念。

（2）无刷直流电机、有刷直流电机、空心杯电机的基本结构和特性。

（3）航空活塞式发动机的基本结构和工作原理。

（4）涡轮轴发动机的基本结构和工作原理。

（5）燃油系统、滑油系统、传动系统的基本结构和工作原理。

4.1 多旋翼无人机动力装置的基本概念

多旋翼无人机升空飞行的首要条件是动力，有了动力才能驱动旋翼旋转，产生克服重力所必需的升力。能使旋翼产生升力，进而推动多旋翼无人机升空飞行的一套设备装置称为动力装置，包括多旋翼无人机的发动机以及保证发动机正常工作所必需的附属系统和附件。

4.1.1 多旋翼无人机发动机的分类、功用和要求

1. 多旋翼无人机发动机的分类

发动机是能够把其他形式的能转化为机械能，进而产生拉力或推力的机器，是多旋翼无人机动力装置的核心，被视为多旋翼无人机的心脏。发动机特性的优劣对多旋翼无人机的各种使用性能都有很大影响，在多旋翼无人机设计过程中，首先会碰到选用哪种发动机能有效满足技术要求的问题，要对发动机的性能和特点有深入的了解，正确选择发动机，并达到与多旋翼无人机飞行性能的最佳匹配。

对于多旋翼无人机类飞行器来说，由于其结构大小、飞行空域、速度、高度和用途等的巨大差异，供它使用的发动机有多种，常用的发动机有电动机和燃油发动机两大类，如图 4-1 所示。

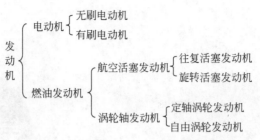

图 4-1　多旋翼无人机常用发动机的类型

2．发动机的功用与要求

发动机的基本功用是为飞行器提供持续的动力，以确保飞行器能够稳定、可控、持续地在空中飞行。评定发动机品质的主要指标有性能参数与可靠性、耐久性等。其基本要求归结如下。

（1）功率质量比大。构成多旋翼无人机的任何部件，都应在满足使用要求的前提下，尽量减轻质量。对发动机来说，就是要保证其有足够大的功率而自身质量又很轻。

（2）耗能小。发动机是否省电或省油，是其重要的经济指标。评定发动机的经济性，常用"耗电（油）率"作为标准。耗电（油）率指单位功率在 1 小时内所耗电的度数或油料的质量。

（3）体积小。发动机应在保证功率不减小的前提下，力求体积小，以减小空气阻力。

（4）工作安全可靠、寿命长。多旋翼无人机在空中飞行的安全，是由各组成部分可靠工作来保证的。要维持飞行，发动机必须始终处于可靠状态。发动机的寿命长，可降低使用成本，节约原材料。

（5）维护方便。日常维护方便可提高维护质量，确保发动机随时处于安全可靠状态。

4.1.2　多旋翼无人机动力装置的组成

组成多旋翼无人机动力装置的主要部件或系统取决于所采用发动机的类型。

1．直流电动机及其附件和系统

为多旋翼无人机提供动力的电动机主要有无刷直流电机和空心杯有刷直流电机两种。

1）无刷直流电机系统

多旋翼无人机采用无刷直流电机作为发动机，其动力装置由 5 部分构成。

（1）无刷直流电机。无刷直流电机属于外转子电机，没有电刷。

（2）电调。电调全称为电子调速器（ESC），主要作用是控制电机的转速。

（3）电池。电池用来给电机供电，多旋翼无人机常用的电池有聚合物锂电池、燃料电池等。

（4）平衡充电器。由于多旋翼无人机电池的电流极大，其专用电池必须用平衡充电器进行充电。

（5）传动系统。微型多旋翼无人机载重小，一般将旋翼叶片直接安装在电动机的转轴上，不另外加装传动齿轮。但对于载重大的多旋翼无人机，旋翼轴与电机转轴中间需要安装齿轮传动系统。一是因为电机转轴只能承受及传递扭矩，所以旋翼轴外面要有轴套支架，轴套上端通过轴承与桨毂相连，轴套支架底部固定在机体上承受旋翼拉力，旋翼轴只需承受扭矩；二是因为电动机与旋翼之间必须安装自由行程离合器，当电动机停车时，借助这种单向离合器可自行与旋翼脱开，使旋翼能自由地进行自转。

2）空心杯有刷直流电机系统

微型多旋翼无人机采用空心杯电动机（伺服微特电机），彻底消除了由于铁芯形成涡流而造成的电能损耗，使电动机的运转特性得到了极大改善。其动力装置包括以下部件。

（1）空心杯有刷直流电机。空心杯有刷直流电机有转子，无铁芯。

（2）MOS 管。用作驱动电路。

（3）电池。锂电池，用来给电机供电。

（4）平衡充电器。专用电池必须要用平衡充电器充电。

2．燃油发动机及其附件和系统

为多旋翼无人机提供动力的燃油发动机主要有航空活塞式发动机和涡轮轴发动机两大类。组成多旋翼无人机的动力装置取决于所用燃油发动机的种类，可由下面的全部或部分系统组成。

（1）发动机。航空发动机将燃油的化学能转换为机械能，然后带动旋翼旋转产生升力。

（2）燃油系统。用于存储和向航空发动机的油泵供给燃油，保证发动机正常工作。

（3）滑油系统。滑油系统由带过滤装置的滑油箱、导管和空气滑油散热器组成，其功用是向发动机供给需要的滑油，并进行过滤和散热，保证一定量的滑油循环使用。

（4）传动系统。燃油发动机所提供的动力要经过传动系统才能到达旋翼主轴，传动系统性能的好坏将直接影响多旋翼无人机的性能和可靠性。

4.2　直流电动机

直流电动机是目前多旋翼无人机使用最多、应用最广的动力装置。电动多旋翼无人机以其结构简单、飞行平稳、操作容易、维护便利、无油残留污染等优点，越来越受到大家的关注和重视。

4.2.1　直流电动机的基本概念

1．直流电动机的定义和类型

闭合电路的一部分导体在磁场中做切割磁感线的运动时，导体中就会产生电流，这种现象叫电磁感应现象。如果从轴上输入机械功率，电机作为发电机运行，向外输出直流电能。如果从电刷上输入电功率，电机即作为电动机运行，向外输出机械功率。这种同一台电机在不同的外界条件下作发电机或电动机运行的原理，称为电机的可逆性原理。

直流电动机是将直流电能转换为机械能的电动机，因其良好的调速性能而在电力拖动中得到广泛应用。直流电动机的励磁方式指励磁绕组如何供电、产生励磁磁通势而建立主磁场。根据励磁方式的不同，直流电动机可分为下列 4 种类型。

（1）他励直流电机。励磁绕组与电枢绕组无联结关系，而由其他直流电源对励磁绕组供电的直流电机称为他励直流电机，其接线如图 4-2 所示。永磁直流电机也可看作他励直流电机。

（2）并励直流电机。并励直流电机的励磁绕组与电枢绕组相并联。作为并励发电机时，是电机本身发出来的端电压为励磁绕组供电；作为并励电动机时，励磁绕组与电枢共用同一电源，从性能上讲与他励直流电机相同。

（3）串励直流电机。串励直流电机的励磁绕组与电枢串联后，再接于直流电源。这种直流电机的励磁电流就是电枢电流。

（4）复励直流电机。复励直流电机有并励和串励两个励磁绕组。若串励绕组产生的磁通势与并励绕组产生的磁通势方向相同，则称为积复励；若磁通势方向相反，则称为差复励。

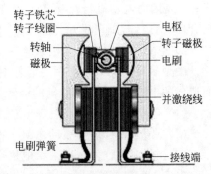

图 4-2　他励直流电机接线示意图

不同连磁方式的直流电机有着不同的特性。一般情况下，直流电动机的主要励磁方式是并励式、串励式和复励式，直流发电机的主要励磁方式是他励式、并励式和复励式。

2．直流电动机的基本结构和特性

（1）直流电动机的基本构造分定子、转子和气隙三部分。

① 定子。定子是电机的静止部分，用来产生磁场，包括主磁极、换向极、电刷装置、机座等。

② 转子。转子是电机的转动部分，转子的主要作用是感应电动势，产生电磁转矩，使机械能转化为电能（发电机）或使电能转化为机械能（电动机）。它主要包括电枢、换向器、转轴等。

③ 气隙。在小容量电机中，气隙为 $0.5\sim3\text{mm}$。气隙大小对电机运行性能有很大影响。

（2）直流电动机的特性如下。

① 调速性能好。调速性能指电动机在一定负载的条件下，根据需要人为地改变电动机的转速。直流电动机可以在重负载条件下实现均匀、平滑的无级调速，而且调速范围较宽。

② 启动力矩大。直流电动机启动力矩大，且在重负载下可以均匀而经济地实现转速调节。

4.2.2　无刷直流电机

1．无刷直流电机的基本结构

无刷直流电机是多旋翼无人机使用最多的动力来源，由电动机主体和电子调速器（电调）两部分组成，是一种典型的机电一体化产品，如图 4-3 所示。无刷电机的基本结构与有刷电机有相似之处，也有转子和定子，只不过和有刷电机的结构相反。有刷电机的转子是线圈绕组，和动力输出轴相连，定子是永磁磁钢；无刷电机的转子是永磁磁钢，连同外壳一起和输出轴相连，定子是绕组线圈，因去掉了有刷电机用来交替变换电磁场的换向电刷，故称为无刷电机。

无刷直流电机定子的结构与普通的同步电动机或感应电动机相同，在铁芯中嵌入多相绕组（三相、四相、五相等），绕组可接成星形或三角形。转子上粘有已充磁的永磁体，多采用钐钴或钕铁硼等高矫顽力、高剩磁密度的稀土料。根据磁极中磁性材料所放位置的不同，可

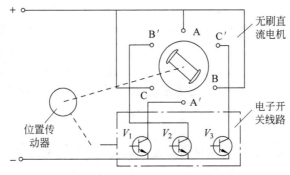

图 4-3 无刷直流电机的基本结构示意图

以分为表面式磁极、嵌入式磁极和环形磁极。因为电动机本体为永磁电机,所以习惯上把无刷直流电机也叫作永磁无刷直流电机。为了检测电机转子的极性,在电机内装有位置传感器。电子调速器的功能是接收电机的启动、停止、制动信号,以控制电机的启动、停止和制动;接收位置传感器信号和正反转信号,用来控制逆变桥各功率管的通断,产生连续转矩;接收速度指令和速度反馈信号,用来控制和调整转速;提供保护和显示等。

2. 无刷直流电机的工作原理

无刷直流电机依靠改变输入到定子线圈上的电流波交变频率和波形,在绕组线圈周围形成一个绕电机几何轴心旋转的磁场,这个磁场驱动转子上的永磁磁钢转动,电机就转起来了。电机的性能和磁钢数量、磁钢磁通强度、电机输入电压大小等因素有关,更与无刷电机的控制性能有很大关系,因为输入的是直流电,电流需要通过电子调速器变成三相交流电,控制电机的转速,以满足使用需要。无刷直流电机的结构比较简单,真正决定其使用性能的还是无刷电子调速器(电调)。好的电子调速器需要有单片机控制程序设计、电路设计、复杂加工工艺等过程的总体控制,所以价格要比有刷电机高很多。

因为无刷直流电机是以自控式运行的,所以不会像变频调速下重载启动的同步电机那样在转子上另加启动绕组,也不会在负载突变时产生振荡和失步。中小容量的无刷直流电机的永磁体,多采用高磁能积的稀土钕铁硼材料。稀土永磁无刷电动机的体积比同容量三相异步电动机缩小了一个机座号。

3. 无刷直流电机的 KV 值

无刷直流电机的 KV 值定义为“转速 N”,表示输入电压增加 1V,无刷直流电机空转转速增加的转速值。从这个定义来看,无刷直流电机电压的输入与电机空转转速是遵循严格的线性比例关系的。

1)KV 值与绕线匝数的关系

无刷电机的 KV 值不只说明电机转速与电压成严格的线性比例关系,还对电机的性能有间接的体现。无刷电机的空转极速是 KV 值乘以输入的电压,因而内转子电机的转速高于外转子无刷电机。就扭力特性来看,KV 值体现了电机的扭力性能,当加上负载后,其极速降至空转极速的 $60\%\sim70\%$。对于同种尺寸规格的无刷直流电机来说,KV 值与绕线匝数的关系如下:

(1)绕线匝数多,KV 值低,最高输出电流小,但扭力大;

(2)绕线匝数少,KV 值高,最高输出电流大,但扭力小。

2）低电压环境

单从 KV 值不可以评价电机的好坏，因为不同的 KV 值有不同的适用场合，无刷直流电机的电压范围很宽。在低电压环境（如 7.4V）下，KV 值对输出功率的影响如下：

（1）KV 值低的，转速偏低，适合配置较小的减速比和较大的螺旋桨，可输出较大功率；

（2）KV 值高的，转速较高，适合配置较大的减速比和较小的螺旋桨，在满足输出功率的条件下，要减小负荷，避免电流过大。

3）高电压环境

在高电压环境（如 11.1V）下，KV 值对输出功率的影响如下：

（1）KV 值低的，在这个电压环境下可以达到较高的转速，扭力比较大；需要配合较大的减速比和较小的螺旋桨，在满足输出功率的条件下，要减小负荷，避免电流过大。

（2）KV 值高的，在该环境中转速过高，为避免电流过大，要尽量减少负荷；利用其高转速，用涵道风扇发动机很适合。

4．无刷直流电机的指标参数

（1）标称空载电流和电压。在空载试验时，对电机施加标称空载电压（通常为 10V），使其不带任何负载空转。定子三相绕组中通过的电流，称为标称空载电流。

（2）最大瞬时电流和最大持续电流。最大瞬时电流指电机能承受的瞬时通过的最大电流；最大持续电流指电机能允许持续工作而不烧坏的最大电流。

（3）内阻。电机电枢本身存在内阻，虽然该内阻很小，但是因为电机电流很大，有时甚至可以达到几十安培，所以内阻不可忽略。

5．无刷直流电机的优点

无刷直流电机是采用电子器件来实现电子换向的，主要优点包括以下七点。

（1）低干扰。无刷电机没有电刷，最直接的变化就是没有了有刷电机运转时产生的电火花，这样就极大减少了电火花对无线电设备的干扰。

（2）噪声低。无刷电机没有电刷，运转时摩擦力大大减小，运行顺畅，噪声会低许多。

（3）寿命长。无刷直流电机因为少了电刷，机械磨损少，寿命长，通常可连续工作20000h 左右，常规的使用寿命为 7～10 年。

（4）转矩特性优异。无刷直流电机的中、低速转矩性能好，启动转矩大，启动电流小。

（5）效率高。体积小、质量轻、功率大；软启软停、制动特性好，无需机械制动或电磁制动装置。

（6）性能优异。可靠性高，稳定性好，适应性强，过载能力强，维修与保养简单。

（7）节能省电。无级调速，调速范围广，消除了多级减速耗能，综合节电率可达 20%～60%。

4.2.3 有刷直流电机

1．有刷直流电机的基本结构

有刷直流电机是内含电刷装置的、将电能转换成机械能（电动机）或将机械能转换成电能（发电机）的旋转电机（如图 4-4 所示）。有刷直流电机的两个电刷（铜刷或者碳刷）是用来引入或引出电压和电流的，它们通过绝缘座固定在电机后盖上，直接将电源的正负极引到转子的换相器上，而换相器连通了转子上的线圈，三个线圈极性不断地交替变换，与外壳上固定的两块磁铁形成作用力而转动起来。因为换相器与转子固定在一起，而电刷与外壳（定子)固定在一起,电机转动时电刷与换相器不断地发生摩擦会产生大量的阻力与热量,所以有刷直流电机的效率低下并且损耗非常大。

2. 有刷直流电机的工作原理

有刷直流电机工作时,线圈和换向器旋转,磁钢和碳刷不转,线圈电流方向的交替变化是随电机转动的换相器和电刷来完成的。有刷直流电机由定子和转子两大部分组成,定子上有磁极(绕组式或永磁式),转子上有绕组。通电后,转子上也形成磁场(磁极),定子和转子的磁极之间有一个夹角,在定转子磁场(N 极和 S 极之间)的相互吸引下,使电机旋转,如图 4-4 所示。改变电刷的位置,就可以改变定转子磁极夹角(假设以定子的磁极为夹角起始边,转子的磁极为另一边,由转子的磁极指向定子的磁极的方向就是电机的旋转方向)的方向,从而改变电机的旋转方向。有刷直流电机分为高速电机和低速电机两种,碳刷电机通常可连续工作 500h 左右,常规的使用寿命为 2～3 年。

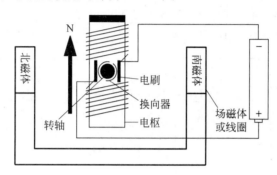

图 4-4　双磁极有刷直流电机基本结构示意图

3. 有刷直流电机的优缺点

有刷直流电机与无刷直流电机相比,优缺点如下。

(1) 有刷直流电机的优点。

制造简单,成本低廉,启动快、制动及时、可在大范围内平滑地调速,控制电路相对简单。

(2) 有刷直流电机的缺点。

① 磨损大,维护难。有刷直流电机的碳刷摩擦大,容易损坏。使用一段时间以后需要打开电机来清理碳刷,费时费力。

② 发热大,寿命短。由于有刷电机的结构原因,电刷和换向器的接触电阻很大,造成电机整体电阻较大,容易发热,而永磁体是热敏元件,温度太高会导致磁钢退磁,使电机性能下降,寿命缩短。

③ 效率低,输出功率小。有刷电机发热问题突出,使相当一部分电能白白转化为热能,所以有刷电机的输出功率不大,效率也低。比较而言,无刷电机的耗电量只是有刷电机的 1/3。

④ 噪声高,干扰大。有刷直流电机碳刷摩擦所发出的噪声要比无刷电机高得多,而且随着日后碳刷逐步磨损,噪声会越来越大。有刷电机运转时,电刷产生的电火花会对无线电设备造成很大的干扰。

4.2.4　空心杯电机

1. 空心杯电机的基本结构

空心杯电机属于直流、永磁、伺服微特电机,与普通电机的主要区别是采用无铁芯转子,也叫空心杯型转子。空心杯电机具有突出的节能特性、灵敏方便的控制特性和稳定的运行特性,作为高效率的能量转换装置,代表了电动机的发展方向。微特电机,全称微型特种电机,简称微电机,指直径小于160mm,额定功率小于750W或具有特殊性能、特殊用途的微型特种电机。微特电机常用于控制系统中,实现机电信号或能量的检测、计算、放大、执行或转换等功能,或用于传动机械负载,也可作为设备的交、直流电源。空心杯电机的应用从军事、高科技领域进入大工业和民用领域后,得到迅速的发展,已经涉及大部分行业和许多产品,尤其是在民用航空无人机领域,深受广大专业技术人员的青睐。

空心杯电机在结构上突破了传统电机的转子结构形式,采用无铁芯转子,彻底消除了由于铁芯形成涡流而造成的电能损耗,同时其质量和转动惯量大幅降低,从而减少了转子自身的机械能损耗。转子的结构变化使电动机的运转特性得到了极大改善,不但具有突出的节能特点,更为重要的是具备了铁芯电机所无法达到的控制和拖动特性。

空心杯电机分为有刷和无刷两种,有刷空心杯电机转子无铁芯,无刷空心杯电机定子无铁芯。绕组采用三角形接法,如图4-5所示。

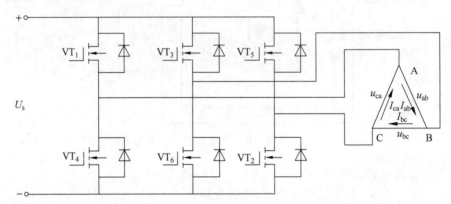

图4-5　空心杯电机三角形连接的三相桥式主电路

2. 空心杯电机的主要特性

空心杯电机具有十分突出的节能、控制和拖动特性,主要包括以下几个方面。

(1)节能特性。能量转换效率很高,其最大效率一般在70%以上,部分产品可达到90%以上(有铁芯电机一般在20%~50%)。

(2)控制特性。启动、制动迅速,响应极快,机械时间常数小于28ms,部分产品可以达到10ms以内(有铁芯电动机一般在100ms以上);在推荐运行区高速运转状态下,可对转速进行灵敏的调节。

(3)拖动特性。运行稳定性十分可靠,转速的波动很小,作为微电机,其转速波动能够控制在2%以内。

(4)能量密度特性。空心杯电机的能量密度大幅度提高,与同等功率的有铁芯电机相比,其质量、体积均减轻了1/3~1/2。

3. 空心杯电机在微型多旋翼无人机上的应用

由于空心杯电机克服了有铁芯电机不可逾越的技术障碍,而且其突出的特点集中在电动机的主要性能方面,因此拥有广阔的应用领域。尤其是随着工业技术的飞速发展,使用者对电动机的伺服特性不断提出更高的期望和要求,使空心杯电机在很多应用场合拥有不可替代的地位。

空心杯电机的应用,从军事、高科技领域进入大工业和民用领域后,得到了迅速的发展。微型多旋翼无人机利用空心杯电机质量轻、体积小、能耗低的优点,可以最大限度地减轻本身的质量,具体来说是采用有刷直流空心杯电机结合 MOS 管驱动电路作动力。由于空心杯电机需要的电流较大,因此常常将空心杯电机的一端接到 V_{cc} 上(微型多旋翼无人机的 V_{cc} 电压通常是 3.7V),另一端用 MOS 管控制通断,并接到 GND(公共端)上。当信号输入端为高电平时,MOS 管接通,原本接到电机一端的 MOS 管 D 极与 GND 连通,加上原本接到 V_{cc} 的电机的另一条线,电机开始旋转;当信号输入端为低电平时,MOS 管截止,电机停止。因此,通过调节信号输入端的脉冲宽度调制(PWM)波占空比,就可以控制空心杯电机的转速快慢。在使用的时候,电机的两根电源线调换位置会导致旋转方向反向,注意电机的旋转方向与螺旋桨的配合。

4.3　航空活塞式发动机

由于电动型多旋翼无人机采用变速方法改变旋翼升力的大小,这种方法限制了旋翼直径不能太大,其续航能力和载重能力也受到很大的限制,所以大中型多旋翼无人机要采用燃油发动机作为动力装置。油动型多旋翼无人机的旋翼直径基本不受限制,具有载重大、航程远、续航时间长等优点。

4.3.1　航空活塞式发动机的类型和结构

活塞式发动机是最早的航空发动机,也是多旋翼无人机目前使用最广泛的动力装置之一,其技术已经非常成熟。航空活塞式发动机分为往复活塞式和旋转活塞式两大类,它们都是依靠活塞在气缸中的往复或旋转运动使气体工质完成热力循环,将燃料的化学能转化为机械能的热力机械。其中往复活塞式发动机是发展历史最长、技术最成熟、使用最多、应用最广泛的航空活塞式发动机。因此,一般谈到航空活塞式发动机时,如果没有特别提示或声明,通常指的都是往复活塞式发动机。

1. 航空活塞式发动机的分类

航空活塞式发动机是依靠活塞在气缸中的往复运动使气体工质完成热力循环,将燃料的化学能转化为机械能的热力机械。其类型可按照以下方式划分。

(1) 按混合气形成的方式划分,可分为汽化器式发动机和直接喷射式发动机。

① 汽化器式发动机。汽化器式发动机装有汽化器,燃料和空气预先在汽化器内混合好再进入发动机气缸内燃烧。

② 直接喷射式发动机。直接喷射式发动机装有直接喷射装置,燃料由直接喷射装置直接喷入气缸,然后同空气在气缸内混合形成混合气。

(2) 按发动机的冷却方式划分,可分为气冷式发动机和液冷式发动机。

① 气冷式发动机。气冷式发动机直接利用迎面气流来冷却气缸。

② 液冷式发动机。液冷式发动机利用循环流动的冷却液来冷却气缸,由冷却液把吸收的热量耗散到周围的大气中。

(3) 按空气进入气缸前是否增压划分,可分为增压式发动机和吸气式发动机。

① 增压式发动机。增压式发动机上装有增压器,外界空气先经过增压器提高压力,再进入气缸。

② 吸气式发动机。吸气式发动机上没装增压器,工作时外界空气被直接吸入气缸。

(4) 航空活塞式发动机的气缸通常排列在发动机的壳体(机匣)上,按照气缸的排列方式又可分为直列型和星形,如图 4-6 所示。

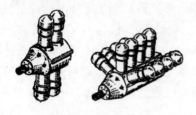

直列型航空活塞式发动机　　　　　　星形航空活塞式发动机

图 4-6　航空活塞式发动机气缸排列方式示意图

① 直列型发动机。直列型发动机的气缸沿机匣前后成行排列,分为对缸、V 形、W 形等排列方式。

② 星形发动机。星形发动机的气缸以曲轴为中心沿机匣向外呈辐射状均匀排列。

2. 航空活塞式发动机的基本结构

航空活塞式发动机是一种利用一个或多个活塞将压力转换成旋转动能的发动机,是一种四冲程、电点火的汽油发动机,主要由气缸、活塞、连杆、曲轴、气门机构和机匣等组成,如图 4-7 所示。

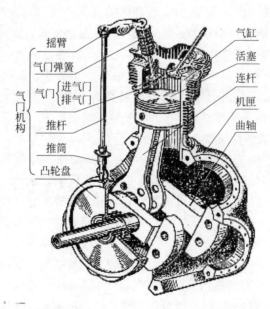

图 4-7　航空活塞式发动机主要结构示意图

1) 气缸

气缸呈圆筒形,固定在机匣上,是混合气进行燃烧并将燃烧释放出来的热能转变为机械能的地方。气缸由气缸头和气缸筒两部分组成。

（1）气缸头。气缸头提供了混合气燃烧的空间。在气缸头上安装有进气门、排气门、两个电嘴以及进、排气操纵机构及散热片。

（2）气缸筒。气缸筒由筒体和钢衬套组成。气缸筒的外表面镶有散热片，便于散热冷却。

2）活塞

活塞装在气缸里面，并在气缸内做往复、非匀速的直线运动，将燃气所做的功传递出去。活塞由活塞柱、活塞销和活塞涨圈三部分组成。

（1）活塞柱。活塞柱的形状具有一定的椭圆度，所起的作用是在工作温度下能与气缸配合得更好。活塞的顶面可以是平面、凸面或凹面。在活塞的头部可以加工出两个凹槽，以防止与气门相碰撞。

（2）活塞销。活塞销的功用是连接活塞和连杆。用于现代航空活塞式发动机的活塞销大多是全浮动式的，这样的活塞销可以在活塞和连杆活塞销轴承中间自由转动。

（3）活塞涨圈。活塞涨圈安装在活塞涨圈槽内，借助本身的弹力和燃气从内面作用的侧压力紧压在气缸壁上，可防止燃气从燃烧室中泄漏出去及阻挡滑油流向燃烧室，使渗到燃烧室中的滑油量降到最小。

3）连杆

连杆一端连接活塞，另一端与曲轴相连，起着传递力的作用，并与曲柄一起将活塞的直线运动转变为旋转运动。连杆必须具有足够的强度和刚度，以保证传力可靠。此外，重量还要小，以便在连杆和活塞停止运动、改变方向和从每个死点再次运动时能减小惯性力。连杆有以下三种类型。

（1）普通型连杆。普通型连杆用在直立式和对立式发动机上。连杆装曲拐销的杆端用一个盖板和一个分体轴承通过夹紧螺栓装在一起。

（2）叉片型连杆。叉片型连杆用在 V 形发动机上。连杆由叉杆和片杆组成，叉杆在曲轴端分叉，为片杆活动提供空间。叉杆和片杆在曲轴端用夹紧端盖和同一个分体轴承连接。

（3）主副连杆。星形发动机上通常用主副连杆机构。每排中有一个气缸的活塞通过主连杆与曲轴连接，其他气缸的活塞通过副连杆连接到主连杆上。主连杆是活塞销与曲柄销的连接杆件，曲柄销端称为大端，容纳曲柄销或主连杆轴承的端周围的凸缘，供副连杆安装用。副连杆通过副连杆销连接到主连杆上，活塞销端称为活塞端，又叫小端，与 1 号气缸中的活塞相连。

4）曲轴

曲轴的主要功用是将活塞和连杆的往复运动转变为旋转运动，把发动机产生的功率传给螺旋桨。此外，曲轴还带动发动机附件凸轮盘、增压器等运转，并保证在非做功行程时连杆和活塞也能运动。曲轴是发动机上承力最大的构件，要求具有足够高的强度，通常由高强度合金钢锻造而成。在曲轴上安装有平衡块（配重）和阻尼器（减振器），平衡块用来保证曲轴的静平衡，阻尼器用来保证曲轴的动平衡，以减小发动机的振动。曲轴的类型有以下 4 种。

（1）单曲拐曲轴。单曲拐曲轴是最简单的，由前后轴颈、两个曲拐颊、曲拐销和配重组成。此类曲轴应用于单排星形发动机中。

（2）双曲拐曲轴。双曲拐曲轴由前后轴颈、两个曲拐颊、两个曲拐销和中间部件组成。

两个曲拐互成180°,曲拐颊一端带配重。此类曲轴应用于双排星形发动机和四缸V形发动机中。

(3)三曲拐曲轴。三曲拐曲轴有三个曲拐,互成120°,应用于三缸直立式发动机和六缸V形发动机。

(4)四曲拐曲轴。四曲拐曲轴有四个曲拐,成180°排列,应用于四缸直立式发动机、四缸对立式发动机和四排星形发动机。

5)气门机构

发动机工作时,气缸内不断地进行着气体的新陈代谢。气门机构的作用是控制气门开启和关闭,保证新鲜混合气体在适当的时机进入气缸,以及保证燃烧做功后的废气适时地从气缸中排出。气门机构由凸轮盘、滚轮、挺杆、推杆、调整螺丝、摇臂、转轮、气门弹簧等组成。气门机构的凸轮盘上有许多凸起的部分,凸起部分顶着一个凸轮滚轮或随动轮工作,凸轮滚轮依次推动挺杆和推杆,推杆又作用于摇臂而打开气门;当凸轮滚轮和挺杆沿着凸轮盘较低的部分滚动时,气门弹簧在气门杆上滑动,通过气门弹簧座锁扣和气门杆环形槽将气门压在气门座上,使气门关闭,并将气门机构推向相反的方向。

6)机匣

机匣作为发动机的壳体,外部装有气缸、附件和辅助零件,内部装有发动机主要机构的轴承和支座。依靠装在机匣上的结合支座,可将发动机固定在飞机的发动机安装架上。由机匣壁组成的内腔,可使飞溅的滑油去润滑发动机的一系列零件,并汇集工作过的滑油。

(1)直列型发动机机匣。直列型发动机机匣通常包括主机匣、增压机匣和后盖。

(2)星形发动机机匣。星形发动机机匣通常包括前机匣、中机匣、增压机匣和附件机匣(后盖)。各部分机匣是用螺栓连接起来的,为避免连接处漏油,通常使用胶圈、橡胶条等封严。

4.3.2 航空活塞式发动机的工作系统和原理

1. 航空活塞式发动机的工作系统

(1)燃油系统。燃油系统不断地给发动机提供适当数量的燃油,并将燃油很好地雾化,与空气均匀混合成浓度合适的可燃混合气。燃油系统有汽化器式和直接喷射式两种类型。

(2)点火系统。点火系统在适当的时刻产生电火花,以点燃气缸里的混合气。电火花由装在气缸上的电嘴在高压电的作用下产生,而高压电由磁电机产生。

(3)润滑系统。润滑系统主要用来将润滑油不断地送到各机件的摩擦面,以降低摩擦阻力,减轻机件的磨损,同时把摩擦产生的热量带走。

(4)冷却系统。冷却系统把气缸内的一部分热量散发到大气中,以保证气缸头温度正常。冷却系统有气冷式和液冷式两类。

(5)启动系统。启动系统带动发动机从静止状态开始转动,并使发动机进入慢车转速。转动曲轴的方式通常有气动和电动两种。

2. 航空活塞式发动机工作的基本原理

航空活塞式发动机的主要工作是将热能转变成机械能,它是通过活塞的几个行程来完成的。发动机工作时,燃料与空气组成的混合气经进气门进入气缸,在气缸内被活塞压缩后,由电火花点火进行燃烧,放出热能。高温高压的燃气膨胀推动活塞做功,将热能转换为机械能。最后将做功后的废气经排气门排到大气中。

1)活塞的关键位置

发动机工作过程中涉及的几个关键位置和概念如下。

(1)上死点。上死点是活塞距曲轴旋转中心最远的位置。

(2)下死点。下死点是活塞距曲轴旋转中心最近的位置。

(3)活塞行程。活塞上、下死点之间的距离称为活塞的行程。

(4)燃烧室容积。活塞在上死点时,气体在气缸内所占有的容积,用 V_R 表示。

(5)气缸全容积。活塞在下死点时,气体在气缸内所占有的容积,用 V_Q 表示。

(6)气缸工作容积。活塞在上死点与下死点之间的气缸容积,用 V_W 表示。气缸工作容积等于气缸横截面积与活塞行程的乘积,也等于全容积与燃烧室容积之差,即 $V_W = V_Q - V_R$。

2)4 行程

航空活塞式发动机工作时,混合气体从进入气缸起,依次经过压缩、燃烧、膨胀,直到变为废气排出。在这个过程中,活塞从上死点到下死点之间往返了两次,也就是连续地移动了4 个行程。因为在这 4 个行程中,分别完成了进气、压缩、膨胀和排气工作,所以这 4 个行程相应地叫作进气行程、压缩行程、膨胀行程和排气行程。从进气行程开始,到排气行程结束,4 个行程组成一个工作循环。

(1)进气行程。在进气行程中,排气门始终关闭。活塞在上死点时进气门打开。因此,当活塞从上死点向下死点移动时,气缸内容积扩大、压力减小,在气缸内外压力差的作用下,混合气经过进气门进入气缸;活塞到达下死点时,进气门关闭,不再进气,于是进气行程结束,如图 4-8(a)所示。

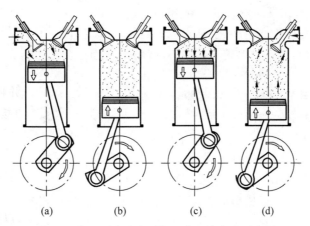

图 4-8　航空活塞式发动机工作 4 个行程示意图

(2)压缩行程。在进气行程之后,活塞从下死点往上死点移动,此时由于进气门和排气门都处于关闭状态,气缸内的容积不断缩小。混合气经过压缩后压力和温度升高,成为压缩行程。活塞到达上死点时,压缩行程也就结束,如图 4-8(b)所示。

(3)膨胀行程。在压缩行程结束时,电嘴产生电火花,将压缩后的混合气点燃。膨胀行程就是混合气燃烧膨胀做功的一个行程,也就是发动机赖以产生动力的一个行程,即工作行程。在膨胀行程中,进气门和排气门仍然关闭,混合气在电嘴点火后的瞬间全部烧完,放出大量的热能,燃气的温度和压力急剧升高。燃气在膨胀的同时,以很大的压力推动活塞,使活塞从上死点向下死点移动,这样燃气便做了功。燃气在膨胀做功的过程中,所占的容积逐渐扩大,压力和温度不断下降,直到活塞到达下死点时膨胀行程结束,如图4-8(c)所示。

(4)排气行程。燃气膨胀做功以后就变为废气。为了再次把新鲜混合气送入气缸,以便连续工作,必须把废气排出气缸。排出废气的工作便是靠排气行程来完成的。在排气行程中,进气门仍然关闭。当膨胀行程结束,活塞到达下死点时排气门打开,废气便在气缸内外气体的压力差及活塞从下死点向上死点移动的推压作用下排出气缸。活塞到达上死点时排气门关闭,排气行程结束,如图4-8(d)所示。

3) 5个工作过程

航空活塞式发动机工作时,活塞在气缸的上死点和下死点之间往返了两次,连续移动了4个行程。在4个行程中曲轴旋转两周,每个气缸有一次点火。在一个循环中完成了5个过程,顺序是进气、压缩、燃烧、膨胀、排气。

4) 点火次序

航空活塞式发动机都是多缸发动机,每个气缸都按照上述4个行程的顺序进行工作。但是各气缸的相同行程并非同时进行,而是按一定的次序均匀错开的,因此,每个气缸的点火也按相同的次序均匀错开,以保证活塞推动曲轴的力量尽可能均匀,使发动机运转平稳。

4.3.3 旋转活塞式发动机

1. 旋转活塞式发动机的基本结构

旋转活塞式发动机又称汪克尔发动机(德国人Wankel 在 20 世纪 50 年代发明,1958 年 7 月研制成功的 KKI 旋转活塞式发动机功率达到 161kW)。它由缸体、转子、中心齿轮、电嘴和主轴组成。缸体内腔是一种特殊型面,是三角形转子的中心内齿轮在一个不同心的固定的外齿轮上啮合滚动时,转子三角形顶点的运动轨迹形成的。在其短轴方向分别设置进/排气口和电嘴,如图4-9所示。

转子外形呈曲面三角形,中间有一个内齿轮,与固定在缸体盖上的中心齿轮啮合。转子外表面与缸体内表面形成三个独立的工作室。转子在自转的同时还绕中心齿轮做行星运动。转子的三个顶点在缸体内滑动时,每个工作室的容积周期性地变化。

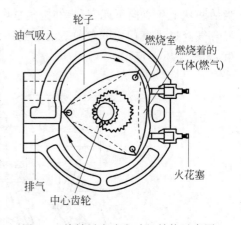

图 4-9 旋转活塞式发动机结构示意图

2. 旋转活塞式发动机的工作过程

旋转活塞式发动机从 20 世纪 80 年代起开始用于某些轻型飞机,特别是在近年来掀起的无人机热潮中,旋转活塞式发动机大有用武之地。目前,使用中的旋转活塞式发动机的功率一般小于100kW,尚在研制中的分层进气旋转活塞式发动机的功率可达到200kW。其工作过程如下:

(1)当转子的某个表面朝向进/排气口方向开始转动时,该工作室的容积先逐渐变大,

吸入混合气体后,再逐渐变小,压缩混合气;

(2) 当该工作面转动至朝向电嘴时,容积最小而压力最大,混合气被点火燃烧;

(3) 工作室的容积又逐渐变大,燃气膨胀,燃气压向转子,依靠偏心轴径的偏心距产生主轴的扭矩,输出功率;

(4) 三角形活塞再继续转动,工作室容积又逐渐变小,将废气压出排气口,直到工作表面回到正对进/排气口,废气被完全排出后,又开始进气,到此完成一个进气、压缩、膨胀和排气的热力循环,转子自转一周,主轴转动三周。

与常规的往复活塞式发动机相比,旋转活塞式发动机的优点是没有往复运动构件和复杂的分气机构,因而结构轻巧、工作平稳、振动小。缺点是缸体局部高温,冷却困难,各工作室之间难以密封,难以达到大的扭矩,排气污染重。

4.3.4　航空活塞式发动机的工作特性

1. 航空活塞式发动机的转速特性

航空活塞式发动机的转速特性指当油门全开或进气压保持不变时,发动机的有效功率和有效燃油消耗率随发动机转速变化的规律。其转速特性有:

(1) 当转速增大时,有效功率增大,而后随着转速的增大而减小;

(2) 燃油消耗率随转速的增大而增大。

2. 航空活塞式发动机的螺旋桨特性

航空活塞式发动机的螺旋桨特性指在螺旋桨的桨叶迎角保持不变的条件下,发动机的有效功率和燃油消耗率随发动机转速变化的规律。其螺旋桨特性有:

(1) 有效功率随转速的增大而增大;

(2) 燃油消耗率随转速的增大,先减小,后增大。

3. 航空活塞式发动机的高度特性

航空活塞式发动机的高度特性指在保持转速不变的条件下,发动机的有效功率和燃油消耗率随飞行高度变化的规律。吸气式发动机与增压式发动机的高度特性不同。

吸气式发动机的高度特性是:

(1) 随着飞行高度的升高,有效功率减小;

(2) 随着飞行高度的升高,燃油消耗率增大。

增压式发动机的高度特性是:

(1) 在额定高度以下,随着飞行高度的增加,有效功率一直增大,有效燃油消耗率不断减小;

(2) 在额定高度以上,随着飞行高度的增加,有效功率一直减小,有效燃油消耗率不断增大。

4.4　涡轮轴发动机

空气喷气式发动机是以空气和燃油作为混合气体燃烧喷射的喷气发动机,涡轮轴发动机属于空气喷气式发动机,它是一种输出轴功率的涡轮喷气发动机,主要用作旋翼飞行器的动力装置。

4.4.1 涡轮轴发动机的分类和工作原理

1. 空气喷气式发动机的分类

从产生输出能量的原理上讲,喷气式发动机和活塞式发动机是相同的,都需要有进气、加压、燃烧和排出4个过程。不同的是,活塞式发动机的4个阶段是分时依次进行的,而在喷气式发动机中则是连续进行的。根据增压技术的不同,空气喷气发动机分为有压气机的空气喷气发动机和无压气机的空气喷气发动机。有压气机的空气喷气发动机是一种燃气涡轮发动机,核心特点是气流需要通过压气机进行增压,压气机是不可缺少的核心部件。这类发动机的基础是涡轮喷气发动机,简称涡喷发动机。涡轮喷气发动机的结构由进气道、压气机、燃烧室、涡轮和尾喷管组成。其中涡轮是涡轮喷气发动机的关键部件,其工作环境非常恶劣,承受着高温高压、离心载荷、热载荷及振动载荷等的复合作用。

空气喷气发动机在低速时的油耗要大于活塞式发动机,但其优异的高速性能是活塞式发动机望尘莫及的,因此,空气喷气发动机已成为现代高性能航空发动机的主流。根据能量输出方式的不同,在涡轮喷气发动机的基础上,又派生出了涡轮风扇发动机、涡轮螺旋桨发动机和涡轮轴发动机等多种形式的压气式空气喷气发动机。其中最适合用作多旋翼无人机动力装置的类型是涡轮轴发动机。

2. 涡轮轴发动机的分类

涡轮轴发动机与涡轮喷气发动机的最大区别在于涡轮的功用,涡轮喷气发动机的涡轮只带动压气机,推力由喷气的反作用实现;涡轮轴发动机的涡轮除带动压气机外,更主要的是带动外界负载(旋翼),喷气几乎没有推力,因此尾喷管退化成了排气管。涡轮轴发动机根据其功率输出轴的结构形式分为定轴涡轮和自由涡轮两种。

(1)定轴涡轮发动机。定轴涡轮发动机是单轴式的,动力涡轮和压气机之间机械相连(如图4-10(a)所示),即两者共用一根轴。

(2)自由涡轮发动机。自由涡轮发动机是双轴式的,动力涡轮和压气机之间没有机械联系,分开使用两根不同的轴,这就使压气机在固定的工作状态下,有可能改变动力涡轮或旋翼的转速(如图4-10(b)所示)。

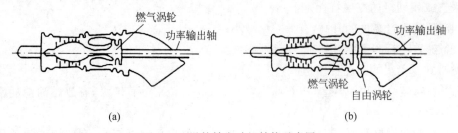

(a)　　　　　　　　　　　　　　　(b)

图 4-10　涡轮轴发动机结构示意图

3. 涡轮轴发动机的工作原理

自由涡轮轴发动机的基本结构如图4-11所示,前面有两级普通涡轮,带动压气机转动,维持发动机工作;后面的两级是自由涡轮,燃气在其中做功,通过动力输出传动轴专门用来带动多旋翼无人机的旋翼旋转。此外,从涡轮

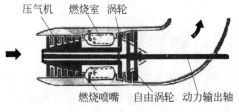

图 4-11　自由涡轮轴发动机的基本结构

流出的燃气,经过尾喷管喷出,可产生一定的推力。由于喷速不大,这种推力很小,如果折合为功率,大约占总功率的十分之一。有时喷速过小,甚至不产生什么推力。为了合理地安排多旋翼无人机的结构,涡轮轴发动机的喷口可以向上、向下或向两侧,这有利于多旋翼无人机设计时的总体安排。

尽管涡轮轴发动机内带动压气机的燃气发生器涡轮与自由涡轮之间不存在机械互连,但气动上有着密切的联系,在气体热能分配上,需要随飞行条件的改变而适当调整,从而取得发动机性能与多旋翼无人机的旋翼性能的最优组合。为减少由发动机传至多旋翼无人机主减速器的传动扭矩,使输出轴的直径与质量较小,涡轮轴发动机的动力输出轴转速较高,可达 6000~8000r/min。

4.4.2　涡轮轴发动机的基本结构

涡轮轴发动机基本结构如图 4-11 所示,包含以下几部分。

(1) 进气装置。由于多旋翼无人机的飞行速度低,因此进气装置的内流进气道采用收敛形状,以便气流在收敛形进气道内加速流动,从而改善气流流场的不均匀性。进气装置进口唇边呈圆滑流线型,适合亚声速流线要求,以避免气流在进口处突然发生方向折转,引起气流分离,为压气机稳定创造好的进气环境。有的涡轮轴发动机将粒子分离器与进气道设计成一体,构成"多功能进气道",以防止沙砾进入发动机内部磨损机件或者影响发动机稳定。这种进气道利用惯性力场,使含有沙砾的空气沿着一定几何形状的通道流动。由于沙砾的质量较空气大,在弯道处沙砾获得较大的惯性力,聚集在一起并与空气分离,排出机外。

(2) 压气机。压气机的主要作用是压缩从进气道进入发动机的空气,提高气流的压强,为燃烧创造有利条件。根据压气机内气体流动的特点,可以将其分为轴流式和离心式两种。轴流式压气机面积小、流量大;离心式压气机结构简单、较稳定。在涡轮轴发动机技术发展史上,压气机结构形式几经演变,从纯轴流式、单级离心、双级离心到轴流与离心混装的组合式压气机。当前,航空涡轮轴发动机大多采用的是若干级轴流加一级离心所构成的组合压气机。

压气机部件主要由进气导流器、压气机转子、压气机静子及防喘装置等组成。压气机转子是一个高速旋转的组合件,轴流式转子叶片呈叶栅状排列安装在叶轮周围,离心式转子叶片则呈辐射形状铸在叶轮外部。压气机静子由压气机壳体和静止叶片组成。转子旋转时,通过转子叶片迫使空气向后流动,不仅加速了空气,而且使空气受到压缩,转子叶片后面的空气压强大于前面的压强。气流离开转子叶片后,进入起扩压作用的静子叶片。在静子叶片的通道中空气流速降低,压强升高,得到进一步压缩。一个转子加一个静子称为一级。衡量空气经过压气机被压缩的程度,常用压缩后与压缩前的压强之比,即增压比来表示。增压比是评估压气机性能的重要指标。现代涡轮轴发动机压气机的总增压比越来越高,有的已达到 20,以达到使发动机获取尽可能高的热效率和轴功率的目的。

喘振是压气机的一种有害的不稳定状态。当压气机发生喘振时,空气流量、压力和速度会发生骤变,甚至可能出现突然倒流现象。喘振通常是由于进气方向不合适,引起压气机叶片中的气流分离并失速形成的。喘振的后果,轻者降低发动机功率和经济性,重者引起发动机机械损伤或者使燃烧室熄火、停车。为防止发动机发生喘振,保证压气机稳定可靠地工作,可在压气机前面采用角度可变的导流片,也可在压气机中部通道处设置放气装置。除了在发动机结构设计时要考虑采取防喘措施外,还要求多旋翼无人机在飞行使用中注意避免因为操纵不当而致使压气机发生喘振。

(3) 燃烧室。燃烧室是燃油与空气在涡轮轴发动机内部混合和燃烧的地方。燃烧室一般由外壳、火焰筒组成,气流进口处还设有燃油喷嘴,启动时用的喷油点火器也装在这里。燃烧室的环境条件十分恶劣,由于气体流速很高,一般为 50～100m/s,因此要使混合气燃烧就如同在大风中点火一样,保持燃烧稳定至关重要。为了保证稳定燃烧,在燃烧室结构设计上采取气流分流和火焰稳定等措施。

经过压气机压缩后的高压空气进入燃烧室,被火焰筒分成内、外两股,大部分空气在火焰筒外部,沿外部通道向后流动,起散热、降温作用;小部分空气进入火焰筒内,与燃油喷嘴喷出或者甩油盘甩出的燃油混合形成油气混合气,经点火燃烧成为燃气,向后膨胀加速,然后与外部渗入火焰筒内的冷空气掺和。燃气温度平均可达 1500℃,流速可达 230m/s,高温、高速的燃气从燃烧室后部喷出冲击涡轮装置。

启动时先靠启动点火器点燃火焰筒内的混合气,正常工作时靠火焰筒内的燃气保持稳定燃烧。按照燃气在燃烧室的流动路线,燃烧室可分为直流式、回流式和折流式三种。直流式燃烧室形状细而长,燃气流动阻力小;回流式燃烧室燃气路线回转,燃气流动阻力大,但可使发动机结构紧凑,缩短转子轴的长度,使发动机获得较大的整体刚度;折流式燃烧室介于直流式和回流式两者之间,使燃气折流适应甩油盘甩出燃油的方向,以提高燃油雾化质量及燃烧室效率。

(4) 涡轮。涡轮的作用是将高温、高压燃气的热能转变为旋转运动的机械能。它是涡轮轴发动机的主要机件之一,要求尺寸小、效率高。涡轮通常由静止的导向叶片和转动的叶轮组成。与压气机的结构恰好相反,涡轮的导向叶片在前,转动叶片在后。从燃烧室来的燃气,先经过导向叶片。由于叶片间收敛形通道的作用,燃气可提高速度,降低压强;燃气膨胀并以适当的角度冲击叶轮,使叶轮高速旋转。现代涡轮轴发动机进入涡轮前的温度可高达 1500℃,涡轮转速超过 50000r/min。由于涡轮要承受巨大的离心力和热负荷,因此涡轮一般选用耐高温的高强度合金钢,为涡轮的散热和轴承的润滑进行周密设计。

与一般涡轮喷气发动机不同,多旋翼无人机用涡轮轴发动机的涡轮既要带动压气机转动,又要带动旋翼转动。自由涡轮轴发动机将涡轮分为彼此无机械连接的前、后两段,前段带动压气机,构成发动机的燃气发生器转子;后段作为自由涡轮,其功率输出轴带动旋翼旋转。

(5) 排气装置。根据涡轮轴发动机的特点,一般排气装置呈圆筒扩散形,以便燃气在自由涡轮内充分膨胀做功,使燃气的热能尽可能多地转化为轴功率。涡轮轴发动机的排气装置能使 95% 以上的燃气可用膨胀功通过自由涡轮转变为轴功率,余下不到 5% 的可用膨胀功仍以动能形式向后通过排气管,气流静压提高,流速降低。到喷管出口,在静压等于外界大气压的条件下,气体以相当低的流速排出。所以排气管起扩压的作用。

(6) 减速器。由于涡轮轴发动机的动力涡轮转速很高,多旋翼无人机旋翼的转速较低,因此必须安装减速器,而且减速比很大,要有多级减速,才能实现功率的传递。在结构上,减速器通常分为体内减速器和主减速器。前者是涡轮轴发动机的一个组成部件;后者是位于涡轮轴发动机外面的一个独立部件。

在实际应用中,涡轮轴发动机动力的涡轮转速高,输出轴的直径较小,但在每一级减速过程中,轴的直径逐渐加粗,传动齿轮的尺寸也逐渐加大,所以减速器的重量非常可观。对于带体内减速器的发动机,体内减速器约占涡轮轴发动机总重量的 20%,体外多旋翼无人机主减速器的重量略低于发动机的重量。如果把体内减速器和多旋翼无人机主减速器的重量加在一起,则与涡轮轴发动机的重量基本相当。

4.4.3　涡轮轴发动机的工作特性

1. 涡轮轴发动机的转速特性

在保持飞行高度和飞行速度不变的条件下,发动机的功率和燃油消耗率随燃气发生器转速变化的规律叫作发动机的转速特性,又叫节流特性。

(1) 功率随转速的增大而增大,而且转速越大,功率增长得越快。

(2) 燃油消耗率随转速的增大而减小。

2. 涡轮轴发动机的高度特性

在给定的发动机工作状态和选定的调节规律下,保持发动机的转速和飞行速度不变时,发动机的功率和燃油消耗率随飞行高度变化的规律为涡轴发动机的高度特性。

(1) 功率随飞行高度的增加而降低。

(2) 燃油消耗率随飞行高度的增加有少量的下降,飞行高度大于 4km 后,下降速度变得缓慢起来。

3. 涡轮轴发动机的速度特性

在给定的发动机工作状态和选定的调节规律下,保持发动机的转速和飞行高度不变时,发动机功率和燃油消耗率随飞行速度变化的规律为发动机的速度特性。

(1) 功率随飞行速度的提高而增大。

(2) 燃油消耗率随飞行速度的提高而减小。

4.4.4　多旋翼无人机燃油发动机不同类型的比较

1. 涡轮轴发动机与活塞式发动机的比较

与活塞式航空发动机相比较,涡轮轴发动机的主要特点如下。

(1) 功率重量比大。航空活塞式发动机的功率质量比一般为 0.6~1.4kg/kW,而涡轮轴发动机仅为它的 1/3~1/5。由于发动机本身的功率质量比小,其动力装置的某些其他系统的质量也随之大大减轻,如涡轮轴发动机不需外加冷却系统(风扇、风道等),进排气系统简化,发动机支持系统简化,润滑系统质量轻等。由于整个动力装置质量减轻,因此多旋翼无人机的质量效率可以提高 10% 以上。

(2) 体积小。涡轮轴发动机体积小,便利了多旋翼无人机的总体布置。

(3) 启动容易。涡轮轴发动机的启动暖机时间一般不到 1min;活塞式发动机需要 10min 左右。

(4) 振动小。涡轮轴发动机比活塞式发动机本身的振动小、噪声小、维护简便、使用寿命长。

(5) 高空特性好。涡轮轴发动机的高空特性比活塞式发动机好。在标准大气状态下,涡轮轴发动机高空特性系数约为 $\Delta 0.61$(Δ 为大气相对密度),而活塞式的约为 $\Delta 1.187$。这样,在 2000m 高空,燃气涡轮轴发动机的可用功率约为地面功率的 89%,而活塞式约为 79%。

(6) 温度特性差。涡轮轴发动机的一个突出缺点是温度特性差。它的可用功率随外界大气温度上升而下降,约为活塞式发动机的 20%～30%。当大气温度由 15℃升高到 35℃时,其可用功率要降低 20% 左右。

(7) 耗油特性。小功率范围的活塞式航空发动机的单位耗油率较低;大功率的涡轮轴发动机单位耗油率比活塞式发动机的单位耗油率低。

(8) 经济性。小功率活塞式航空发动机(如 250kW)不仅单位耗油率较低,而且购置成本仅为涡轮轴发动机的 40% 左右,安装小功率活塞式发动机的多旋翼无人机单位机体质量的成本也仅为装涡轮轴发动机的 40% 左右,小功率活塞式航空发动机的经济性优于小功率涡轮轴发动机;大功率涡轮轴发动机不仅单位耗油率较低,而且购置和使用成本都优于活塞式航空发动机。

2. 定轴涡轮发动机和自由涡轮发动机的比较

(1) 发动机与旋翼的转速特性比较。定轴涡轮发动机在大功率区转速许可变化范围很窄,很容易达到喘振限制线,而可用功率随着转速的下降而迅速减小,所以定轴涡轮发动机转速特性差,要用恒速调节器保持恒速工作。

自由涡轮发动机功率输出轴连同自由涡轮一起改变转速时,压气机连同燃气涡轮的转速可以保持不变,对发动机的工作影响很小,出轴转速容许的变化范围很宽,转速特性好,可以在很宽的范围内进行旋翼转速调节,从而改善多旋翼无人机的性能。

(2) 发动机与旋翼的转速-扭矩特性比较。转速-扭矩特性指当旋翼需用功率超过发动机最大可用功率时,随旋翼转速下降,旋翼上可用扭矩及升力的变化特性。如果安装定轴涡轮发动机的多旋翼无人机原本想加大旋翼总距以实现某种动作,但当总距增加过头时,定轴涡轮发动机的输出功率将随其转速的减小而急剧下降,造成旋翼升力急剧下降,从而可能会导致发生事故。

自由涡轮发动机由于输出功率的自由涡轮和压气机没有机械联系,因此输出功率受转速影响较小。当多旋翼无人机旋翼总距增加过头时,自由涡轮发动机转速虽有下降,但扭矩和旋翼升力反而增大,这对飞行安全是有利的。

(3) 对传动系统影响比较。由于多旋翼无人机旋翼等部件启动时惯性很大,为减小起动机的功率,减小旋翼带转时间,发动机启动时应和旋翼脱开。因此,采用定轴涡轮发动机的多旋翼无人机,在发动机和主减速器之间必须安装启动离合器。

对于自由涡轮发动机,因输出功率的自由涡轮和压气机之间没有机械联系,所以不必安装启动离合器。另外,为保证发动机停车时旋翼自转,在采用定轴涡轮发动机的多旋翼无人机上还需有自转离合器。采用自由涡轮发动机的多旋翼无人机虽然发动机停车时可以保证旋翼自由转动,但要带转自由涡轮也会消耗很大功率,一般可达额定功率的 12%,所以也装有自转离合器。

(4) 发动机加速性比较。自由涡轮发动机加速性较差,原因是增加输出功率,必须通过增加供油量来提高压气机转速,由于压气机本身的惯性,这段过程就需要一定的时间。对于定轴涡轮发动机,在出轴转速一定的条件下,只需要增加供油量以提高涡轮前温度就可以增加输出功率,可在一瞬间完成。

4.5　多旋翼无人机燃油系统和滑油系统

油动多旋翼无人机采用涡轮轴发动机或航空活塞式发动机作为动力装置,当发动机工作时,需要有燃油系统给气缸(活塞式发动机)或燃烧室(涡轮轴发动机)提供燃油,还要有滑油系统给发动机需要润滑的零部件提供滑油。燃油系统和滑油系统都属于油动多旋翼无人机动力装置的重要组成部分,是确保油动多旋翼无人机正常飞行的重要系统。

4.5.1　多旋翼无人机燃油系统

1.燃油系统的定义和功用

燃油是油动多旋翼无人机的能源,燃油系统则是油动多旋翼无人机能源的供应系统。燃油系统有内外之分,内燃油系统是发动机内部的一套燃油系统,用来将外燃油系统提供的燃油输送到燃烧室内,它属于发动机总体结构的一部分;外燃油系统是发动机外部的一套燃油系统,安装在多旋翼无人机的机体上,燃油箱中储存一定量的燃油,并根据需要可靠地将燃油供应到发动机内燃油系统和辅助动力装置。这里所讲的燃油系统指外燃油系统,包括燃油箱、输油管路、燃油增压泵、防火开关、放油开关和燃油控制系统等。油动多旋翼无人机燃油系统主要功能如下:

(1)储存燃油;

(2)按照发动机各个工作状态的不同要求,安全可靠地把燃油定时定量地输送到发动机和辅助装置;

(3)可调整重心位置,保持多旋翼无人机平衡和机体结构受力;

(4)为发动机滑油、液压油提供冷却装置。

2.燃油系统的结构和工作原理

1)燃油箱

燃油箱具有足够的容量,保证发动机正常工作时的燃油消耗。随着油箱内的油面下降,油量表传感器连续发出信号,地面站驾驶员通过远程油量表显示的数据,就可以知道油箱内剩多少油。同时,通气管将外界大气或者增压空气引入油箱,填补油面下降空出的空间。增压油泵向发动机供油,保证发动机的燃油泵进口具有足够的油压。单向活门只允许燃油向一个方向流动,这样可以防止各油箱内的燃油串流。燃油在输油管内流动时,油量表发出信号,地面驾驶员通过远程油量表显示就可以知道每台发动机的耗油量。然后,燃油流过油气分离器,将供油时带进去的气体或从燃油内挥发出的气体分离出来,避免气体进入发动机的油泵内。飞机燃油系统内有时也装油滤,以清除杂质,保证燃油清洁。通常将油箱布置在机体重心附近,或者对称于机体重心放置。燃油箱有软油箱、硬油箱和整体油箱三类。

(1)软油箱。油动多旋翼无人机上采用的软油箱主要特点是能从不大的舱口放进机体上的油箱舱内,充分利用机体内部各种形状的可用空间,增加储油量,并且不受振动的影响,不易产生裂缝或损坏。普通软油箱壁由内衬耐油橡胶和外层涂胶布组成。有的油箱厚度甚至不到1mm,质量较轻。

软油箱没有受力骨架,所以燃油和增压气体的压力都是靠油箱舱壁来支撑的。因此,油箱的外廓尺寸都稍大于油箱舱,以便在内压作用下使油箱紧贴在舱壁上。

（2）硬油箱。在机体内的高温区，以及油箱舱不能承受内压的情况下，一般可以安装金属硬油箱。硬油箱多由防锈的铝合金制成。

（3）整体油箱。利用机体本身的一部分结构构成的油箱，称为整体油箱。采用整体油箱可以显著降低燃油系统的重量，最充分地利用机体内部空间储油。整体油箱除了应满足结构的各项要求外，还应保证可靠密封性。为此，常采用整体壁板以减少结构的连接缝，同时还要有可靠的密封措施。

在一架油动多旋翼无人机上，可以兼用两种以上的油箱，因为它们各有优缺点，有各自适用的范围。

2）输油管路

燃油箱与发动机之间，以及多个燃油箱之间连接的管道称为输油管路。一般大中型油动多旋翼无人机输油管路纵横交错，连接形式也比较多，但通常都可以概括为串联和并联两种形式。

（1）串联。串联指各个油箱与一个主油箱串联起来，主油箱又称消耗油箱。所有的燃油都通过消耗油箱的增压油泵输送到发动机的燃油泵去。

（2）并联。对于有多个发动机的油动多旋翼无人机来说，可安排各个发动机由最靠近自己的油箱供油。所有发动机的输油管路之间有导管连通，平时由交（叉）输（油）开关将输油管路隔断。如果一个增压油泵发生故障，可自动打开交输开关，即可使另一个增压油泵同时向两个或多个发动机供油。

3）燃油增压泵

为了保持燃油箱内的油面压力大于燃油的饱和蒸汽压，需要采用增压油泵来加大发动机燃油泵的入口压力。燃油增压泵通常采用电动离心泵，通过离心力的作用，将机械能转换为液压能。特点是流量大、压力低、质量轻，当泵失效停转时仍能允许燃油流过。

4）防火开关

燃油注入发动机的燃油泵之前，要经过防火开关。当发动机发生故障着火时，可以自动关闭防火开关，立即停止向发动机供油，以防火焰蔓延。

5）放油开关

在更换油箱或者油泵时，通过放油开关可以放出油泵没抽尽的剩余燃油。飞行中发生紧急情况时，放油开关可迅速排放多余的燃油。对放油开关的基本要求有：

（1）放油系统工作时不能有起火的危险；

（2）排放的燃油不能接触飞机；

（3）放油阀必须能在放油的任何阶段都可以关闭；

（4）必须有两个相互独立的系统，保持放油过程的横向稳定；

（5）必须有保持最少油量的自动关断阀，保证多旋翼无人机有足够燃料着陆。

3. 燃油控制系统

油动多旋翼无人机不同的飞行状态需要采用不同的飞行姿态（或功率），对应燃油发动机不同的工作状态，需要供给发动机不同数量的燃油。燃油发动机在工作过程中，燃烧室供油量的多少要与当时进入发动机的空气量和气流速度相匹配，否则发动机就不能正常工作。供油太多，燃烧后的温度就会太高而烧坏涡轮，或者出现富油熄火；供油太少，会出现贫油熄火。供给燃油发动机燃油量的多少受到很多参数的影响，主要包括多旋翼无人机对旋翼升力大小的需求、大气压力、发动机的进气温度、进气压力、转子转速、压气机出口压力和发动机的排气温度等。燃油控制系统的功用是感受这些参数,根据参数的大小来控制供油量。燃油控制器主要包括计量系统和计算系统两部分。

（1）计量系统。计量系统的作用是依据计算系统计算的流量向燃烧室供应燃油,主要部件包括油滤、计量阀、压力调节阀和环境压力伺服等。其中,最主要的部件是计量阀,燃油控制器通过控制计量阀开度的大小来改变供油量,其工作原理如图 4-12 所示。

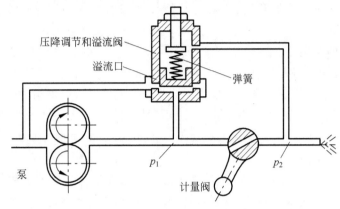

压降调节和溢流阀

溢流口

弹簧

泵

p_1

计量阀

p_2

图 4-12　计量阀工作原理示意图

计量阀上游的压力为 p_1,下游的压力为 p_2,燃油流过计量阀产生的压差为

$$\Delta p = p_1 - p_2 \tag{4-1}$$

根据流体力学可知,流过计量孔的油量为

$$w_f = \mu A \sqrt{2\rho\Delta p} \tag{4-2}$$

式中,w_f 为燃油流量;μ 为计量孔的流量系数;A 为计量孔的流通面积(计量孔的开度);ρ 为燃油相对密度。参数 μ 和 ρ 可看作常数。燃油流量只与计量孔开度和计量孔前后的压差 Δp 有关。通常保持压差 Δp 恒定,通过调节计量阀的开度调整燃油量,而此压差的恒定是靠压降调节和溢流阀来控制的。计量阀开度和流量一定时,计量阀的开度由计算系统和油门杆控制。

（2）计算系统。计算系统的功用是感受各种参数,在发动机所有工作阶段控制计量部分的输出。有的控制器计算系统又分为调节部分和限制部分。限制部分监视调节部分,并确保其总是在安全限制之内工作。计算系统接收来自发动机的工作参数(如发动机的进气温度、转子转速等)、飞行情况(如飞行高度、速度等)和油门杆的位置,计算发动机的燃油需要量,调节计量阀的开度,以防止发动机过热、失速、喘振和熄火等情况出现。当前推油门杆时,计算系统就会增加计量阀的开度,使供油量增加;但供油量是逐渐增加的,使发动机的转速按照一定的加速度来增加,以防止供油量短时间增加太多,造成发动机过热或转速增加太快而超转。同样,收回油门杆时,计算系统也会操纵计量系统,使计量阀的开度减小,从而使发动机按一定加速度减速,以避免出现熄火现象。

4.5.2　多旋翼无人机滑油系统

1. 滑油系统的功用和要求

不论是利用活塞发动机还是利用涡轮轴发动机工作,航空发动机各活动部件或旋转部件与其他部件的接触面之间都以很高的速度做相对运动。各零部件的接触表面虽然看上去很光滑,但在显微镜下观察仍然有一定的粗糙度。当两个零件做相对运动时,表面上的粗糙凸起就会相互碰撞,阻碍运动,出现干摩擦。这种干摩擦不仅会产生很大的摩擦阻力,白白消耗很多能量,而且会对机件造成极大损伤。解决这个问题的办法是将润滑油涂敷在相互接触的金属表面上,形成一层滑油油膜,让滑油填平零件表面的凹凸,靠油膜把相互接触的部件隔开,使相对运动的部件表面之间的干摩擦变为液体摩擦,从而大大降低摩擦阻力。

1) 滑油系统的功用

滑油系统的主要任务是把一定压力、一定温度而又洁净的滑油送到需要润滑的地方,以保证航空发动机能正常工作。滑油系统的主要作用是润滑、冷却、清洁和防腐。

(1) 润滑。润滑的目的是减小摩擦力,减小摩擦损失。其原理是在相互运动部件的表面有一层一定厚度的油膜覆盖,金属与金属不直接接触,而是油膜与油膜相接触,这就在相互运动中减小了摩擦。

(2) 冷却。冷却是为了降低温度,带走热量。其原理是滑油从轴承和其他温度高的部件吸收热量,在散热器处又将热量传递给燃油或空气,从而达到冷却的目的。

(3) 清洁。滑油在流过轴承或其他部件时,可将磨损下来的金属微粒带走,在滑油滤中将这些金属微粒从滑油中分离出来,达到清洁的目的。

(4) 防腐。在金属部件表面有一层一定厚度的油膜覆盖,将金属与空气隔离开来,使金属不直接与空气接触,从而防止金属氧化和腐蚀。

2) 对滑油系统的要求

为了保证航空发动机的正常运行,滑油系统应满足四点要求。

(1) 在飞行包线之内,滑油系统能正常工作,保证航空发动机对润滑的需求。

(2) 在低温条件下发动机能正常启动。航空发动机所用的滑油能在 −40℃时正常启动发动机。

(3) 有必要的指示系统,监控滑油的状态(如压力、温度和油量)和洁净状况(如油滤有无堵塞),以便及早给出故障预示。

(4) 滑油系统中的部件,尤其是油滤、磁堵等的可达性要好,以方便维护人员检查、拆装。

2. 航空发动机滑油的类型

航空发动机使用的滑油分矿物质滑油和人工合成滑油两类。不同厂家对其所生产的航空发动机都要规定使用滑油的牌号,要求加油时按维护手册中的规定选择滑油。

(1) 矿物质滑油。矿物质滑油是从石油中提取出来的,一般用于活塞式航空发动机中。

(2) 人工合成滑油。人工合成滑油是从石油、植物油以及动物油中提炼出来经人工合成的,主要用于涡轮轴发动机中。

3. 滑油系统的总体结构

航空发动机滑油系统包括存储系统、分配系统和指示系统三部分。

1) 存储系统

存储系统包括滑油箱组件,用于滑油的存储。

2）分配系统

分配系统分为供油系统、回油系统和通风系统三个子系统。

（1）供油系统。供油系统负责把一定压力、一定量的滑油送到需要润滑的区域，如轴承腔、附件齿轮箱等，这一任务主要靠油泵来完成。另外，供油系统中还有保持滑油清洁的油滤，以及控制不同区域供油量的限流装置和喷油嘴等。

（2）回油系统。回油系统的作用是把润滑后的滑油尽可能快地送回滑油箱。这样既可充分利用油箱中的滑油，又可减少滑油在轴承腔等部位的停留时间，从而减少滑油接触高温的时间，有利于保持滑油的性能。供油系统和回油系统协同工作，完成对轴承、齿轮等部件的冷却和润滑。

（3）通风系统。通风系统把轴承腔、滑油箱和附件齿轮箱连在一起，然后经过油气分离装置与外界大气连通。通风系统可以把多的空气从发动机内部排出来，使轴承腔、齿轮箱和滑油箱内部的压力维持在一定范围之内；又可把空气中的滑油分离出来，使其留在发动机内部，从而减少滑油消耗量。

3）指示系统

指示系统主要用于指示和监控滑油系统的工作情况，监控的参数主要包括滑油压力、滑油量和滑油温度。当压力或温度达到一定值后，告警系统还会给出告警信息，及时告知地面驾驶员，以便驾驶员根据具体情况采取相应的措施。

4．滑油系统的主要部件

航空发动机系统的主要部件有滑油箱、滑油泵、滑油滤、磁屑探测器、滑油散热器、油气分离器等。

1）滑油箱

滑油箱一般固定在航空发动机机匣上的某个容易接近的部位，以方便维护人员进行维护。滑油箱容量根据发动机对滑油量的需求来定，主要受三个因素影响：润滑所需的充足油量、润滑后油的热胀和混合空气、安全储存。滑油箱内留有一定的膨胀空间，约为滑油箱容积的 10％，以满足润滑后滑油膨胀和混合气体的影响。

2）滑油泵

滑油泵的作用是使滑油循环流动起来，它分为供油泵和回油泵两种类型。

（1）供油泵。把滑油从滑油箱中抽出送到轴承腔、齿轮箱等处的泵叫供油泵，供油泵后有压力调节阀，控制供往各润滑部位的滑油压力，防止因滑油压力过高导致滑油系统渗漏或损坏系统中的某些部件。

（2）回油泵。负责把润滑后的滑油收集起来送回滑油箱的滑油泵叫回油泵。由于回油温度高，且有泡沫，使回流滑油的体积大于供油滑油的体积，因此通常回油泵容积至少大于增压供油泵容积的两倍。

常用的滑油泵有齿轮泵、转子泵和旋板泵，在有些发动机上，供油泵和回油泵组装在一起形成一个组件。由于齿轮泵结构简单，机械加工方便、工作可靠、使用寿命长，能产生较高的压力，因此在航空发动机的滑油系统中得到广泛应用。

3）滑油滤

滑油滤用来清洁滑油，去掉滑油中的金属屑和其他杂质，防止这些杂质进入零部件的摩擦表面而加剧零部件的磨损,同时防止油路堵塞。航空发动机滑油供油、回油系统一般都装有滑油滤,但它们的过滤能力有所不同,主滑油滤由壳体、滤芯、旁通阀、单向阀、压差开关和油滤堵塞弹出式指示器组成(如图 4-13 所示)。滤芯主要用于过滤滑油,旁通阀处在油滤的进出口之间。油滤中聚集的杂质多了就会造成油滤堵塞,影响滑油正常流动。当油滤进、出口压差达到预定值时,旁通阀打开,允许未经过滤的滑油通过,以防止滑油系统缺油。压差开关和油滤堵塞弹出式指示器安装在油滤的进出口之间,用于监控油滤堵塞状态。油滤出现堵塞状态时,油滤进口、出口的压力差开始变化,压差达到一定值后,压差开关闭合,弹出式指示器(一般为红色)会自动跳出,以便地面维护人员检查时能及时发现。

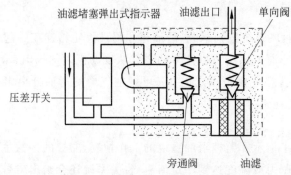

图 4-13 主滑油滤结构示意图

4)磁屑探测器

磁屑探测器安装在滑油回油路中,用来搜集滑油中的铁性颗粒,主要部件包括一根永磁铁和自封严壳体。壳体内有自封阀门,若拆下磁屑探测器,此阀门会自动关闭,阻止滑油泄漏。磁屑探测器一般都安装在维护人员容易接近的地方,维护人员通过定期检查磁堵上杂质的多少及杂质颗粒的大小来判断发动机内部磨损情况。在检查磁屑探测器时,最好把从磁屑探测器上发现的杂质保存起来,作为发动机内部磨损情况的历史记录,以便于判断发动机的健康状况和维护情况。

5)滑油散热器

滑油散热器的作用是冷却滑油,保证滑油温度在允许的工作范围之内。散热器安装在供油路上的滑油系统称为热油箱系统;散热器安装在回油路上的滑油系统称为冷油箱系统。根据冷却介质的不同,常用的滑油散热器可分为两类。

(1)燃油/滑油热交换器。燃油/滑油热交换器以燃油为冷却介质,在冷却滑油的同时还加热燃油,防止燃油结冰,所以这种散热器在现代大型涡轮轴发动机上被广泛采用。

(2)空气/滑油散热器。空气/滑油散热器以空气为冷却介质。它在结构上与燃油/滑油热交换器类似。滑油在管子内部流动,空气在管子外面流动。为了增加散热面积,管子上带有很多散热肋片。在一些小型涡轮轴发动机上,由于散热器比较小,可把空气/滑油散热器直接固定在发动机的外涵道里,让外涵气流直接吹过散热器,实现对滑油的冷却。采用这种布局时,一般在散热器上设有滑油旁通油路,当滑油不需要冷却时,旁通油路打开,让滑油旁通散热器。

6)油气分离器

由于通风管路中的气体为空气、滑油蒸汽和油滴的混合物,若直接排出发动机,会增加滑油消耗量,因此需要把通风管路连通到油气分离装置上,靠油气分离装置把其中的滑油分离出来。分离出来的滑油留在发动机内部,而空气被排出发动机。离心式油气分离器通常装在附件齿轮箱上,高速旋转,靠离心力来分离油和气。其转轴是空心的,且轴上开有多个通气口,装在轴上的转子是由多孔的硬质疏松材料制成的。转子上开有多条轴向通道,油气混合物在这些通道中流动时,由于离心力的作用,油被甩出,通过壳体上的孔回到附件齿轮箱,而空气则通过空心轴排到发动机机体外。

4.6 多旋翼无人机传动系统

传动系统是多旋翼无人机的重要组成部分,作用是满足旋翼动力要求和驱动旋翼正常旋转,把发动机与旋翼连接起来,并通过减速器将发动机输出的高转速降低到旋翼所需要的低转速,从而使发动机与旋翼之间在运动和动力方面得到合理的匹配。

4.6.1 多旋翼无人机传动系统的结构和部件

1. 传动系统的结构和工作原理

多旋翼无人机的发动机所提供的动力要经过传动系统才能到达旋翼,驱动旋翼旋转。传动系统的作用是将发动机的功率和转速按一定比例传递到旋翼。多旋翼无人机的性能在很大程度上取决于传动系统的性能,传动系统性能的好坏将直接影响多旋翼无人机的性能和可靠性。

多旋翼无人机传动系统的基本结构包括主减速器、中间减速器、传动轴、联轴节、离合器和旋翼刹车等。由于多旋翼无人机的发动机动力输出转速较高,而旋翼工作转速较低,在将发动机功率输入旋翼之前,需要把转速降低到符合旋翼所要求的转速数值,这个减速的工作任务由传动系统采用单级或多级减速的方法完成。

主减速器输入轴(主动轴)与发动机的输出轴相连,输出轴(从动轴)通过主传动轴与旋翼轴相连。对于装有多台发动机的情况,每一台发动机对应的主减速器上都要有一个输入轴,主减速器上输入轴的数量与发动机的数量相同;同样,每个旋翼对应的主减速器要有一个输出轴,即主减速器上输出轴的数量与旋翼的数量相同。主减速器把发动机的高转速(每分钟几千至上万转)降低为旋翼的低转速(每分钟几百或几千转)。主减速器的特点是传递的功率大和减速比大。在主减速器的输入轴处一般带有自由行程离合器(单向离合器)。此外在主减速器上还有带动滑油泵的输出轴(见图 4-14)。连接主减速器与旋翼的传动轴往往还带有各种联轴节,以补偿制造及安装误差,减小机体变形及环境影响。

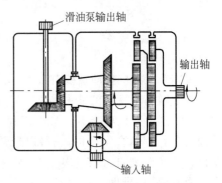

图 4-14 主减速器结构示意图

2. 传动系统的主要部件

1) 主减速器

主减速器是多旋翼无人机传动系统最重要的部件(见图 4-14),其主要功用是将发动机输出的高转速降低到符合旋翼所要求的低转速,驱动旋翼旋转。采用涡轮轴发动机的大型多旋翼无人机,主减速器的减速比可达50～70;采用活塞式发动机的轻型多旋翼无人机,主减速器的减速比可达5～7。传动系统中传动方向的改变一般借助于伞齿轮,而减速则大多采用质量较轻、尺寸较紧凑的游星齿轮系统。为了减轻质量,齿轮一般用优质合金钢制成,而减速器机匣则由铝合金或镁合金铸造而成。为了保证齿轮与轴承的润滑及散热,主减速器都带有强迫润滑系统。多旋翼无人机主减速器的数量有单台和多台两种。

(1)单台主减速器。多旋翼无人机上只安装一台主减速器,供所有(多个)旋翼共用。主减速器上输出轴的数量与旋翼的数量相同,每个旋翼与主减速器上的一个输出轴相对应,由传动轴及其联轴节连接在一起。如果多旋翼无人机上安装了两台或两台以上的发动机,则主减速器上对应每台发动机都有一个输入轴,与发动机功率输出轴连接在一起。

(2)多台主减速器。多旋翼无人机上安装的发动机数量与旋翼数量相同,每台发动机配备一个主减速器,驱动一个旋翼。这样,主减速器就只有一个输入轴和一个输出轴,输入轴一般是水平或倾斜向上的,输出轴(旋翼轴)则是垂直向上的。

2)中间减速器

中间减速器一般都是由一对伞齿轮构成的,作用是改变功率传输路径的方向,如图 4-15 所示,图 4-15(a)表示功率传输路径的方向发生 90°变化,图 4-15(b)表示功率传输路径的方向发生小于 90°的斜向变化。

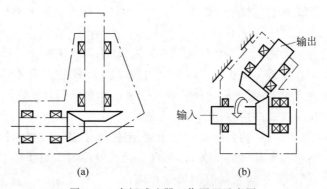

图 4-15　中间减速器工作原理示意图

3)离合器

多旋翼无人机传动系统有自由行程离合器和联结离合器两种。后者仅在采用活塞式发动机或定轴涡轮发动机时才需要安装,而前者则在任何情况下都是必需的。

(1)自由行程离合器。自由行程离合器实际上就是一个单向离合器或超越离合器。借助自由行程离合发动机,它可以带动旋翼旋转,但它不能反过来带动发动机。这样,发动机在停车时就自行与旋翼脱开,旋翼就可以自由地进行自转。当多旋翼无人机安装了多台发动机时,借助于自由行程离合器,任何一台发动机停车都不会影响其他发动机及旋翼系统的工作。为此在主减速器上每台发动机的输入轴处都必须带有一个单独的自由行程离合器。

自由行程离合器应用较普遍的有两种类型:滚柱式及撑块式。图 4-16 所示为滚柱式自由行程离合器的原理图,星形轮是主动部分,与发动机相连;外圈是从动部分,与旋翼相连。星形轮与外圈之间装有滚柱,发动机工作时带动星形轮顺时针方向旋转,滚柱在其与外圈之间的摩擦力作用下相对于星形轮逆时针方向运动,在外圈与星形轮之间的楔形间隙内越挤越紧,这样也就带动了外圈,从而带动旋翼。在发动机停车时外圈成为主动部分,星形轮成为从动部分。这时外圈带动滚柱顺时针方向运动,进入星形轮上的凹槽内,使外圈与星形轮之间断开联系。这样,旋翼就不会带动发动机转动。

撑块式自由行程离合器(见图 4-17)的外圈及内圈均为圆柱形表面,二者之间是带有曲线形表面的撑块,一般外圈为主动部分而内圈为从动部分。当外圈逆时针旋转时,带动撑块由图 4-17 所示位置向左倾斜,由于尺寸 a 大于尺寸 b,也大于内外圈之间的间隙,因此撑块在内外圈之间被挤紧,从而带动了内圈。在旋翼自转时内圈成为主动部分,撑块处于图 4-17 所示位置内,外圈也就脱离了联系。

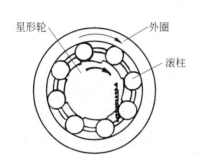

图 4-16　滚柱式自由行程离合器的原理图

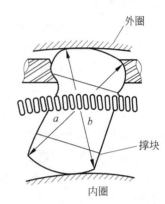

图 4-17　撑块式自由行程离合器的原理图

（2）联结离合器。联结离合器用在采用活塞式发动机或定轴涡轮发动机的多旋翼无人机上,其作用是使发动机在启动时与旋翼断开,等发动机正常工作后再与旋翼接通。这样做是因为旋翼的惯性很大,发动机要连同旋翼一起启动很困难,而且旋翼也可能会受到较大的过载。

对于自由涡轮发动机,其压气机及压气机涡轮与功率涡轮及旋翼之间没有机械联系,因此就不需要联结离合器了。在自由涡轮发动机启动时往往用旋翼刹车把旋翼及功率涡轮刹住,等到燃气发生器(压气机及压气机涡轮)部分启动完成并工作正常后再松开旋翼刹车,在燃气的作用下使功率涡轮连同旋翼缓慢加速。

4）旋翼刹车

旋翼刹车的功用是多旋翼无人机着陆时,发动机停车后,可以使旋翼较快地停止转动;多旋翼无人机在停机状态下,借助旋翼刹车可以避免由风或其他因素引起的旋翼旋转。旋翼刹车一般都是液压装置,在设计旋翼刹车时需要注意防止飞行时错误地进行刹车,为此可在刹车操纵机构上附加保险机构。

5）传动轴和联轴节

传动轴只承受及传递扭矩。旋翼轴外面有轴套支架,轴套上端通过轴承与桨毂相连,轴套支架底部固定在机体结构上,轴套支架承受旋翼的拉力、侧向力和桨毂力矩,旋翼轴只需承受扭矩。此外,对于固定在机体上的轴套支架来说,桨毂力矩及侧向力等也不构成交变载荷。

多旋翼无人机的旋翼通常都安装在从机体向外伸展的旋翼支臂上,对于非共轴式多旋翼无人机,有几个旋翼就有几个支臂。当传动轴的长度比较长时,传动轴中间要用若干联轴节作为支承架固定在旋翼支臂上。旋翼支臂受载时会产生弯曲变形,就要强迫支承在其上的传动轴一起弯曲。旋翼支臂的弯曲会引起传动轴的拉长或缩短,使传动轴承受附加的弯矩及轴向力。为了消除这些附加的载荷,在传动轴上就必须安装能实现角度补偿及长度补偿的联轴节。此外,考虑到主减速器、中间减速器及各轴承座之间的不同心度及旋翼支臂与传动轴的长度误差,这些补偿也是必要的。由于传动轴与旋翼支臂的结构材料不同,温度的变化会在传动轴中引起附加轴向力,这也必须由长度补偿来消除。

联轴节的主要功用是使传动轴实现角度及长度补偿,常用的类型有五种。

(1)膜盒式联轴节。膜盒式联轴节是借助于元件的弹性变形来实现补偿的,由一个或几个金属膜盒组合而成。它借助于刚度很低的膜盘的弹性变形,使联轴节可以允许一定的角位移。通常一个膜盒可以允许1°左右的角位移。膜盒式联轴节还带有定心球面轴承,除了起定心作用外,还用来限制膜盒产生轴向位移。

(2)迭片式联轴节。迭片式联轴节由不锈钢薄片组成弹性元件,也是借助于元件的弹性变形来实现补偿的。它的输入轴用两个或三个等距分布的螺栓与弹性迭片组连接,输出轴用同样的方式与弹性迭片组连接。输入、输出轴的连接点互相错开。螺栓连接处使用特殊形状的垫圈,以便使弹性片在螺栓处的挠曲不产生应力集中。这种联轴节特别适用于小角位移的传动系统,优点是质量轻,不需要润滑。

(3)球面套齿联轴节。球面套齿联轴节是一种利用元件间相对运动来实现角度补偿的联轴节。它的内套齿是直齿,外套齿不仅齿顶及齿根要加工成球面,而且齿侧也带鼓度。这种联轴节可以允许3°左右的角位移,同时也可以起长度补偿作用。由于在有角位移时套齿上有反复的相对滑动运动,因此这种联轴节必须有润滑及密封装置。

(4)万向接头联轴节。万向接头(十字接头)是汽车上常用的联轴节,也可以应用在多旋翼无人机传动轴上。这种联轴节可以允许15°以至更大角度的转折,但是结构复杂,精度要求高,必须有润滑和密封装置。此外,万向接头一个突出的特点是转折会引起角速度的周期变化。这样,从主减速器传递来的均匀角速度运动经过转折的万向接头后就变成角速度周期变化运动,引起旋翼桨叶角速度的脉动。为了防止这个情况的出现,万向接头一般都是成对地布置。但是,如果传动轴本身扭转刚度很低,则角速度周期变化可以与由此引起的传动轴的扭转振动相互抵消。因此可以用一个万向接头来代替中间减速器。

(5)套齿联轴节。套齿联轴节是专门用于传动轴长度补偿的联轴节,一般都采用由可滑动的直齿套齿构成的套齿联轴节。联轴节及轴承支座的布置有各种不同的处理方案,图4-18所示为两种典型的结构布置方案,图4-18(a)所示的方案是中间有一根连成整体的长轴支撑在几个轴承上,前后各通过一对角度补偿联轴节分别与主减速器及中间减速器相连接,如果角度补偿联轴节不能同时起长度补偿的作用,则必须带有至少一个长度补偿联轴节。这种方案的缺点是各轴承支座之间的同心度要求较高,轴承外面需要带橡皮外套之类的补偿元件,轴本身的弯曲刚度也不能太大。图4-18(b)所示的方案与前者的主要区别是每个轴承支座处都有一个角度补偿联轴节。这个方案对轴承支座的同心度要求较低,但联轴节数量显著增加。

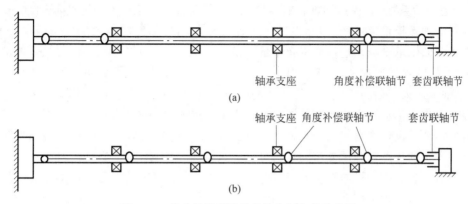

图 4-18　传动轴及联轴节结构布置方案示意图

4.6.2　多旋翼无人机传动系统的动力学和临界转速

1. 传动系统的动力学问题

多旋翼无人机传动系统的齿轮及大部分轴承的寿命取决于传动系统传递的功率。多旋翼无人机在巡航飞行状态下功率较小,悬停及最大飞行速度时功率较大,而在某些机动飞行状态下传递的功率最大。传动系统除了传递功率外,还要承受由旋翼传来的交变扭矩,特别是来自发动机和旋翼的激振力相互叠加耦合,使多旋翼无人机的传动系统承受的载荷十分复杂。

多旋翼无人机的旋翼轴一般用两个轴承固定,受力形式上相当于一个带悬臂段的双支点梁,在外伸段的端点上承受集中力矩及切力,引起弯矩。对于固定坐标系,集中力矩及切力方向是固定的,但对于旋转的旋翼轴却是一个每转变化一次的交变载荷。旋翼轴的疲劳强度主要取决于这个交变载荷。由于安装误差及机体变形会使传动轴承受弯矩,对于旋转的传动轴来说,这也是一个交变弯矩,会影响其疲劳寿命。

对多旋翼无人机传动系统除了要注意其疲劳强度外,还要解决一些有关它的动力学问题。在传动系统传动链中,各种不同转速的构件协同运转,发动机、旋翼系统与传动系统之间存在振动耦合。传动系统零部件数目较多,振动形态结构复杂,其中一个主要的动力学问题是扭转振动,整个传动系统可以看成一个盘杆系统,主要的惯性盘是旋翼、主减速器及发动机等,相互之间由轴系连接而构成一个多自由度的扭振系统。必须保证这个多自由度的扭振系统不发生扭转共振,即在工作转速范围内传动系统的各阶固有频率不应与旋翼及发动机发出的激振力频率重合。传动系统的另一个动力学问题就是机械振动中熟知的传动轴的临界转速问题,由于传动轴又细又长,转速又高,因此这个问题特别突出。

2. 传动系统临界转速计算

传动轴最大工作转速必须大于其临界转速,并留有一定余量。在轴管壁厚与直径相比较小的情况下,传动轴的临界转速 N_t 与轴的尺寸及材料性质的关系如下:

$$N_t = K \frac{r}{L^2} \sqrt{\frac{E}{\rho}} \tag{4-3}$$

式中，K 为经验系数；r 为传动轴管的半径；L 为传动轴的长度（两支座之间的自由长度）；E 为材料的弹性模量；ρ 为材料密度。为了保证传动轴的临界转速大于最大工作转速，必须布置较多的轴承支点。这从成本及重量上说都是不利的。从式(4-3)可以看出，传动轴的直径加大时，临界转速提高，或者说对于同样的临界转速要求，轴承支座数目可以少些。因此，传动轴采用大直径的薄壁铝管比较有利。铝和钢的比弹性模量 E/ρ 是差不多的。采用大直径管子作为传动轴需要注意的问题是防止由于壁太薄而在受扭时失稳。

有的传动轴设计方案采用了超临界轴，让传动轴工作转速处于一阶及二阶临界转速之间。这种方案的优点是轴承支座的数目可以大大减少。但是，为了避免在启动通过第一阶临界转速时产生激烈的横向振动，在传动轴上必须加装横向振动阻尼器。多加的阻尼器部分抵消了由于减少轴承座在重量及使用维护上带来的好处，是得不偿失的。

4.6.3 旋翼/动力/传动系统的动力学问题

1. 旋翼、动力、传动系统的扭转共振

多旋翼无人机的发动机通过由减速器及传动轴等组成的传动系统驱动多个旋翼，这些部分连接在一起形成一个机械扭振系统。

由旋翼、动力、传动组成的机械扭振系统，其扭转固有频率与激振力频率接近以至重合时，会发生扭转共振，在系统中会产生过大的交变载荷，甚至引起结构疲劳破坏。激振力是旋翼作用于桨毂中心的频率为 $N\Omega$ 的交变扭矩，从整体振型看，即旋翼上激起摆振集合型的振动载荷，形成扭振系统的激振力。

消除扭转共振的措施是改变模态固有频率，即扭转刚度和转动惯量。

2. 扭振系统的耦合动稳定性

燃油多旋翼无人机的机械扭振系统在扭振时，燃油调节系统的转速传感器会感受到所引起的转速脉动，使供油量也发生脉动，引起作用在发动机上的扭矩的脉动，进而对机械扭振系统又施加了激振。在一定的条件下，这个闭环系统会成为动不稳定系统，从而引发过大的交变载荷及多旋翼无人机的振动。防止耦合动不稳定性的措施：一是提供足够的减摆器阻尼；二是调整燃调系统的增益。

由于旋翼、动力、传动组成的机械扭振系统的扭转共振和耦合动不稳性都具有巨大的破坏性，因此在进行多旋翼无人机传动系统设计时，需要引起设计人员的特别重视。

本章小结

多旋翼无人机动力装置的功用是提供可靠的动力，以确保无人机能够稳定、可控、持续地在空中飞行。多旋翼无人机常用的发动机有电动机和燃油发动机两大类，其中无刷直流电机是多旋翼无人机使用最多的动力来源，由电动机主体和电子调速器（电调）两部分组成，是一种典型的机电一体化产品。空心杯电机属于直流、永磁、伺服微特电机，与普通电机的主要区别是采用无铁芯转子。空心杯电机具有突出的节能特性、灵敏方便的控制特性和稳定的运行特性，作为高效率的能量转换装置，代表了电动机的发展方向之一。因为电动型多旋翼无人机采用变速改变旋翼升力大小的方法，限制了旋翼直径，续航能力和载重能力都受到很大的限制，所以大中型多旋翼无人机都要采用燃油发动机作为动力装置。活塞式发动机是最早的航空发动机，也是多旋翼无人机目前使用最广泛的动力装置之一，其技术已经非常成熟。涡轮轴发动机是一种输出轴功率的涡轮喷气发动机，根据其功率输出轴的结构形式可分为定轴涡轮和自由涡轮两种，其中多旋翼无人机大多使用自由涡轮轴发动机。燃油是油动多旋翼无人机的能源，燃油系统则是油动多旋翼无人机能源的供应系统，包括燃油箱、输油管路、燃油增压泵、防火开关、放油开关和燃油控制系统等。滑油系统的主要任务是把一定压力、一定温度而又洁净的滑油送到需要润滑的地方，以保证航空发动机能正常工作。传动系统是多旋翼无人机的重要组成部分之一，其功用是以满足旋翼动力要求和驱动旋翼正常旋转为目标，把发动机与旋翼连接起来，并通过减速器将发动机输出的高转速降低到旋翼所需要的低转速，从而保证旋翼能够正常工作。由于旋翼、动力、传动组成的机械扭振系统的扭转共振和耦合动不稳定性都具有巨大的破坏性，因此在进行多旋翼无人机传动系统设计时，需要设计人员特别注意。

本章学习的重点是了解有关多旋翼无人机发动机的分类、功用、结构和工作原理等方面的知识。要了解和熟悉直流电动机的定义、类型和基本结构；熟悉和掌握无刷直流电机、有刷直流电机和空心杯电机的基本结构、工作原理以及它们各自的优缺点。了解和掌握航空活塞式发动机的分类、基本结构、工作原理和特性；熟悉和掌握涡轮轴发动机的分类、结构、工作原理和工作特性；能熟练地将涡轮轴发动机与活塞式发动机在性能方面加以比较，以及熟练地比较定轴涡轮发动机和自由涡轮发动机的优缺点。了解和熟悉燃油系统的定义、结构、工作原理和燃油控制的内容；熟悉和掌握航空发动机滑油的类型，滑油系统的功用、要求、总体结构和主要部件等内容。要熟练掌握有关传动系统的结构、工作原理、主要部件，传动系统的动力学问题和临界转速计算方法，以及有关旋翼、动力、传动组成的机械扭振系统的扭转共振和耦合动不稳定性等方面的知识。

习题

1. 多旋翼无人机常用的发动机有哪些类型？说明发动机的功用和要求。
2. 多旋翼无人机的动力装置主要包括哪些系统和组成部分？
3. 简述直流电动机的定义、类型和基本结构。
4. 什么是无刷直流电机？说明其基本结构、工作原理和优点。
5. 简述有刷直流电机的基本结构、工作原理及其优缺点。
6. 什么是空心杯电机？如何将空心杯电机应用到微型多旋翼无人机上？
7. 航空活塞式发动机是如何进行分类的？
8. 简述航空活塞式发动机的基本结构、工作系统、基本原理和工作特性。
9. 空气喷气式发动机的类型有哪些？涡轮轴发动机如何分类？
10. 简述涡轮轴发动机的基本结构、工作原理和工作特性。
11. 对比分析涡轮轴发动机与活塞式发动机的优缺点。
12. 比较定轴涡轮发动机和自由涡轮发动机之间的异同。

13. 简述燃油系统的定义、功用、结构、工作原理和燃油控制系统的内容。

14. 航空发动机滑油有哪些类型？说明滑油系统的功用和要求。

15. 简述航空发动机滑油系统的总体结构和主要部件的内容。

16. 简述传动系统的结构和工作原理。

17. 传动系统的主要部件有哪些？

18. 传动系统的动力学主要问题有哪些？如何计算传动系统的临界转速？

19. 什么是旋翼、动力、传动组成的机械扭振系统的扭转共振和耦合动不稳定性？

第5章

多旋翼无人机空气动力学

主要内容

(1) 旋翼飞行器空气动力学的基本概念。

(2) 旋翼的几何参数和工作原理。

(3) 旋翼动量理论的基础知识。

(4) 旋翼叶素理论的基础知识。

(5) 旋翼经典涡流理论的基础知识。

(6) 旋翼现代涡流理论的基础知识。

(7) 旋翼 CFD 理论的基础知识。

5.1 旋翼飞行器空气动力学的基本概念

多旋翼无人机,也称为多旋翼无人驾驶直升机,是旋翼飞行器家庭中的一员,其空气动力学属于旋翼飞行器空气动力学范畴。在各类飞行器、各类运动以及各种介质中,空气动力学或流体力学的普遍方程(连续方程、动量方程和能量方程)与基本解法是相通的。

5.1.1 空气动力学的基本概念

1. 空气动力学的定义

空气动力学来源于流体力学。流体力学是物理学的一个重要分支,它主要研究流体本身的静止状态和运动状态,以及流体和固体界壁间有相对运动时的相互作用和流动的规律。流体动力学研究的是流体运动时的运动规律和作用力的规律。

空气动力学主要研究物体和空气之间有相对运动时,即物体在空气中运动时,空气的运动规律及作用力所服从的规律,具体包括气体做相对运动情况下的受力特性、气体流动规律和伴随发生的物理、化学变化。传统意义上的空气动力学指的都是飞行器的空气动力学。

2. 空气动力学的研究方法和基本问题

(1) 空气动力学研究方法。空气动力学的研究分理论和实验两个方面。理论和实验研究两者彼此密切结合，相辅相成。理论研究所依据的一般原理有：运动学方面，遵循质量守恒定律；动力学方面，遵循牛顿第二定律；能量转换和传递方面，遵循能量守恒定律；热力学方面，遵循热力学第一定律和第二定律；介质属性方面，遵循相应的气体状态方程和黏性、导热性的变化规律等。

(2) 空气动力学研究的基本问题。在空气动力学研究工作中，一般关注以下基本的空气流动问题：

① 旋涡与分离流；

② 激波与边界层；

③ 非定常气动力与动态失速；

④ 湍流现象与描述。

5.1.2 旋翼飞行器空气动力学的定义、内容和工具

飞行器是指以某种方式连接在一起的变形体的任意组合所构成的任意一种飞行的物体。例如，步枪弹丸是最简单的一种飞行器，固定机翼飞机和旋翼飞行器则是较为复杂的飞行器。

1. 旋翼飞行器空气动力学的定义

旋翼飞行器空气动力学是研究旋翼飞行器(主要是它的旋翼)与周围空气有相对运动时所产生的空气动力的一门科学，它将空气动力学的普遍原理应用到旋翼飞行器这一个特定研究对象上。

旋翼飞行器(如多旋翼无人机)是飞行器大家庭中的一员，旋翼飞行器空气动力学隶属空气动力学的研究范围。旋翼飞行器最主要的部件是旋翼，它是旋翼飞行器上产生升力的主要部件，同时也可为旋翼飞行器提供推进力和操纵力。因而旋翼飞行器空气动力学就是阐明旋翼飞行器(主要是旋翼)与周围空气相互作用的空气动力现象，研究旋翼飞行器在不同飞行状态下的气动载荷，以及估算旋翼飞行器飞行性能和分析旋翼飞行器飞行品质的一门学科。

2. 旋翼飞行器空气动力学研究的内容

旋翼飞行器空气动力学研究的内容主要有以下几方面。

(1) 基本理论方面。阐明旋翼与周围空气相互作用的空气动力现象、流动现象、流场分布等，分析空气流动时旋翼桨叶的受力情况，以便对桨叶的几何外形进行改造，改善旋翼的气动特性，提高旋翼飞行器的性能，增进飞行品质。

(2) 性能计算方面。在理论和实验的基础上，分析主要构造参数对旋翼性能乃至飞行性能的影响，建立旋翼飞行器的空气动力计算方法，为旋翼飞行器设计所用。

(3) 飞行力学方面。性能计算，如速度、高度、航程和燃油消耗量的定量计算；飞行动力学正解技术以及飞行动力学逆解技术(即由给定的飞行轨迹求解所需的操纵规律等)。

(4) 飞行品质方面。研究整架旋翼飞行器的平衡问题及其对操纵动作及推力与功率变化的反应；分析旋翼飞行器在各种飞行状态下的稳定性及操纵性，包括对大气紊流的反应及如何控制的问题等。

3. 旋翼飞行器空气动力学的研究工具

旋翼飞行器空气动力学的研究工具主要有三类。

（1）解析工具。旋翼飞行器空气动力学所用的解析工具与流体力学的其他分支所用的解析工具基本相同，即应用数学方法，在一组规定的具体边界条件或初始条件下，去求解气体所遵循的微分方程。

（2）计算工具。采用现代高速电子计算机对旋翼飞行器空气动力环境进行数值模拟，把流动情况解算出来，并把作用在旋翼飞行器上的各种气动力都计算出来。

（3）实验工具。旋翼飞行器空气动力学的实验工具一般是专用的，包括适应大气飞行中大多数情况的风洞和激波管、探测设备和仪表，其中主要是为测力及压强、温度、加速度、角速度所用的电子设备和电子仪表等。

5.2 旋翼的几何参数和工作原理

旋翼飞行器是利用旋翼转动产生升力的飞行器，旋翼由数片桨叶及一个桨毂组成，旋翼的桨叶一边绕轴旋转，一边做直线运动，旋翼空气动力现象非常复杂。旋翼几何参数与旋翼飞行器的空气动力学特性有关，它直接影响到旋翼飞行器的飞行性能，包括飞行速度、航程、载重、升限以及稳定性、操控性等。

5.2.1 旋翼的功用和几何参数

1. 旋翼的功用

旋翼是旋翼飞行器的关键部件，它的主要功能如下：

（1）产生向上的力（习惯上叫拉力）以克服全机重量，类似于机翼的作用；

（2）产生向前的水平分力使旋翼飞行器前进，类似于推进器的作用；

（3）产生其他分力及力矩使多旋翼飞行器保持平衡或进行机动飞行。

2. 旋翼的直径 D 和半径 R

（1）直径（D）。旋翼旋转时，叶尖所画圆圈的直径叫做旋翼直径 D。

直径是影响旋翼性能的重要参数之一，一般情况下，旋翼直径增大，拉力增大，效率随之提高。所以在结构允许的情况下应尽量选择直径较大的旋翼。此外还要注意桨尖气流速度不应过大，否则会出现激波，导致效率降低。

（2）半径（R）。叶尖离桨毂中心的距离称为旋翼半径 R，$R=D/2$。任一桨叶剖面距离桨毂中心的半径则表示为 r，在桨叶上 $r=0.7R$ 处的剖面的空气动力特性很有代表性，叫作特征剖面，r 即为特征剖面半径。此外，旋翼旋转起来桨叶所掠过的面积为桨盘面积 πR^2（平方米），也叫扫掠面积（如图 5-1 所示）。

3. 旋翼桨叶宽度 b 和尖梢比 η_{ye}

桨叶剖面的弦长就是该半径处的桨叶宽度，用 b 表示。图 5-2 表示出 4 种平面形状的桨叶。对于矩形桨叶，宽度沿径向不变；对于梯形桨叶或其他桨叶，b 沿径向改变。常用桨叶尖梢比 η_{ye} 表征桨叶宽度的变化，其定义为叶根宽度与叶尖宽度之比，一般 $\eta_{ye}=1\sim3$。在实际情况中，由于叶根及叶尖部分形状特殊，一般按延伸办法来处理。

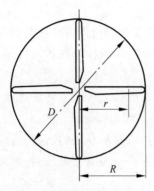

图 5-1 旋翼的直径和半径

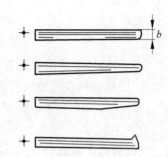

图 5-2 不同形状的旋翼桨叶平面图

4. 旋翼桨叶数目 k

桨叶数目(k)是一个旋翼具有的桨叶数量。桨叶数目在旋翼设计中也是一个非常重要的指标,它直接影响旋翼的气动特性和效率。一般旋翼的拉力系数和功率系数与它的桨叶数目成正比,随着旋翼吸收功率的增大,桨叶的数目也在增加,由早期的双叶桨,增加到四叶桨、六叶桨和八叶桨等。微型及轻小型旋翼飞行器的旋翼大多采用结构简单的双叶桨,只是在旋翼直径受到限制时才采用增加桨叶数目的方法使旋翼与发动机获得良好的配合。增加桨叶数目必须考虑下列两个方面的问题。

(1)增加桨叶数目 k 会降低旋翼的效率。这是因为当旋翼旋转时,对于包围桨叶的扰流,数目多的桨叶要比数目小的桨叶大。

(2)旋翼的质量要增加。一般每增加一片桨叶,旋翼的相对质量增大 $23\% \sim 25\%$。

5. 旋翼实度 σ

各片桨叶实占面积与整个桨盘面积之比叫作旋翼实度,以希腊字母 σ 表示。若 k 为桨叶片数,则

$$\sigma = \frac{k\int b\,dr}{\pi R^2} \approx \frac{kb_7}{\pi R} \tag{5-1}$$

对于矩形桨叶,有

$$\sigma = \frac{kb}{\pi R} \tag{5-2}$$

旋翼实度 σ 数值一般是 $0.04 \sim 0.11$。

6. 桨叶剖面安装角 φ 和桨叶扭度 $\Delta\varphi$

桨叶剖面的形状就是翼型。任意半径处桨叶剖面(翼型)的安装角指翼型弦线相对于构造旋转平面之倾角。这个角度在旋翼空气动力学中具有特别重要的意义。一般来说,φ 角是沿径向变化的。由于常用旋翼的桨叶剖面安装角多呈线性变化,因此引入桨叶"扭度"

$$\Delta\varphi = \varphi_1 - \varphi_0 \tag{5-3}$$

即叶尖安装角与叶根安装角之差,通常 $\Delta\varphi = -5° \sim -10°$。于是,任意半径处桨叶剖面的安装角

$$\varphi = \varphi_0 + \Delta\varphi \frac{r}{R} = \varphi_1 + \Delta\varphi\left(\frac{r}{R} - 1\right) \tag{5-4}$$

或

$$\varphi = \varphi_7 + \Delta\varphi\left(\frac{r}{R} - 0.7\right) \tag{5-5}$$

式中，φ_7 称为整片桨叶的安装角，或称为桨叶的桨距。虽然在构造上安装角沿径向的分布规律是固定的，但是整片桨叶仍可绕其本身轴在一定范围内转动，也就是说，各个剖面的安装角可以同时增加或减小某个角度。这时，无须分别说明不同剖面的安装角为多少，只要指出其中之一，其他剖面的安装角可以立即推得，因为它们之间的相对变化是固定的。通常取 $\bar{r} = 0.7$ 处特征剖面的安装角 φ_7 为基准。而且，为了区别桨叶剖面（翼型）安装角，φ_7 称为整片桨叶的安装角，或称为桨叶的桨距。桨距一词是从几何螺旋线的螺距这个概念借鉴过来的。桨距已经失去了原来的意义，现在这个术语用来作为桨叶的安装角的代词。每片桨叶的桨距在旋转一圈时也可能是周期变化的，对于整具旋翼来说，各片桨叶在不同方位处的桨距可能彼此不同。这样，又有总距一词，用来说明旋翼各片桨叶的平均桨距。

7. 旋翼转速 n 和角速度 Ω

旋翼转速一般以每分钟旋转的圈数为单位，而角速度以每秒转过的弧长为单位。两者的关系为

$$\Omega = \frac{\pi n}{30} \tag{5-6}$$

旋翼转速的提高将要受到叶尖速度的限制，以避免叶尖出现过大的空气压缩效应。目前旋翼的叶尖速度为 $\Omega R = 180 \sim 220\mathrm{m/s}$，大约相当于叶尖 Ma 数的 $0.55 \sim 0.6$ 倍。

5.2.2　旋翼参数的无因次化

旋翼参数无因次化的目的是便于把几何尺寸不同及工作条件不同的旋翼特性进行比较，或把旋翼模型的实验结果应用到实物上。无因次化的基础是相似理论。在处理旋翼问题时，以 R 作为长度的基准尺度，以 πR^2 作为面积的基准尺度，以 ΩR 作为速度的基准尺度。

（1）桨叶剖面所在的相对半径为

$$\bar{r} = r/R \tag{5-7}$$

（2）桨叶的相对宽度为

$$\bar{b} = b/R \tag{5-8}$$

（3）旋翼运动的无因次化速度为

$$\bar{V}_0 = V_0/\Omega R \tag{5-9}$$

（4）旋翼拉力系数 C_T、扭矩系数 m_k、功率系数 C_P 的无因次化分别为

$$C_T = T \bigg/ \frac{\rho}{2}\Omega^2 R^2 \cdot \pi R^2 \tag{5-10}$$

$$C_P = m_k = M_k \bigg/ \frac{\rho}{2}\Omega^2 R^2 \cdot \pi R^2 \cdot R = P \bigg/ \frac{\rho}{2}\Omega^2 R^2 \cdot \pi R^2 \cdot \Omega R \tag{5-11}$$

式中，ρ 为空气密度；T 为拉力；M_k 为旋翼反扭矩；P 为旋翼功率。

5.2.3 旋翼的工作原理

1. 旋翼的工作环境和桨叶运动

为了说明旋翼工作原理,考察一下旋翼的轴向直线运动,这相当于旋翼飞行器垂直飞行时旋翼的情况,可以把螺旋桨看成是一个一面旋转一面前进的机翼进行讨论。

设一旋翼,桨叶片数为 k,以恒定角速度 Ω 绕轴旋转,并以速度 V_0 沿旋转轴做直线运动。如果在想象中用一中心轴线与旋翼轴重合,而半径为 r 的圆柱面把桨叶截开,并将这圆柱面展开成平面,就得到桨叶剖面。既然这时桨叶包括旋转运动和直线运动,对于桨叶剖面来说,应有周向速度(等于 Ωr)和垂直于旋转平面的速度(等于 V_0),而合速度是两者的矢量和。用不同半径的圆柱面所截出来的各个桨叶剖面,它们的合速度大小不同,方向也不相同。如果再考虑到由于桨叶运动所激起的附加气流速度(诱导速度),那么桨叶各剖面与空气之间的相对速度情况更加不同。与机翼相比较,这就是桨叶的工作条件复杂,对它的分析比较困难的原因。

但从能量观点来看,旋翼不过是一具"能量转换器",有下列两种转换方式。

(1) 把发动机的能量转变成有效功,如旋翼飞行器的上升状态;

(2) 把发动机的能量转变成气流的动能,如旋翼飞行器的悬停状态。

假定螺旋桨的轴向速度为 V_0,其拉力为 T,而所消耗的功率为 P,那么,在第一种情况中,效率定义为 $\eta = TV_0/P$,对于正常情况来说,$0 < \eta < 1$。

注意:每个旋翼的工作效率是不一样的,需要逐个进行分析计算。

2. 旋翼和桨叶的相对气流

在旋翼飞行器前飞时,旋翼的远处来流方向与旋翼轴不平行,而是斜向吹来,旋翼处于斜流状态。现设定坐标系是旋翼构造轴系,坐标原点 O 在旋翼中心。竖轴 Y_s 沿旋翼的构造旋转轴向上为正。纵轴 X_s 指向前方,与速度 V_0 在构造旋转平面(S-S 平面)的投影重合。右旋旋翼的横轴 Z_s 按右手规则确定;左旋旋翼 Z_s 轴则按左手规则确定 Z_s 轴的方向,因而 Z_s 轴总是位于桨叶向前方旋转的半圆内。

设旋翼飞行器的飞行速度为 V_0,或者相对来说,速度为 V_0 的来流(未扰动气流)从一定方向吹向旋翼。按照与飞机机翼类似的方式,把来流 V_0 与旋翼的构造旋转平面(S-S 平面)之间的夹角 α_s 定义为旋翼构造迎角。把相对气流速度 V_0 分解为沿 X_s 轴与沿 Y_s 轴两个方向的分量,并将它们除以桨尖旋转速度 ΩR,便得到表征旋翼工作状态的两个重要的速度系数。

(1) 平行于构造旋转平面(S-S 平面)的速度系数 μ 称为前进比,且

$$\mu = \frac{V_0 \cos\alpha_s}{\Omega R} \tag{5-12}$$

(2) 垂直于构造旋转平面的速度系数 λ_0 称为轴向来流系数,或称为流入比,且

$$\lambda_0 = \frac{V_0 \sin\alpha_s}{\Omega R} \tag{5-13}$$

在悬停飞行时,由于 $V_0 = 0$,μ 及 β 皆为 0,此时 α_s 没有意义;在垂直下降状态,V_0 自下而上流向旋翼,α_s 及 λ_0 为正值;而垂直上升时,α_s 及 λ_0 为负值。在前飞状态,飞行速度越大,μ 值越大。迎角 α_s 随飞行状态也有变化。一般来说,只有在下降中 α_s 及 λ_0 才可能为正

值。在爬高及常用的平飞状态，旋翼处于负迎角下工作，即来流从斜上方吹向旋翼，λ_0 为负值。通常，平飞时旋翼迎角 $\alpha_s \approx -5° \sim -10°$，而普通固定翼飞机的机翼一般处于小的正迎角状态下。

前飞速度造成旋翼旋转平面上左右两边的相对气流速度不对称。在前行桨叶区域桨叶逆风旋转，相对气流速度当然比顺风旋转的后行桨叶要大些，相对方向也有不同。旋翼飞行器的前飞速度越大，旋翼旋转平面上相对气流的不对称程度也就越大。

3. 旋翼桨叶的挥舞运动

旋翼桨叶如果固接在旋转轴上，前飞时由于旋转平面上气流的不对称，必然引起左右两边的拉力不对称，前行桨叶拉力大，后行桨叶拉力小，因而形成侧倾力矩使旋翼飞行器倾转。前飞速度越大，侧倾力矩也越大，如无有效措施，旋翼飞行器将难以前飞。另外，由于桨叶像一根很长的悬臂梁，分布的空气动力载荷引起很大的根部弯矩，而且这种弯矩随着周向气流速度的周期变化而相应地改变。桨叶在大的交变弯矩作用下容易发生疲劳损坏。铰接式旋翼消除了上述障碍，桨叶根部通过挥舞铰与旋转轴相连，桨叶可以绕挥舞铰做上下挥舞运动。桨叶在挥舞运动中偏离 S-S 平面向上抬起的角度称为桨叶挥舞角 β。桨叶挥舞运动所在的平面称为挥舞平面，挥舞平面与 S-S 平面相垂直。

旋翼飞行器在稳定悬停状态时，桨叶的周向相对气流速度不随方位角变化。在旋转时各片桨叶应抬起相同的角度，该角度的大小取决于挥舞平面内桨叶拉力、重力和离心力三者对挥舞铰力矩的平衡。拉力使桨叶上扬，重力使桨叶下垂，而不论桨叶是处在上扬（$\beta > 0$）或下垂（$\beta < 0$）位置，离心力总是企图把它拉回到 S-S 平面上（$\beta = 0$）。由于重力远小于升力，因此它对挥舞角的影响通常忽略不计。

在垂直飞行状态，虽然桨叶因上扬脱离了 S-S 平面，桨尖面平行于 S-S 平面，这种均匀挥舞并不影响桨叶空气动力的对称性。旋翼飞行器前飞时旋翼处于斜流状态，桨叶的相对气流及空气动力沿方位角周期变化，致使桨叶在旋转中又有周期挥舞运动，可观察到此时旋翼锥体（或叶尖平面）大致向侧后方有些倾倒。无论如何，挥舞角 β 可以写为傅里叶级数形式：

$$\beta = a_0 - a_1\cos\psi - b_1\sin\psi - a_2\cos2\psi - b_2\sin2\psi \tag{5-14}$$

式中，a_0 是挥舞角 β 中不随方位角改变的常数部分，在悬停状态，$\beta = a_0$。

由于桨叶做周期挥舞运动，因此在挥舞平面内，除拉力、重力和离心力之外，还有挥舞惯性力。这些力对挥舞铰的力矩之和应为 0，经过简化处理，可推导得到桨叶挥舞运动的近似微分方程：

$$\frac{\mathrm{d}^2\beta}{\mathrm{d}\psi^2} + \beta = \frac{1}{\Omega^2 I_{ye}}M_T \tag{5-15}$$

4. 旋翼桨叶的摆振运动

旋翼桨叶做挥舞运动时，桨叶重心距旋转轴的距离不断变化，它对旋转轴的相对速度（沿径向）为

$$V_r = \frac{\mathrm{d}}{\mathrm{d}t}(r_G\cos\beta) = -r_G\frac{\mathrm{d}\beta}{\mathrm{d}t}\sin\beta \tag{5-16}$$

由理论力学可知，旋转着的质量对旋转轴有相对运动时会受到科氏力的作用。设桨叶质量为 G_{ye}/g，旋转角速度为 Ω，经简化推导得到一片桨叶科氏力的表达式为

$$F_{gs} = 2 \frac{G_{ye}}{g} r_G \Omega^2 \left(a_0 a_1 \sin\psi - a_0 b_1 \cos\psi - \frac{a_1^2 - b_1^2}{2} \sin 2\psi + a_1 b_1 \cos 2\psi \right) \qquad (5\text{-}17)$$

可见,挥舞运动引起的科氏力是周期交变力,而且一阶挥舞运动会引起二阶的科氏力。根据实际例子的计算,发现一片桨叶的科氏力的最大幅值竟高达桨叶自重的7倍以上,会在旋转平面内造成很大的交变弯矩,对桨叶结构的寿命非常不利。另外,桨叶在旋转平面内的空气动力阻力也造成根部弯矩,前飞时气动阻力同样随方位角变化,不过它所造成的弯矩交变部分比科氏力的交变弯矩小得多。

5.3 旋翼动量理论的基础知识

根据牛顿定律,旋翼拍击空气并将空气推向下方,空气加给旋翼的反作用力就是旋翼产生的拉力。动量理论以气流通过桨盘的动量和能量变化作为依据。把总的气流速度与总的旋翼拉力和功率联系起来,是流体力学中的基本守恒定律(质量守恒、动量守恒和能量守恒)在旋翼上的应用。

5.3.1 垂直飞行的动量理论

1. 旋翼动量理论的原理

旋翼动量理论将旋翼看成一个前进的桨叶片数无限多的桨盘,空气流连续地通过桨盘,在桨盘上产生的拉力分布是均匀的,即桨盘的气流速度在桨盘处各点为一常数。桨盘的前后存在压差,但桨盘前后的轴向速度是相等的(不考虑桨盘的厚度)。桨盘上无扭矩,通过桨盘的气流无旋转。此外,为了求解方便,进一步假定气体为理想不可压缩流体。在动量理论中,气流连续通过桨盘的流动情况如图5-3所示。

旋翼动量理论的基本原理是依据动量守恒定律,建立旋翼拉力与流过旋翼桨盘的质量流量和远处尾迹中的诱导速度的关系。实质上,旋翼动量理论是牛顿定律在旋翼上的应用。把旋翼简单地看作作用盘,它拍击空气并将空气推向下方,而空气加给旋翼的反

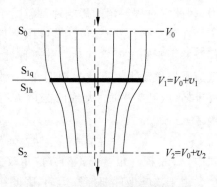

图 5-3 气流连续通过桨盘的流动情况

作用力就是旋翼产生的拉力。根据牛顿第二定律,该力正比于通过旋翼的空气质量流量和空气加速度的乘积。为了计算空气的流量和速度变化,要用到关于流体运动的质量守恒定律、动量定理和能量守恒定律。能量守恒定律把远处尾迹中的诱导速度与旋翼桨盘处的诱导速度联系起来,质量守恒定律则给出了流过旋翼桨盘的质量流量,三者相结合便能得出旋翼桨盘处的诱导速度与旋翼拉力和功率的关系。

2. 垂直上升状态

旋翼飞行器的垂直飞行含有相对于旋翼的轴流状态,这就意味着旋翼具有轴对称性,它表明流过旋翼的气流速度和桨叶上的载荷都与旋翼桨叶的方位角无关。因而,这种轴对称性大大简化了旋翼空气动力学。考虑旋翼飞行器垂直上升状态下的均匀载荷旋翼作用盘模型,如图5-3所示。旋翼作用盘位于中间截面,模型的边界截面位于上下两端。在上游远处

截面(S_0),气流速度 V_0 就是旋翼飞行器垂直上升的速度;在桨盘处的中间截面(S_1)和下游远处截面(S_2),气流速度分别增加至 V_1 和 V_2,图 5-3 中的 v_1 和 v_2 为当地气流诱导速度。诱导速度指由于某种作用在均匀流场内或静止空气中所引起的速度增量(包括大小和方向的改变)。由于旋翼的轴对称性,作用盘模型整个侧面上压强的水平横向分量自相平衡,而轴向分量构成的总压力与边界截面所承受的总压力互相平衡。此外,由于假设气流无黏性,因此边界截面上无切向力,仅受法向力。

1) 旋翼升力系数 C_T 和功率系数 C_P 的计算

根据动量定理,旋翼作用盘模型内流体动量的变化率在大小和方向上等于旋翼作用在该流体上的外力。根据旋翼气流应用定常条件下的能量守恒定律,因为气流上顶面(S_0)与下底面(S_2)压力所做的功互相抵消,而侧壁压强与流速垂直,功为零。所以,气流的动能变化所需的能量完全来自旋翼。旋翼所消耗的功率 P 可由气流的动能变化率确定:

$$P = \dot{m}\left(\frac{1}{2}V_2^2 - \frac{1}{2}V_0^2\right) \tag{5-18}$$

式中,$\dot{m}$ 为单位时间内流过任意截面的空气质量,称为空气质量流量。旋翼付出的功率 P 应为

$$P = TV_1 = TV_0 + Tv_1 \tag{5-19}$$

旋翼功率等于旋翼拉力与桨盘处的气流速度 V_1 的乘积。在动量理论中,这个功率还可以分成两部分:一是拉力与运动速度 V_0 的乘积,称为"有效功率";二是拉力与桨盘处诱导速度 v_1 的乘积,称为"诱导功率",纯为损失。以 $\rho\pi R^2 (\Omega R)^2$ 对 T、P 无量纲化,进一步得到旋翼拉力系数 C_T 的表达式和功率系数 C_P 的表达式:

$$C_T = 2(\bar{V}_0 + \bar{v}_1)\bar{v}_1 \tag{5-20}$$

$$C_P = 2(\bar{V}_0 + \bar{v}_1)^2\bar{v}_1 \tag{5-21}$$

2) 旋翼效率 η 计算

按照定义,效率是有效功率与全部消耗功率之比。如果把效率公式都写成无因次公式,有

$$\eta = \frac{C_T \bar{V}_0}{C_P} = \frac{\bar{V}_0}{\bar{V}_1} \tag{5-22}$$

3. 垂直下降状态

旋翼动量理论分析的关键是要采用合适的旋翼作用盘模型。当旋翼飞行器垂直下降飞行时,来流速度朝上,气流速度递减。这是气流向下动量的一个有效增量,也是气流向上运动时产生向上拉力的原因。远处下游尾迹在旋翼的上方,旋翼诱导速度与相对气流方向相反,两股反向气流相遇形成紊乱的旋涡。此时如图 5-3 所示的旋翼作用盘模型不再适用。

1) 涡环状态

如图 5-4 所示,当旋翼飞行器低速下降时,靠近桨盘的逆行环流和它上方的非定常紊流开始出现。

此时,由于空气流动状态的改变是平缓的,旋翼附近并没有急剧的流动变化,故动量理论结果在进入涡环状态的某个范围内仍然适用。但是,当下降速度

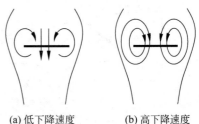

(a) 低下降速度   (b) 高下降速度

图 5-4 涡环状态的旋翼气流示意图

超过大约 $V_0 = v_h/2$ 时,靠近桨盘处的气流也变得极不稳定和湍动。向上的自由流使桨尖涡螺旋线堆积在桨盘的下方,形成涡环。旋翼旋转一周,涡环累积着强度,直到这种流动突然崩溃,涡环破裂并离开桨盘平面为止。整个流场是非定常的,涡环周期性地逸散并且升入旋翼上方的气流中。这种状态下的旋翼承受着高水平的振动,易失去控制,且此时的需用功率对垂直速度非常不敏感。在此状态下旋翼动量理论失效。

2) 紊流状态

旋翼处于垂直下降状态,当功率为负时,出现紊流状态,如图 5-5(b)所示。在这种状态下,气流仍然会有高水平的紊流,但是,因为桨盘处的速度向上,所以穿过旋翼的环流少了很多。旋翼承受着由于紊流造成的某些颠簸,但一点也不像涡环状态那样剧烈振动。平衡的自转通常出现于紊流状态,旋翼飞行器发动机停车时的下降会处于这种状态。此时,旋翼功率为零,虽然理论上(名义上)不存在穿过桨盘的气流,$|V_0| - v_1 = 0$(见图 5-5(a)中的理想自转)。但实际上有大量的环流和紊流。这种气流情况类似于圆盘的气流情况(没有穿过该圆盘的气流,在它上方有紊流尾迹)。据此可估算旋翼飞行器的垂直下降率。

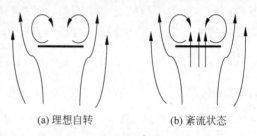

(a) 理想自转　　　　(b) 紊流状态

图 5-5　紊流状态的旋翼气流示意图

把该平衡自转时的旋翼假设为一个不透气的圆形平板,其拉力就是它的迎风阻力,因此拉力系数 C_T 可写为

$$C_T = \frac{1}{2} C_D \mid \bar{V}_0 \mid^2 \tag{5-23}$$

式中,C_D 为阻力系数。对于理想情况下平衡的自转,旋翼拉力系数与悬停情况一致,$C_T = 2\bar{v}_h^2$。

5.3.2　前飞时的动量理论

当旋翼飞行器以一定水平分速向前飞行时,旋翼桨盘为了给旋翼飞行器提供推进力而向前倾斜,此时,整个旋翼处于一段斜吹的气流中。在运用旋翼动量理论分析时,可以把该段气流看作一股理想流体斜向流过桨盘来处理。为简化处理,宏观上认为流过旋翼的这段流体具有轴对称性,气流速度和桨叶上的载荷均与旋翼的方位角无关。

1. 平飞状态

旋翼飞行器平飞状态下的均匀载荷旋翼作用盘模型如图 5-6 所示。旋翼作用盘位于 S_1 截面,模型的边界截面位于上游远处 S_0 截面和下游远处 S_2 截面。在 S_0 截面,气流速度 V_0 在大小上等于旋翼飞行器定直平飞的速度,与平飞速度方向相反;在 S_1 截面和 S_2 截面,气流速度分别增加至 V_1 和 V_2,图 5-6 中的 v_1 和 v_2 为当地气流诱导速度;α_1 和 α_2 分别为来流速度 V_0 在 S_1 截面和 S_2 截面的夹角,其中 α_1 就是旋翼桨盘迎角(此种流动情况下定义为正)。与垂直上升状态的作用盘模型分析情况

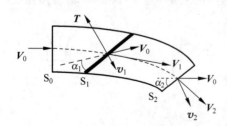

图 5-6　平飞状态下的均匀载荷
旋翼作用盘模型

基本一致,由于流过旋翼的气流的轴对称性,作用盘模型整个侧面上压强的法向分量自相平衡,而轴向分量构成的总压力与边界截面所承受的总压力互相平衡。此外边界截面同样无切向力,仅受法向力。

根据动量定理,旋翼拉力为

$$T = -\dot{m}(\boldsymbol{V}_2 - \boldsymbol{V}_0) = -\dot{m}\boldsymbol{v}_2 \tag{5-24}$$

根据质量守恒定律依然可以确定流过作用盘模型任意截面的流体质量流量 $\dot{m}$ 为常数。气流穿过旋翼作用盘模型时,总是垂直穿过以旋翼直径为直径的一个圆。这样,流过模型的质量流量可以写为

$$\dot{m} = \rho \pi R^2 V_1 \tag{5-25}$$

式中,ρ 为空气密度。根据能量守恒定律,得到旋翼拉力系数和功率系数表达式:

$$C_T = 2\bar{V}_1 \bar{v}_1 \tag{5-26}$$

$$C_P = 2(\bar{V}_0 \sin\alpha_1 + \bar{v}_1)\bar{V}_1 \bar{v}_1 \tag{5-27}$$

2. 爬升和下滑状态

旋翼飞行器爬升状态下的均匀载荷旋翼作用盘模型与上升状态下的模型基本一致,此时旋翼桨盘的来流速度 $\boldsymbol{V}_0$ 与惯性水平面构成一个夹角 α_0。实际上这个夹角 α_0 就是旋翼飞行器的爬升角。此种状态下的动量理论分析方法与平飞状态无异,平飞状态中推导的一系列结论对于爬升状态而言都是适用的。值得注意的是,平飞状态的爬升率与诱导功率无关,仅仅取决于旋翼飞行器的剩余功率。

旋翼飞行器沿向下倾斜的轨迹所做的飞行,叫作下滑。从基于垂直下降状态的分析结果不难看出,旋翼飞行器的下滑状态随下滑率的增大而可能由正常工作状态转至涡环状态、紊流状态。与垂直飞行状态不同的是,在下滑状态中,旋翼飞行器带有一定的前飞速度。从理论上来说,用动量理论分析下滑状态时,其分析方法与垂直状态基本一致。

5.4　旋翼叶素理论的基础知识

由动量理论确定的理想效率仅考虑了旋翼的轴向效应,而未考虑旋翼的旋转效应,因此并不完全符合旋翼的实际气流特征。为了能够合理模拟桨叶绕流,叶素理论将桨叶分为有限个微小段(称为叶素),然后计算每一个叶素上的气动力,最后沿径向求和得到桨叶上的总气动力。

5.4.1　垂直飞行的叶素理论

1. 旋翼拉力和功率的一般表达式

旋翼飞行器垂直飞行时旋翼叶素理论下的桨叶剖面如图 5-7 所示,选取坐标系 $Oxyz$ 为旋翼叶素坐标系。叶素平面垂直于桨叶变距轴线,坐标原点 O 位于叶素平面与桨叶变距轴线的交点处。z 轴与变距轴线重合,指向叶尖;x 轴平行于构造旋转平面,指向叶素的旋转方向;y 轴指向上方。α^* 为桨叶剖面的气动迎角,β^* 为桨叶剖面的来流角,φ 为桨叶剖面安装角,W 为桨叶剖面的相对气流合速度。

从图 5-7 可知:流向桨叶翼型的相对气流合速度为 W,因此,作用在翼型上的空气动力

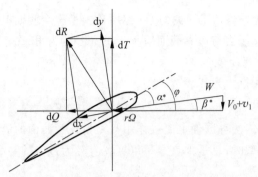

图 5-7　垂直飞行时旋翼桨叶剖面坐标示意图

包括升力和阻力,分别为

$$dy = \frac{1}{2}C_y\rho W^2 b\, dr \tag{5-28}$$

$$dx = \frac{1}{2}C_x\rho W^2 b\, dr \tag{5-29}$$

式中,C_y 为翼型升力系数;C_x 为型阻系数。翼型升力 dy 与 W 相垂直,指向上。型阻 dx 沿 W 方向,指向后。dy 和 dx 的合力以 dR 表示(如图 5-7 所示)。

气动合力 dR 沿旋翼旋转轴的分力称翼型拉力;dR 在构造旋转平面的分力 dQ 为翼型旋转阻力,逆于旋转方向为正。注意到翼型升力 dy 和拉力 dT 之间的夹角为来流角 β^*,翼型旋转阻力 dQ 乘以半径 r 即为翼型扭矩 dM,乘以 $r\Omega$ 即为翼型所消耗的功率 dP。总和各个翼型的拉力和功率,就是整片桨叶的拉力和功率。κ 为旋翼桨叶的叶端损失系数,旋翼的 k 片桨叶加起来便得到整个旋翼的拉力和功率。写成无因次形式为

$$C_T = \kappa\, \frac{k}{\pi}\int_0^1 C_y\bar{r}^2\bar{b}\, d\bar{r} \tag{5-30}$$

$$m_k = \frac{k}{\pi}\int_0^1 C_x\bar{r}^3\bar{b}\, d\bar{r} + \frac{k}{\pi}\int_{\bar{r}_0}^{\bar{r}_1} C_y\bar{r}^3\beta^*\bar{b}\, d\bar{r} \tag{5-31}$$

对于升力来说,要考虑桨叶的叶端损失。另外,一般来说,旋翼桨叶 β^* 角度小于 $10°$,故推导计算公式时可近似认为 $\cos\beta^* = 1,\sin\beta^* = \beta^*$,从而得出拉力系数和功率系数分别为

$$C_T = \frac{T}{\frac{1}{2}\rho\pi R^2(\Omega R)^2} \tag{5-32}$$

$$m_k = \frac{75N}{\frac{1}{2}\rho\pi R^2(\Omega R)^3} \tag{5-33}$$

式中,N 为功率,单位是马力。

2.矩形桨叶旋翼的拉力和功率

1)矩形桨叶的拉力系数

在旋翼飞行器的旋翼中,矩形桨叶是用得最多的。对于矩形桨叶,$b =$ 常数,K_T 是拉力修正系数,表示拉力沿桨叶分布的不均匀程度。对于线性扭转的常用矩形桨叶,$K_T \approx 0.96$。由此得出矩形桨叶旋翼拉力公式为

$$\frac{C_{\mathrm{T}}}{\sigma} = \frac{k}{3} K_{\mathrm{T}} C_{y7} \tag{5-34}$$

式中，C_{y7} 是桨叶特征剖面的升力系数；k 为桨叶片数；C_{T}/σ 表示单位桨叶面积的拉力系数，在旋翼设计的参数选择中要用到。一般来说，旋翼拉力系数值为 0.01～0.02。

2）矩形桨叶型阻功率系数

在矩形桨叶的情况下，假设以桨叶特征剖面的型阻系数 C_{x7} 表征各个桨叶的剖面型阻系数，同时用一修正系数 K_{P} 来考虑型阻分布不均匀对旋翼型阻功率带来的影响，因此

$$m_{K_{\mathrm{x}}} = \sigma \int_0^1 C_{\mathrm{x}} \bar{r}^3 \, \mathrm{d}\bar{r} = \sigma \int_0^1 K_{\mathrm{P}} C_{x7} \bar{r}^3 \, \mathrm{d}\bar{r} = \frac{1}{4} K_{\mathrm{P}} \sigma C_{x7} \tag{5-35}$$

式中，K_{P} 称为型阻功率修正系数，其值与桨叶几何形状有关。对于常用的矩形桨叶，$K_{\mathrm{P}} \approx 1$。梯形桨叶的 K_{P} 值比矩形桨叶的小。表 5-1 列出了 K_{P} 与桨叶根梢比 η_{ye} 的近似关系。

表 5-1 K_{P} 与桨叶根梢比 η_{ye} 的近似关系

η_{ye}	1	2	3	4
K_{P}	1.0	0.94	0.91	0.88

3）有效功率系数

$$m_{K_{yx}} = \int_{\bar{r}_0}^{\bar{r}_1} C_y \bar{r}^2 \bar{V}_0 \, \mathrm{d}\bar{r} = C_{\mathrm{T}} \bar{V}_0 \tag{5-36}$$

4）诱导功率系数

先假设诱导速度沿桨盘均匀分布为常数，C_y 用特征剖面的 C_{y7} 代替。为了考虑实际上的诱导速度非均匀分布的影响，引入一个诱导功率修正系数 J，其量值由下面章节确定。

$$m_{K_{\mathrm{i}}} = \sigma \int_{\bar{r}_0}^{\bar{r}_1} C_y \bar{r}^2 \bar{v}^* \, \mathrm{d}\bar{r} = J C_{\mathrm{T}} \bar{v}_1 \tag{5-37}$$

总结起来，矩形桨叶的旋翼需用功率为

$$m_K = \frac{1}{4} K_{\mathrm{P}} \sigma C_{x7} + C_{\mathrm{T}} \bar{V}_0 + J C_{\mathrm{T}} \bar{v}_1 \tag{5-38}$$

对于悬停状态，此时没有有效功率，因而

$$m_K = \frac{1}{4} K_{\mathrm{P}} \sigma C_{x7} + J C_{\mathrm{T}} \bar{v}_{10} \tag{5-39}$$

比较以上两式，似乎垂直爬升状态的需用功率总是大于悬停状态，差值即有效功率。但实际并非如此，一方面，爬升时通过旋翼的空气流量比悬停时大，因而诱导速度减小，即 $v_1 < v_{10}$；另一方面，V_0 增大了滑流速度，使各片桨叶的尾迹和尾桨的尾迹较快地远离桨盘平面，从而减小了桨叶之间的干扰，缓和了桨盘平面上速度分布的不均匀性。上述原因导致诱导功率减小。

3. 儒氏旋翼

儒可夫斯基曾经证明当诱导速度沿桨盘均匀分布时，诱导功率最小。若要保持诱导速度沿桨叶半径不变（称为儒氏条件），需使桨叶速度环量沿半径不变，即

$$C_y \bar{b} \bar{r} = C_{y7} \bar{b}_7 (0.7) = 常数 \tag{5-40}$$

实际上,此数为两倍翼型环量。由此,拉力系数可以积分出来。

$$C_{\mathrm{T}} = k\sigma C_{y7}\frac{0.7}{2} \tag{5-41}$$

式中 σ 是以相对半径为 0.7 处桨叶特征剖面的相对宽度代入的。在矩形桨叶条件下,则

$$\varphi = \alpha^* + \beta^* = \frac{0.7C_{y7}}{\alpha_\infty \bar{r}} + \frac{\bar{V}_0 + \bar{v}_1}{\bar{r}} \tag{5-42}$$

式中,φ、α^*、β^* 分别为矩形桨叶儒氏旋翼的安装角、来流角、迎角。

在使用矩形桨叶的情况下,儒氏旋翼的桨叶安装角 φ 与半径 r 成反比。φ 在叶根处大,桨尖处小,负扭转是很急剧的。飞行状态不同,儒氏旋翼桨叶的扭转规律也不相同。虽然从气动上说,对某一设计状态而言,儒氏旋翼是性能最好的旋翼,即拉力一定时,所需功率最小,或功率一定时拉力最大。不过,由于儒氏桨叶的几何扭转过于急剧,会造成工艺制造上的不便,以及桨叶的刚度降低,容易发生弯曲和扭转变形。所以,通常不采用桨叶最佳扭转,而采用简单线性规律扭转。

5.4.2 前飞时的叶素理论

1. 前飞时旋翼桨叶叶素的工作环境

旋翼飞行器在前飞时,旋翼一方面要提供升力以平衡全机的重量,另一方面要提供向前的推进力以平衡旋翼和机身的气动阻力。前飞时旋翼桨叶的叶素理论旨在建立桨叶几何参数同它的空气动力之间的关系,与垂直飞行状态不同,旋翼诱导速度不是假定为均匀分布,而是采用由涡流理论给出的傅氏级数形式表达式,它比均匀分布假定更真实地反映了诱导速度沿半径及方位角的变化。对于旋翼气动性能分析,诱导速度取到一阶谐波已够精确,即

$$v_1 = v_0(r) + v_{1c}(r)\cos\psi + v_{1s}(r)\sin\psi \tag{5-43}$$

前飞时旋翼桨叶的叶素理论同垂直飞行时的叶素理论一样,首先分析桨叶剖面的相对流动,进而确定叶素上的基元力,然后通过积分得出桨叶及旋翼的空气动力。为了分析桨叶剖面的相对气流、迎角变化和它的工作特性,假定桨叶为中心铰式,而且不考虑摆振运动。取径向位置为 r 的一个剖面,各速度皆是已化为无因次的相对量(除以 ΩR),由图 5-7 可写出速度沿剖面坐标系各轴的分量为

$$\overline{W}_{\mathrm{x}} = \bar{r} + \mu\sin\psi \tag{5-44}$$

$$\overline{W}_{\mathrm{z}} = \mu\cos\psi - (\bar{v}_1 - \lambda_0)\beta \tag{5-45}$$

$$\overline{W}_{\mathrm{y}} = \left(\bar{v}_0 - \lambda_0 - \frac{1}{2}\mu a_1\right)\cos2\psi + \left(-\frac{1}{2}\mu b_1\right)\sin2\psi \tag{5-46}$$

式中,μ 为旋翼前进比;λ_0 为旋翼流入比;β 为桨叶挥舞角;ψ 为桨叶方位角。

考虑到桨叶几何扭转带来的安装角 φ 的变化和诱导速度 v_1 的不均匀分布,桨叶在旋转一周过程中剖面迎角的变化是相当复杂的。即使同一剖面,在不同方位角处的迎角也不同,亦即在旋转中剖面迎角发生周期变化,变化幅度在 10° 以上。

桨盘平面上的剖面迎角分布很不均匀,后行桨叶一侧迎角大,容易发生气流分离。桨叶挥舞是造成迎角变化大的主要原因。迎角与速度相匹配,消除了倾翻力矩。不仅迎角,剖面的相对气流速度也是周期变化的。用速度对声速的比值马赫数 Ma 表示,前行桨叶 Ma 值大,后行桨叶 Ma 值小。随着 μ 值的增加,剖面迎角和 Ma 值的变化幅度都会

增大。

2. 前飞时旋翼桨叶叶素的空气动力

取桨叶上径向位置为 r，宽度为 $\mathrm{d}r$ 的叶素，叶素的空气动力在旋翼的构造轴系中的投影，构成了旋翼的基元力。旋翼空气动力在桨毂中心分解为：基元拉力 $\mathrm{d}T_\mathrm{s}$ 沿旋翼轴向上；基元后向力 $\mathrm{d}H_\mathrm{s}$ 垂直于旋翼轴顺风向后；基元侧向力 $\mathrm{d}S_\mathrm{s}$ 指向方位角 $90°$ 方向；基元反扭矩 $\mathrm{d}M_\mathrm{k}$ 与旋转方向相反。

$$\mathrm{d}T_\mathrm{s} = \mathrm{d}T\cos\beta \tag{5-47}$$

$$\mathrm{d}H_\mathrm{s} = \mathrm{d}Q\sin\psi - \mathrm{d}T\sin\beta\cos\psi \tag{5-48}$$

$$\mathrm{d}S_\mathrm{s} = -\mathrm{d}Q\cos\psi - \mathrm{d}T\sin\beta\sin\psi \tag{5-49}$$

$$\mathrm{d}M_\mathrm{k} = \mathrm{d}Qr\cos\beta \tag{5-50}$$

将基元拉力沿桨叶积分，并取其对方位角的平均值，再乘以桨叶片数即得到整个旋翼产生的拉力。考虑旋翼桨叶叶端损失系数 $\kappa \approx 0.91 \sim 0.94$，桨盘载荷较大者取较小值。求解无因次的拉力系数时，利用定积分公式对 ψ 积分后得到

$$C_\mathrm{T} = \kappa\frac{k}{\pi}a_\infty\int_0^1\left\{\left[\varphi_7\right]\left(\bar{r}^2 + \frac{1}{2}\mu^2\right) - (\bar{v}_0 - \lambda_0)\bar{r} - \frac{1}{2}\bar{v}_{1\mathrm{s}}\mu + \theta_2\mu\bar{r}\right\}\bar{b}\,\mathrm{d}\bar{r} \tag{5-51}$$

可以看出，挥舞运动对于拉力系数没有影响。旋翼飞行器旋翼无周期变距，对于矩形桨叶，桨叶宽度为常数，或者对于有尖削的桨叶近似地取 $\bar{b} = \bar{b}_7$，又假定诱导速度直线分布，即自前向后直线增大，线性扭转 $\Delta\varphi$ 对拉力系数影响很小，则拉力系数公式简化为

$$C_\mathrm{T} = \frac{1}{3}\kappa\sigma a_\infty\left[(\varphi_7 - Ka_0)\left(1 + \frac{3}{2}\mu^2\right) + \frac{3}{2}\lambda_1\right] \tag{5-52}$$

通常 C_T 已预先确定，需要计算 φ_7，由式(5-52)得到

$$\varphi_7 = \left[\left(\frac{3C_\mathrm{T}}{\kappa\sigma a_\infty} - \frac{3}{2}\lambda_1\right)\bigg/\left(1 + \frac{3}{2}\mu^2\right)\right] + Ka_0 \tag{5-53}$$

用同样的方法，可得到后向力 C_H、侧向力 C_S，在此不再赘述。

旋翼的扭矩公式虽然可以像推导拉力公式那样经过二重积分来导出，但是在有了拉力、纵向力和侧向力的表达式之后，能够用比较简洁的推导过程得到。基元功率系数为

$$\mathrm{d}m_\mathrm{k} = \bar{W}\mathrm{d}\bar{X} + \bar{v}_1\mathrm{d}C_\mathrm{T} + (-\lambda_0)\mathrm{d}C_\mathrm{T} + \bar{V}_\beta\mathrm{d}C_\mathrm{T} - \mu\mathrm{d}C_\mathrm{H} \tag{5-54}$$

经推导和简化，最后旋翼的功率系数（扭矩系数）为

$$m_\mathrm{k} = \frac{1}{4}\sigma C_{x7}K_{\mathrm{P}0}(1 + 5\mu^2) + C_\mathrm{T}\bar{v}_{\mathrm{dx}}J_0(1 + 3\mu^2) + C_\mathrm{T}(-\lambda_0) - C_{\mathrm{H}\mu} \tag{5-55}$$

5.5 旋翼经典涡流理论的基础知识

由于动量理论是根据整个气流的运动特性描述旋翼桨盘的作用，无法涉及旋翼的几何形状；叶素理论虽然从桨叶剖面的受力情况分析问题，建立了旋翼几何特性、运动特性与其空气动力的关系，可用于旋翼设计，但不能确定各叶素处的诱导速度；旋翼涡流理论则可以求得旋翼周围任意点处的诱导速度，从而能够确定在叶素上的诸力，最后算出旋翼的拉力和功率。

5.5.1 垂直飞行的经典涡流理论

1. 旋翼涡流理论的基本假设

从理论空气动力学的观点来看，旋翼对周围空气的作用，就相当于某一涡系在起作用。

旋翼的每片桨叶可用一条附着涡及很多由桨叶后缘逸出的，顺流而延伸到无限远的涡来代替，作以下基本假设：

（1）空气是无黏性、不可压缩的气体；

（2）气流是定常的（相当于无限多片桨叶）；

（3）桨叶环量沿半径不变（只在桨尖有尾涡逸出）；

（4）不计径向诱导速度和周向诱导速度对涡线延伸方向的影响；

（5）轴向诱导速度对涡线延伸方向的影响，用桨盘处的等效诱导速度来代表。

2. 轴向气流中旋翼涡系

在轴向气流中旋翼的涡系如图 5-8 所示，桨盘上均匀分布着无限多但强度无限小的附着涡，在每片桨叶后缘，又有由大量自由涡形成的螺旋涡面逸出，形成一个由螺旋线所编织的圆柱，称为旋翼的固定涡系。轴向气流中，旋翼涡系由三部分构成。

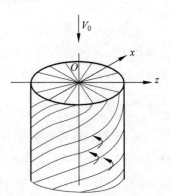

图 5-8 在轴向气流中旋翼的涡系示意图

（1）附着涡盘。旋翼有 k 片桨叶，每片桨叶环量为 Γ，假设 $k\Gamma$ 的总环量均匀分布在桨盘上，即在桨盘上有无限多、强度无限小的附着涡。桨盘平面上，中心角为 $\mathrm{d}\theta$ 的微元中，附着环量为 $(k\Gamma/2\pi)\mathrm{d}\theta$。

（2）桨尖涡的圆柱面。在叶尖处，每个微元附着涡转换成一条桨尖涡顺流逸出，它与桨盘圆周形成的螺旋线角度为 $\arctan(V_1/\Omega\rho)$，全部螺旋线桨尖涡形成圆筒形涡面。

（3）中央涡束。中央涡束在叶根处，附着涡汇集成环量为 $k\Gamma$ 的中央涡束沿轴进入。

已知在流场内存在着一根或多根涡线时，它或它们对其周围流体质点所激起的诱导速度在理想情况下可按毕奥-萨伐尔定律确定。假定有一根环量为 Γ 的涡线，涡线上某一微段 $\mathrm{d}s$ 在某点 M 处所激起的微元诱导速度为

$$\mathrm{d}\boldsymbol{v} = \frac{\Gamma}{4\pi}\frac{\mathrm{d}\boldsymbol{s}\times\boldsymbol{l}}{l^3} \tag{5-56}$$

式中，l 表示涡线微段 $\mathrm{d}s$ 到 M 点的距离，这一诱导速度的方向按矢量法则来规定，诱导速度在直角坐标轴系中的分量可由下列各式写出：

$$\mathrm{d}v_x = \frac{\Gamma}{4\pi l^3}(l_z\mathrm{d}s_y - l_y\mathrm{d}s_z) \tag{5-57}$$

$$\mathrm{d}v_y = \frac{\Gamma}{4\pi l^3}(l_x\mathrm{d}s_z - l_z\mathrm{d}s_x) \tag{5-58}$$

$$\mathrm{d}v_z = \frac{\Gamma}{4\pi l^3}(l_y\mathrm{d}s_x - l_x\mathrm{d}s_y) \tag{5-59}$$

3. 轴向（y 向）诱导速度

螺线自由涡所构成圆柱涡面上任一点 A 处的涡元对桨盘面上点 M_0 所激起的微元轴向

诱导速度为

$$\mathrm{d}v_y = \frac{k\Gamma \mathrm{d}\theta}{8\pi^2} \frac{\cos(\phi - \theta) l_0 \mathrm{d}s_0}{(l_0^2 + y^2)^{3/2}} \tag{5-60}$$

式中，l_0 表示点 A 与点 M_0 之间的距离。

求圆柱涡面所激起的轴向诱导速度，先沿圆柱面的母线（平行于圆柱轴的直线）积分，因为沿此线的各个微元涡的强度及方向都相同。再沿 θ 积分，可得整个圆柱涡面对 M_0 点所激起的轴向诱导速度。圆柱涡面在桨盘平面处轴向诱导速度分量 v_ψ 在圆柱涡面以内为零，在圆柱涡面以外方向相逆于桨叶旋转方向，且随远离圆柱涡面而减小。考虑到所有的同心圆柱涡面的贡献，沿整个半径进行积分，经简化处理，得到轴向诱导速度为

$$v_y = -\frac{k\Omega}{4\pi V_1}\Gamma^*(r) \tag{5-61}$$

式中，$\Gamma^*(r)$ 为当地的桨叶环量。可以看出，在变环量的情况下，所有的圆柱涡面（也就是整个涡系）在桨盘上点 M_0 处所激起的轴向诱导速度只与该点所在处的桨叶环量有关。

同理可推导出在桨盘平面的 r 处的轴向诱导速度（指向桨叶旋转方向）为

$$v_\psi = \frac{k}{4\pi r}\Gamma^*(r) \tag{5-62}$$

4. 拉力公式

在涡流理论中，升力是借助于环量来处理的。根据儒可夫斯基定理，用系数来表示桨叶剖面当地的环量 Γ^*

$$\Gamma^* = \frac{1}{2}C_y \overline{w}\overline{b} \approx \frac{1}{2}C_y \overline{r}\overline{b} \tag{5-63}$$

如果 Γ^* 沿 r 为一常数，即在所谓"儒氏旋翼"的情况下，那么，令 $\Gamma^* = \Gamma_7$（以特征剖面的值来表示），容易得出

$$C_T = k\frac{\kappa}{\pi}\overline{\Gamma}_7 \tag{5-64}$$

$$\overline{\Gamma}_{dx} = \int_0^1 \overline{\Gamma}^* \overline{r}\,\mathrm{d}\overline{r} \Big/ \int_0^1 \overline{r}\,\mathrm{d}\overline{r} \tag{5-65}$$

式中，$\overline{\Gamma}_{dx}$ 为等效环量。

在叶素理论中，已得到拉力系统的公式，修正系数 K_T 并未给出，此处由涡流理论导出。为了分析方便起见，把 C_T 写成另一形式，用桨叶上特征剖面处的值来表示

$$C_T = \kappa\frac{k}{\pi}\overline{\Gamma}_7 \int_0^1 2\left(\frac{\overline{\Gamma}^*}{\overline{\Gamma}_7}\right)\overline{r}\,\mathrm{d}\overline{r} = \kappa\left(\frac{\kappa\overline{b}_7}{\pi}\right)C_{y7}K_T/3 \tag{5-66}$$

式中，K_T 叫作拉力修正系数。

$$K_T = 3 \times 0.7\int_0^1 \left(\frac{\overline{\Gamma}^*}{\overline{\Gamma}_7}\right)\overline{r}\,\mathrm{d}\overline{r} = 3\int_0^1 \frac{\overline{b}C_y}{\overline{b}_7 C_{y7}}\overline{r}^2\,\mathrm{d}\overline{r} \tag{5-67}$$

在儒氏旋翼的情况下，$K_T = 3 \times 0.7 \div 2 = 1.05$，若环量沿径向按三角形分布，则 $K_T = 1$。

5. 功率公式

根据桨叶叶素的速度关系和受力关系，得出旋翼需用功率的表达式为

$$m_k = m_{kx} + m_{kyx} + m_{ki} \tag{5-68}$$

式中,第一项表示型阻功率;第二项表示有效功率;第三项表示诱导功率。

第一项为

$$m_{kx} = \left(\frac{k\bar{b}_7}{\pi}\right) C_{x7} K_p / 4 \tag{5-69}$$

式中,K_p 为型阻功率修正系数,其定义是

$$K_p = \int_0^1 \left(\frac{\bar{b}}{\bar{b}_7}\right)\left(\frac{C_x}{C_{x7}}\right)\bar{r}^3 \mathrm{d}\bar{r} / \int_0^1 \bar{r}^3 \mathrm{d}\bar{r} \tag{5-70}$$

如果 $b = b_7$,则 $C_x \approx C_{x7}$,$K_p \approx 1$。但在一般情况下,K_p 与 $C_x(r)$ 及 $b(r)$ 有关。

第二项为

$$m_{kyx} = C_T \bar{V}_0 \tag{5-71}$$

第三项中含有诱导速度。在涡流理论中利用诱导速度与环量的关系式,把它代入,得到

$$m_{ki} = C_T \bar{v}_{dx} J \tag{5-72}$$

式中,J 称为诱导功率修正系数,有

$$J = \int_0^1 \left(\frac{\Gamma^*}{\Gamma_{dx}}\right)^2 2\bar{r}\,\mathrm{d}\bar{r} \tag{5-73}$$

当 $\Gamma^* = \Gamma_7$ 时,在儒氏旋翼的情况下,$J = 1$。但在一般情况下,J 与 $\Gamma^*(r)$ 的分布有关。

5.5.2 前飞时的经典涡流理论

1. 旋翼广义涡流理论的基本假设

在固定涡系中桨叶以附着涡来代替,而尾随涡即纵向自由涡,在不同的飞行状态下的涡流图像不同,在悬停时,旋翼尾迹近似为一轴向涡柱,在小速度平飞时近似为一斜向涡柱,在大速度平飞时近似为一平面涡系。有了旋翼尾迹的涡系模型,在桨叶分化为无限多片的处理下,利用毕奥-萨伐尔定律,可得空间任意点的诱导速度时均值。最初,人们考虑环量沿桨叶半径为常值,这样,只从叶尖处拖出螺线尾随涡,即纵向自由涡(亦即螺旋自由涡);之后,有人又考虑到环量沿桨叶半径是不均匀的,$\Gamma = \Gamma(r)$,于是从桨叶不同半径处拖出许多不同的螺线尾随涡;最后,在广义上,再考虑到环量沿桨盘方位角也是不均匀的,$\Gamma = \Gamma(r,\psi)$,那么当桨叶运动时,还要在不同方位处逸出射线形状的脱体涡,即横向自由涡,而横向自由涡与纵向自由涡构成网格的斜向螺旋涡面,如图5-9所示。

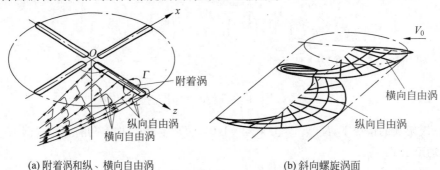

(a)附着涡和纵、横向自由涡　　　　　(b)斜向螺旋涡面

图5-9　前飞时的旋翼固定涡系模型

在广义的固定涡系旋翼理论中,为了便于分析而又不致歪曲基本物理图像,作出如下四点假设。

(1) 气流是定常的,即分化装叶为无限多片,附着涡满布于桨盘平面。

(2) 涡系没有收缩,自由涡尾迹不随时间发生变化,是固定的。

(3) 附加旋转影响不计。

(4) 涡系延伸方向按桨盘平面处的某一气流合速度方向来考虑:$\boldsymbol{V}_1 = \boldsymbol{V}_0 + \boldsymbol{v}_{\mathrm{dx}}$ 或 $\alpha = (-\alpha_0) + \varepsilon$,其中,$\varepsilon$ 为 $\boldsymbol{V}$ 相对于 $\boldsymbol{V}_0$ 的夹角。

在一般情况下,旋翼尾迹涡系既不在一平面内,环量分布也不是与方位角无关。1961 年,王适存创立了旋翼广义涡流理论,由此能够确定旋翼在任何定常飞行状态空间任意点的诱导速度。

2. 旋翼桨盘平面上的诱导速度

桨盘平面上附着涡面的环量分布用傅氏级数表示:

$$\bar{\Gamma}_*(\bar{r}, \psi) = \bar{\Gamma}_0(\bar{r}) + \bar{\Gamma}_{1c}(\bar{r})\cos\psi + \bar{\Gamma}_{1s}(\bar{r})\sin\psi + \cdots \tag{5-74}$$

由于实际公式既长又烦琐,因此在运算处理中,诱导速度只取一阶谐波,而且认为诱导速度是由同阶环量及前阶环量所激起的,根据王适存广义涡流理论,有

$$\bar{v}_0 = \bar{v}_0^0 = \frac{k}{4\pi\bar{V}_1}\bar{\Gamma}_0 \tag{5-75}$$

$$\bar{v}_{1c} = \bar{v}_{1c}^0 + \bar{v}_{1c}^{1c} = \frac{k}{4\pi\bar{V}_1}\left\{\frac{-\cos\alpha_1}{1+\sin\alpha_1}\left[\int_0^{\bar{r}}\frac{\partial\bar{\Gamma}_0}{\partial\bar{\rho}}\left(\frac{\bar{\rho}}{r}\right)^2 F\left(\frac{3}{2}, \frac{1}{2}, 2, \frac{\bar{\rho}^2}{r^2}\right)\mathrm{d}\bar{\rho}\right.\right.$$

$$\left.\left. + \int_{\bar{r}}^1 \frac{\partial\bar{\Gamma}_0}{\partial\bar{\rho}}\left(\frac{\bar{r}}{\bar{\rho}}\right)F\left(\frac{3}{2}, \frac{1}{2}, 2, \frac{\bar{r}^2}{\bar{\rho}^2}\right)\mathrm{d}\bar{\rho}\right] + \frac{2\sin\alpha_1}{1+\sin\alpha_1}\bar{\Gamma}_{1c}\right\} \tag{5-76}$$

$$\bar{v}_{1s} = \bar{v}_{1s}^0 + \bar{v}_{1s}^{1s} = \frac{k}{4\pi\bar{V}_1}\left\{\frac{\cos\alpha_1}{1+\sin\alpha_1}\left(\frac{2\bar{V}_1}{\bar{r}}\right)\bar{\Gamma}_0 + \frac{2}{1+\sin\alpha_1}\bar{\Gamma}_{1s}\right\} \tag{5-77}$$

式中,F 为超几何函数,定义为

$$F(\alpha, b, d, z) = 1 + \sum_{k=1}^{\infty}\frac{(a)_k(b)_k}{(d)_k k!}z^k \tag{5-78}$$

可以看出,在悬停时或轴向气流中,以上这些公式就简化为一个零阶的公式。

3. 拉力系数

沿旋翼桨盘的环量分布以及升力分布是复杂的,为了便于旋翼飞行器空气动力性能估算,可以通过桨叶的挥舞条件,辅以适当的假设近似地处理。所谓挥舞条件,对于铰接式的桨叶来说,取一阶挥舞系数为限。如果对 $\bar{\Gamma}^*$ 也以一阶谐波为限,那么代入挥舞条件式中,经简化处理得

$$\bar{\Gamma}^*(\bar{r}, \psi) \approx \bar{\Gamma}_7 \frac{(\bar{r}-\mu)}{(0.7-\mu)}\left[1 - \frac{5}{3}\mu\bar{r}\sin\psi\right] \tag{5-79}$$

再把上式关系转到 C_y 上,得到

$$C_y(\bar{r}, \psi) = \frac{2\bar{\Gamma}^*}{\bar{b}\bar{W}^*} \tag{5-80}$$

对于矩形桨叶,半径位置为 0.7 处的 C_y 为

$$C_y(0.7,\psi) \approx C_{y7} \frac{\left(1 - \frac{7}{6}\mu \sin\psi\right)}{\left(1 + \frac{\mu}{0.7}\sin\psi\right)} \tag{5-81}$$

4. 需用功率修正系数

旋翼飞行器在前飞状态的需用功率系数，正如叶素理论中所推导出的，由 4 个部分组成：

$$m_k = m_{kx} + m_{ki} + C_T(-\lambda_0) - C_{H\mu} \tag{5-82}$$

其中，第一项型阻功率系数为

$$m_{kx} = \frac{1}{4}\sigma C_{x7} K_P \tag{5-83}$$

式中型阻功率修正系数 $K_P = K_{P0}(1+5\mu^2)$，其中 K_{P0} 为悬停时的型阻功率修正系数。

第二项诱导功率修正系数为

$$m_{ki} = C_T \bar{v}_{dx} J \tag{5-84}$$

式中诱导功率修正系数 $J = J_0(1+3\mu^2)$，其中 J_0 为悬停时的诱导功率修正系数。

5.6　旋翼现代涡流理论的基础知识

旋翼经典涡流理论以固定涡系模型为基础，不能分析诱导速度随时间的变化，也不能计入桨叶之间的气动干扰和涡系形状的畸变，计算得出的诱导速度不够精确。针对这一缺点，旋翼现代涡流理论以自由涡系随时间变化的模型为基础，计入尾流速度的不均匀性，大大提高了旋翼空气动力计算精度。

5.6.1　悬停时旋翼自由尾迹分析

自由尾迹分析法认为旋翼的尾涡系按照当地速度延伸，允许涡线自由地移动，并计入桨叶片数的影响，包括随时间变化的桨叶间干扰和旋转中桨叶位置的变化，最后得到形状畸变的涡系。按照流场速度分布确定涡系的几何形状，因而能够给出较为真实的诱导速度分布及瞬时值。由自由涡面不承力条件，通过逐次迭代，确定所有站点的位置和速度，从而得到自由尾迹的形状和流场诱导速度分布。由于描述涡元运动的微分方程是强非线性的，因此需要采用数值方法进行求解。

1. 圆弧曲涡元模型

尾迹计算中基本而重要的一步就是求解涡线对指定点的诱导速度。在数值计算中，涡线由一组离散涡点给出，每相邻两点规定为一个涡元（涡段）。传统的旋翼尾迹分析中，一直采用直线涡元作为基本涡元，但直线涡元不能计及涡线实际的弯曲，从而对于螺旋、畸变的复杂旋翼尾迹不能给出很好的精度。采用曲涡元除可计入涡线实际的弯曲，使用更长的涡元等优点外，还允许在涡线附近点进行较准确的诱导速度计算，这对于小速度飞行时的旋翼尾迹特别重要。

曲涡元及其在自由尾迹中的应用，目前仍处于发展阶段。迄今只有两种曲涡元模型：一是 Bliss 等提出的抛物拱弧，这是尾迹分析的基本涡元；二是由楼武疆提出并由徐国华加以改进的圆弧曲涡元。前者利用抛物线方程求得诱导速度的近似解析公式,但缺点是在涡元生成方面较为复杂,且当在涡元近点进行计算时需将区间分成三个子区间;而后者将涡元的诱导速度计算设法表达为标准的不完全椭圆积分,并找出了椭圆积分的近似公式,从而使圆弧曲涡元既具有解析公式又具有生成较为灵活的优点,优于抛物拱弧涡元,可更为有效地应用于旋翼自由尾迹的计算。

考虑一个有限长度的圆弧线涡元,点 $A(x_A, y_A, z_A)$ 是该涡元的起点,点 $B(x_B, y_B, z_B)$ 是终点。设涡元具有常值环量 Γ_e,圆弧半径为 r,如图 5-10 所示。图 5-10 中涡元位于坐标系的 xy 平面,$M(x_m, y_m, z_m)$ 是要计算诱导速度的点。

圆弧曲涡元的诱导速度由毕奥-萨伐尔定律确定:

$$\boldsymbol{v} = \int_0^1 \frac{\Gamma_e}{4\pi} \frac{\mathrm{d}\boldsymbol{s} \times \boldsymbol{l}}{l^3} \tag{5-85}$$

2. 自由尾迹分析方法

采用随桨叶旋转的坐标系,如图 5-11 所示,图 5-11 中坐标系与参考桨叶固连,x 轴沿桨叶变距轴线指向外。z 轴与 x 轴相垂直,位于旋转平面内。y 轴与 xz 平面垂直,指向上。

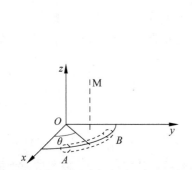

图 5-10　圆弧曲涡元诱导速度计算示意图

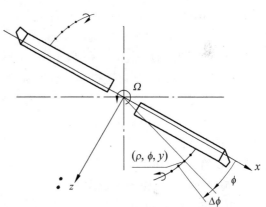

图 5-11　悬停时的桨叶旋转涡系

悬停尾迹具有轴对称的特点,若引入柱坐标 $(r(\phi), \phi, y(\phi))$ 来表示尾迹点的位置则更为方便,如图 5-11 所示。那么,以直角坐标系表示的尾迹点可表达为

$$\begin{cases} x = r(\phi)\cos\phi \\ y = y(\phi) \\ z = r(\phi)\sin\phi \end{cases} \tag{5-86}$$

式中,ϕ 是尾迹角。对于畸变的尾迹,不同的 ϕ 角对应不同的 r 和 y 值,若保持 r 为常数,$y = k\phi(k = 常数)$,则上式给出非畸变的尾迹形状。

在悬停旋翼尾迹分析中,桨叶的气动模型采用二阶升力线模型,即各片桨叶用四分之一弦线位置的附着涡来代替,控制点取在四分之三弦线点处。桨叶由展向附着涡和弦向附着涡组成的附着涡面(线)表示。由于桨叶附着环量的展向变化,在桨叶的后缘有许多尾随涡线拖出,以当地速度向下游延伸。因此,将自由尾迹的涡线沿桨叶展向顺序放置,即采用所谓的全展自由尾迹分析方法。

自由尾迹计算的时间强烈依赖涡元长度的选取和自由尾迹的周数。为减少计算时间,依据尾迹对桨盘处诱导速度贡献的大小,将整个尾迹区分为近尾迹区和远尾迹区。近尾迹靠近桨盘,既是最易畸变的部分,也是对旋翼性能影响较为敏感的区域,所以需认真划分和细致处理。在近尾迹区,使尾迹完全自由,即在每次迭代中尾迹点的诱导速度都重新确定;在远尾迹区,尾迹采用等螺距和等半径的预定形状,并与近尾迹光滑连接。

5.6.2　前飞时旋翼自由尾迹分析

1. 自由尾迹计算的基本步骤

与悬停相比,前飞时的自由尾迹计算更复杂。前飞时自由尾迹的求解方法大多数采用时间步进方式进行,与桨叶旋转时的方位步进相协调。该方式最具代表意义的例子是Landgrebe发展的尾迹相容法和Sadler的"启动过程"。前者假设初始尾迹和环量分布,通过在桨叶旋转的每个时间步长内不断求解涡系新的位置和形状,直到取得与尾迹环量相容的解。这一方法事实上已成为目前多数前飞自由尾迹分析的基础,并得到不断改进和发展;而后者由类似旋翼的启动过程来产生自由尾迹,尾迹求解从旋翼静止启动开始,其计算量可能更大。

这里,采用圆弧曲涡元和类似Landgrebe时间步进的方式建立一个前飞旋翼全展自由尾迹分析模型。采用的远尾迹模型与悬停时的不同,远尾迹的涡线形状依据自由尾迹确定。这种远尾迹模型能较好地保证尾迹的光滑过渡和形状的相似性。

自由尾迹的计算包括两个基本步骤:

(1) 计算涡元的诱导速度;

(2) 在给定的时间步长内更新尾迹。

2. 前飞时自由尾迹的分析方法

旋翼的各片桨叶由四分之一弦线位置的附着涡代替,尾涡从桨叶拖出,以当地速度向下游移动。依据尾迹对桨盘入流贡献的大小,将整个尾迹区分为近尾迹和远尾迹两部分,近尾迹上连桨叶,下接远尾迹,在尾迹求解中是完全自由的;而远尾迹与近尾迹相连,向下游延伸,其形状依据近尾迹形状确定。设前飞速度为 $\boldsymbol{V}_0$,旋翼桨盘平面迎角为 $-\alpha_s$,则前飞速度为 V_0,有

$$\boldsymbol{V}_0 = -V_0\cos(-\alpha_s)\boldsymbol{i}_s - V_0\sin(-\alpha_s)\boldsymbol{j}_s \tag{5-87}$$

计算诱导速度时,将尾迹涡线离散为若干有限长度的圆弧曲涡元。首先求出每一涡元对节点的诱导速度,然后确定各条涡线的全部涡元对该点的诱导速度,最后将所有桨叶的全部涡线的贡献相加就得到该节点总的诱导速度。桨叶的附着环量的计算在旋翼桨盘不同径向和方位角位置的各离散点上进行,因为前飞尾迹解是周期的,所以各离散方位点要覆盖桨叶完整的一周,即

$$\psi_l = l \cdot \Delta\psi \quad (l = 1, 2, \cdots, N_A) \tag{5-88}$$

式中,N_A 是桨叶的方位角步长数,且有 $\Delta\psi = 2\pi/N_A$。

设在 t 时刻桨叶当前方位位置为 ψ,考虑一尾迹角为 ϕ_k 的涡元。当桨以 Ω 旋转角速度转过 $\Delta\psi$ 角后,对应的时间变化为 $\Delta t = \Delta\psi/\Omega$。尾迹的更新按下式进行:

$$
\begin{cases}
\Delta x = \left[v_{xi} - V_0 \cos(-\alpha_s) \right] \dfrac{\Delta \psi}{\Omega} \\[2mm]
\Delta y = \left[v_{yi} - V_0 \sin(-\alpha_s) \right] \dfrac{\Delta \psi}{\Omega} \\[2mm]
\Delta z = v_{zi} \dfrac{\Delta \psi}{\Omega}
\end{cases}
\tag{5-89}
$$

此式在给定初始尾迹后,便可对整个尾迹进行迭代计算了。在每个时间步长(保持常数)内,重复地计算涡元的诱导速度,并更新尾迹,直到所有方位的尾迹均达到收敛,则得出所需的自由尾迹。就整个尾迹而言,每当桨叶旋转一个增量,相应地在尾迹开始处会增加一个节点和一段涡元。为保持尾涡元的总数不增加,需相应地舍弃最后一个涡元和最后一个尾迹点。尾迹的长度包括近尾迹和远尾迹的长度。显然,尾迹所取长度越长,计算精度越高,但同时涡元的数量亦随尾迹周数的增加而迅速增大,计算时间也大量增加。通常截取 2 倍旋翼直径的尾迹长度即可满足尾迹计算的要求。

3. 旋翼尾迹涡系的等环量线数值描述

旋翼尾迹的分析包括尾迹结构的描述以及尾迹形状的求解。第一方面的工作通常都采用涡网格方式来描述旋翼的尾迹。在这种传统的描述方式里,涡量被分解为尾随涡量与脱体涡量。这种分解固然遵守涡强守恒定律,并与旋翼问题求解的方位步进方式相协调,但从它提供的尾迹图像上却几乎看不出尾迹结构信息,如涡量分布的集中与否、涡系卷绕等,难以从中了解尾迹的物理特征。

针对这一问题,1987 年 Bliss 等发表了用等环量涡线描述随桨叶载荷变化的尾迹涡系的报告。涡线放置在等强度线上,每条涡线的环量为常数,任两条等强度线间包含的环量相同。这样的一组涡线在尾涡面上布置的疏密程度与走向便提供了尾涡面涡量场分布的直观图像(如图 5-12 所示)。用等环量线描述尾迹结构,由于直接依据于涡量场,要比涡网格描述方式自然、合理;而且尾迹离散化后,由于等环量线

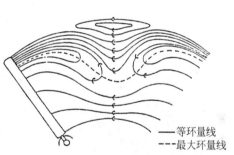

等环量线
最大环量线

图 5-12　典型的等环量线尾迹示意图

自动计入脱体与尾随涡量,涡元的数目可减少一半。这种新描述方式曾用于大速度前飞旋翼的尾迹模拟,不仅使研究人员就大速度飞行尾迹结构取得了一些新认识,而且在载荷预测上也取得了令人鼓舞的成功,体现出这一描述方式在尾迹描述与计算中的优点和潜力。

等环量线定义为放置在尾涡面涡量场上的、代表其周围一支涡管的涡线。其特点如下。

(1) 沿每一条等环量线上不同的点,虽然是在不同的时刻生成(从桨叶上拖出的),但却有相同的附着环量。这实际上是亥姆霍兹定理规定的,它要求桨叶附着涡量与尾迹涡量连续过渡(如图 5-12 所示)。若把桨叶取为升力线,则升力线强度就等于贯入升力线的尾迹涡量总和。假如从桨叶根部到桨叶展向某点为止共有 N 条等环量线进入到升力线,等环量线强度为 $\Delta\Gamma$,则该点的桨叶附着环量为 $\Delta\Gamma \cdot N$。反之,给定环量分布与 $\Delta\Gamma$,可逐个分割得到 $\Delta\Gamma$ 的倍分点(环量应为 $\Delta\Gamma$ 的整数倍),进而可得出等环量线与附着涡线的连接点,也就是等环量线生成点。

（2）由于环量分布随方位角变化，相应的等环量线生成点的展向位置也随方位角变化。在很多情况下环量分布并不是已知的，所以等环量线的生成点也不是可以预先确定的。等环量线生成点与环量分布间的协调往往需要一个迭代过程。

（3）当桨叶最大附着环量增加或减少时，新添的涡段只能跨过最大环量线（最大环量点在不同方位时的连线），形成一端封闭的等环量线（回线）。

4. 桨叶升力面涡格法分析

在升力面涡格法中，桨叶用涡面代表，并在整个翼面满足边界条件，能较为充分地考虑附着涡面各元素及其与尾迹之间的相互作用，因此升力面理论可改进发生在桨尖或桨叶与尾涡靠近相遇情况下的大变化诱速和载荷的计算。由于桨叶的旋转和尾迹自身的诱导以及桨叶尾迹的相互干扰，尾迹具有螺旋、畸变、卷绕的特征，为了与升力面理论匹配，尾迹也必须相应地采用较为精确的模型（如图 5-13 所示）。

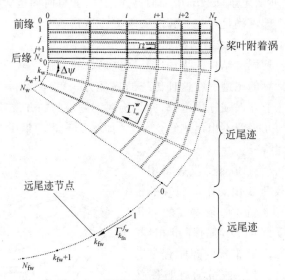

图 5-13　旋翼自由涡系模型示意图

运用自由尾迹分析技术，采用离散涡元来表示尾迹，其核心问题是尾迹涡元的空间位置（即尾迹几何形状）和涡强的确定以及尾迹诱导速度的计算，主要包括以下几个方面。

1）旋翼桨叶涡系模型

采用升力面理论来建立桨叶涡系模型，用一阶升力面（也即二阶升力线）来模拟桨叶，在计算精度上已明显高于升力线代替桨叶建立的模型。将升力面布置为与桨叶中弧面重合，将环量沿展向连续变化近似为阶梯的环量分布，在弦向也用离散的附着涡代替弦向连续分布的涡线，在每条附着涡的两端拖出自由涡，沿着来流方向伸向无穷远。其具体做法是：首先将中弧面沿展向分成 N_r 个桨叶微段，桨叶微段间的分界线相互平行。然后将桨叶微段沿弦向的分界线等分为 N_c 段，并沿展向连接相应的等分点，这样桨叶中弧面就被划分为 $N_r \times N_c$ 个网格，每个网格的 4 个节点构成了四边形面元。这样，整个桨叶基本平面用有限个微小面元，即离散马蹄涡系代替，称为涡格法。

2）旋翼尾迹模型

前飞时从桨叶不同半径处逸出许多不同的尾随涡，即纵向自由涡。与此同时，由于桨叶环量随时间变化,从桨叶不同方位处还会逸出射线状的脱体涡,即横向自由涡。纵向自由涡与横向自由涡构成网格状的斜向螺旋涡面,从桨叶后缘拖入尾迹中。就整个尾迹而言,当桨叶旋转一个增量,相应地在尾迹开始处会增加一个节点和一段涡元,为保持尾涡元的总数不增加,需相应地舍弃最后一个涡元和最后一个尾迹点。所以尾迹是有时间步长(Δt)的,将尾迹生成时刻到当前时刻这段时间内桨叶扫过的方位角度定义为尾迹步长角。旋翼尾迹模型主要有以下四个特点。

(1) 在旋翼桨尖处,尾迹涡环量大,涡量集中度高,在整个旋翼流场中起着主导作用。

(2) 升力面绕流场满足库塔条件,即升力面后缘处的涡强为零。

(3) 离桨叶后缘较近的尾迹称为近尾迹,其尾迹步长角在 30°以内。在该区域内,桨尖涡处于卷起过程中,尾迹仍保持涡片的形式,采用涡格的形式来表示。

(4) 旋翼远尾迹是指尾迹步长角大于 30°的尾迹,桨尖涡采用单根涡丝来表示,是完全自由的尾迹。

尾迹的长度包括近尾迹和远尾迹的长度。显然,尾迹所取长度越长,计算精度越高,但同时涡元的数量亦随尾迹周数的增加而迅速增大,从而计算工作量和时间也大量增加。实际上,就尾迹对桨叶入流作用而言,尾迹在离桨盘稍远的地方,其作用已越来越小,影响可忽略不计。特别是对于前飞状态,由于自由流作用,尾迹向后移动较悬停快得多,因此,多数自由尾迹分析都采用有限长度的尾迹模型,这在物理上也是正确的。

3)旋翼桨尖涡模型

在旋翼自由涡系模型中,远尾迹涡丝是由近尾迹涡片卷起形成的,其卷起过程相当复杂。为便于分析,主要利用在自由尾流分析中广泛采用的 Vatistas 涡来模拟桨尖涡。Vatistas 涡量分布函数主要基于理想流体涡量运动的三个不变量(涡量、涡心和涡矩)守恒定理,用来确定初始桨尖涡的环量、展向位置和涡核大小。经过复杂的推导与分析,发现卷起后涡管的环量应等于附着涡环量的峰值。

5.7 旋翼 CFD 理论基础知识

计算流体动力学是基于计算机技术的一种数值计算工具,用于求解流体的流动和传热问题。它是流体力学的一个分支,是近代流体力学、数值数学和计算机科学结合的产物,是一门具有强大生命力的边缘科学。它以电子计算机为工具,应用各种离散化的数学方法,对流体力学的各类问题进行数值实验、计算机模拟和分析研究,以解决各种实际问题。计算流体动力学采用离散方程解决空气动力学中的流体力学问题,包括求解固定几何形状空间内的流体的动量、热量和质量方程以及相关的其他方程,并通过计算机模拟获得流体在特定条件下的有关数据。

5.7.1 计算流体动力学的定义和特点

1. 计算流体动力学的定义

计算流体动力学(Computational Fluid Dynamics,CFD)是建立在流体力学与数值计算方法基础上的独立的新型学科,通过计算机数值计算和图像显示的方法,在时间和空间上定量描述流场的数值解,从而达到辅助物理问题研究的目的。它兼有理论性和实践性的双重特点,建立了理论和方法,为现代科学中许多复杂的流动和传热问题提供了有效的计算技术。

计算流体动力学是通过计算机数值计算和图像显示,对包含流体流动和热传导等相关物理现象的系统所做的分析。它的基本思想是:把原来在时间域及空间域上连续的物理量的场,如速度场和压力场,用一系列有限个离散点上的变量值来代替,通过一定的原则和方式建立关于这些离散点上场变量之间关系的代数方程组,然后用数值计算求解代数方程组,获得场变量的近似值。

2. CFD 方法的特点

CFD 方法和传统的理论分析方法、实验测量方法构成了解决流体力学问题的三个支柱手段(如图 5-14 所示)。三者相互之间并不独立,而是相辅相成的,组成了研究流体力学问题的完整体系。

理论分析方法的优点在于所得结果具有普遍性,各种影响因素清晰可见,是指导实验研究和验证数值计算方法的理论基础,但是它往往要求对计算进行抽象和简化,才可能得出理论解。对于非线性情况,只有少数流体能给出解析结果。

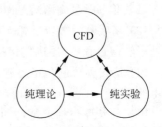

图 5-14　流体力学三个支柱手段示意图

实验测量方法所得到的实验结果真实可信,它是理论分析和数值方法的基础,其重要性不容低估。然而,实验往往受到模型尺寸、流场流动、人身安全和测量精度的限制,有时可能很难通过实验的方法得到满意的结果。

CFD 方法恰好克服了前面两种方法的弱点。在计算机上实现一个特定的计算,就好像在计算机上做一个物理实验。近 30 年来,计算机及计算技术发展很快,使得许多过去不能求解的空气动力学问题现在可以用数值方法求解了。Anderson 在 1995 年出版了一本专著《计算流体动力学:基础理论及其应用》,全面论述了 CFD 方法的发展、理论、方法及应用。CFD 有多种计算方法,其中主要有差分法、有限元法和有限体积法。计算流体动力学是多领域交叉的学科,涉及计算机科学、流体力学、偏微分方程的数学理论、计算几何学、数值分析等学科。这些学科的交叉融合、相互促进和支持也推动着这些学科的深入发展。CFD 方法的优势主要有:

(1) 可以更细致地分析、研究流体的流动、物质和能量的传递等过程;

(2) 可以容易地改变实验条件和参数,以获取大量在传统实验中很难得到的信息资料;

(3) 研究、设计全程所花的时间大大减少;

(4) 可以方便地用于无法实现具体测量的场合,如高温和危险的环境;

(5) 根据模拟数据,可以全方位地控制过程和优化设计。

5.7.2　旋翼流场的控制方程

旋翼的流场和气动性能对旋翼飞行器的性能、飞行品质、噪声、振动特性具有重要的影响,采用计算流体力学方法准确地计算旋翼的流场和性能是旋翼飞行器空气动力学的一个重要发展方向。流体的运动满足质量守恒、动量守恒和能量守恒的规律。在牛顿流体范围内,这些规律可以用 Navier-Stokes 方程描述。按照求解流场的控制方程,旋翼流场计算的 CFD 方法实质上是求解 Navier-Stokes 方程。

1. 质量守恒方程(连续方程)

任何流体问题都必须满足质量守恒定律。该定律可表达为：单位时间内流体微元体中质量的增加，等于同一时间间隔内流入该微元的净质量。按照这一定律，可以得出质量守恒方程

$$\frac{\partial \rho}{\partial t} + \frac{\partial (\rho u)}{\partial t} + \frac{\partial (\rho v)}{\partial t} + \frac{\partial (\rho w)}{\partial t} = 0 \tag{5-90}$$

式中，ρ 是密度；t 是时间；u 是速度矢量；u、v、w 是速度矢量在 x、y、z 方向的分量。

若流体不可压，则密度 ρ 是常数，式(5-90)变为

$$\frac{\partial u}{\partial x} + \frac{\partial v}{\partial y} + \frac{\partial w}{\partial z} = 0 \tag{5-91}$$

2. 动量守恒方程

动量守恒定律也是任何流体系统都必须满足的基本定律。该定律可表达为：微元体中流体的动量对时间的变化率等于外界作用在该微元体上的各种力之和。该定律实际上是牛顿第二定律。按照这一定律，可以导出 x、y、z 三个方向的动量守恒方程

$$\frac{\partial (\rho u)}{\partial t} + \mathrm{div}(\rho u \boldsymbol{u}) = -\frac{\partial p}{\partial x} + \frac{\partial \tau_{xx}}{\partial x} + \frac{\partial \tau_{yx}}{\partial y} + \frac{\partial \tau_{zx}}{\partial z} + F_x \tag{5-92}$$

$$\frac{\partial (\rho v)}{\partial t} + \mathrm{div}(\rho v \boldsymbol{v}) = -\frac{\partial p}{\partial y} + \frac{\partial \tau_{xy}}{\partial x} + \frac{\partial \tau_{yy}}{\partial y} + \frac{\partial \tau_{zy}}{\partial z} + F_y \tag{5-93}$$

$$\frac{\partial (\rho w)}{\partial t} + \mathrm{div}(\rho w \boldsymbol{w}) = -\frac{\partial p}{\partial z} + \frac{\partial \tau_{xz}}{\partial x} + \frac{\partial \tau_{yz}}{\partial y} + \frac{\partial \tau_{zz}}{\partial z} + F_z \tag{5-94}$$

式中，p 是流体微元上的压力；τ_{xx}、τ_{xy} 和 τ_{xz} 是因分子黏性作用而产生的作用在微元体表面上的黏性应力的分量；F_x、F_y 和 F_z 是微元体上的体力。上式是对任何类型的流体均成立的动量守恒方程。对于牛顿流体，黏性应力与流体的变形率成正比，有变形后的表达式，这里就不写了。

3. 能量守恒方程

能量守恒定律可以表达为：微元体中能量的增加等于进入微元体的净热流量加上体力与面力对微元体所做的功。该定律实际上是热力学第一定律。其表达式如下：

$$\frac{\partial (\rho T)}{\partial t} + \mathrm{div}(\rho u T) = \mathrm{div}\left(\frac{k}{C_p} \mathrm{grad} T\right) + S_T \tag{5-95}$$

该式可写成展开形式：

$$\frac{\partial (\rho T)}{\partial t} + \frac{\partial (\rho u T)}{\partial x} + \frac{\partial (\rho v T)}{\partial y} + \frac{\partial (\rho w T)}{\partial z}$$

$$= \frac{\partial}{\partial x}\left(\frac{k}{C_p}\frac{\partial T}{\partial x}\right) + \frac{\partial}{\partial y}\left(\frac{k}{C_p}\frac{\partial T}{\partial y}\right) + \frac{\partial}{\partial z}\left(\frac{k}{C_p}\frac{\partial T}{\partial z}\right) + S_T \tag{5-96}$$

式中，C_p 为比热容；T 为温度；k 为流体的传热系数；S_T 为黏性耗散项。需要注意的是虽然能量方程是流体流动与传热问题的基本控制方程，但对于不可压流动，若热交换量很小以至可以忽略，可以不考虑能量守恒方程。

4. N-S 方程

根据达兰贝尔原理(作用于一个物体的外力与动力的反作用之和等于零)列出流体微团在质量力和表面力作用下的平衡方程，考虑流体微团在流动中变形的问题，经过进一步的推

导,得到不可压缩黏性流体的运动微分方程如下：

$$
\begin{cases}
\dfrac{\mathrm{d}u_\mathrm{x}}{\mathrm{d}t} = X - \dfrac{1}{\rho}\dfrac{\partial p}{\partial x} + v\left(\dfrac{\partial^2 u_\mathrm{x}}{\partial x^2} + \dfrac{\partial^2 u_\mathrm{x}}{\partial y^2} + \dfrac{\partial^2 u_\mathrm{x}}{\partial z^2}\right) \\[3mm]
\dfrac{\mathrm{d}u_\mathrm{y}}{\mathrm{d}t} = Y - \dfrac{1}{\rho}\dfrac{\partial p}{\partial y} + v\left(\dfrac{\partial^2 u_\mathrm{y}}{\partial x^2} + \dfrac{\partial^2 u_\mathrm{y}}{\partial y^2} + \dfrac{\partial^2 u_\mathrm{y}}{\partial z^2}\right) \\[3mm]
\dfrac{\mathrm{d}u_\mathrm{z}}{\mathrm{d}t} = Z - \dfrac{1}{\rho}\dfrac{\partial p}{\partial z} + v\left(\dfrac{\partial^2 u_\mathrm{z}}{\partial x^2} + \dfrac{\partial^2 u_\mathrm{z}}{\partial y^2} + \dfrac{\partial^2 u_\mathrm{z}}{\partial z^2}\right)
\end{cases}
\tag{5-97}
$$

此式由法国人 L. Navier 和英国人 G. Stokes 先后提出，称为纳维尔-斯托克斯方程，简称 N-S 方程。由 N-S 方程忽略黏性可得到 Euler 方程。

5. 控制方程的选择形式

对流项采用离散的形式来表示的控制方程，称为控制方程的守恒形式。从微元体的角度，控制方程的守恒形式与非守恒形式是等价的，都是物理的守恒定律的数学表示。但是数值计算是对有限大小的计算单元进行的，对有限大小的计算体积，两种形式的控制方程则有不同的特性。讨论控制方程守恒形式与非守恒形式的目的在于：不论节点布置的疏密程度如何，根据控制方程导出的离散方程都具有对任意大小容积守恒的特性。凡是从守恒形式的控制方程出发，采用控制容积积分法导出的离散方程，可以保证具有守恒特性，即控制方程的守恒形式与非守恒形式在数学的角度上是完全等价的。

一般而言，非守恒形式的控制方程便于对所生成的离散方程进行理论上的分析，常用于有限元法；守恒形式的控制方程更能保持物理量守恒的性质，为算法设计和编程计算提供方便，因为其控制方程可以用下面这个通用方程来表示：

$$
\frac{\partial \boldsymbol{U}}{\partial t} + \frac{\partial \boldsymbol{F}}{\partial x} + \frac{\partial \boldsymbol{G}}{\partial y} + \frac{\partial \boldsymbol{H}}{\partial z} = J
\tag{5-98}
$$

式中，列向量 $\boldsymbol{F}$、$\boldsymbol{G}$、$\boldsymbol{H}$ 称为通量项，J 代表源项（当体积力可忽略时等于零），列向量 $\boldsymbol{U}$ 称为解向量。在 CFD 方法中要考虑边界条件，无论是黏性流还是无黏流，根据问题的不同，有多种边界条件，而边界条件是否合理往往也是数值模拟计算成败的关键。

5.7.3 控制方程的离散化方法

对于一个封闭形式的数学表达式，无论是微分形式还是积分形式，若在一个区域里连续，则总是有无穷多个值。离散化的实质就是用一个相似的表达式来近似它，但是这个近似表达式只在区域内有限多个离散点或控制体上取值。

1. 有限差分方法

有限差分方法（Finite Difference Method，FDM）是计算机数值模拟最早采用的方法，至今仍被广泛运用。该方法将求解域划分为差分网格，用有限个网格节点代替连续的求解域。有限差分法用 Taylor（泰勒）级数展开等方法，把控制方程中的导数用网格节点上的函数值的差商代替进行离散，从而建立以网格节点上的值为未知数的代数方程组。该方法是一种直接将微分问题变为代数问题的近似数值解法，数学概念直观、表达简单，是发展较早且比较成熟的数值方法，较多用于求解双曲型和抛物型问题。用它求解所需边界条件复杂，尤其是求解椭圆型问题不如有限元法或有限体积法方便。

有限差分格式从格式的精度来划分，有一阶格式、二阶格式和高阶格式；从差分的空间形式来考虑,可分为中心格式和迎风格式。考虑时间因子的影响,差分格式还可以分为显格式、隐格式、显隐交替格式等。目前常见的差分格式主要是上述几种形式的组合,不同的组合构成不同的差分格式。差分方法主要适用于有结构网格,网格的步长一般根据实际地形的情况和柯朗稳定条件来决定。

构造差分的方法有多种形式,目前主要采用的是泰勒级数展开方法。其基本的差分表达式主要有一阶向前差分、一阶向后差分、一阶中心差分和二阶中心差分等。其中前两种格式为一阶计算精度,后两种格式为二阶计算精度。通过对时间和空间这几种不同差分格式的组合,可以组合成不同的差分计算格式。

2. 有限元方法

有限元方法(Finite Element Method,FEM)的基础是变分原理和加权余量法,其基本求解思想是把计算域划分为有限个互不重叠的单元,在每个单元内,选择一些合适的节点作为求解函数的插值点,将微分方程中的变量改写成由各变量或其导数的节点值与所选用的插值函数组成的线性表达式,借助变分原理或加权余量法,将微分方程离散求解。采用不同的权函数和插值函数形式,便构成不同的有限元方法。

有限元方法最早应用于结构力学,后来随着计算机的发展,逐渐用于流体力学的数值模拟。在有限元方法中,把计算域离散剖分为有限个互不重叠且相互连接的单元,在每个单元内选择基函数,用单元基函数的线性组合来逼近单元中的真解。整个计算域上总体的基函数可以看作是由每个单元基函数组成的,则整个计算域内的解可以看作是由所有单元上的近似解构成的。

在数值模拟中,常见的有限元计算方法是由变分法和加权余量法发展而来的里兹法和伽辽金法、最小二乘法等。根据所采用的权函数和插值函数的不同,有限元方法也分为多种计算格式。从权函数的选择来划分,有配置法、矩量法、最小二乘法和伽辽金法;从计算单元网格的形状来划分,有三角形网格、四边形网格和多边形网格;从插值函数的精度来划分,又分为线性插值函数和高次插值函数等。

不同的组合同样构成不同的有限元计算格式。对于权函数,伽辽金法是将权函数取为逼近函数中的基函数;最小二乘法是令权函数等于余量本身,而内积的极小值对待求系数的平方误差最小;在配置法中,先在计算域内选取 N 个配置点,令近似解在选定的 N 个配置点上严格满足微分方程,即在配置点上令方程余量为 0。插值函数一般由不同次幂的多项式组成,但也有采用三角函数或指数函数组成的乘积表示,最常用的是多项式插值函数。有限元插值函数分两类:一类只要求插值多项式本身在插值点取已知值,称为拉格朗日多项式插值;另一类不仅要求插值多项式本身,还要求它的导数值在插值点取已知值,称为哈密特多项式插值。单元坐标有笛卡尔直角坐标系和无因次自然坐标、有对称和不对称等。常采用的无因次坐标是一种局部坐标系,它的定义取决于单元的几何形状,一维看作长度比,二维看作面积比,三维看作体积比。在二维有限元中,三角形单元应用最早,近来四边形等参元的应用也越来越广。对于二维三角形和四边形单元,常采用的插值函数为有拉格朗日插值直角坐标系中的线性插值函数及二阶或更高阶插值函数、面积坐标系中的线性插值函数、二阶或更高阶插值函数等。

对于有限元方法,其基本思路和解题步骤可归纳如下。

(1) 建立积分方程。根据变分原理或方程余量与权函数正交化原理,建立与微分方程初值问题等价的积分表达式,这是有限元法的出发点。

(2)区域单元剖分。根据求解区域的形状及实际问题的物理特点,将区域划分为若干相互连接、不重叠的单元。区域单元划分是采用有限元方法的前期准备工作,这部分工作量比较大,除了给计算单元和节点进行编号和确定相互之间的关系外,还要表示节点的位置坐标,同时还需要列出自然边界和本质边界的节点序号和相应的边界值。

(3)确定单元基函数。根据单元中的节点数目及对近似解精度的要求,选择满足一定插值条件的插值函数作为单元基函数。有限元方法中的基函数是在单元中选取的,由于各单元具有规则的几何形状,在选取基函数时可遵循一定的法则。

(4)单元分析。将各单元中的求解函数用单元基函数的线性组合表达式进行逼近;再将近似函数代入积分方程,并对单元区域进行积分,可获得含有待定系数(即单元中各节点的参数值)的代数方程组,称为单元有限元方程。

(5)总体合成。在得出单元有限元方程之后,将区域中所有单元有限元方程按一定法则进行累加,形成总体有限元方程。

(6)边界条件的处理。一般边界条件有三种形式,分为本质边界条件(狄利克雷边界条件)、自然边界条件(黎曼边界条件)、混合边界条件(柯西边界条件)。自然边界条件一般在积分表达式中可自动得到满足。本质边界条件和混合边界条件需按一定法则对总体有限元方程进行修正满足。

(7)解有限元方程。根据边界条件修正的总体有限元方程组,是含所有待定未知量的封闭方程组,采用适当的数值计算方法求解,可求得各节点的函数值。有限元法对椭圆形问题有很好的适应性。目前商用CFD软件中FIDAP采用的是有限元法。

3.有限体积法

有限体积法(Finite Volume Method,FVM)又称为控制体积法。其基本思路如下。

(1)将计算区域划分为一系列不重复的控制体积,并使每个网格点周围有一个控制体积。

(2)将待解的微分方程对每一个控制体积积分,便得出一组离散方程。其中的未知数是网格点上的因变量的数值。为了求出控制体积的积分,必须假定值在网格点之间的变化规律,即假设值的分段分布的分布剖面。

从积分区域的选取方法来看,有限体积法属于加权剩余法中的子区域法;从未知解的近似方法来看,有限体积法属于采用局部近似的离散方法。有限体积法的基本思路易于理解,并能得出直接的物理解释。离散方程的物理意义,就是因变量在有限大小的控制体积中的守恒原理,如同微分方程表示因变量在无限小的控制体积中的守恒原理一样。有限体积法得出的离散方程要求因变量的积分守恒使任意一组控制体积都得到满足,整个计算区域自然也得到满足。这是有限体积法的优点。有一些离散方法,如有限差分法,仅当网格极其细密时,离散方程才满足积分守恒;而有限体积法即使在粗网格情况下也显示出准确的积分守恒。

就离散方法而言,有限体积法可视作有限元法和有限差分法的中间物。有限元法必须假定值在网格点之间的变化规律(即插值函数),并将其作为近似解;有限差分法只考虑网格点上的数值而不考虑值在网格点之间如何变化。有限体积法只寻求网格点的节点值,这与有限差分法相类似;但有限体积法在寻求控制体积的积分时,必须假定值在网格点之间的分布,这又与有限元法相类似。在有限体积法中,插值函数只用于计算控制体积的积分,得出离散方程之后,便可忘掉插值函数;如果需要的话,可以对微分方程中不同的项采取不同的插值函数。就离散方法而言,有限体积法可视作有限元法和有限差分法的中间产物。

除了以上三种最常用的离散方法以外,还有边界元法、格子-玻尔兹曼方法、谱方法和多重网格方法等常用的离散方法,但由于篇幅有限,在此不再进行介绍和讨论。

本章小结

多旋翼无人机,也称为多旋翼无人直升机,是旋翼飞行器家族中的一员,其空气动力学属于旋翼飞行器空气动力学范畴,主要研究多旋翼无人机的旋翼与周围空气有相对运动时所产生的空气动力。研究的内容主要有四方面。一是基本理论方面:阐明旋翼与周围空气相互作用的空气动力现象、流动现象、流场分布等,分析空气流动时旋翼桨叶的受力情况,以便对桨叶的几何外形进行改造,来改善旋翼的气动特性,提高旋翼飞行器的性能,增进飞行品质。二是性能计算方面:在理论和试验的基础上,分析主要构造参数对飞行性能的影响,建立旋翼飞行器的空气动力计算方法,为旋翼飞行器设计所用。三是飞行力学方面:分析研究整体的平衡、稳定性和飞行品质问题。四是飞行品质方面:研究整架旋翼飞行器的平衡问题及其对操纵动作及推力与功率变化的反应;分析旋翼飞行器在各种飞行状态下的稳定性及操纵性包括对大气紊流的反应及如何控制的问题等。

本章重点讨论了旋翼三大经典理论、现代涡流理论和 CFD 理论的基本概念和内容。旋翼动量理论是牛顿定律在旋翼上的应用,其基本原理是依据动量守恒定律,建立旋翼拉力与流过旋翼桨盘的质量流量和远处尾迹中的诱导速度的关系。旋翼动量理论仅处理气流轴向流动,而叶素理论处理的是作用在桨叶上的气动力,把桨叶看成由无限个桨叶微段(即叶素)组成。考查每个叶素的运动、受力情况,并找出叶素的几何特性、运动特性和空气动力特性之间的关系。然后,对一片桨叶进而对整个旋翼进行积分,得到旋翼拉力和功率的公式。由于动量理论只是根据整个气流的运动特性描述旋翼桨盘的作用,无法涉及旋翼的几何形状;而叶素理论虽然从桨叶剖面的受力情况分析问题,但又不能解决沿半径的诱导速度分布。为了克服这些不足,产生了涡流理论。经典涡流理论包括桨盘涡系模型和桨叶涡系模型,前者旋翼被假设为具有无限片桨叶的桨盘,尾迹涡线连续地、规整地布置在圆柱涡面上;后者则由有限片桨叶后拖出的螺旋涡线组成,按来流速度和等效诱导入流确定其延伸方向的刚性尾迹。旋翼经典涡流理论以固定涡系模型为基础,不能分析诱导速度随时间的变化,也不能计入桨叶之间的气动干扰和涡系形状的畸变,计算得出的诱导速度不够精确。针对固定涡系存在的缺点,旋翼现代涡流理论以自由涡系模型为基础,计入尾流速度的不均匀性,从而大大提高旋翼空气动力计算精度。计算流体动力学(CFD)是建立在流体力学与数值计算方法基础上的独立的新型学科,通过计算机数值计算和图像显示的方法,在时间和空间上定量描述流场的数值解,从而达到对物理问题研究的目的。它兼有理论性和实践性的双重特点,建立了理论和方法,为现代科学中许多复杂的流动和传热问题提供了有效的计算技术。

本章的重点是学习旋翼的功用、旋翼数量和分布位置、飞行姿态与飞行状态的对应关系、旋翼工作效率和结构形式、旋翼的几何参数和工作原理；了解和熟悉旋翼的动量理论、叶素理论、经典涡流理论、现代涡流理论和CFD(计算流体动力学)的基本概念和内容，包括它们各自的假设条件和坐标系统，以及它们在旋翼飞行器处于不同飞行状态(垂直飞行及前飞)下的工作原理、计算公式和数学处理方法等。

习题

1. 什么是空气动力学？它们各有什么特点？阐述空气动力学的研究方法和基本问题。

2. 简述旋翼飞行器空气动力学的定义、研究的内容和工具。

3. 旋翼主要的几何参数有哪些？旋翼的参数无因次化的目的是什么？

4. 旋翼桨叶发生挥舞运动和摆振运动的原因是什么？

5. 论述垂直飞行时旋翼动量理论与前飞时旋翼叶素理论的差别。

6. 简述旋翼叶素理论的基本概念和内容。

7. 什么是儒氏旋翼？它有什么优缺点？

8. 垂直飞行和前飞时的叶素理论模型有哪些区别？

9. 简述垂直飞行时旋翼经典涡流理论模型的结构和基本假设的内容。

10. 简述前飞时旋翼经典涡流理论模型的结构和基本假设的内容。

11. 用涡系来代表旋翼，两者在什么方面的作用是等价的？

12. 如果型阻功率保持不变，什么状态总的需用功率最大？什么状态总的需用功率最小？

13. 简述旋翼现代涡流理论的基本概念和内容，它与经典涡流理论有什么区别？

14. 简述旋翼现代涡流理论中前飞时自由尾迹分析方法。

15. 如何用升力面涡格法进行附着涡面各元素及尾迹划分。

16. 什么是CFD方法？它有什么特点？

17. 说明流体运动的质量守恒、动量守恒、能量守恒和N-S方程的含义。

18. 列举三种最常用的控制方程离散化方法，并说明如何应用来求解N-S方程。

第**6**章

多旋翼无人机
结构动力学

主要内容

（1）多旋翼无人机结构动力学的基本概念。

（2）多旋翼无人机旋翼结构动力学分析。

（3）多旋翼无人机桨叶振动和旋翼整体振型。

（4）多旋翼无人机传动系统结构动力学分析。

（5）多旋翼无人机机体结构动力学分析。

6.1 多旋翼无人机结构动力学的基本概念

多旋翼无人机结构动力学属于旋翼飞行器结构动力学的范畴。本章主要阐述多旋翼无人机结构动力学的基本概念、基本思想方法和简谐振动问题，包括多旋翼无人机结构动力学的研究目的、内容、方法及其特点，并且介绍振动的分类等。

6.1.1 多旋翼无人机结构动力学的定义和特点

1. 多旋翼无人机结构动力学的定义

多旋翼无人机结构动力学是一门在多旋翼无人机设计中受到普遍重视且仍不断发展的学科。它主要研究多旋翼无人机结构的强迫振动、自由振动和动稳定性，不考虑空气动力与结构的弹性力、阻尼力和惯性力之间的相互作用；如果涉及空气动力，也只把它作为与结构振动运动无关的外力对待。结构动力学是研究气动弹性响应的基础。

1）结构

"结构"指的是受力结构，是能承受和传递载荷，并能保持足够强度和刚度的零件、部件的总称。多旋翼无人机结构的主要功能之一是承受和传递作用在它上面的各种载荷,多旋翼无人机的结构是构成多旋翼无人机的基础。

多旋翼无人机结构的飞行环境是十分复杂的,仅就力学环境来讲,多旋翼无人机结构不仅承受静力载荷(简称静载荷),而且承受动力载荷(简称动载荷)。静载荷是不随时间变化的稳定的作用力,动载荷是随时间变化的交变作用力或瞬间冲击作用力。多旋翼无人机所承受的动载荷是复杂的,它分为作用力随时间周期变化的周期载荷、作用力在很短时间内急剧变化的瞬态(冲击)载荷和载荷值只能用统计的方法进行定义的随机载荷等类别。

2)振动

"振动"是指物体的运动或某种状态随时间往复变化的现象。在这种往复运动变化的现象中,单位时间内运动重复的次数叫作频率,运动重复一次所需要的时间间隔称为周期。多旋翼无人机在动载荷作用下会产生振动现象。

3)结构动力系统

凡是能产生振动的研究对象统称为结构动力系统,如图 6-1 所示。

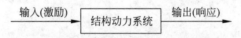

图 6-1　动力系统与激励(输入)、响应(输出)的关系

多旋翼无人机就是一种典型的结构动力系统,它在飞行过程中会产生振动或噪声。引起系统振动的动载荷,例如外加的动态力或位移、初始干扰等,统称为激励或输入;结构动力系统在输入下产生的效果称为系统的动态响应,简称响应,也称为输出,例如振动中产生的位移、速度、加速度、应力等。多旋翼无人机结构动力系统与激励(输入)、响应(输出)的关系如图 6-1 所示。

4)振动固有特性

多旋翼无人机结构所具有的固有动力学特性,包括固有频率与主振型等,只与系统的固有质量和刚度特性有关,而与振动的初始条件无关,称为系统的动态固有特性或振动固有特性。多旋翼无人机结构的动态特性中最基本的两个就是自由振动特性和强迫振动特性。前者反映了系统的固有特性,后者还与外激励有关。

5)多旋翼无人机结构动力学的研究目的

如果多旋翼无人机的结构不合理,动态特性不好,飞行中的动响应过大,就会使它在飞行过程中产生过大的结构动应力或变形,造成结构破坏或者使内部设备工作失灵,也可能引起结构颤振、发散等动力学不稳定现象,使结构迅速破坏。因此,结构动力学分析与设计工作在多旋翼无人机设计中是一个不可缺失的重要设计环节,受到普遍重视。

多旋翼无人机结构动力学的目的就是研究关于多旋翼无人机结构动力系统的振动固有特性,以及它在外激励作用下产生动响应的基本理论和分析方法,以使多旋翼无人机结构具有优良的动力学特性。根据多旋翼无人机结构动力系统输入、输出与系统特性三者之间的关系(如图 6-1 所示),可归纳出三类问题。

(1)响应计算:已知激励和系统模型,求响应,也称为正问题。

(2)系统识别:已知激励和响应,求系统特性,也称为参数识别或称为第一类逆问题。

(3)载荷识别:已知系统和响应,求激励,也称为第二类逆问题。

2．多旋翼无人机结构动力学的特点

结构动力问题与结构静力问题存在很大的差别。多旋翼无人机结构动力问题的基本特点主要表现在以下两个方面。

(1) 结构动力问题包含时间变量。静载荷是不随时间变化的稳态力,静力问题具有单一的解答。动力问题则不同,动载荷(输入)是随时间变化的速变力,因此,在动力分析中,输入(激励)的大小、方向甚至作用点,一般都是随时间而变化的。这就决定了动力系统的输出(响应)也随时间而变化,使动力问题不像静力问题那样具有单一的解答,而必须在动载荷作用的时间范围内求解结构响应的时间历程。结构中的内力、变形除了与载荷大小有关外,还与载荷的作用方式、载荷随时间的变化规律、结构的边界条件以及结构的固有特性、阻尼特性有关。此外,对于动力学问题,不仅要知道边界条件,还要知道初始条件。显然,时间变量是结构动力问题的基本变量之一,这使得动力分析比静力分析更加复杂。

(2) 惯性力的存在。结构动力的突出特征是存在振动现象。在振动过程中组成结构的质点具有加速度,从而在结构中产生了惯性力。惯性力的存在是动力学问题的又一特性。由理论力学质点动力学可知,随时变化的惯性力项的出现,使质点振动的运动方程为二阶常系数线性微分方程(在微幅振动条件下),这也就在一定程度上确定了运动方程的形式和求解的特点。因此,在结构动力学中,必须十分重视结构的质量大小与分布情况,注意研究振动中惯性力的状况。

6.1.2　多旋翼无人机结构动力学的研究方法和模型

1．多旋翼无人机结构动力学的研究方法

多旋翼无人机结构动力学的研究方法可分为分析的方法和试验的方法两大类。对多旋翼无人机设计来说,两种方法是相辅相成的,缺一不可。

1) 结构动力试验

多旋翼无人机结构动力试验包括模态试验、动力学环境试验、模拟试验等。这些试验既可以直接考核产品的动力学性能,也为结构动力分析提供必要的验证和数据。

2) 结构动力分析

多旋翼无人机结构动力分析方法先确定外激励的性质、大小与变化规律,确定初始条件,再将它的实际结构去粗取精,简化成结构动力分析模型(物理模型),进而建立起与之相应的振动微分方程(运动方程),即数学模型。

2．多旋翼无人机结构动力分析模型

多旋翼无人机结构十分复杂,其结构动力学同其他学科一样,不可能将原始结构拿来分析计算。必须根据分析的目的、要求的计算精度、结构的受力、传力特点、现有的计算条件来分析结构各部分在振动中的作用,综合简化,构建能正确反映结构动态特性的力学(物理)模型,即分析模型。

一般来说,力学模型可分为连续系统(或称分布参数系统)模型与离散系统(或称集中参数系统)模型,实际模型有时还可能是它们的复合模型。同一实际结构,根据分析的目的、内容、精度要求,可以简化成不同的模型。除了外激励外,结构动力学模型还必须包含质量、弹性、阻尼三大要素。对于集中质量系统,这些要素可以具体化为质量件、弹性件与阻尼件。

质量件是离散系统中产生惯性力、储存动能的功能件,通常假定它是刚体,具有惯性。

弹性件是系统中产生弹性恢复力、提供结构刚度、储存势能的功能件,一般假定它的质量略去不计。阻尼件是系统中产生阻尼力,使能量从动力系统中耗散出去的功能件。

当弹性件、阻尼件均为线性,系统在平衡位置附近做微幅振动时,离散系统的运动方程可用线性常微分方程表达。对于线性的连续系统,其运动方程可用线性偏微分方程描述。上述系统称为线性系统,其振动称为线性振动。凡是不能简化为线性系统的动力系统,都称为非线性系统,此类系统的振动称为非线性振动。如果一个结构动力系统的各个特性参数(质量、刚度、阻尼系数等)都不随时间而变化,即它们不是时间的显函数,这种系统就称为常参数系统(或不变系统),反之,称为变参数系统(或参变系统)。常参数系统的运动用常系数微分方程来描述,而描述变参数系统则需要用变系数微分方程。

一个实际的结构动力系统究竟应该采用哪一种模型,必须根据具体的情况进行具体分析,并且通过科学实验加以验证。

6.1.3　多旋翼无人机振动的类型

1. 按照振动系统的自由度数目分类

结构动力系统的自由度是指在振动过程的任何瞬时,为完全确定系统所处的空间位置和运动状态所必需的最少独立坐标数目。可分为以下三种振动类型。

(1) 单自由度系统的振动,即只用一个独立坐标就能确定系统空间位置和运动状态的振动。

(2) 多自由度系统的振动,即需要多个独立坐标才能确定空间位置和运动状态的系统振动。

(3) 连续体振动,即无限多自由度系统的振动,一般也称弹性体振动,需用偏微分方程来描述。

2. 按照振动的输入特性(激励)或控制方式分类

(1) 自由振动。自由振动是系统受初始干扰产生的振动,或者外激励力消失后存在的振动。自由振动只与系统自身相关,即振动的频率及振动形态只取决于系统的弹性和惯性性能,与外激励无关,能够反映系统最基本的动力特性,是研究其他各种振动的基础。

(2) 自激振动。自激振动是在没有周期外力作用下,由系统内部激发及反馈的相互作用产生的稳定的周期振动。这时激励是受系统本身控制的,在适当的反馈作用下,系统会自动地激起定幅振动,但一旦振动被抑制,激励也随之消失。自激振动的频率一般就是自由振动频率,自激振动的形成依赖于初始振动的存在,因为若没有初始振动,也就没有可以反馈的信号,系统就不能"起振"。振动过程中为了维持振动还必须有能量的输入。

自由振动和自激振动的本质区别在于,自由振动的激励来自外界,并且只在初始受激励;而自激振动的激励来自自身,并一直存在。

(3) 强迫振动。强迫振动是系统在外激励作用下被迫产生的振动。在强迫振动中,系统对外界激励做出的响应就是"服从",强迫振动的长期行为与初始状态无关。强迫振动中的频率及振幅不仅取决于系统本身的弹性、惯性、阻尼特性,而且与外激励的特性有关。例如,当多旋翼无人机的发动机工作时,由于旋转部分偏心,往往会形成周期性的激励力,从而激起结构的强迫振动。

(4) 参数振动。参数振动是系统自身参数变化激发的振动。如果振动的激励方式是通过周期性地或随机地改变系统的质量或弹性等特性参数来实现的,则这时所引起的振动称为参数振动。多旋翼无人机发动机工作不稳定产生的干扰,就可能激起发动机架的参数振动。

(5)共振。共振是指结构系统所受激励的频率与该系统的某阶固有频率相接近时,系统振幅显著增大的现象。共振时激励输入系统的能量最大。共振时的激励频率称为共振频率,近似等于结构系统的固有频率。单自由度系统共振频率只有一个,当对单自由度线性系统做频率扫描激励试验时,其幅频响应图上出现一个共振峰。多自由度线性系统有多个共振频率,做激励试验时相应出现多个共振峰。非线性系统共振区出现振幅跳跃现象,共振峰发生明显变形,并可能出现超谐波共振和次谐波共振。

3.按照振动的输出(响应)性质分类

(1)确定性振动:确定性系统指系统特性是确定性的,不论它是常参数系统还是变参数系统,在受到确定性激励时,响应也是确定性的。这类振动称为确定性振动,亦称为定则振动。这种振动包括简谐振动、周期振动、瞬态振动等。

(2)随机振动:随机振动指一个系统在受到随机激励时,系统的响应亦将是随机的。对随机振动不能用简单函数或简单函数的组合来表述其运动规律,而只能用统计的方法来研究其规律。

4.按照系统振动的运动规律分类

(1)周期振动:周期振动的振动量(如位移、速度、加速度等)是时间的周期函数,如果振动量用 $x(t)$ 表示,时间用 t 表示,那么周期振动可用下列运动方程描述:

$$x(t)=x(t+nT)\quad(n=1,2,3,\cdots)\tag{6-1}$$

式中 T 为周期,表示振动往复一次所需的时间间隔,常用 s(秒)为单位。$1/T=f$ 称为频率,表示单位时间内振动循环的次数,单位为 Hz(赫兹)。显然,后一周期重复前一周期的运动全过程。

(2)简谐振动:简谐振动是振动量为时间的正弦或余弦函数的周期振动,是最简单的周期振动。周期振动可以用谐波分析的方法展开为一系列简谐振动的叠加。

(3)非周期振动和瞬态振动:非周期振动的振动量是时间的非周期函数,不能再用式(6-1)描述其运动。如果这种振动只在很短的时间内存在,则称为瞬态振动。

周期振动和非周期振动的共同特点:系统特性是确定的,激励与响应也是确定性的;其振动量都是时间的函数;振动过程中任一瞬时,都可以得到确定的振动量,故它们都属于确定性振动。

(4)随机振动:随机振动的振动量不是时间的确定性函数,因而不能预测,只能用概率统计的方法进行研究。

5.按照系统结构参数的特性分类

(1)线性振动:线性振动是系统内的恢复力、阻尼力和惯性力分别与振动位移、速度和加速度成线性关系的振动,可用常系数线性微分方程来描述。线性振动叠加原理成立,系统自由振动的频率及模态是系统所固有的,其特性不随时间改变。

(2)非线性振动:非线性振动是系统内的恢复力、阻尼力和惯性力分别与振动位移、速度和加速度有一组以上不成线性关系时的振动,微分方程中将出现非线性项。叠加原理不成立。

6. 按振动位移的特征分类

（1）直线振动：直线振动的特征是振动体上质点的运动轨迹是直线。

（2）圆振动：圆振动的特征是振动体上质点的运动轨迹为圆弧线。

（3）弯曲振动：弯曲振动指振动体上的质点做沿轴方向的纵向振动和垂直于轴方向的横向振动。

（4）扭转振动：扭转振动指振动体上的质点只做绕轴线的振动，也称为角振动。

6.1.4　简谐振动与谐波分析

简谐振动虽然是最简单的周期振动，但它可以反映振动的基本特性，复杂的周期振动还可以用有限个简谐振动的叠加来研究。

1. 简谐振动的表示方法

简谐振动可以用正弦或余弦函数表示，如图6-2所示，其典型的运动方程为

$$x(t) = A\sin(\omega_0 t + \varphi) \tag{6-2}$$

式中，简谐振动的三要素（振幅、频率、初相位）分别是：A 为振幅，表示振动中的最大位移量；φ 为初相位；ω_0 为圆频率或角频率，表示频率 f 的 2π 倍，单位为弧度/秒（rad/s）；$T = 1/f$ 为周期，即

$$\omega_0 = 2\pi f = 2\pi/T \tag{6-3}$$

2. 简谐振动的复数表示方法

根据复数的向量表示法，在复平面上的一个复数 Z 代表该复平面（Re, Im）上的一个矢量，如图6-3的向量 $\overrightarrow{OP}$ 所示。图6-3中 Re 表示实轴，Im 表示虚轴，矢量的模就是复数 Z 的模 A，其位置由复角 θ 确定。

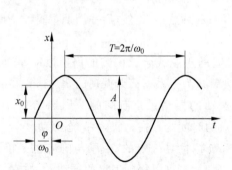
图6-2　简谐振动用正弦函数表示的示意图

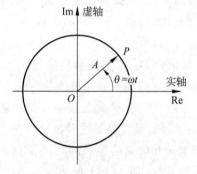
图6-3　用旋转矢量表示简谐振动

如图6-3所示，Z 的表达式为

$$Z = A(\cos\theta + i\sin\theta) = A e^{i\theta} \tag{6-4}$$

式中，i 为虚轴的单位长度，即 $i = \sqrt{-1}$。

向量 $\overrightarrow{OP}$ 绕 O 点以等角速度 ω 在复平面内逆时针旋转时，就是复数旋转矢量。它在任一瞬时的复角 $\theta = \omega t$，则复数 Z 的表达式为

$$Z = A(\cos\omega t + i\sin\omega t) = A e^{i\omega t} \tag{6-5}$$

因此，简谐振动也可用复数 Z 所代表的复旋转向量来表示。复旋转向量在复平面虚轴和实轴上的投影分别为

$$\text{Im}(Z) = A\sin\omega t$$
$$\text{Re}(Z) = A\cos\omega t \tag{6-6}$$

显然 $x = \text{Im}(Z)$，即式(6-6)表示了一种简谐振动。在结构动力学分析中，往往将简谐振动按照复数运算法则进行运算，在最后得到的复数结果中，取其虚部就是所求的简谐振动了。

3. 简谐振动的位移、速度和加速度

简谐振动的位移如式(6-2)所示，速度与加速度向量如式(6-7)、式(6-8)所示。简谐振动的速度和加速度仍然为同频率的简谐振动。

$$u(t) = \dot{x}(t) = \omega_0 A\sin\left(\omega_0 t + \varphi + \frac{1}{2}\pi\right) \tag{6-7}$$

$$a(t) = \ddot{x}(t) = \omega_0^2 A\sin(\omega_0 t + \varphi + \pi) \tag{6-8}$$

式中，$u(t)$ 和 $a(t)$ 分别表示速度、加速度，比较式(6-2)与式(6-8)，有

$$a(t) = \ddot{x}(t) = -\omega_0^2 x \tag{6-9}$$

式(6-9)表明简谐振动加速度的大小与位移成正比，而两者方向相反，加速度始终指向振动的静平衡位置。

图 6-4(a)以向量表示简谐振动的位移、速度与加速度，图 6-4(b)则用正弦函数表示简谐振动。两个同频率简谐振动相加，仍然为同频率的简谐振动。

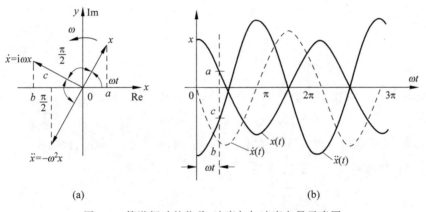

图 6-4　简谐振动的位移、速度与加速度向量示意图

6.1.5　单自由度系统的自由振动

单自由度系统是最简单的动力系统，对单自由度系统的分析能揭示振动系统的很多基本特性。由于多自由度系统和连续系统的振动，就其各阶振动模态而言，常常可以看成是许多单自由度系统特性的线性叠加，因此研究单自由度系统的振动特性是多旋翼无人机结构动力学的基础。

1. 无阻尼自由振动的运动微分方程

无阻尼自由振动是系统不受外力，也无阻尼力时所做的振动。这种动力系统由"无质量"的弹簧和"无弹性"的质量件组成，典型分析模型如图 6-5 所示。因为它的系统不存在阻尼，没有能量损耗，只受到重力场和弹性力场作用，故属于保守系统，服从机械能守恒定律。

一旦振动起来，将永远振动下去。现取质量为 m 的质量件的静平衡位置为独立坐标原点，建立线位移 x 坐标系（向下为正），λ 为静位移，弹簧刚度为 k。

在图 6-5 中，l 表示弹簧未受力时的原长，挂上重力为 W 的质量块后，弹簧的静伸长为 λ，此时系统处于静平衡状态，平衡位置为 $O\text{-}O$。由静平衡条件得 $K\lambda=W$。当系统受到外界某种初始干扰后，系统的静平衡状态受到破坏，弹性力不再与重力平衡，产生弹性恢复力，使系统产生自由振动。因为静平衡位置为坐标原点，x 为系统的广义坐标，取向下为正，则当质量块离开平衡位置的位移为 x 时，质量块所受的作用力是重力 W 和弹性力 $k(\lambda+x)$。由于受力不平衡，质量块即产生加速运动。根据牛顿第二定律有

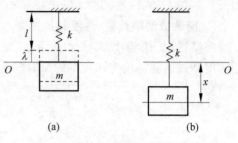

图 6-5　单自由度系统无阻尼自由
振动动力学模型

$$m\ddot{x}=W-k(\lambda+x)=-kx$$

即

$$m\ddot{x}+kx=0 \tag{6-10}$$

式（6-10）就是单自由度系统固有振动或无阻尼自由振动的运动微分方程。

因 $(k/m)>0$，故可令

$$\omega_n^2=\frac{k}{m} \tag{6-11}$$

则

$$\ddot{x}+\omega_n^2 x=0 \tag{6-12}$$

式（6-12）是二阶齐次常系数线性微分方程，其通解为

$$x=c_1\sin\omega_n t+c_2\cos\omega_n t \tag{6-13}$$

式中，c_1 和 c_2 可根据运动初始条件求出。设 $t=0$ 时，$x=x_0$，$\dot{x}=\dot{x}_0$，代入式（6-13），求出常数 c_1 和 c_2 后，得通解为

$$x=x_0\cos\omega_n t+\frac{\dot{x}_0}{\omega_n}\sin\omega_n t \tag{6-14}$$

因为同频率简谐振动之和仍为同频率的简谐振动，式（6-14）可写成

$$x=X\sin(\omega_n t+\varphi) \tag{6-15}$$

式中，

$$X=\sqrt{x_0^2+\left(\frac{\dot{x}_0}{\omega_n}\right)^2} \tag{6-16}$$

$$\varphi=\arctan\left(\frac{\omega_n x_0}{\dot{x}_0}\right) \tag{6-17}$$

由式（6-11）可得到无阻尼单自由度系统的振动固有圆频率（单位是 rad/s）为

$$\omega_n=\sqrt{\frac{k}{m}} \tag{6-18}$$

固有频率（单位是 Hz）为

$$f_n = \frac{1}{2\pi}\sqrt{\frac{k}{m}} \tag{6-19}$$

2．无阻尼自由振动的特性

（1）单自由度系统无阻尼自由振动为简谐振动，振动频率只与系统本身的物理性质（弹性和惯性）有关，故称为系统的固有频率。

（2）刚度相同的两个单自由度系统，其固有频率随质量的增大而减小；质量相同的两个系统，其固有频率随系统刚度的增大而增大。

（3）系统的初始条件对系统固有频率没有影响，而振幅 X 与初相位 φ 均由初始条件决定。振幅和初相位都决定于初始条件，这是自由振动的共同特性。

（4）数值不变的常力（如重力 W）作用在系统上，只改变系统的平衡位置，而不影响系统的运动规律、固有频率、振幅和初相位，即不影响系统的振动固有特性。

6.2　多旋翼无人机旋翼结构动力学分析

多旋翼无人机旋翼桨叶的结构动力学特性主要指桨叶的模态特性，即固有振型以及对应的固有频率。它是研究旋翼动力学问题的基础和出发点，对多旋翼无人机的动力学问题往往起着重要的以至决定性的作用，甚至对多旋翼无人机的飞行品质也有重要影响。

6.2.1　旋翼的结构形式

旋翼飞行器具有多个旋翼，每个旋翼都是由数片桨叶及一个桨毂组成的。旋翼形式是指旋翼桨叶与旋翼轴的连接方式，也就是旋翼桨毂的结构形式，不同的旋翼形式设计特点有明显的差别。

1．旋翼桨毂的结构形式

旋翼桨毂结构对旋翼飞行器的气动性能、振动、重量、维修成本、操纵性、稳定性等都有重大影响，设计结构简单、可靠、低成本、高效的桨毂，受到航空业界的一致关注。到目前为止，已在实践中应用的旋翼形式有铰接式、半铰接式、无铰式、无轴承式和螺旋桨式，它们各自的特点如下。

1）铰接式

铰接式旋翼桨毂通过在桨毂上设置挥舞铰、摆振铰和变距铰来实现桨叶的挥舞、摆振和变距运动。典型的铰接式桨毂铰的布置顺序（从里向外）为挥舞铰、摆振铰、变距铰，如图 6-6 所示。在轴向铰中除了用推力轴承来负担离心力并实现变距运动外，另一种流行的方式是利用弹性元件拉扭杆来执行这个功能。这样，在旋翼进行变距操纵时必须克服拉扭杆的弹性及扭矩。为了减小操纵力，就必须使拉扭杆有足够低的扭转刚度。铰接式桨毂构造复杂，维护检修的工作量大，疲劳寿命低。

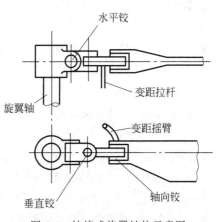

图 6-6　铰接式旋翼结构示意图

2）半铰接式

半铰接式旋翼桨毂有万向接头式和跷跷板式两种不同的结构形式。

万向接头式旋翼桨毂的两片桨叶通过各自的轴向铰和桨毂壳体互相连接，而桨毂壳体又通过万向接头与旋翼轴相连。挥舞运动通过万向接头实现，改变总距通过轴向铰实现。跷跷板式旋翼和万向接头式旋翼的主要区别是桨毂壳体只通过一个水平铰与旋翼轴相连，这种桨毂构造比万向接头式简单一些，但是总距也是通过变距铰来实现的，如图 6-7 所示。一般变距铰采用拉扭杆来负担离心力。这两种桨毂形式与铰接式相比，其优点是桨毂构造简单，去掉了摆振铰、减摆器，两片桨叶共同的挥舞铰不负担离心力而只传递拉力及旋翼力矩，轴承负荷比较小，没有"地面共振"问题。

3）无铰式

无挥舞铰和摆振铰，只保留变距铰，桨叶的挥舞、摆振运动完全通过桨根弹性变形来实现。桨叶在挥舞、摆振方向，根部是固定支持的，扭转与铰接式相同。与铰接式旋翼相比，无铰式旋翼结构的力学特性与飞行的力学特性联系更为密切。它主要是由中央星形件、球面层压弹性体轴承、粘弹减摆器（也称频率匹配器）、夹板和自润滑关节轴承等组成的，如图 6-8 所示。

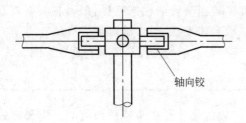

图 6-7 半铰接式（跷跷板式）旋翼结构示意图　　　图 6-8 无铰式旋翼结构示意图

4）无轴承式

无挥舞、摆振、变距铰，挥、摆、扭运动完全通过桨根柔性梁来实现（如图 6-9 所示）。桨叶在挥、摆方向，根部支持同无铰式，扭转为弹性约束。无轴承桨毂的主要结构是由单向复合材料制成的柔性梁，柔性梁外端同桨叶相连接，内端同固定在旋翼轴上的连接盘相连。柔性梁在保证一定的弯曲刚度和强度的情况下，扭转刚度很低，起到了挥舞、摆振和变

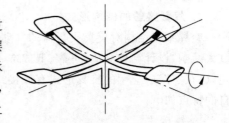

图 6-9 无轴承式旋翼结构示意图

距铰的作用。该桨毂结构简单，零件数量少，为全复合材料结构，破损安全性能好，寿命长；外形尺寸小，阻力小，重量轻。由于无轴承桨毂取消了所有的"铰"，桨叶的挥舞、摆振、变距都要靠柔性梁的挠曲变形来实现。这样，无轴承旋翼的一个突出的特点就是强烈的变距-挥舞-摆振弹性耦合，对旋翼结构动力学特性和气动弹性力学特性影响较大。

5）空气螺旋桨式

旋翼飞行器使用的空气螺旋桨大多是定距式的，桨叶总距固定不变，旋翼通过调节转速来改变升力的大小。其结构特点是桨叶扭转角较大，原因是为了提高效率，必须使螺旋桨各剖面在升阻比较大的迎角下工作，因此螺旋桨的桨叶角从桨尖到桨根按一定规律逐渐加大。定距螺旋桨一般直径都比较小，优点是构造简单，重量轻（如图 6-10 所示）。

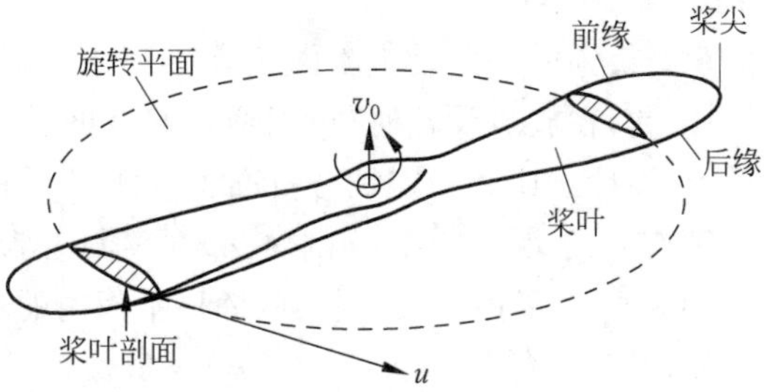

图 6-10　空气螺旋桨式旋翼结构示意图

2. 旋翼桨叶的外形和材料

1）桨叶的气动外形设计

桨叶气动外形设计的主要内容包括翼型及配置、平面形状、负扭转等。

（1）翼型：桨叶翼型既要满足后行工作区低 Ma、大 C_y 值的要求，又要满足前行工作区高 Ma、小 C_y 值的要求，还要满足悬停状态要求。翼型的升力特性、阻力特性、力矩特性要求是个多目标问题，相互有矛盾。因此，要选择旋翼桨叶专用的高性能先进翼型。

（2）先进的桨尖形状：采用先进的桨尖形状可延缓气流分离（前、后行），改善气动载荷分布及桨涡干扰，降低振动和噪声，提高气动效率。

2）桨叶的结构形式及材料

影响桨叶结构形式及材料选择的主要因素有气动效率、疲劳强度等。

（1）金属桨叶：20 世纪 50～60 年代，旋翼主要采用金属桨叶，主承力件是一根铝合金 D 形或 C 形大梁，大梁同时构成翼型前缘外形。桨叶载荷主要由大梁承受，使用寿命可达 1000 小时以上。

（2）复合材料桨叶：20 世纪 70 年代以后，旋翼采用复合材料桨叶。复合材料的应用为研制非常规桨叶外形提供了条件，使桨叶外形设计可以做到精细化，实现优化设计。通过改变桨叶扭转规律、翼型配置，采用特型桨尖等，使桨叶性能大幅度提高，振动和噪声水平大大降低。经过优化的桨叶，悬停效率可达到 0.8，旋翼升阻比达到 10.5，功率减少 10%。

6.2.2　多旋翼无人机的旋翼桨叶振动

多旋翼无人机的旋翼桨叶主要有三个方向的运动，即挥舞（水平）方向、摆振（垂直）方向以及扭转（变距）方向，相应地也就有这三个方向的振动模态。由于旋翼系统的复杂性，实际上，桨叶的挥舞、摆振、扭转运动之间存在着耦合作用，以及桨叶同机身运动的耦合。目前多旋翼无人机旋翼桨叶多采用复合材料制造，因此，单纯的桨叶结构模型的研究多以复合材料为对象。

多旋翼无人机旋翼桨叶结构动力学的研究目前还没有更多地考虑旋翼桨叶内部的结构问题。假设桨叶整体为刚性体，采用带弹簧约束铰的刚性桨叶模型，可利用类似于在固定翼飞机气动弹性分析中广泛应用的典型剖面方法进行分析，把桨叶当成可以进行挥舞弯曲、摆振弯曲、弹性扭转和轴向变形的弹性细长梁。旋翼桨叶结构动力学方程是包含空间和时间微分项的非线性耦合的微分方程，通过计算，可以得到旋翼桨叶挥舞、摆振、扭转各阶固有频率随旋翼转速 Ω 的变化规律以及固有振型。

1. 旋翼桨叶挥舞方向的弯曲振动

桨叶挥舞面的固有特性对旋翼的一些动力学问题有重大的影响。旋翼桨叶动力特性的分析比较简单,精度较高。因此,在旋翼设计时,可以通过桨叶的动力特性设计来控制动力学问题的性质,并为桨叶气动弹性响应和稳定性分析准备条件。

假设旋翼桨叶为绕 y 轴旋转的梁,该旋转梁剖面 dr 在离心力 N 和气动力载荷 T 作用下(如图 6-11 所示),利用牛顿法(力平衡法)得到桨叶挥舞平面内的弯曲振动方程为

$$(EJ_\beta y'')'' - (Ny')' + m\ddot{y} = T$$

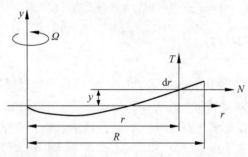

图 6-11　旋翼桨叶剖面在离心力和气动力载荷作用下的弯曲振动

如果桨叶气动力载荷 $T=0$,由上式得到旋转桨叶的弯曲自由振动方程

$$(EJ_\beta y'')'' - (Ny')' + m\ddot{y} = 0 \tag{6-20}$$

式中,EJ_β 为桨叶剖面挥舞弯曲刚度;m 为桨叶单位长度质量;y 为桨叶挥舞变形;$N = \int_r^R rm\Omega^2 dr$ 为桨叶剖面 r 承受的离心力。

式(6-11)有各种不同的解法。为了研究桨叶结构特性对固有频率的影响,采用能量法还是比较方便的。应用分离变量法及固有振型的正交性,对式(6-20)进行变换后可得出积分表达式

$$\int_0^R EJ_\beta (y_i'')^2 dr + \int_0^R N(y_i')^2 dr - \omega_{\beta i}^2 \int_0^R m y_i^2 dr = 0 \tag{6-21}$$

式中,y_i 为 i 阶振型函数;$\omega_{\beta i}$ 为 i 阶振动固有频率。

式(6-21)中第一项代表振动位移最大时的系统弹性变形势能,第二项代表这时的离心力势能,第三项代表系统速度最大(位移为零)时的动能,这样整个公式的物理意义就是系统的最大势能等于最大动能,还可以把第一项及第二项之和称为 i 阶振型的广义刚度 K_i,而把 $\int_0^R m y_i^2 dr$ 称为 i 阶振型的广义质量 M_i,这样,就可以得出频率 $\omega_{\beta i}$ 的表达式:

$$\omega_{\beta i} = \sqrt{\frac{K_i}{M_i}} \tag{6-22}$$

式中,K_i、M_i 分别为第 i 阶振动模态的广义刚度和广义质量。其中广义刚度为

$$K_i = \int_0^R EJ_\beta (y_i'')^2 dr + \Omega^2 \int_0^R (y_i')^2 dr \int_r^R m\eta d\eta \tag{6-23}$$

式中,右端第一项为弹性刚度;第二项为离心力刚度。

第 i 阶振动模态的广义质量为

$$M_i = \int_0^R m y_i^2 dr \tag{6-24}$$

1）边界条件

旋转桨叶的弯曲自由振动微分方程的边界条件如下。

（1）铰接式：

$$\begin{cases} y(0)=0 \\ y''(0)=0 \\ y''(R)=0 \end{cases} \qquad (6-25)$$

（2）无铰式：

$$\begin{cases} y(0)=0 \\ y'(0)=0 \\ y''(R)=0 \end{cases} \qquad (6-26)$$

2）振动特点

旋翼桨叶弯曲自由振动的特点如下。

（1）铰接式：0 阶振型是一条直线，即刚体挥舞 $y_0(\bar{r})=\bar{r}$；振型随转速变化。图 6-12 所示为典型的铰接式旋翼桨叶 0 阶及前三阶振型图，图 6-12 所示为水平铰外移量（水平铰轴线与旋翼轴线之间的距离）为零的情况。当水平铰外移量不为零时，式(6-23)右方第二项要有所变化，但不是实质性的，在此从略。铰接式旋翼桨叶挥舞面低阶的固有频率有一个突出的特点：桨叶本身挥舞面弯曲刚度的变化对它影响很小。振型的阶次越低，这一特征越明显。

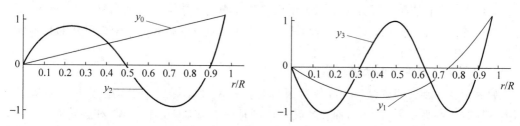

图 6-12　铰接式桨叶弯曲振动 0～3 阶振型示意图

（2）无铰式：其 1 阶振型对应铰接式 0 阶，2 阶振型对应铰接式 1 阶，区别在桨叶根部：铰接式根部铰接支持，而无铰式及无轴承式根部固定支持，模态弯矩根部最大（如图 6-13 所示）。

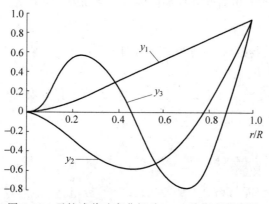

图 6-13　无铰式桨叶弯曲振动 1～3 阶振型示意图

3）振动频率计算

旋翼桨叶弯曲自由振动频率计算如下。

铰接式 0 阶振动频率计算：由于旋翼桨叶是刚体挥舞，$EJ_\beta y'' = 0$，弹性力项不存在，基阶模态的固有频率可表示为

$$\omega_{\beta0} = \sqrt{\left(1 + l_{pj}\frac{M_{pj}}{I_{pj}}\right)\Omega^2} \tag{6-27}$$

式中，l_{pj}、M_{pj}、I_{pj} 分别为挥舞铰外伸量、绕挥舞铰的质量静矩及惯矩。

$$M_{pj} = \int_0^{R-l_{pj}} mx\,\mathrm{d}x \tag{6-28}$$

$$I_{pj} = \int_0^{R-l_{pj}} mx^2\,\mathrm{d}x \tag{6-29}$$

当挥舞铰外伸量 $l_{pj} = 0$ 时（中心铰），如跷跷板式旋翼，$\omega_{\beta0} = 1\Omega$。当挥舞铰外伸量 $l_{pj} > 0$ 时，由于构造上的限制，挥舞铰外伸量不可能太大，即使是带弹性铰的旋翼一般 l_{pj}/R 也不超过 5%，所以，铰接式旋翼桨叶 $\omega_{\beta0} = 1\Omega \sim 1.04\Omega$，一般不会超过 1.04Ω。

桨叶的挥舞固有频率可以认为是由两部分组成的，即

$$\omega_{\beta i}^2 = \frac{\int_0^R EJ_\beta(y_i'')^2\,\mathrm{d}r}{\int_0^R my_i^2\,\mathrm{d}r} + \frac{\Omega^2\int_0^R(y_i')^2\,\mathrm{d}r\int_r^R m\eta\,\mathrm{d}\eta}{\int_0^R my_i^2\,\mathrm{d}r} \tag{6-30}$$

式（6-30）中右边第一部分主要取决于旋翼桨叶刚度与质量之比及刚度、质量分布规律，与弹性梁的振动是一样的；第二部分取决于旋翼桨叶质量分布规律。对桨叶挥舞固有频率而言，第二项是主要的，第一项是次要的。

2. 旋翼桨叶摆振方向的弯曲振动

旋翼桨叶在旋转面内振动与在挥舞面内振动的区别是离心力的作用方式不同，在挥舞面内振动时离心力是平行力系，而在旋转面内则是中心力系。也就是说，在旋转面内离心力的刚度要比挥舞面内低一些。

利用牛顿法（力平衡法）得到桨叶摆振面内的弯曲振动方程为

$$(EJ_\xi X'')'' - (NX')' - m\Omega^2 X + m\ddot{X} = T_C$$

桨叶气动阻力 $T_C = 0$，可得桨叶摆振面内自由振动微分方程为

$$(EJ_\xi X'')'' - (NX')' - m\Omega^2 X + m\ddot{X} = 0 \tag{6-31}$$

式中，X 为旋转面振动位移；J_ξ 为桨叶剖面惯性矩；i 阶固有频率为 $\omega_{\xi i}$，而 $m\Omega^2 X$ 项是因为离心力的作用方式不同而产生的。

利用分离变量、固有振型的正交性，可得到能量方程（积分表达式）及固有频率表达式：

$$\int_0^R EJ_\xi(X_i'')^2\,\mathrm{d}r + \int_0^R N(X_i')^2\,\mathrm{d}r - \omega_{\xi i}^2\int_0^R mX_i^2\,\mathrm{d}r - \Omega^2\int_0^R mX_i^2\,\mathrm{d}r = 0 \tag{6-32}$$

$$\omega_{\xi i}^2 = \alpha_i^2\frac{EJ_{\xi 0}}{m_0 R^2} + (K_{0i} - 1)\Omega^2 \tag{6-33}$$

式中，α_i 表示弹性变形势能与离心力势能之比。

可以看出，桨叶摆振离心力刚度、离心力势能，都要比挥舞振动的情况低一些，而在同样条件下，摆振固有频率的平方也要比同阶挥舞固有频率的平方小一个 Ω，但是由于桨叶翼型

6.2.3　多旋翼无人机旋翼整体振型

以上讨论的是单片桨叶的固有特性,但一副旋翼是由多片桨叶构成的,在研究旋翼动力学问题时,必须考虑如何描述整个旋翼的运动。这时可以用整体振型的概念,特别是在对旋翼与机体耦合动力学的研究中。整体振型是多片桨叶同频率、同幅值运动时,由于相位不同而形成的运动形态。以 4 叶旋翼为例来说明这个问题。这种旋翼可以有 4 种振型。

1. 集合型振动模态

旋翼集合型振动模态各片桨叶之间的相位差为零(或 2π 的整数倍数),也就是说振动是同相的。各片桨叶做同频、同幅而且相位相同的运动。称这种挥舞振动为"伞形振动",如图 6-17 所示。

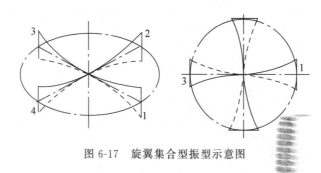

图 6-17　旋翼集合型振型示意图

2. 后退型振动模态

旋翼后退型振动模态各片桨叶之间的相位顺旋翼旋转方向依次递增 $2\pi/k$(k 为桨叶片数),对于 4 叶旋翼也就是依次递增 $\pi/2$。这种振型的几何图像也有明显的特点,桨叶挥舞振动时,各片桨叶的桨尖处在一个倾斜的平面(桨尖平面)中。在旋转坐标系中,桨尖平面保持其倾斜角不变,而以与桨叶振动角频率 ω 相同的角速度绕旋翼轴线逆旋翼旋转方向而转动,或者说,桨尖平面的最高点以角速度 ω 逆旋翼旋转方向而转动,这也就是取名为"后退型"的原因(如图 6-18 所示)。

对于摆振振动,其特征也相类似,整个旋翼的重心偏离了旋翼轴线,而偏离的重心又以角速度 ω 逆旋翼旋转方向而转动。值得注意的是,对于旋转坐标系,后退型以角速度 ω 逆旋翼转向而转动;而对于固定坐标系,则后退型以角速度 $(\omega-\Omega)$ 逆旋翼转向转动($\omega>\Omega$),或以 $(\Omega-\omega)$ 顺旋翼转向转动($\omega<\Omega$)。

3. 前进型振动模态

旋翼前进型振动模态各片桨叶之间的相位顺旋翼旋转方向依次递减 $2\pi/k$,对于 4 桨叶旋翼也就是依次递减 $\pi/2$。这种振型的几何特点与后退型相类似,区别只在于对于旋转坐标系,前进型是顺旋翼旋转方向以角速度 ω 转动,这也就是前进型取名的由来,而对于固定坐标系,前进型就以角速度 $(\omega+\Omega)$ 顺旋翼转向而转动。

4. 无反作用型振动模态

在旋翼无反作用型振动模态下,4 桨叶旋翼各片桨叶之间的相位依次递增(或减)π(如图 6-19 所示)。由于两对桨叶(相对的两片桨叶称为一对)的振动是反相的,因此旋翼以这种振型振动时对于旋翼支持系统没有反作用力,这也就是无反作用型的含义。无反作用型的摆振振动中,桨叶的运动类似于剪刀的运动,因而又可以称为"剪刀型"振型。

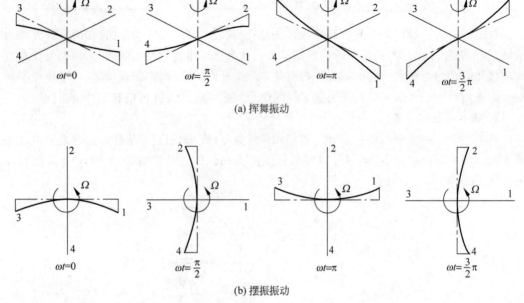

(a) 挥舞振动

(b) 摆振振动

图 6-18　旋翼后退型振型示意图

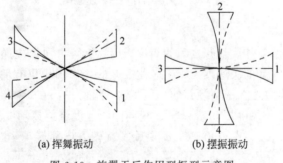

(a) 挥舞振动　　　　　(b) 摆振振动

图 6-19　旋翼无反作用型振型示意图

5．旋翼整体振型的特点

（1）旋翼整体振型的数目总是与桨叶片数相同。对于 3 叶旋翼就只可能有集合型、后退型及前进型这三种振型，而不会出现无反作用型振型。对于 5 叶旋翼，则除了集合型、后退型及前进型之外，还存在两种所谓"翘曲型"振型，这两种振型同样也不在旋翼支持系统中引起反作用力。

（2）不同的旋翼振型与旋翼交承系统的耦合关系也不同。

① 无反作用型基本上不存在耦合问题，其固有特性可以认为与孤立桨叶相同。

② 集合型的挥舞振动旋翼对旋翼支承系统的作用力是垂直方向的，会与包括机体在内的旋翼支持系统在桨毂中心处有垂直运动的振型发生耦合。集合型的摆振振动会与旋翼轴的扭转振动发生耦合。

③ 后退型或前进型的摆振振动在桨毂中心处作用有纵向及横向的水平力，会与桨毂中心处有水平运动的机体振型发生耦合。

④ 无铰式旋翼及水平铰外移量不等于零的铰接式旋翼，其后退型或前进型的挥舞振动

会在桨毂中心处引起纵向及横向的力矩,也就会与相应的机体振型发生耦合。

（3）有几个旋翼整体振型,就会有几种不同的固有特性。例如,桨叶的 1 阶摆振振动就有无反作用型、集合型、后退型及前进型等不同的振型及固有频率。在某些情况下,不同的旋翼振型固有特性会有较大的差别,对于桨叶的扭转振动,这个特点表现得最为明显。集合型的扭转振动只会与旋翼总距操纵线系发生耦合,由于线系的弹性对扭转振动固有频率影响较大,而不同线系的刚度又差别较大,因此对不同的旋翼振型,固有频率的差别比较大。

6.3　多旋翼无人机传动系统结构的动力学分析

多旋翼无人机传动轴系是由传动轴段、联轴器以及减速器等零部件组成的动力传动链,它在工作时处于高速旋转状态,用于将发动机输出功率和扭矩传递给旋翼系统。传动轴系统不仅有“扭转”振动问题,而且还有轴系的横向振动和纵向振动问题,其中最常见的是“扭转”和横向振动两种。

6.3.1　多旋翼无人机传动轴的临界转速

1. 传动轴临界转速的定义

当多旋翼无人机传动系统在发动机的带动下高速旋转时,由于转轴结构本身总会存在一些微小的质量不平衡（例如转轴的质心轴线偏离转动轴线）和初始弯曲变形,在这些动不平衡因素的作用下就会产生以离心力为表征的周期性干扰力,从而引起传动轴的横向弯曲振动。如果这种强迫振动的频率与传动轴的弯曲固有频率接近或相等,就出现了共振现象,产生共振现象时的传动轴的转速就是临界转速。

多旋翼无人机传动系统的临界转速与其结构零部件材料的弹性特性、传动轴系的形状和尺寸、支撑形式和零部件质量等有关。理论上传动系统有无穷多个临界转速,因为传动轴在运转过程中总会发生振动,其振动固有频率和振型的数值由小到大可分解为 1 阶、2 阶……n阶。转动件的振幅随转速的增大而增大,到某一转速时振幅达到最大值（即发生了共振）,超过这一转速后,振幅随转速的增大逐渐减小,且稳定于某一范围内,这一传动轴振幅最大的转速称为传动轴的临界转速,即转子的临界转速等于转子的固有频率。当转速继续增大,接近 2 倍固有频率时,振幅又会增大；当转速等于 2 倍固有频率时称为 2 阶（级）临界转速,以此类推,有 3 阶、4 阶……n阶临界转速。为了避免传动轴在高转速下发生共振,传动系统设计要求传动轴不得与任何 1 阶临界转速相接近,也不得与 1 阶临界转速的简单倍数和分数相接近。

2. 传动轴临界转速的设计方式

在多旋翼无人机传动系统的横向弯曲振动设计上,必须在传动轴转速范围内充分地避开任何横向弯曲的频率。一般有亚临界设计、超临界设计和高超临界设计三种方式。

（1）亚临界设计:使传动系统的最低阶临界转速高于它的最大工作转速,并留有一定余量。采用亚临界设计的优点是其固有的设计简便性,因为亚临界轴系经检验是可靠的,除了需要进行平衡调整来减小振动外,并无其他的动力学问题。其缺点是传动轴系笨重庞大,且不适合在高转速下工作。

（2）超临界设计:使传动系统工作转速在 1 阶和 2 阶临界转速之间。

(3) 高超临界设计：使传动系统工作转速在 2 阶和 3 阶临界转速之间。

超临界设计和高超临界设计方案的优点是可以让传动系统结构更简单,振动更小,从而减轻重量;传动轴质心更趋于接近旋转中心,需要的支撑弹性刚度更小,对于结构振动的敏感性更低等。因此这两种设计方式目前已成为一种趋势。

超临界设计和高超临界设计的缺点是比亚临界设计存在更多的振动问题,主要包括以下几个问题。

① 附加外部阻尼器：超临界设计和高超临界设计的传动轴系不仅要求有较大的临界转速裕度,而且在运转过程中必须满足苛刻的振动限制条件要求,以保证有足够的疲劳寿命,因此需要首先为传动系统提供外部阻尼器,然后在系统启动阶段很快地通过低阶临界转速。

② 稳定性条件：由于超临界和高超临界传动系统内部阻尼会产生不稳定问题,为了消除这种不稳定性,系统在超临界和高超临界转速下,对于传动轴的第 i 阶横向振动模态,该运动稳定的条件为

$$\frac{\Omega}{\omega_i} = r_i < \frac{\xi_2}{\xi_1} = \frac{\xi_{\text{int}} + \xi_{\text{ext}}}{\xi_{\text{int}}} \tag{6-41}$$

式中,ω_i 为第 i 阶横向弯曲模态的固有频率;ξ_1 为无外部阻尼时传动轴横向弯曲模态的阻尼比;ξ_2 为有外部阻尼时传动轴横向弯曲模态的阻尼比;ξ_{int} 为内阻尼比;ξ_{ext} 为外阻尼比;Ω 为传动轴转速。

3. 传动轴临界转速的计算

多旋翼无人机传动系统的临界转速计算主要是传动轴系各阶临界转速和振型的计算,并将临界转速计算数值与传动轴系的常用工作转速进行比较和分析,明确传动轴系各阶临界转速的裕度。一般来说,超临界轴在工作转速范围内的临界转速振型主要表现为 1 阶弯曲振动。

考虑到传动轴系安装在多旋翼无人机的机体上,其支承具有弹性,即当传动轴受力时,支承将沿受力方向发生变形。以双简支轴、盘装于中央的情况为例,设两个支承的刚度系数为 K_1,轴的刚度系数为 K,盘的质量为 m,则传动轴的临界转速为

$$\omega_i = \sqrt{\frac{2KK_1}{(K_1 + K)m}} = \sqrt{\frac{K_s}{m}} \tag{6-42}$$

$$K_s = \frac{2KK_1}{K_1 + K} \tag{6-43}$$

式中,K_s 为广义总刚度系数。显然,两个支承的刚度系数 K_1 的存在使 K_s 减小,从而使传动轴的临界转速降低。当 K_1 无限增大时,$K_s = K$(刚性支承)。

转矩的存在会使传动轴的抗弯刚性降低,因而使临界转速下降。对于 1 阶临界转速,修正公式为

$$\omega_1 = \omega_{10} - \sqrt{1 - \left(\frac{M}{M_1}\right)^2} \tag{6-44}$$

式中,ω_{10} 为无转矩轴的临界转速;M 为转矩;M_1 为临界转矩,即在此转矩作用下,传动轴将失稳,挠度无限增加。

对于双支承等截面轴,在全部轴都受转矩作用的情况下,有

$$M_1 = \frac{2\pi}{l} E I_p \tag{6-45}$$

式中, l 为传动轴跨度。对于细而长的轴, M_1 较小,对临界转速的影响就大些。

当轴以变转速越过临界转速时,其最大振幅总是滞后出现。一般,转速加速度越大,滞后越大,响应曲线越趋于平缓。对多旋翼无人机传动轴系来说,轴的形状及材料、支承弹性、转矩以及轴加速(或减速)等重要因素会影响传动轴系的临界转速。

6.3.2　多旋翼无人机传动系统的扭转振动

1. 传动轴段刚度表示法

多旋翼无人机传动系统的实际结构是比较复杂的,完全按照实际结构进行计算既不方便,也无必要。在计算其扭转振动时,总是理想化地假定系统由只有转动惯量而无弹性变形的刚体"质量"及只有弹性而无转动惯量的弹性"轴段"所组成。为了计算方便,采用了理想化的假设,在实用上有一定的近似性。

为了简化问题但又不影响实际工作系统的实质,在当量系统中应用了当量刚度和当量转动惯量的概念。当量刚度就是系统进行当量转化后,轴段的弹性变形势能与转化前原轴段的弹性变形势能一样,转化后的轴段刚度称为当量刚度。当量转动惯量指系统进行转化后,刚体旋转时所具有的动能与转化前刚体旋转所具有的动能一样,转化后的刚体的转动惯量称为当量转动惯量。

在一长度为 L、截面积惯性矩为 J_p、材料剪切模量为 G 的轴段的两端施以扭矩 M_K,则此轴段被扭转的角度为 $\Delta\varphi$,它们的关系为

$$\Delta\varphi = \frac{M_K}{K} \tag{6-46}$$

$$K = \frac{G J_p}{L} \tag{6-47}$$

K(刚度)代表轴段被扭转单位角度(弧度)时所需的扭矩,单位为 N·m/rad,是表征轴段的物理性能的非向量参数。

2. 传动轴在串联工作时的总刚度表示法

轴在串联工作时,在轴的两端作用以扭矩 M_K,则各轴段间的内部弹性力矩均为 M_K(如图 6-20 所示)。

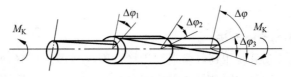

图 6-20　串联轴的载荷与变形

这时整根轴的总变形为

$$\Delta\varphi = \sum_{i=1}^{n} \Delta\varphi_i = M_K \cdot \sum_{i=1}^{n} \frac{1}{K_i} \tag{6-48}$$

式中, K_i 表示各轴段的刚度。比较式(6-46)和式(6-48),得出

$$\frac{1}{K} = \sum_{i=1}^{n} \frac{1}{K_i} \tag{6-49}$$

这表明：一个轴段在串联工作时，其总刚度的倒数为各个分轴段刚度的倒数之和。

3. 锥形轴的刚度表示法

1）实心锥形轴

将锥形轴当作无穷多个长度为 dx，直径逐渐由 d_1 增大到 d_2 的圆柱形轴段串联而成，如图 6-21（a）所示。应用串联轴段的刚度计算概念，可将 dx 轴段的刚度 dK_x 积分而得到锥形轴的刚度。对于钢材料有

$$\frac{1}{K} = 1.26 \times 10^{-5} \frac{l}{d_1^4} \left[\left(\frac{d_1}{d_2}\right)^2 + \frac{d_1}{d_2} + 1\right] \frac{d_1}{d_2} = 1.26 \times 10^{-5} \frac{l}{d_1^4} \xi \tag{6-50}$$

式中，$\xi = \left[\left(\frac{d_1}{d_2}\right)^2 + \frac{d_1}{d_2} + 1\right] \frac{d_1}{d_2}$。为了便于计算，$\xi$ 的数值根据不同的 $\frac{d_1}{d_2}$ 作成曲线，如图 6-21（b）所示，这样便于求锥形轴的刚度。

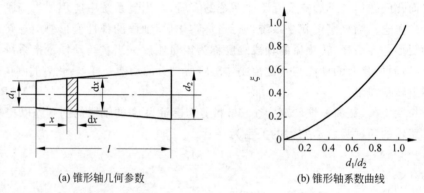

(a) 锥形轴几何参数 　　　 (b) 锥形轴系数曲线

图 6-21　实心锥形轴几何图和系数 ξ 查询曲线

2）圆柱孔锥形轴

对于这样的轴段，扭转刚度同样可以按照上述方法推导得到

$$\frac{1}{K} = \frac{1}{G} \cdot \frac{[f(a_1) - f(a_2)]}{d_0^4(a_2 - a_1)} \tag{6-51}$$

式中，d_0 为圆柱孔直径，$a_1 = \frac{d_1}{d_0}$，$a_2 = \frac{d_2}{d_0}$，当 $x = a_1$ 和 $x = a_2$ 时，函数 $f(a_1)$ 和 $f(a_2)$ 由图 6-22 中的曲线决定。

4. 弹性联轴节的刚度表示法

在多旋翼无人机传动系统中还经常遇到用橡皮圈组成的弹性联轴节的连接形式，这种连接经常放在发动机出轴到主减速器进轴之间，借以防止冲击、减振和改变整个系统的固有特性。一般，对弹性联轴节的弹性多用所传递的扭矩 M_K 与扭转弹性变形 φ 之间的关系曲线（如图 6-23 所示），即 $M_K = f(\varphi)$ 来表示。

大多数的弹性联轴节刚度呈非线性变化，作为近似，可以把这条曲线分成两部分，斜率比较低的部分为刚度 K_1，斜率较高的部分为刚度 K_2。实际计算时，要根据工作系统弹性联轴节所传递的平均扭矩 M_{cp} 所对应的那根曲线的直线段的刚度作为计算用的刚度，则振动系统就成为线性的，大幅减小了计算工作量。

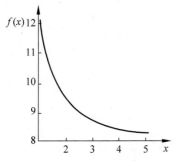

图 6-22　圆柱孔锥形轴函数 $f(x)$

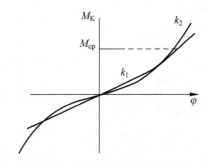

图 6-23　弹性联轴节的刚度曲线

对于设计阶段,可以根据每个减振橡皮圈的尺寸和材料,按下列公式估算径向(Y 方向)的刚度 K_Y:

$$K_Y = \frac{4\pi l G(r_0^2 + r_H^2)}{(r_0^2 + r_H^2)\ln\dfrac{r_H}{r_0} - (r_H^2 - r_0^2)} \tag{6-52}$$

式中,G 为橡皮圈的剪切模量。弹性联轴节一般是由几个橡皮圈按半径为 R 的圆周均匀排列来传递扭矩的,则总的弹性联轴节的扭转刚度为 $K = nR^2 K_Y$。

5. 传动系统的扭转固有特性计算

旋翼是传动系统扭转振动分析中的一个重要环节,把它作为刚体绕垂直铰的振动模态(基阶模态)参与扭转振动分析是最基本的分析,即分析其基阶模态时的传动系统扭转固有特性。假设所有转动惯量及轴段刚度均按减速比折算至发动机出轴的转速;在当量转化中,不考虑系统的阻尼;不考虑旋翼弹性变形(桨叶作为一个刚体绕垂直铰转动);旋翼各片桨叶的摆振运动同相、同幅。

旋翼桨叶的等效转动惯量是把桨叶的质量加到桨毂上,它对整个振动系统的影响与原来没有加上去的原振动系统一样,即不改变原振动系统的固有频率和振幅。为此,把原来系统的旋翼轴下端固定,推出这样一个扭振系统的运动方程,进而得出桨叶的等效转动惯量。

现以具有三片桨叶的旋翼为例推导其等效转动惯量计算公式。

旋翼(三片桨叶)的动能为

$$T_{ye} = \frac{3}{2}\left[I_{ye0}\dot{\varphi}_{gu}^2 + I_{ye0}\dot{\varphi}_{ye}^2 + 2(l_{cj}S + I_{ye})\dot{\varphi}_{gu}\dot{\varphi}_{ye} \right]$$

式中,T_{ye} 为旋翼(三片桨叶)的动能;I_{ye0} 为桨毂(垂直铰以内部分)的转动惯量;I_{ye} 为桨叶(包括垂直铰以外的桨毂部分)绕垂直铰轴线的转动惯量(一片);S 为桨叶(包括垂直铰以外的桨毂部分)绕垂直铰轴线的静矩(一片);I_{ye} 为桨叶(包括垂直铰以外的桨毂部分)绕旋翼轴线的转动惯量(一片);l_{cj} 为垂直铰外移量(垂直铰轴线与旋翼轴线的距离);$\dot{\varphi}_{gu}$ 为桨毂(垂直铰以内部分)的后摆角;$\dot{\varphi}_{ye}$ 为桨叶(包括垂直铰以外的桨毂部分)绕垂直铰轴线的后摆角。

桨毂的动能为

$$T_{gu} = \frac{1}{2} I_{gu}\dot{\varphi}_{gu}^2$$

三片桨叶的势能为

$$V_{ye} = \frac{3}{2}l_{cj}S\Omega^2 \varphi_{ye}^2$$

式中,Ω 为旋翼转动角速度。

旋翼轴的弹性变形势能为

$$V_{gu} = \frac{1}{2} K_2 \varphi_{gu}^2$$

式中,K_2 为主减速器至旋翼(旋翼轴)的扭转刚度。

根据拉格朗日方程为

$$\frac{\mathrm{d}}{\mathrm{d}t}\left(\frac{\partial T}{\partial \dot{\varphi}_i}\right) - \frac{\partial T}{\partial \varphi_i} + \frac{\partial V}{\partial \varphi_i}$$

则在旋翼系统中桨叶的运动方程为

$$3I_{ye}\ddot{\varphi}_{ye} + 3(l_{cj}S + I_{ye})\ddot{\varphi}_{gu} + 3l_{cj}S\Omega^2\varphi_{ye} = 0 \tag{6-53}$$

桨毂的运动微分方程为

$$I_3\ddot{\varphi}_{gu} + K_2\varphi_{gu} = 0 \tag{6-54}$$

式中,I_3 为桨叶等效到桨毂后的桨毂有效转动惯量。

$$I_3 = I_{gu} + 3I_{ye0} + \frac{3(l_{cj}S + I_{ye})^2}{l_{cj}S - I_{ye}\left(\frac{P}{\Omega}\right)^2}\left(\frac{P}{\Omega}\right)^2 \tag{6-55}$$

式中,P 为传动系统扭转频率。图 6-24 表示了传动系统扭转共振图。

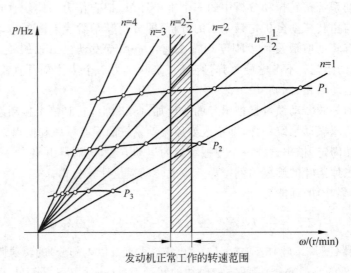

图 6-24 各阶激振力作用下的传动系统扭转共振图

6.4 多旋翼无人机机体结构动力学分析

多旋翼无人机的机体用来支持和固定其部件、系统和外挂设备,把它们连接成一个整体,并用来装载物资和设备,使多旋翼无人机满足特定技术要求。机体结构和外形对多旋翼无人机的飞行性能、稳定性和安全性有重要影响。机体动力学研究机体结构系统的动力学行为。结构系统受到外界激励的作用产生动力响应,包括运动响应和应力响应,机体动力学研究激励、结构系统和响应三者之间的关系。

6.4.1　多旋翼无人机机体结构的类型和特点

1. 机体的功能和结构类型

机体是多旋翼无人机的一个重要部件,它要承受所有旋翼系统提供的升力和力矩,以及各个旋翼之间相互提供的平衡力矩。机体要具有支撑和悬挂各种系统及装载各种有效载荷的功能,即要承受和传递载荷,要能提供良好的环境空间、足够的强度和刚度,以保证多旋翼无人机的正常工作和安全飞行。

多旋翼无人机的机体主要由结构系统组成,包括机身、支架、短翼、平尾、垂尾等。其结构系统是由一些结构元件组合而成的几何不变系统,而结构元件是由某种材料制成的具有一定刚度和质量等力学性能的构件。各个构件相互之间以一定的方式连接起来组合成结构系统,它们各自具备的强度和刚度使系统具有一定的承载能力和支撑能力。组成多旋翼无人机机体的结构系统大致有以下几种类型。

(1) 按其元件划分:机体可分为杆系结构、杆板结构、薄壁结构、薄壳结构等类型。

(2) 按其材料划分:机体可分为金属结构、复合材料结构等类型。

微型、轻型多旋翼无人机主要采用杆系结构,小型和大中型多旋翼无人机通常采用杆板构件组成的薄壁结构或薄壳结构。为了减轻重量,一些构件或部件不选用金属材料,而使用复合材料。

2. 机体结构的基本构件和部件

机体结构是由构件以一定形式连接组成的几何构型不变的结构系统,它的基本元件是构件。构件的类型可分为以下几种。

(1) 一维构件:机体一维构件的长度比其截面尺寸要大得多,如杆、管、桁条、桁梁等,用沿长度方向的坐标即可确定其构型。

(2) 二维构件:机体二维构件的厚度比其长宽尺寸要小得多,如蒙皮、薄板等,用面内长和宽两个方向的坐标即可确定其构型。

(3) 三维构件:机体三维构件是指一般的立体构件,三个方向尺寸相当,如厚板、实体等,用三维空间坐标确定其构型。

机体构件的组合称为部件,又称为子结构。例如,隔框是二维的平面部件,它是由桁条、蒙皮等构件组成的平面薄壁结构。一段机身则是三维的空间部件,它是由长桁、桁梁、隔框、蒙皮等构件组成的空间薄壁结构。

3. 机体结构的特点

各部件的组合构成机体,机体大多具备三维空间结构。对机体进行动力学分析,首先要了解它的组成。机体结构的构型是由一个复杂的有界、连续、三维空间给出的,它所充满的空间是连续的、无间隙的。机体结构产生位移后,它的构型仍是连续的,所产生的变形是协调的,不会产生间隙,即可认为构型和变形具有连续性和协调性。

机体构件是由某种具有一定力学性能的材料组成的。宏观地说,材料是均匀的,即各处材料的性能皆相同。金属材料还具有各向同性性质,即材料在不同方向上的性能也相同。但对于复合材料,这种均匀性和各向同性性质往往不再存在。先进的层叠复合材料具有明显的方向性,呈现出各向异性性质。由于各处铺设不同,各处的力学性能也不尽相同。对于复合材料构件,则以各层为基元来分析,假设材料仍具有均匀性。

材料的力学性能,又称为材料的本构关系,由于所分析的是平衡位置附近的微振动,可采用线弹性假设:材料在小应变范围内,产生的应力与应变呈线性关系,满足广义胡克定律,这是力学性能(物理)上的线性假设。由于机体振动属于小位移、小应变范畴,位移与应变呈线性关系,这是几何(变形)上的线性假设。上述线性假设构成了结构动力学的线性理论。

6.4.2 多旋翼无人机机体结构动力学的研究方法

1. 机体结构系统的数学模型

机体结构系统是产生机体动力学问题的内在因素,其动力学行为取决于结构系统本身的动力学特性,所以建立结构系统数学模型是机体动力学的关键。机体结构系统的数学模型是由它的刚度特性、惯性特性与阻尼特性所决定的,在线性假设下,它的数学模型可表示为

$$M\ddot{x} + C\dot{x} + Kx = F \tag{6-56}$$

式中,M、C、K 分别为机体结构系统的质量矩阵、阻尼矩阵和刚度矩阵;x 为结构系统的位移列阵;F 为作用在结构系统上的激振力列阵。机体结构的数学模型优化和结构动力学优化设计是需要重点研究的问题,以期得出最优地描述真实机体结构和最优地满足规范设计要求的结构系统。

2. 机体结构动力学研究方法

机体结构动力学的核心内容是建立数学模型。建立数学模型的方法有两类:分析建模与试验建模。

1) 分析建模

分析建模是建立在有限元法的基础上的,它采用空间离散化的概念。结构系统在空间构成一定的构型,首先是构型离散化,将结构系统离散化为一系列有限元。然后是位移离散化,引入形函数,用节点位移列阵来描述结构位移。根据能量变分原理构造刚度矩阵和质量矩阵,从而建立其数学模型。阻尼是个复杂的因素,难以用分析方法确定,一般只能用试验方法确定,其中阻尼模型的假设是个重要问题。动力学问题有时还采用时间离散化的概念。

2) 试验建模

试验建模是建立在响应的离散时间序列基础之上的,它通过实测响应,采集其时间序列,采用各种数据处理方法,包括预处理、谱分析和时序分析等手段,以及采用模态参数识别技术来获取模态信息,建立数学模型。

分析建模与试验建模具有各自的优点和各自的局限性。分析建模有明显的物理意义和规律性,但难以反映机体复杂的动力学性能,包括连接方式、阻尼等,即使引入了基本假设,也难以表征全面的真实特性。试验建模能真实地反映动力学行为,给出了在一定条件下的真实表现,但难以揭示其规律性和鲜明的复杂物理概念。综合分析建模和试验建模的各自特点,研究分析建模与试验建模的统一性是建模的一个重要内容。结合应用试验与分析的

相关性与结构动力学模型优化的方法,以期建立一个正确反映机体动力学特性的数学模型。机体结构动力学设计的研究是以期获得预期动力学特性的机体结构的重要研究方法。它将使结构动力学设计由试凑法转向自动化,实现计算机辅助设计的功能。

6.4.3　多旋翼无人机机体动力学有限元分析

1．机体结构动力学的线性理论

机体结构系统是产生机体动力学问题的内在因素。机体结构的弹性性质可以用应变能密度加以描述。机体结构系统的应变能为

$$U = \frac{1}{2} \int_V E_{ijk1} \boldsymbol{\varepsilon}_{ij} \boldsymbol{\varepsilon}_{k1} \, \mathrm{d}V \tag{6-57}$$

式中,E 为材料弹性模量;$\boldsymbol{\varepsilon}_{ij}$ 为应变张量;$\mathrm{d}V$ 为微分体积。

结构的惯性性质用动能描述,结构系统的动能为

$$T = \frac{1}{2} \int_V \rho \boldsymbol{\dot{u}}_i^2 \, \mathrm{d}V \tag{6-58}$$

式中,$\boldsymbol{\dot{u}}_i$ 为速度向量;ρ 为密度。

结构阻尼机理是一个复杂的因素。但从能量观点来说,它将耗散结构系统所具有的机械能:势能和动能之和。为便于分析,采用线性黏性阻尼模型,即阻尼力与运动速度的大小成正比,与运动速度的方向相反。

2．机体结构动力学有限元方法的基本概念

有限元法是一种高效能的计算方法,可应用于以任何微分方程描述的各类物理场中,而不再要求这类物理场和泛函的极值问题有所联系。建立有限元系统运动方程可采用达朗贝尔原理、哈密顿原理、虚位移原理和最小势能原理等不同的方法。它将连续体离散为有限个互相连接的单元体,并使单元体的特性集合反映连续的整体特性。有限元法采用离散化概念,包括构型离散化与位移离散化。

1)构型离散化

机体结构的构成是构型离散化的重要依据。机体结构是由构件以一定形式连接而成的几何不变系统。当将构件进一步离散化为有限元时,机体结构是一定数量的有限元的集合。例如,机身是由长桁、隔框和蒙皮等构件组成的,长桁可离散化为杆元素,隔框可离散化为梁元素,蒙皮可离散化为受剪板元素,因而机身是杆元素、梁元素和受剪板元素的集合。这些有限元由它们的节点连接在一起,从而组成机体结构的有限元模型。

2)位移离散化

有限元的位移函数通过假设形函数,用它的节点位移来表示,以实现位移离散化。它的核心问题是形函数的选取。引入形函数后,结构系统降阶,由连续系统(无限多个自由度系统)降阶为离散系统(有限多个自由度系统)。结构系统的位移形态则由节点位移列阵表示。

3．机体结构动力学有限元方法的基本过程

(1)结构离散化。首先将机体结构按具体情况简化,确定使用的结构分析理论,再选择适当的单元将结构离散化。可供选择的单元类型较多,按形状可分为直线边单元和曲线边单元两大类。前者计算简单,后者能较好地拟合复杂的几何形状。在满足精度的前提下,应

尽量选用简单的理论和单元,以提高分析效率。确定单元类型后,对整体结构进行单元划分和节点布置,把相邻的单元在节点处连接,组成单元的集合体,以代替原结构。

(2)单元力学特性分析。定义了单元的形状和节点后,为单元选择合理的近似位移函数。由于单元性质单纯且形状规范,故对同类单元采用相同构造形式的近似位移函数。然后,利用几何方程、材料本构关系以及能量原理计算单元的刚度矩阵。

(3)计算等效节点载荷。作用在单元上的集中力、体力以及作用在单元边界上的面力,都必须等效移植到节点上,即用等效的节点载荷来代替所有作用在单元上的载荷。

(4)建立整体结构的平衡方程。用集合单元的刚度矩阵组成总体刚度矩阵,用集合等效的单元节点载荷列矢量组成总体载荷列矢量,建立整个结构的平衡方程。单元刚度矩阵和等效节点载荷列矢量的求解必须进行由单元坐标系到整体坐标系的变换。

(5)应用位移边界条件求解结构平衡方程。机体结构的平衡方程是以总体刚度矩阵为系数的线性方程组。应用位移边界条件,消除总体刚度矩阵的奇异性,使方程组可解。求解该线性方程组,得到所有位置节点的位移。

(6)计算单元应变及单元应力等。机体结构动力分析与静力分析的过程基本相同,只是在分析过程中要考虑惯性力和阻尼力作用,建立的是结构动力学有限元平衡方程,也称为有限元系统运动方程。

4. 机体结构固有振动的有限元分析

机体结构离散化为有限元模型后构成一个多自由度结构系统。无阻尼机体的数学模型用下列矩阵方程表示:

$$M\ddot{u} + Ku = F \tag{6-59}$$

式中,M、K 分别为机体结构系统的质量矩阵和刚度矩阵;$\ddot{u}$ 为结构系统的位移列阵;F 为作用在结构系统上的激振力列阵。

无阻尼情况下,在没有任何外界的激励作用时,结构系统产生的固有振动由下式给出:

$$M\ddot{u} + Ku = 0 \tag{6-60}$$

由它所决定的固有振动呈谐振动形式,即

$$u = u_0 e^{j\omega t} \tag{6-61}$$

将它代入式(6-58),得特征方程

$$Ku_0 = \omega^2 M u_0 \tag{6-62}$$

式中,ω 为机体结构系统的固有振动频率。由此,求解结构系统的固有振动归结为求解一个广义特征问题。

式(6-60)所提供的特征对由下式给出:

$$K\varphi_i = \lambda_i M\varphi_i \tag{6-63}$$

由特征值 λ_i 给出 ω_i 的平方值:

$$\omega_i = \sqrt{\lambda_i} \tag{6-64}$$

式中,ω_i 为机体结构系统的第 i 阶固有频率。

特征向量 φ_i 给出固有振动的位移形态,称为机体结构系统的第 i 阶固有振型。有 N 个自由度的机体结构系统,一般具有 N 对特征对(ω 和 φ),即式(6-62)下标 i 从 l 到 N 内取值。

本章小结

多旋翼无人机结构动力学主要研究多旋翼无人机结构的强迫振动、自由振动和动稳定性，不考虑空气动力与结构的弹性力、阻尼力和惯性力之间的相互作用；如果涉及空气动力，也只把它作为与结构振动运动无关的外力对待。结构动力学是研究气动弹性响应的基础。旋翼桨毂结构对旋翼飞行器的气动性能、振动、重量、维修成本、操纵性、稳定性等都有重大影响，结构简单、可靠、低成本、高效的桨毂的设计成为航空业界一致关注的关键技术。到目前为止，已在实践中应用的旋翼形式有铰接式、半铰接式、无铰式、无轴承式和螺旋桨式几种。

多旋翼无人机旋翼桨叶的结构动力学特性主要指桨叶的模态特性，即固有振型以及对应的固有频率，它是研究旋翼动力学问题的基础和出发点，对多旋翼无人机的动力学问题往往起着重要的以至决定性的作用，甚至对多旋翼无人机的飞行品质也有重要影响。多旋翼无人机旋翼桨叶主要有三个方向的运动，即挥舞（水平）方向、摆振（垂直）方向以及扭转（变距）方向，相应地也就有这三个方向的振动模态。由于旋翼系统的复杂性，实际上桨叶的挥舞、摆振、变距各运动之间存在着耦合作用，桨叶同机身运动也存在耦合。目前多旋翼无人机旋翼桨叶多采用复合材料制造，因此，单纯的桨叶结构模型的研究多以复合材料为对象。由于旋翼是由多片桨叶构成的，在研究旋翼动力学问题时，必须考虑如何描述整个旋翼的运动。这时可以用整体振型的概念，特别针对旋翼与机体耦合动力学进行研究。整体振型指多片桨叶同频率、同幅值运动时，由于相位不同而形成的运动形态。

多旋翼无人机传动轴系是由传动轴段、联轴器以及减速器等零部件组成的动力传动链，它在工作时处于高速旋转状态，其功用是将发动机输出功率和扭矩传递给旋翼系统。传动轴系统不仅有"扭转"振动问题，而且还有轴的横向振动和纵向振动问题，其中最常见的是"扭转"和横向振动两种。

多旋翼无人机的机体用来支持和固定其部件、系统和外挂设备，把它们连接成一个整体，并用来装载物资和设备，使多旋翼无人机满足特定技术要求。机体结构和外形对多旋翼无人机的飞行性能、稳定性和安全性有重要影响。组成多旋翼无人机机体的结构系统包括杆系结构、杆板结构、薄壁结构、薄壳结构、金属结构、复合材料结构等类型。有限元法是一种高效能的计算方法，可应用于以任何微分方程所描述的各类物理场中，而不再要求这类物理场和泛函的极值问题有所联系。它将连续体离散为有限个互相连接的单元体，并使单元体的特性集合能够反映连续的整体特性。

本章主要学习多旋翼无人机结构动力学的定义、特点、研究方法、分析模型和振动类型等基本物理概念；了解简谐振动的基本知识；熟悉无阻尼自由振动运动微分方程及其振动特性。要了解和掌握实践常用的旋翼形式，包括铰接式、半铰接式、无铰式、无轴承式和螺旋桨式等类型；着重熟悉和掌握求解旋翼桨叶挥舞、摆振方向弯曲振动和扭转振动等振型特性的方法，熟悉有关旋翼桨叶共振图及旋翼整体振型方面的知识。学习和了解传动轴临界转速的定义、设计方式和计算方法，掌握传动轴段、锥形轴、弹性联轴节的刚度表示法和传动系统扭转固有特性的计算方法。了解多旋翼无人机机体结构的类型和特点，掌握多旋翼无人机机体结构动力学的研究方法，包括机体结构系统的数学模型、线性理论、有限元方法的基本概念和基本过程，以及机体结构固有振动的有限元分析。

习题

1. 什么是多旋翼无人机结构动力学及其分析模型？它有何特点？
2. 多旋翼无人机振动的类型有哪些？
3. 什么是简谐振动？如何用复数表示？如何计算简谐振动的位移、速度和加速度？
4. 简述无阻尼自由振动的运动微分方程及其特性。
5. 旋翼结构形式主要有哪几种？每种结构形式各有什么特点？
6. 简述旋翼桨叶挥舞方向、摆振方向弯曲振动和扭转振动的计算方法。
7. 如何绘制旋翼桨叶共振图？共振图有何用途？
8. 多旋翼无人机旋翼整体振型有哪几类？有何特点？
9. 什么是传动轴临界转速？如何计算传动轴临界转速？
10. 简述传动轴段、锥形轴和弹性联轴节的刚度表示法。
11. 怎样计算传动系统扭转的固有特性？
12. 多旋翼无人机机体结构的类型和特点有哪些？
13. 简述机体结构系统的数学模型和研究方法。
14. 简述机体动力学有限元分析的基本概念和基本过程。
15. 怎样用有限元方法进行机体结构的固有振动分析？

第7章

多旋翼无人机气动弹性力学

主要内容

(1) 多旋翼无人机气动弹性力学的基本概念。

(2) 旋翼桨叶运动自由度之间的耦合。

(3) 多旋翼无人机旋翼气动弹性静力学。

(4) 多旋翼无人机旋翼气动弹性动力学。

(5) 多旋翼无人机旋翼与机体耦合气动弹性稳定性。

7.1 多旋翼无人机气动弹性力学的基本概念

与其他飞行器相比,直升机的气动弹性力学问题是飞行器气动弹性力学领域中较复杂的问题之一。多旋翼无人机作为直升机家族中的新成员,不可避免地要遇到直升机技术发展过程中所遇到的所有难题,其中气动弹性力学问题就是最为突出的难题,必须引起设计人员的高度重视。

7.1.1 多旋翼无人机气动弹性力学的定义和特点 ◄

1. 气动弹性力学的定义

多旋翼无人机的旋翼(桨叶)结构不可能是绝对刚硬的,在空气动力作用下会发生弹性变形,这种弹性变形反过来使空气动力随之改变,从而又导致进一步的弹性变形,这样就形成了一种结构变形与空气动力交互作用的气动弹性现象。气动弹性对多旋翼无人机的稳定性会产生显著影响,严重时会使结构破坏或造成飞行事故。因此,气动弹性问题是多旋翼无人机设计中需要考虑的一个重要问题。

气动弹性力学是一门研究弹性体在气流中力学行为的学科,其任务是研究气动力和弹性体之间的相互影响,不仅要考虑气动力与弹性力之间的相互作用,而且还要考虑它们与惯性力之间的相互作用。换言之,气动弹性力学所研究的各类气动弹性现象,不外乎起因于空气动力、弹性力和惯性力三者之间的相互作用。如图 7-1 所示的气动弹性力三角形非常形象地体现了气动弹性力学的多学科特点,表达了气动弹性问题中各种力之间的关系,从而区分了各学科之间的研究范畴。以弹性力和惯性力的相互作用为研究对象,构成了结构动力学;以气动力和惯性力的相互作用为研究对象,构成了刚体飞行力学;而把气动力和弹性力联系起来就形成了气动弹性静力学;当所论及的问题涉及气动力、惯性力和弹性力三种力时就构成了气动弹性动力学问题。由此可见,气动弹性力学这门学科跨越了三个完全独立的学科。

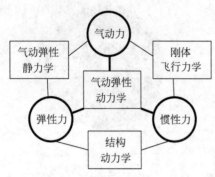

图 7-1 气动弹性力三角形示意图

气动弹性力学经过半个多世纪的发展,形成了飞行器设计工程中一门既系统完整又不断发展的学科,它不仅在飞行器设计领域不断推出新的研究方向,而且其基本原理和基本理论也已经被拓展应用到土木工程、电力工程等民用工程的相关问题研究中,如,在大风地区的高层建筑、大跨度桥梁、冷却塔、输电缆的设计等,都必须考虑气动弹性问题。

2. 系统稳定性和临界稳定状态的定义

气动弹性力学主要关心的问题之一是弹性结构在气流中的稳定性。对于一定的结构,其空气动力将会随着气流流速的变化而变化,所以可能存在一个临界的流动速度。在这个速度下,结构变成不稳定的。这种不稳定性会产生极大的变形,并且会导致结构的破坏,是多旋翼无人机设计中决不允许的。从稳定性这个角度出发,根据惯性力在所考虑的问题中是否允许忽略,又可把上述的不稳定性区分为静不稳定性和动不稳定性。前者主要是扭转变形发散,后者主要是颤振、地面共振和空中共振等。

1) 弹性系统稳定性

弹性材料组成的系统在外力作用下会发生弹性变形并达到变形后的平衡状态。弹性系统的平衡状态有三种形式:稳定平衡、不稳定平衡和随遇平衡(或中性平衡)。若弹性系统在受到扰动作用而偏离其平衡位置后,经过一段过渡过程,仍然能够回到它原来的平衡位置,则称原平衡状态为稳定平衡状态;若继续偏离下去,则称为不稳定平衡状态,这时,弹性系统失去稳定性,简称失稳或屈曲;随遇平衡状态通常指从稳定平衡向不稳定平衡过渡的中间状态。系统稳定性是指自由响应的收敛性,它是控制系统自身的固有特性,取决于系统本身的结构和参数,与输入无关。

判别平衡状态稳定性的准则有静力学准则、动力学准则和能量准则三种。

(1) 静力学准则:又称为微扰动准则,其要点是假设在分支点附近存在一个相差无限小的平衡状态,它同原平衡状态的差别可以看成微扰动(即变分)。列出微扰动的微分方程,问题就归结为微分方程的本征值问题;解出本征值,便可得到系统失稳的条件。

(2) 动力学准则:其要点是如果系统偏离其平衡位置,但总可以找到初始值,使得在以后的运动中不越出某些预先规定的界限,就可认为系统处于稳定平衡状态。

（3）能量准则：其要点是如果弹性系统和外载荷组成的力学系统的总势能相对于所有相邻状态是最小的，则系统处于平衡状态。

2）临界稳定状态

若系统在扰动消失后的输出与原始的平衡状态间存在恒定的偏差或维持等幅振荡，则系统处于临界稳定状态。处于临界稳定或接近临界稳定状态的稳定系统，由于分析时依赖的模型通常是简化或线性化的，或者由于实际系统参数的时变特性等因素的影响，在实际中可能成为不稳定的系统，因此，系统必须具备一定的稳定裕量，以保证其在实际工作时处于稳定状态。经典控制论中，将临界稳定也视为不稳定。

3. 气动弹性方框图

利用方框图来表示气动弹性之间所存在的基本物理关系是十分明了的，特别是对于气动弹性稳定性问题中的反馈过程，用方框图的方法来说明，就更加明确。这种方法是由冯元桢首先引用到气动弹性力学中来的。现在以多旋翼无人机旋翼弹性桨叶为例来说明方框图的意义。

1）刚性桨叶方框图

当假设旋翼桨叶是刚性桨叶时，系统的两个参数，即升力 L 和气流迎角 α，通过桨叶处于一定的空气动力相互影响之中。此时迎角 α 作为输入参数，而刚性桨叶所产生的气动力 L 作为输出参数。根据此过程所绘制的方框图如图 7-2 所示。它象征性地描述出桨叶的作用。

事实上，桨叶不可能是刚硬的，也就是迎角 α 与升力 L 之间的关系还和桨叶的弹性变形有关。更确切的描述是把桨叶的功能看作由两个元件提供：第一个元件是产生升力的元件，第二个元件是弹性力学系统。在仅考虑桨叶的空气动力功能时，可把桨叶看成刚性的；而在考虑桨叶弹性变形时，则把空气动力看成是另外一个外力系统在起作用。也就是说，在分析桨叶的空气动力功能和弹性力学功能时，可以对这两种功能分别进行描述。在把这两种功能联系起来考虑它们的相互影响时，则应该用物理上准确的方式来表达弹性桨叶的总特性。这时，产生升力的弹性桨叶的气动弹性特征可用图 7-3 来表示。

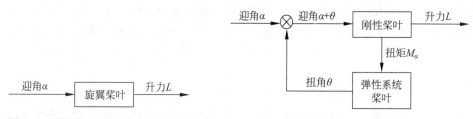

图 7-2　刚性桨叶的空气动力方框图　　　图 7-3　弹性桨叶的气动弹性方框图

2）弹性桨叶方框图

由图 7-3 可见，当桨叶具有迎角 α 时，由此产生空气动力，并产生空气动力矩 M_α，这个力矩使弹性桨叶产生扭转变形 θ 角。由此，新的几何迎角就成为 $\alpha+\theta$，从而产生新的气动力矩 M_α，使得气动弹性系统构成一条闭合回路，它是一个反馈系统。从这种意义上来看，气动弹性力学也就是具有弹性反馈的系统的空气动力学。

4. 多旋翼无人机气动弹性力学的特点

气动弹性力学的研究方法有别于弹性力学的研究方法，它是研究作用于飞行器上的惯性力、弹性力和气动力之间的相互耦合的一门学科。弹性力学的经典理论研究的是弹性体在给定外力或位移作用下的应力与应变。通常，物体上的外作用力与变形无关，即认为在小变形下，不影响外力的作用。在这种情况下，常常忽略物体尺寸的变化，并按照初始形状进行计算。但是，在大多数气动弹性问题中，认为外力（空气动力）是随着弹性体的变形情况（包括变形、变形速度、变形加速度）而改变的，即气动力本身不是事先可以确定的，弹性变形对它起着重要作用，在问题完全解出之前，外力不是已知的。例如，在研究多旋翼无人机旋翼桨叶的气动弹性问题时，要把桨叶作为弹性体处理，此时旋翼桨叶上的升力要取决于旋转桨叶翼面相对于气流的位置和运动，即此时作用在桨叶上的气动力载荷不是一个事先可以确切给出的值。这也是气动弹性问题研究的主要特点之一。

气动弹性力学是包括多旋翼无人机在内的飞行器设计工程领域中的一门交叉学科，它研究的对象是作用在飞行器结构上的气动力、弹性力和惯性力三者之间相互作用的关系以及对其设计的影响。在飞行器的设计工程中，气动弹性力学占据着重要的地位，从总体设计开始，到原型机通过定型，其整个设计过程中的每一个环节都要进行气动弹性特性的理论计算和实验研究。尤其是对于新型号的研制，气动弹性特性更是制约多旋翼无人机性能的一个重要环节。正如一位世界著名的气动弹性力学专家所说的那样："气动弹性力学是科学与艺术的结合。"这意味着气动弹性力学问题的研究需要综合运用其基础理论科学，结合具体设计工程中的实践经验（艺术），才能得到飞行器最佳的气动弹性设计方案。

多旋翼无人机气动弹性问题属于直升机气动弹性力学的范畴，它与固定机翼飞机不同，不仅要考虑单片桨叶，更要将旋翼视为一个整体，考虑其动态入流、尾迹影响，以及多个旋翼之间、旋翼与机身之间的相互耦合等。就单片桨叶而言，在结构动力学上，需要考虑离心力场、几何非线性以及桨叶的非线性挥舞-摆振-扭转耦合；在气动力上，需要考虑动态入流以及桨尖处可能出现的失速效应，本质上属于非线性气动弹性力学问题。由于旋翼气动力通常是以周期形式通过旋翼轴传给机身的，同时引起机身振动，而机身运动又通过改变桨叶根部形态反过来影响旋翼的气动弹性特性，这种旋翼/机身耦合问题也是近年来直升机气动弹性问题研究中的重要方向和热点之一。此外，随着旋翼流场数值分析方法的日趋成熟，采用动态重叠网格或滑移网格的方法来实现桨叶运动，并通过动网格技术来实现桨叶的弹性变形，从而实现弹性旋翼流场的数值模拟，也已经成为直升机气动弹性研究的又一重要方向和热点。

7.1.2　非定常气动力基础

多旋翼无人机旋翼桨毂结构及桨叶运动的复杂性使其气动弹性力学问题的求解十分困难，因为旋翼既有旋转速度又有前飞速度，非线性旋转效应使旋翼桨叶所承受的力是非定常周期性的气动载荷，以及包括离心力和科氏力在内的很大的惯性载荷。旋翼气动弹性力学问题的非线性特性不仅有结构非线性和物理非线性，而且还有由这些载荷中的非线性项造成的其他问题。

1. 定常、非定常和准定常气动力

1）定常气动力

流体（气体、液体）流动时，若流体中任何一点的压力、速度和密度等物理量都不随时间变化，即流动状态不随时间变化，则称为定常流动。气体定常流动时所产生的气动力称为定

常气动力。

2）非定常气动力

流体（气体、液体）流动时，只要压力、速度和密度中任意一个物理量随时间而变化，即流动状态随时间而改变，就是非定常流动。流体的流动几乎都是非定常的。气体非定常流动时所产生的气动力称为非定常气动力。有一点需要注意的是：气动弹性动力学中的非定常气动力不同于刚体运动（如多旋翼无人机旋翼桨叶旋转）等带来的非定常气动力，它更多体现了与结构耦合的特点，在理论方法上有其独特的方面。

3）准定常气动力

按流动随时间变化的速率，非定常流动可分为 4 类。

（1）流场变化速率极慢的流动：流场中任意一点的平均速度随时间逐渐增加或减小，在这种情况下可以忽略加速度效应。这种流动又称为准定常流动。通常认为准定常流动在每一瞬间都服从定常流动的方程，时间效应只是以参量形式表现出来。气体准定常流动时所产生的气动力称为准定常气动力。

（2）流场变化速率很快的流动：在这种情况下必须考虑加速度效应。这类流动和定常流动有本质上的差别，用伯努利方程描述这类流动，就必须增加一个与加速度有关的项。

（3）流场变化速率极快的流动：在这种情况下，流体的弹性力显得十分重要，例如阀门突然关闭时，整个流场中的流体不可能立即完全静止下来，速度和压强的变化以压力波（或激波）的形式从阀门向上游传播，产生很大的振动和声响，即所谓的水击现象。这种现象不仅发生在水流中，也发生在其他任何流体中。

（4）某些状态反复出现的流动：这种流动也被认为是一种非定常流动。典型的例子是流场各点的平均速度和压强随时间做周期性波动的流动，即所谓的脉动流。如，直升机桨叶、飞机和导弹在飞行时的颤振，高大建筑物、桥墩以及水下电缆绕流中的卡门涡街等都会形成这种非定常流动；流体运动稳定性问题中所涉及的流动也属于这种非定常流动。但是一般并不把湍流的脉动归入这种流动。两者之间的差别在于：湍流脉动参量偏离其平均值要比非定常流动小得多，变化的时间尺度也短得多。

2. 非定常气动力的理论研究

非定常流动的研究有两种方法：实验研究和理论研究。实验研究包括对自然现象进行长期的现场观测，以及在实验设备（如风洞）中进行测量和研究。其主要目的是弄清非定常流动的物理结构，建立正确的概念，并测出真实的数据。在理论研究方面，直升机的气动弹性问题比固定机翼飞机要复杂许多。原因不仅在于气流速度沿桨叶长度是变化的，而且在于其具有多个旋翼，每个旋翼由多片桨叶构成，其气动弹性问题中，必须包括旋翼动态入流以及尾迹影响，以及多个旋翼与机身之间的特殊耦合等。

1）线化理论

非定常流动理论研究最早采用的是线化方法，即基于线化理论的二维不可压流非定常气动力计算方法，如著名的 Theodorson 方法、Kussner 方法和 Grossman 方法等。由于线化假设中，直升机旋翼桨叶颤振只和振动引起的附加气动力有关，所以只需研究振动的二元平板上所受的气动力即可。

20 世纪 80 年代，随着电子计算机技术的高速发展，计算能力有了极大提高，计算三维谐振荡非定常气动力的偶极子格网法和核函数法逐渐完善起来。这两种方法都属于线化时域的计算方法,特别是偶极子格网法,可以处理任意外形的多翼多体组合,并形成了商业化的计算软件,已被国内外航空航天气动弹性设计部门广泛采用。这种方法采用叠加理论,只需在飞行器表面上划分网格,不需空间生成计算网格,且在频域内求解,计算速度很快,计算能力的条件要求不高,计算结果与风洞试验和飞行试验符合良好,计算精度满足工程需求。

2)非线性理论

线化理论只能用于低速、亚声速等范围的小迎角情况。对于大迎角等复杂的空气流动情况,由于流动本身非线性特征明显,即使采用小扰动假设,流体控制方程也不能线化,需要采用非线性时域的计算方法。20世纪70年代,随着计算能力的迅速提高,对非定常气动力计算方法的研究逐渐增多,计算对象由二维向三维发展,频率范围由低频向中频发展,由简单平面形状向任意平面形状发展,由单个旋翼向多个旋翼耦合、旋翼/机体耦合发展。到目前为止,国内外对基于非线性理论(如小扰动非线性方程、全位势方程、Euler方程和N-S方程)的计算非定常气动力的方法还在开展大量的研究。非线性非定常气动力计算一般直接采用计算流体力学(CFD)时域的方法,相对线性频域方法而言,需要划分空间网格,计算消耗时间长,对硬件条件要求高,工程应用不是很方便。

3)非定常气动力近似方法

气动弹性领域的非定常气动力近似方法一般有两类。

(1)基于频域的线性非定常气动力近似方法:这种方法主要用于复杂系统气动伺服弹性问题,始于20世纪80年代。频域非定常气动力计算得到的是对应于离散的、减缩频率的、复数形式的气动力系数矩阵,为建立气动弹性系统的时域模型,在频域非定常气动力求解的基础上,发展了最小二乘法、Roger法、Pade矩阵法、最小状态法(MS)等。

(2)基于时域的非线性非定常气动力近似方法:这种方法是20世纪兴起的非定常气动力近似方法。它以CFD/CSD(计算流体力学/计算结构动力学)耦合求解N-S方程、Euler方程等非线性方程为基础,对时域气动力进行辨识,得到所需要的线性、非线性等形式,然后采用线性分析手段进行颤振等气动弹性问题求解。这种方法称为非定常气动力降阶方法(ROM),主要用于大迎角情况的非线性气动弹性分析,是大幅降低非线性非定常时域方法的计算量、向工程应用发展的一种有效途径。

3. N-S 方程和 Euler 方程

N-S方程适用于完全气体,它考虑了气体的压缩性、黏性和热传导,是目前为止描述空气运动特性的主导方程。Euler方程只适用于理想气体,是在N-S方程基础上,忽略流体黏性和热传导效应的简化方程,又称为理想气体的主导方程。在本书第5章中已经给出了N-S方程,即式(5-97),在此不再重复,下面讨论Euler方程。

没有黏性和热传导的气体称为理想气体。只有在气流参数梯度很大的情况下,黏性和热传导效应才是重要的问题,该问题就是附面层和激波。除此之外,可以认为气体是无黏、无热传导的。在理想气体假设下,绕流问题大大简化,因此可以抓住问题的本质。引用理想气体假设后,可以略去N-S方程中与黏性系数有关的项,忽略重力作用,使运动方程和能量方程得到简化,从而获得Euler方程为

$$\frac{\partial \rho}{\partial t} + \frac{\partial (\rho u)}{\partial x} + \frac{\partial (\rho v)}{\partial y} + \frac{\partial (\rho w)}{\partial z} = 0 \tag{7-1}$$

$$\left(\frac{\partial}{\partial t}+\frac{\partial}{\partial x}u+\frac{\partial}{\partial y}v+\frac{\partial}{\partial z}w\right)u=-\frac{1}{\rho}\frac{\partial p}{\partial x}$$

$$\left(\frac{\partial}{\partial t}+\frac{\partial}{\partial x}u+\frac{\partial}{\partial y}v+\frac{\partial}{\partial z}w\right)v=-\frac{1}{\rho}\frac{\partial p}{\partial y}\quad\quad(7\text{-}2)$$

$$\left(\frac{\partial}{\partial t}+\frac{\partial}{\partial x}u+\frac{\partial}{\partial y}v+\frac{\partial}{\partial z}w\right)w=-\frac{1}{\rho}\frac{\partial p}{\partial z}$$

$$\rho\frac{\mathrm{d}h}{\mathrm{d}t}=\frac{\mathrm{d}}{\mathrm{d}t}\left(\frac{p}{\rho}\right)-\frac{\partial p}{\partial t}\quad\quad(7\text{-}3)$$

$$p=\rho RT\quad\quad(7\text{-}4)$$

式(7-1)～式(7-4)及初始条件和边界条件构成了完整的理想气体绕流问题的 Euler 方程,它们是描述绕理想气体中任意位置流体运动的运动方程,同样也是属于非定常、非线性的偏微分方程。该方程有 u、v、w、p、ρ 和 T 6 个未知量,除边界条件外,方程也是 6 个。

4. 速度势方程

速度势方程是在 Euler 方程的基础上引入正压气体、无旋气体和等熵流动假设形成的。如果气体运动是无旋的,则必定存在一个函数 $\Phi(x,y,z,t)$,称为速度势,并有

$$u=\frac{\partial\Phi}{\partial x}\quad v=\frac{\partial\Phi}{\partial y}\quad w=\frac{\partial\Phi}{\partial z}$$

在 Euler 方程中引入速度势的概念后,u、v、w 这三个未知数可以用 Φ 表示;这样,未知数由原来的 6 个减少到 4 个。有了速度势概念后,可以设法建立一个只含速度势的方程,求解该方程可以得到速度势,然后再利用其他方程确定其他的未知量。这一过程可以使求解过程简化。

经过推导,可将 Euler 方程中的一个连续方程和三个运动方程处理为一个速度势方程,即

$$\frac{\partial\Phi}{\partial t}+\frac{1}{2}\left[\left(\frac{\partial\Phi}{\partial x}\right)^2+\left(\frac{\partial\Phi}{\partial y}\right)^2+\left(\frac{\partial\Phi}{\partial z}\right)^2\right]+\frac{1}{\gamma-1}c^2=\frac{1}{2}U_\infty^2+\frac{1}{\gamma-1}c_\infty^2\quad(7\text{-}5)$$

式中,γ 为空气的比热比;c 为当地声速;U_∞ 和 c_∞ 分别表示远前方的气流速度和声速。

这样,Euler 方程的连续方程和运动方程可以处理为一个方程,即式(7-5)所示的速度势方程。该方程只包含一个未知数 Φ,加上能量方程和状态方程,可以求解 Φ、p、ρ 和 T 4 个未知量。应该注意到,速度势方程仍然是非定常、非线性的偏微分方程,但是,它为进一步简化奠定了基础。

5. 小扰动速度势方程

速度势方程(7-5)仍然是非定常、非线性的偏微分方程,数学上很难处理,直接求解很复杂,需要进一步简化。对于气动弹性动力学计算来说,需要计算非定常气动力的许多情况,而在多数情况下,飞行器的结构运动是在其静变形基础上的微幅振动,迎角不大。因此,由结构非定常运动导致的气流扰动,相对远前方均匀来流速度是小量,可以使用小扰动假设。也就是说,引入小扰动假设,是符合实际流动物理现象的假设,不是纯粹的数学假设;而当物理现象不符合小扰动实际时,如大迎角情况时,就不能引入小扰动假设。

多旋翼无人机在大气中飞行时,大气扰动和结构运动等均可引起气流的扰动,针对气动弹性动力学的小扰动假设要求,气流扰动速度相对远前方均匀来流的速度是小量,扰动压力相对远前方均匀来流的压力是小量。这样,引入小扰动假设后,小扰动量的二阶以上(含)小量可以忽略,使方程进一步得到简化,绝大部分问题可以近似变为线化问题处理,因此,小扰

动假设在理论上和应用上都具有重大意义。

三个坐标方向的气流扰动速度描述为 $\bar{u} \ll U_\infty, \bar{v} \ll U_\infty, \bar{w} \ll U_\infty$。

引入小扰动速度势

$$\phi = \Phi + U_\infty x \tag{7-6}$$

则扰动速度作为小量可表示为

$$\left. \begin{array}{l} \bar{u} = \dfrac{\partial \phi}{\partial x} = u - U_\infty \\[2mm] \bar{v} = \dfrac{\partial \phi}{\partial y} \\[2mm] \bar{w} = \dfrac{\partial \phi}{\partial z} \end{array} \right\} \tag{7-7}$$

由于流场中物理量变化的连续性要求,扰动速度对坐标分量的导数也应是小扰动量。

引入小扰动假设后,忽略小扰动量的二阶以上小量,可以得到当来流马赫数小于1时的小扰动线化速度势方程:

$$(Ma_\infty^2 - 1)\frac{\partial^2 \phi}{\partial^2 x} - \frac{\partial^2 \phi}{\partial^2 y} - \frac{\partial^2 \phi}{\partial^2 z} + \frac{2Ma_\infty}{c_\infty}\frac{\partial^2 \phi}{\partial x \partial t} + \frac{1}{c_\infty^2}\frac{\partial^2 \phi}{\partial^2 t} = 0 \tag{7-8}$$

式(7-8)是线性偏微分方程,适用于低速、亚声速和超声速情况,是目前气动弹性工程领域线性非定常气动力计算方法的理论基础。在给定时刻,该方程只有小扰动速度势一个变量,方程已经大大简化。为得到该方程所做的假设是无黏、无热传导、等熵、无旋、小扰动、薄翼和小迎角。应注意到该方程仍有局限性,适用于来流马赫数小于5但不接近1的情况,即不适用于跨声速和高超声速情况,在物体驻点附近也不适用。

忽略式(7-8)中的时间相关项,可以求解定常气动力问题。对于不可压(即低速)情况,声速趋于无穷大,马赫数趋于零,方程(7-8)成为

$$\frac{\partial^2 \phi}{\partial^2 x} + \frac{\partial^2 \phi}{\partial^2 y} + \frac{\partial^2 \phi}{\partial^2 z} = 0 \tag{7-9}$$

式(7-9)具有普遍意义,不论流动是定常的还是非定常的,也不论流场的扰动大小,都是适用的;它是不可压三维非定常流的基本方程。因为该方程是线性的,所以不可压缩的流动问题在数学上比较简单,而且不可压情况的计算结果往往是开展可压缩情况分析的基础,应特别引起注意。

6. 偶极子格网法

对于亚声速情况,偶极子产生的流场比较适合升力问题。现在广泛使用的核函数法和偶极子格网法都是基于压力偶极子的,因为只有在翼面上才有压力差,所以,压力偶极子可以只布置在翼面上,这样可以避免对尾流区的处理。基于 Green 函数的方法采用源与速度偶极子叠加,因此必须把基本解布置在翼面和尾流区上,并使用尾流区边界条件。

采用亚声速偶极子格网法计算非定常气动力,先要将升力面进行合理的气动网格划分。将升力面分成若干个两侧边平行于来流的梯形块。假定每小块上的空气动力作用在分块的中剖面与分块 1/4 弦线的交点上,则该点称为压力点(如图 7-4 所示的 F_2 点);边界条件则是在分块的中剖面与分块 3/4 弦线的交点处满足,那么该点称为下洗控制点(如图 7-4 所示的 H 点)。假定将升力面划分成 n 个网格。

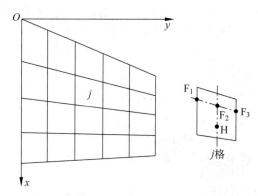

图 7-4　升力面网格上的 F_1，F_2，F_3 和 H 点

空气动力坐标系约定如下：升力面坐标系规定原点位于升力面根前缘，z 轴顺气流，y 轴沿翼展向外，z 轴由右手定则确定。通过求解基本方程确定气动分块上的非定常气动力分布。由线性非定常气动力理论可知，对于每个网格，3/4 弦长点（即下洗控制点 H）处应满足下列积分方程：

$$w_i = \frac{1}{4\pi\rho V^2} \sum_{j=1}^{n} \frac{1}{2}\rho V^2 \Delta c_{p_j} \Delta x_j \cos\varphi_j \int_{l_j} K_{ij}\, \mathrm{d}l_j$$

进一步得到

$$w_i = \frac{1}{8\pi} \sum_{j=1}^{n} \frac{1}{2}\Delta c_{p_j} \Delta x_j \cos\varphi_j \int_{l_j} K_{ij}\, \mathrm{d}l_j \quad (i=1,2,\cdots,n; j=1,2,\cdots,n) \qquad (7\text{-}10)$$

式中，w_i 为第 i 个网格 3/4 弦长点处的下洗速度；Δc_{p_j} 为第 j 个网格上的压力系数；Δx_j 为第 j 个网格的中剖面长度；l_j 为第 j 个网格的过 1/4 弦点的展长；φ_j 为第 j 个网格的后掠角；K_{ij} 为气动力计算核函数；n 为升力面的气动网格分块数。

式（7-10）可化为矩阵形式，有非定常气动压力分布表达式

$$\Delta \boldsymbol{P} = \frac{1}{2}\rho V^2 \boldsymbol{D}^{-1} \boldsymbol{w} \qquad (7\text{-}11)$$

式中，$\Delta \boldsymbol{P}$ 为压力作用点处的压力分布列阵；$\boldsymbol{w}$ 为下洗控制点处的下洗速度列阵；$\boldsymbol{D}$ 为气动力影响系数矩阵。

对于薄翼面，考虑到在 H 点上满足边界条件，可以得到频域内的非定常气动压力分布表达式

$$\Delta \boldsymbol{P} = \boldsymbol{P}\boldsymbol{q} \qquad (7\text{-}12)$$

式中，$\boldsymbol{P}$ 为压力系数矩阵，表示为

$$\boldsymbol{P} = \frac{1}{2}\rho V^2 \boldsymbol{D}^{-1}\left(\boldsymbol{F}' + i\,\frac{k}{b}\boldsymbol{F}\right) \qquad (7\text{-}13)$$

7. Floquet 定理

周期运动的稳定性，从数学上来讲就是微分方程周期解的稳定性，线性周期系统当中最重要的定理就是 Floquet 定理。这个定理的意思是一个具有周期系数的线性常微分方程可以通过约化成为一个常系数的常微分方程。

线性周期系的 Floquet 定理在数学上的定义是：周期线性系必线性拓扑等价于某一个自治线性系，并且等价函数关于 t 有与原系相同的周期。任意的连续线性周期系 $x' = A(t)x$

可通过周期 Liapunov 变换 $y=L(t)x$ 变为自治线性系 $y'=By$,虽然具体地寻找 $L(t)$ 与 B 是很困难的,但是 Floquet 定理在研究周期线性系解的结构和周期系的摄动理论、分支理论中起了关键的作用,该定理还可以推广到非线性系统。Floquet 理论主要用于分析多旋翼无人机的旋翼-机身耦合运动不稳定性问题。其方法是首先将含有周期系数的旋翼-机身耦合运动微分方程转换成标准形式的一阶微分方程,根据 Floquet-Liapunov 理论对于解一个 N 阶周期系数微分方程组所得解的一般形式,用 4 阶龙格-库塔法计算状态转移矩阵 $[\Phi(t,t_0)]$ 在一个周期的全部值,再求出 $[\Phi(t,t_0)]$ 在一个周期内端点 $(t=t_0+T)$ 值的全部特征值和特征向量,即可对旋翼-机身耦合系统进行动不稳定性分析。

7.1.3 非定常气动力计算的常用方法

1. 准定常气动力的计算方法

在定常气动力理论中,假设旋翼桨叶可以用一连续分布的旋涡来代替。当旋翼桨叶做振动时,升力和旋涡强度都随时间变化,但在非黏性流中,包围所有奇点周界内的总环量必须保持为零。因此,旋涡必然会从薄翼后缘脱落下来,并被气流沿流线带向下游。在研究振动桨叶的气动力时,必须考虑这些尾涡的影响,即考虑它们对机翼上各点的诱导速度。为了简化计算,引入准定常假设,即认为从后缘脱落的自由涡的影响可以不计,而附着涡在薄翼上的分布应使气流恰能在该瞬间无分离地流过机翼表面,且满足库塔条件。这样,是否考虑后缘脱落涡对翼面气动力的影响,成为判断非定常气动力与准定常气动力的一个依据。

不考虑后缘脱落涡对翼面气动力的影响,这种准定常理论可用来计算振动的二元薄翼的空气动力。由于线化假设,气动弹性力学问题只与由振动引起的附加气动力有关。所以,只需研究振动的二元平板上所受的气动力即可。如图 7-5 所示的是一个弦长为 $2b$ 的二元平板,平板的运动可描述为刚心 E 点的平移 h(向下为正)及绕 E 点的转角 α(抬头为正)。E 点距翼弦的中点为 ab,a 是一个无量纲系数,当 E 点位于中点后面时为正。用一系列连续分布的旋涡代替平板,其强度为 $\gamma(x)$,以逆时针方向为正,则按照儒可夫斯基定理及库塔条件,可推导出升力和对前缘的俯仰力矩分别为

$$L=-2\pi\rho V^2 b\left[\alpha+\frac{h}{V}+\left(\frac{1}{2}-a\right)b\frac{\dot{\alpha}}{V}\right] \tag{7-14}$$

$$M=\frac{b}{2}L-\frac{1}{2}\pi\rho Vb^3\dot{\alpha} \tag{7-15}$$

2. 二元非定常气动力的计算方法

非定常理论与准定常理论不同之处是前者需要考虑由后缘流下的尾迹中自由涡的影响。如图 7-5 所示,对于在不可压流中的二元平板,由非定常理论求得升力和对刚心 E 的俯仰力矩分别为

$$L=-\pi\rho b^2(V\dot{\alpha}+\ddot{h}-ab\ddot{\alpha})-2\pi\rho VbC(k)\left[V\alpha+\dot{h}+\left(\frac{1}{2}-a\right)b\dot{\alpha}\right] \tag{7-16}$$

$$M_E=\pi\rho b^2\left[ab(V\dot{\alpha}+\ddot{h}-ab\ddot{\alpha})-\frac{1}{2}Vb\dot{\alpha}-\frac{1}{8}b^2\ddot{\alpha}\right]$$
$$+2\pi Vb^2\left(\frac{1}{2}+a\right)C(k)\left[V\alpha+\dot{h}+\left(\frac{1}{2}-a\right)b\dot{\alpha}\right] \tag{7-17}$$

式中,k 为减缩频率,量纲为 1,$k=b\omega/V$,其中 ω 为简谐振动的角频率;$C(k)$ 为 Theodorson

函数,表示为

$$C(k) = F(k) + iG(k), \quad i = \sqrt{-1} \tag{7-18}$$

$$F(k) = \frac{J_1(J_1 + Y_0) + Y_1(Y_1 - J_0)}{(J_1 + Y_0)^2 + (Y_1 - J_0)^2} \tag{7-19}$$

$$G(k) = -\frac{Y_1 Y_0 + J_1 J_0}{(J_1 + Y_0)^2 + (Y_1 - J_0)^2} \tag{7-20}$$

式中,J_0、J_1、Y_0 和 Y_1 是 k 的第一类和第二类标准贝塞尔函数。

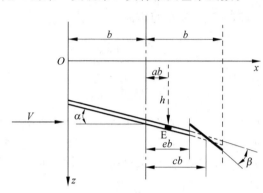

图 7-5　二元平板气动力计算图例

式(7-16)中第一个括号内的项代表旋翼桨叶以其中点的速度做平移运动以及有迎角 α 时所引起的下洗加速度,它与气流视在质量 $\pi \rho b^2$ 的乘积可看作桨叶振动时带动空气与它一起振动而产生的惯性反作用力,这些力的合力作用点将通过桨叶的中点,设用 L_1 表示。如果略去 $C(k)$ 的作用,则式(7-16)中的第二项就与准定常理论的升力一致,设用 L_2 表示,它代表由环量产生的升力,正比于 3/4 弦长点处的下洗,而合力则通过气动力中心。不难想到,$C(k)$ 是由于考虑了自由涡的作用而引起的修正项,这种修正不仅表示升力的大小将有改变,而且还表示升力将落后于运动一个相位差。

力矩表达式(7-17)的第一项显然是由 L_1 产生的对弯心的力矩,第二项是准定常理论中指示过的阻尼力矩,第三项可看作是由桨叶围绕中点做角加速运动而引起的气流的惯性反作用力矩,而第四项则是由 L_2 产生的对弯心的力矩。

3. 线性非定常气动力的近似计算方法

非定常气动力计算一般可分为两类:一类从基本方程出发,不引入谐振荡假设,直接进行数值计算;另一类是应用谐振荡假设的非定常气动力结果导出任意运动情况下的非定常气动力近似表达式。前者计算时间长且计算结果往往不便于现代控制理论的应用;而对于后者,谐振荡的非定常气动力计算比较成熟,利用数学上拟合的概念,采用各种适当的便于现代控制理论应用的有理函数近似表达式,可将谐振荡形式的非定常气动力计算延拓至任意运动的非定常气动力系数的近似表达式。目前这种方法已较为广泛应用。这种方法最早是由 Jones 提出的,他用一个简单的有理分式来拟合二元不可压流情况下的 Theodorson 函数。后来 Roger、Pade、Edward、Karpel 等对其加以发展,提出了各种非定常气动力的有理分式近似公式,建立了相应状态空间的气动弹性模型。其中 Roger 提出的气动力影响系数表达式为

$$A_{ap} = A_0 + A_1 p + A_2 p^2 + \sum_{m=1}^{N} \frac{E_m p}{p + r_m} \tag{7-21}$$

式中，$p = sb/V$ 为无量纲的拉氏变量（b 为参考半弦长，V 为参考速度，s 为拉氏变量）；r_m 为在进行气动力近似之前所选取的 N 个滞后根值（为正实数）；A_0、A_1、A_2 和 E_m 为待定矩阵。

若已知减缩频率为 k_i 时的谐振荡气动力影响系数矩阵为

$$A(k_i) = F(k_i) + iG(k_i) \quad (i = 1, 2, \cdots, L) \tag{7-22}$$

该矩阵是 $n \times n$ 阶矩阵。令 $s = ik_l$，代入式（7-21）中，并认为 $s = ik_l$ 时近似表达式 A_{ap} 的值等于 $A(k_l)$ 的值。这样，它们的实部与虚部分别相等。可得

$$\left.\begin{aligned} A_0 - k_l^2 A_2 + \sum_{m=1}^{N} \frac{k_l^2}{k_l^2 + r_m^2} E_m = F(k_l) \\ k_l A_1 + \sum_{m=1}^{N} \frac{k_l r_m}{k_l^2 + r_m^2} E_m = G(k_l) \end{aligned}\right\} \quad (l = 1, 2, \cdots, L) \tag{7-23}$$

对于每一个元素都可建立一个方程组，共有 $N+3$ 个未知数和 $2L$ 个方程。一般情况下，方程数大于未知数，这是一个矛盾方程组。它的解不是唯一的，需要确定一个最好的解，可采用最小二乘法求解这组矛盾方程组，一共重复 $n \times n$ 次即可确定 A_0、A_1、A_2 和 E_m 各矩阵的全部元素。

4. 非线性非定常方程的计算方法

非线性非定常气动力计算，无论是基于小扰动非线性速度势方程，还是基于全速度势方程、Euler 方程和 N-S 方程，都需要较强的数值计算条件。求解偏微分方程，可以采用有限差分法（FDM）。

有限差分法是一种用于求解微分方程和积分微分方程数值的方法。其基本思想是把连续的定解区域用有限个离散点构成的网格来代替，这些离散点称作网格的节点；把连续定解区域上的连续变量的函数用在网格上定义的离散变量函数来近似；把原方程和定解条件中的微商用差商来近似，积分用积分和来近似，于是原微分方程和定解条件就近似地代之以代数方程组，即有限差分方程组，解此方程组就可以得到原问题在离散点上的近似解。然后再利用插值方法便可以从离散解得到定解问题在整个区域上的近似解。图 7-6 给出了离散网格点示意图，为编程方便起见，网格点的 x、y 方向均为等间距，但是值得注意的是计算空间的等距分布并不意味着变量在物理空间也等距分布，两者不能混为一谈。

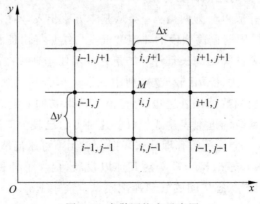

图 7-6　离散网格点示意图

利用高等数学中的泰勒级数展开来推导导数的有限差分形式,如果用 $u_{i,j}$ 表示速度 x 分量在点 $M(i,j)$ 的值,则 $(i+1,J)$ 点的速度分量 $u_{i+1,j}$ 可以用 (i,j) 点的泰勒级数展开表示

$$u_{i+1,j} = u_{i,j} + \left(\frac{\partial u}{\partial x}\right)_{i,j} \Delta x + \left(\frac{\partial^2 u}{\partial x^2}\right)_{i,j} \frac{(\Delta x)^2}{2} + \left(\frac{\partial^3 u}{\partial x^3}\right)_{i,j} \frac{(\Delta x)^3}{6} + \cdots \quad (7\text{-}24)$$

从上式中解出 $\left(\frac{\partial u}{\partial x}\right)_{i,j}$,忽略误差项,由于误差项的最低阶项是 Δx 的一次方项,所以称有限差分表达式具有一阶精度。其一阶向前差分只用到了网格节点 (i,j) 右边的信息,没有用到节点左边的信息,有

$$\left(\frac{\partial u}{\partial x}\right)_{i,j} = \frac{u_{i+1,j} - u_{i,j}}{\Delta x} + O(\Delta x) \quad (7\text{-}25)$$

其一阶向后差分只用到了网格节点 (i,j) 左边的信息,没有用到节点右边的信息,有

$$\left(\frac{\partial u}{\partial x}\right)_{i,j} = \frac{u_{i,j} - u_{i-1,j}}{\Delta x} + O(\Delta x) \quad (7\text{-}26)$$

此外,还有一种差分格式利用网格点左右两边的信息,将它们分别展开成 $u_{i,j}$ 处的泰勒级数,然后两式相减,就可以得到二阶中心差分

$$\left(\frac{\partial u}{\partial x}\right)_{i,j} = \frac{u_{i+1,j} - u_{i-1,j}}{2\Delta x} + O(\Delta x)^2 \quad (7\text{-}27)$$

对于具有二阶偏导数的 N-S 方程,其推导过程与一阶类似,也是通过泰勒级数展开即可。

7.2 旋翼桨叶运动自由度之间的耦合

多旋翼无人机气动弹性力学问题一般根据所考虑的自由度来分类,包括单片桨叶分析和旋翼-机体耦合分析。单片桨叶的气动弹性力学分析是进一步全面分析的基础,一片桨叶的运动包括挥舞-摆振耦合,挥舞-扭转耦合,摆振-扭转耦合,以及挥舞-摆振-扭转全耦合运动。虽然实践上这些自由度都是强烈耦合在一起的,但分析中所考虑自由度数目的多少,主要取决于设计过程所要求的精度和分析技术的复杂程度。

7.2.1   旋翼桨叶运动自由度耦合的基本概念

1. 旋翼桨叶运动自由度耦合的定义

耦合是指两个或两个以上事物之间存在紧密配合与相互影响,并通过相互作用从一侧向另一侧传输能量的现象。多旋翼无人机有多个旋翼,每个旋翼由多片(两片或以上)桨叶和一个桨毂构成,每片桨叶都有挥舞平面弯曲、摆振弦向弯曲和扭转运动三个方向的振动,而每个方向又可以有各种不同阶次振型的振动。这三种振动形态(运动自由度)之间存在着强烈的耦合关系,对桨叶气动弹性特性有重要影响。

旋翼的结构形式以及某些结构参数的匹配,会直接影响桨叶运动自由度之间的耦合,如桨叶弦向重心和气动中心的偏离、桨尖预掠、后缘加调整片等因素。特别是随着旋翼结构形式的发展,桨叶耦合关系也更加复杂。以桨叶挥舞与扭转之间的耦合为例,桨叶挥舞弯曲振动模态中包含扭转运动,而扭转运动又引起气动力的改变。它不仅影响与挥舞运动同阶的气动力,而且还影响挥舞运动其他阶次的气动力的变化,影响其他阶次模态响应值的大小。

考虑以挥舞为主而带有扭转运动的模态对 4Ω 气动载荷的响应,这时会产生 4Ω 频率的迎角变化。气动载荷正比于迎角和相对风速的大小,则 4Ω 频率的响应可导致其他谐波(主要是 3Ω 和 5Ω)的气动载荷。换言之,旋翼桨叶挥舞弯曲与扭转耦合是气动弹性分析应考虑的重要因素。

2. 旋翼桨叶运动自由度耦合效应的根源

旋翼桨叶各种振动模态,包括挥舞平面弯曲、摆振弦向弯曲和扭转运动之间产生的耦合效应主要来源于以下几个方面:

(1)桨叶剖面主轴(弹性轴和惯性轴)通常不在旋转平面内,这是由桨叶变距角和预扭角的影响所引起的;

(2)桨叶剖面的各个弹性力学中心不重合,如质心、弹性轴点、中性轴点不重合;

(3)沿桨叶径向的轴线偏离旋转平面,不再位于同一平面内,这是由预锥角或者挥舞运动引起的;

(4)挥舞平面弯曲与摆振弦向弯曲合成运动的非线性影响。

3. 旋翼桨叶运动自由度耦合效应的分类

桨叶运动自由度耦合指某一个自由度的运动会引起另一个自由度的运动或作用于另一个自由度的力。根据引起桨叶运动自由度之间的耦合的原因划分,有气动耦合、惯性耦合和结构耦合几类。

(1)气动耦合:由气动力算子中出现的各运动自由度的耦合称为气动耦合,如摆振运动会改变挥舞方向的气动力等。

(2)惯性耦合:由惯性算子中出现的各运动自由度的耦合称为惯性耦合,桨叶挥舞运动会在摆振面产生科氏力等。

(3)结构耦合:由结构因素引起的各运动自由度的耦合称为结构耦合。结构耦合又可细分为几何耦合和结构弹性耦合两种。对于纯铰接式旋翼,桨叶根部弯矩等于或接近于零,一般无须考虑结构耦合。而带弹性铰的铰接式旋翼、无铰式旋翼、无轴承式旋翼根部可能产生较大的结构耦合。结构耦合对旋翼的响应以及旋翼与机体耦合的动力稳定性都会产生影响。在稳定性分析中桨叶的基阶模态起主要作用,基阶模态中桨叶根部变形最大。因此,结构耦合分析的重点是桨叶根部分析模型的建立。

7.2.2 旋翼桨叶运动自由度耦合的主要形态

1. 旋翼桨叶挥舞-摆振耦合

旋翼桨叶挥舞-摆振耦合指桨叶在挥舞时伴有摆振运动,反之,桨叶摆振时伴有挥舞运动。挥舞-摆振耦合的大小与桨叶变距角、桨叶弦向和垂直弦向的刚度差以及和桨叶变距铰内、外段的弯曲刚度分配有关。如图 7-7 所示,桨叶挥舞-摆振变形,作用力分布垂直于变形后曲线,产生扭转力矩的改变与力载荷分布有关。这个扭转方向的力矩载荷来源于平面弯曲和弦向弯曲产生的合成曲线,即面外载荷分布会作用在变形后的弦向弯曲曲线上,而桨叶载荷分布会作用在变形后的平面弯曲曲线上。

采用弹性内力矩来表示外力载荷分布,非线性扭矩方程表达如下

$$Q = -(EJ_\beta - EJ_\xi)v''_e w''_e \tag{7-28}$$

式中,Q 为桨叶挥舞-摆振耦合项产生的扭转力矩;EJ_β、EJ_ξ 分别为桨叶挥舞方向和摆振方

向的弯曲刚度；w、v 分别为桨叶挥舞方向弯曲和摆振方向弯曲位移量。

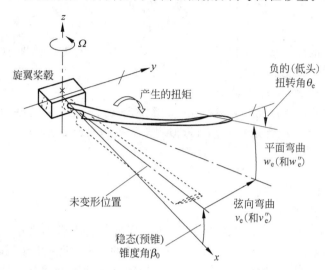

图 7-7　桨叶挥舞-摆振耦合作用引起的非线性扭转力矩示意图

桨叶挥舞-摆振耦合项产生扭转引起桨距角变化是造成挥舞弯曲和摆振弯曲变化的根源，要减小这种耦合的影响，通常需要采用增大刚性扭转的桨叶设计和增加桨叶预扭角，以起到增稳的作用。桨叶预扭主要影响桨叶低阶气动载荷，对桨叶疲劳有强烈影响，但对高阶气动载荷影响不大，因此对多旋翼无人机的振动影响比较小。

2. 变距-挥舞耦合和变距-摆振耦合

1）桨叶弯扭耦合系数的定义

（1）变距-挥舞耦合系数：桨叶变距-挥舞耦合的大小可用变距-挥舞耦合系数 $K_{p\beta}$ 表示

$$K_{p\beta} = \frac{-\Delta\theta}{\Delta\beta} \tag{7-29}$$

式中，θ、β 分别为变距角和挥舞角。由此式可以看出变距-挥舞耦合系数 $K_{p\beta}$ 表示桨叶变距角变化与挥舞角变化之比，桨叶上挥产生低头变距为正。

（2）变距-摆振耦合系数：桨叶变距-摆振耦合的大小可用变距-摆振耦合系数 $K_{p\xi}$ 表示

$$K_{p\xi} = \frac{-\Delta\theta}{\Delta\xi} \tag{7-30}$$

式中 ξ 为摆振角。由此式可以看出变距-摆振耦合系数 $K_{p\xi}$ 表示桨叶变距角变化与摆振角变化之比，前摆产生抬头变距为正。

2）桨叶弯扭运动学耦合

桨叶变距-挥舞运动学耦合受两方面因素影响：变距轴线和挥舞铰轴线的位置和方向（包括挥舞调节系数的影响），以及桨叶平稳状态挥舞角和摆振角的大小。设桨叶稳态摆振角为 ξ_0，则桨叶挥舞时产生低头变距 $\theta = \beta\tan\xi_0$，这时变距-挥舞耦合系数为

$$K_{p\beta} = \frac{d\theta}{d\beta} = \tan\xi_0 \tag{7-31}$$

3）桨叶变距-挥舞结构弹性耦合

无铰式旋翼桨叶挥舞时旋转面内的力对变距轴有一力臂，挥舞方向载荷在变距轴处会

引起桨叶扭矩变化,变距-挥舞耦合系数 $K_{p\beta}$ 可近似用桨尖稳态变形 v_0 表示

$$K_{p\beta} = -\frac{(EJ_{ZZ} - EJ_{YY})}{GJ} \cdot v_0 \qquad (7\text{-}32)$$

式中,EJ_{YY} 为桨叶剖面挥舞弯曲刚度;EJ_{ZZ} 为桨叶剖面摆振弯曲刚度;GJ 为桨叶扭转刚度;v_0 为摆振方向桨尖稳态变形。

4)桨叶变距-摆振结构弹性耦合

无铰式旋翼桨叶挥舞方向的力在摆振时对变距轴也有一力臂,这些力在变距轴处会产生扭矩变化。变距-摆振耦合系数 $K_{p\xi}$ 可近似用桨尖稳态变形 w_0 表示

$$K_{p\xi} = -\frac{(EJ_{ZZ} - EJ_{YY})}{GJ} \cdot w_0 \qquad (7\text{-}33)$$

式中,w_0 为挥舞方向桨尖稳态变形。

5)桨叶弯扭耦合的特点

式(7-32)和式(7-33)表明:变距-挥舞及变距-摆振耦合系数的大小正比于挥舞和摆振方向的弯曲变形及挥舞方向和摆振方向弯曲刚度差的乘积,反比于变距轴处的扭转刚度。对 $EJ_{YY} = EJ_{ZZ}$ 的桨叶,弯扭耦合消失,这种桨叶称为匹配刚度桨叶。结构弹性耦合的本质是非线性的,结构弹性耦合对无铰旋翼桨叶气动弹性稳定性有重要影响。

由此可见,影响结构弹性耦合的桨叶参数还有:桨叶变距铰内、外刚度分布,桨叶挥舞、摆振和扭转刚度(或频率)、桨叶预锥角、下垂角和预掠角等。对复合材料桨叶还可利用复合材料剪裁技术,使桨叶得到有利的结构弹性耦合,消除气动弹性不稳定性。

铰接式旋翼桨叶变距-挥舞和变距-摆振耦合的大小与桨叶挥舞铰和变距铰的安装顺序有关,如果变距铰在挥舞铰以内,变距铰在桨毂平面内,桨叶挥舞时摆振方向的力对变距轴有一力臂;桨叶摆振时挥舞方向的力对变距轴也有一力臂。由挥舞和摆振方向的力对变距轴的力矩之和,可导出桨叶变距-挥舞和变距-摆振耦合系数为

$$K_{p\beta} = -\frac{\partial\theta}{\partial\beta} = \frac{1}{K_\theta}\left[I_{ye}(\omega_\beta^2 - 1 - \omega_\xi^2)\xi_0\right] \qquad (7\text{-}34)$$

$$K_{p\xi} = -\frac{\partial\theta}{\partial\xi} = \frac{1}{K_\theta}\left[I_{ye}(\omega_\beta^2 - 1 - \omega_\xi^2)\beta_0\right] \qquad (7\text{-}35)$$

式中,I_{ye} 为桨叶对挥舞铰或摆振铰的质量惯矩;ξ_0 为稳态摆振角;β_0 为稳态挥舞角;K_θ 为变距操纵线系刚度。变距铰在挥舞铰和摆振铰以外,桨叶挥舞和摆振时变距轴随着一起挥舞、摆振,就不可能引起变距-挥舞和变距-摆振耦合。当挥舞铰和摆振铰重合,且 $\omega_\beta^2 = 1 + \omega_\xi^2$ 时,耦合消失。

3. 旋翼桨叶挥舞-摆振-变距全耦合

无铰、无轴承旋翼挥舞-摆振-变距结构耦合运动如图 7-8 所示。由于桨叶旋转面的挠曲变形为 Δx,挥舞面的载荷 T 对在半径 r 处的截面产生一个低头力矩,而由于挥舞面的变形 Δy,旋转面的载荷 Q 会产生一个抬头力矩。这种由于弹性弯曲而产生附加扭矩的现象,称为挥舞-摆振-变距结构耦合。

桨叶挥舞-摆振-变距结构耦合既包括桨叶挥

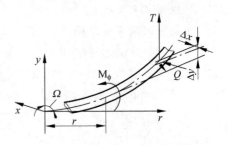

图 7-8　桨叶挥舞-摆振-变距结构耦合示意图

舞振动和摆振振动的弯曲模态,也包括桨根处由挥舞和摆振运动引起的变距角的运动。从本质上讲,挥舞-摆振-变距耦合的发生是由于作用在桨叶上的科氏力和气动力与桨叶的速度响应同相,从而产生了负阻尼,这是桨叶变距-摆振耦合与挥舞响应之间相互作用的结果。其原因是:如果变距-摆振耦合使得向后的变形同相地引起向下的挥舞变形,则科氏力就与桨叶锥度角和挥舞速度的乘积成正比,而且对于向下的挥舞速度,科氏力是向后的,为正。这样,就会形成一个与速度同相、同方向的载荷(如图 7-9 所示)。

分析图 7-9 桨叶微段受力情况,可以得到

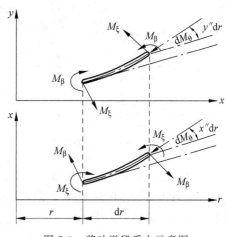

$$dM_\varphi + M_\xi y''dr - M_\beta x''dr = 0 \quad (7\text{-}36)$$

$$\frac{dM_\varphi}{dr} = -(M_\xi y'' - M_\beta x'') \quad (7\text{-}37)$$

式中,$y'' = \dfrac{M_\beta}{EJ_\beta}$,$x'' = \dfrac{M_\xi}{EJ_\xi}$,因而有

$$\frac{dM_\varphi}{dr} = -M_\beta M_\xi \left(\frac{1}{EJ_\beta} - \frac{1}{EJ_\xi} \right) \quad (7\text{-}38)$$

由式(7-38)可看出:弹性耦合大小首先取决于弯矩大小(包括所有气动力及质量力引起的弯矩),其次,弹性耦合大小取决于挥舞弯曲刚度和摆振弯曲刚度的不一致程度。无铰式旋翼根部区域弯矩很大,耦合就很明显。

图 7-9　桨叶微段受力示意图

7.3　多旋翼无人机旋翼气动弹性静力学

多旋翼无人机在飞行过程中所遇到的气动弹性现象是多种多样的。按照是否考虑惯性力,可以把气动弹性问题分成两类:一类是只包含空气动力和弹性力相互作用的气动弹性问题,称为气动弹性静力学问题;另一类是包含空气动力、弹性力和惯性力相互作用的气动弹性问题,称为气动弹性动力学问题。

7.3.1　旋翼气动弹性静力学的基本概念

1. 旋翼气动弹性静力学的定义

多旋翼无人机旋翼气动弹性静力学研究旋翼在气动载荷作用下的变形及其稳定性,以及旋翼结构弹性变形对定常气动升力分布的影响。在研究气动弹性静力学问题时,认为力和运动与时间无关,即在气动弹性静力学问题中,气动力可以采用定常空气动力学理论来计算,且时间不作为一个独立的变量来考虑。这类问题也称为静气动弹性问题。

静气动弹性变形决定着多旋翼无人机定常飞行条件下的载荷、升力分布、阻力、机体的配平以及静稳定性,对于多旋翼无人机的性能、静稳定性和动稳定性等飞行品质也有不可忽视的影响。在处理静气动弹性问题时,通常可以不将时间作为一个独立变量,而采用定常气动力理论和方法来计算空气动力。与此同时,还认为旋翼桨叶结构的弹性变形是一个缓慢的过程,结构因弹性变形所引起的惯性力比气动力要小得多,运动引起的附加气动力也很小,均可略去不计。从数学解析的观点看,表达气动弹性静力学问题的数学方程是比较简单

的。按定义,这时的气动弹性静力学方程中不出现时间这个自变量,在结构的力平衡方程中,不出现惯性力项。

2. 旋翼桨叶发散的基本概念

发散属于静气动弹性稳定性问题,其现象可以描述为:在完全确定的临界风速下,弹性升力系统受到定常升力的作用,使其扭转变形不断扩大直至破坏。发散是多旋翼无人机旋翼桨叶设计中的关键问题之一,是由于桨叶变距-挥舞耦合效应而形成的不稳定现象。在旋翼桨叶设计中,桨叶发散问题必须引起人们的高度重视。计算、分析并提高旋翼桨叶发散速度或消除其发散是多旋翼无人机旋翼桨叶设计中需要首先考虑的问题。

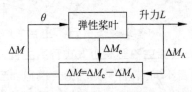

图 7-10　桨叶临界扭转发散的方框图

如图 7-10 所示,利用方框图能清楚说明桨叶发散气动弹性之间所存在的基本物理关系,特别是桨叶发散问题中的反馈过程。由于旋翼桨叶是弹性的,使旋翼桨叶产生扭转发散这一静不稳定现象的原因是桨叶的弹性扭转变形,而且扭转发散速度与初始迎角无关。因此,我们可以根据初始迎角为零的桨叶在具有一个弹性扭转角 θ 后力矩平衡的角度,来研究其扭转发散这一静力学稳定性问题。

旋翼桨叶由弹性扭转变形 θ 而产生的弹性恢复力矩为 ΔM_e,由弹性扭转变形 θ 引起的附加升力对刚心的力矩为 ΔM_A。当刚心位于气动中心之后时,这两个力矩的方向相反,从稳定性的角度看,ΔM_A 起失稳的作用,ΔM_e 起增稳的作用。随着速压的增加,气动力矩随之增大,而弹性恢复力矩与速压无关,是一个固定的值。当 $\Delta M_e > \Delta M_A$,即弹性恢复力矩大于气动力矩时,桨叶处于静力稳定状态;当 $\Delta M_e < \Delta M_A$,即气动力矩大于弹性恢复力矩时,旋翼桨叶迎角就会不断增大而发生扭转变形失稳;当 $\Delta M_e = \Delta M_A$ 时,桨叶任意扭转变形 θ 引起的迎角改变所导致的气动力矩增量与弹性力矩增量相等,系统始终处于平衡状态,其速压就是扭转发散临界速压。

7.3.2　旋翼桨叶发散的基本原理和临界速度

1. 旋翼桨叶发散的基本原理

为了便于理解静气动弹性问题的现象和机理,现以二元旋翼桨叶为研究对象。所谓二元旋翼桨叶,是指桨叶的每个剖面都是相同的,各剖面之间没有相对的移动和转动,旋翼桨叶的弯曲和扭转变形可以分别用桨叶刚轴(弹性轴)的上下平移变形及绕刚轴的转动变形来表示。但在气动弹性静力学问题中,桨叶的上下平移变形并不引起附加的气动力,故上下平移变形可以不考虑。因此,在研究气动弹性静力学问题时,二元旋翼桨叶可以用一个刚硬二元桨叶翼段(通常展向长度取为单位长度)来表示。在气动弹性静力学问题中,二元旋翼桨叶和二元桨叶翼段是同义的,在实际研究时,只需研究其一个剖面(翼型)即可。二元旋翼桨叶的扭转刚度通常用一个可提供扭转恢复力矩的扭转弹簧来表示。

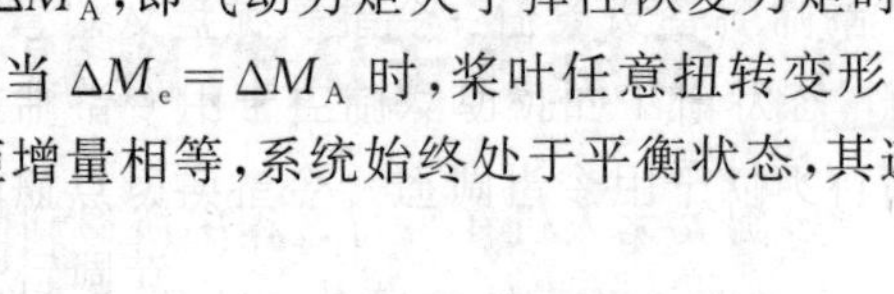

将该二元桨叶翼段安装在风洞中,如图 7-11 所示,扭转弹簧一端固定在风洞壁上,另一端固定在旋翼桨叶刚心处。使整个旋翼桨叶连同刚心处的扭转弹簧一起扭转一个初始角度(初始迎

图 7-11　二元桨叶翼段示意图

角)α_0,然后开启风洞,设风速为 V。因为旋翼桨叶是通过扭转弹簧弹性连接在洞壁上的,所以在气动力(表现为对刚心的气动力矩)作用下旋翼桨叶的迎角会增大。同时旋翼桨叶又受到一个弹簧恢复力矩的作用,在风速不太大时,在气动力矩和弹簧恢复力矩的共同作用下,旋翼桨叶将在一个新的迎角 $\alpha = \alpha_0 + \theta$ 下达到平衡(见图 7-11)。显然,附加的迎角 θ 是因为旋翼桨叶具有弹性支持而产生的扭转变形,正是这个扭转变形体现了旋翼桨叶结构在气流中的弹性体效应,即气动弹性效应。如果弹簧刚度很大,或者风洞的风速很低,则扭转角 θ 会很小;如果弹簧刚度很小,或者风洞的风速很高,则扭转角 θ 会很大,甚至会使扭转弹簧扭转到超过其弹性极限而导致破坏。

现在假定弹簧刚度保持为 K_θ,如果风速为 V 时处于平衡状态旋翼桨叶的扭转角 θ 很小,则当开始加大风速时,会看到旋翼桨叶的扭转角逐渐增大,当风速增大到某一较高值时,桨叶的扭转角会突然增大,甚至使旋翼桨叶发生翻转。这种现象,就是通常所称的"扭转发散",又称为"静发散"或"发散"。由此可知,当弹簧刚度一定时,附加迎角 θ 的大小与气流速度有密切关系。前面提到的使旋翼桨叶产生发散失稳的那一个较高的风速,在气动弹性静力学问题中称为"扭转发散临界速度"(简称发散速度),记为 V_D。

2. 旋翼桨叶扭转发散临界速度

研究旋翼桨叶气动弹性静力学的目的之一就是要解出某一给定桨叶的扭转发散临界速度,分析影响扭转发散临界速度大小的诸多因素,找到提高扭转发散临界速度的设计措施。

设旋翼桨叶未发生扭转时的初始迎角为 α_0,由气动力理论知,翼型(二元桨叶翼段)上二元(平面)流动的气动力可以表示为作用于气动中心 A 的升力 L(向上为正)和绕气动中心 A 的气动力矩 M_A(使旋翼桨叶抬头为正),而且根据薄翼理论,绕气动中心 A 的气动力矩与迎角大小无关。由于气动力与气动力矩对刚心的力矩作用会使旋翼桨叶绕其刚心发生扭转,记扭转引起的附加迎角为 θ,则旋翼桨叶在气流中由于气动弹性效应获得的总迎角 $\alpha = \alpha_0 + \theta$,气动升力和绕刚心的气动力矩分别为

$$L = C_L qS = \frac{\partial C_L}{\partial \alpha}(\alpha_0 + \theta)qS$$

$$M_E = M_A + L \cdot e \tag{7-39}$$

式中,C_L 为升力系数;$\dfrac{\partial C_L}{\partial \alpha}$ 为升力系数的导数;ρ 为空气密度;S 为桨叶面积;e 为桨叶的气动中心到刚心的距离,且刚心在气动中心之后时 e 为正。

假定旋翼桨叶在扭转变形到 θ 角时达到平衡,则根据气动力矩与弹性恢复力矩相平衡的条件,可写出对刚心 E 点的力矩平衡方程为

$$K_\theta \theta = M_A + L \cdot e = M_A + \frac{\partial C_L}{\partial \alpha}(\alpha_0 + \theta)qSe \tag{7-40}$$

式中,K_θ 为扭转弹簧常数,式(7-40)移项整理后,可解出考虑气动弹性效应后,桨叶的实际弹性扭转角为

$$\theta = \frac{\left(\dfrac{\partial C_L}{\partial \alpha}qSe\alpha_0 + M_A \right) \Big/ K_\theta}{1 - \dfrac{\partial C_L}{\partial \alpha}qSe \Big/ K_\theta} \tag{7-41}$$

由式(7-41)可看出:当动压 q 达到某一特定值时,分母成为零,弹性扭角 θ 就趋于无穷

大,旋翼桨叶成为扭转不稳定的。在气动弹性静力学中称这种情况为旋翼桨叶的扭转发散,这个特定的速压称为扭转发散临界速压(简称发散速压,记为 q_D),相应的速度称为扭转发散临界速度(简称发散速度,记为 V_D)。扭转发散的临界条件为

$$1 - qSe\frac{\partial C_L}{\partial \alpha}\bigg/ K_\theta = 0 \tag{7-42}$$

可解出扭转发散临界速压为

$$q_D = \frac{K_\theta}{\dfrac{\partial C_L}{\partial \alpha}Se} \tag{7-43}$$

从而得到旋翼桨叶的扭转发散临界速度

$$V_D = \sqrt{\frac{2K_\theta}{\rho \dfrac{\partial C_L}{\partial \alpha}Se}} \tag{7-44}$$

分析式(7-43)可以发现,当 e 为负值时,即刚心移至气动中心之前时,q_0 为负,没有物理意义,这说明此时二元翼段在任何动压下都是气动弹性扭转稳定的。正因为如此,对于超声速情况,由于气动中心后移,刚心到了气动中心之前,扭转发散的危险就大为降低了,可见,扭转发散是典型的亚声速现象。提高桨叶扭转发散速度的方法有两种:一是改进结构受力方式,使弹性轴(刚轴)前移,尽量与气动力中心接近;二是提高桨叶的扭转刚度。

3. 旋翼桨叶扭转-挥舞发散

当旋翼桨叶弦向重心位置与刚心(轴向铰轴线)不重合时,挥舞惯性力及离心力垂直分量就会形成扭矩-挥舞对扭转的惯性耦合。由于焦点与刚心(轴向铰轴线)不重合,会引起挥舞对扭转的气动耦合。至于扭转对挥舞的气动耦合则是显而易见的,而由于挥舞调节系数的存在所形成的挥舞对扭转的耦合则属于几何耦合。

变距-挥舞发散是由桨叶扭转与挥舞相互耦合而形成的不稳定性现象,一般情况下扭转主要是一阶振型。桨叶一阶振型的扭转以根部转角为主,也就是说主要是桨叶作为整体绕轴向铰的转动(变距),所以称为变距-挥舞发散。至于挥舞运动,一般主要是零阶振型(铰接式)或一阶振型(无铰式)。这两个自由度之间起主要作用的耦合关系是:扭转对挥舞的气动耦合,即扭转引起安装角的变化,使升力改变,从而改变了对水平铰的气动挥舞力矩;挥舞对扭转的惯性耦合,即挥舞时产生的惯性力或者离心力垂直于桨叶展向的分量改变,由于剖面重心与轴向铰轴线不重合而产生扭矩;挥舞对扭转的气动耦合,即挥舞速度改变了桨叶剖面的迎角,从而改变了升力,而由于翼型焦点与轴向铰轴线不重合而产生扭矩;挥舞对扭转的几何耦合,即由于挥舞调节系数的存在,挥舞时会引起安装角的变化。

由于这些耦合关系的作用,当桨叶扭转运动时会引起挥舞运动,而挥舞运动又会产生扭矩而反作用于扭转运动,形成了一个闭合回路。在一定条件下,这样一个挥舞及扭转同时存在的耦合运动会成为不稳定的。如果这种不稳定运动是非周期性的、单调的,就称为发散。桨叶发散运动的振动频率显然为零。

旋翼桨叶变距-挥舞发散的物理图像比较单纯。如果剖面重心在轴向铰轴线之后而焦点在前,由于任何干扰而使桨叶离开平衡位置向上挥舞一个微小角度,离心力向下垂直分量

的增加就会产生一个附加的正扭矩(抬头力矩),使桨叶扭转,迎角加大,再引起气动力的增加;而气动力的增加又加大了挥舞运动,同时也附加了气动抬头力矩。随着旋翼转速增加,离心力及气动力都会加大,这样一个相互促进的、不利的耦合作用也加大,超过某个临界转速时就会成为不稳定的发散运动。

7.4　多旋翼无人机旋翼气动弹性动力学

在多旋翼无人机气动弹性动力学的领域内,最令人关注的问题就是颤振。颤振是弹性结构动力学与非定常气动力耦合引发的气动弹性动不稳定现象,其激振力受振动系统的控制,振动停止激振力就消失。研究颤振的主要难点之一是它具有多种形态,其中的物理关系有时是相当深奥的。

7.4.1　旋翼桨叶颤振的基本概念

1. 颤振的定义

颤振是弹性结构在均匀气流中由于受到气动力、弹性力和惯性力的耦合作用而发生的振幅不衰减的自激振动,它是气动弹性动力学中最重要的问题之一。自激振动与强迫振动不同,它的引发并不是由于外界有周期性变化的激励力,而是由于外力是该系统的位移和速度(有时是加速度)的函数。在一定的条件下,这种非周期性外力在该系统内变为周期性的激励力,使得系统发生振幅扩散的振动。研究一个系统是否会发生自激振动,也就是要研究这个系统的动稳定性。

颤振是由空气动力所引起的振动。由于在一个振动过程中弹性力和惯性力作为保守系统的内力总是处于平衡状态,因此单位振动周期内势能和动能之和保持为常数。振动系统如果要在没有外界激励的条件下获得振动激励,就只有从气流中吸取能量。如果这个能量大于所存在的结构阻尼引起的能量损耗,就会发生气动力自激颤振振动。除了能量输入外,还必须有一定的相对气流速度才能发生颤振。在速度较低的情况下,结构所吸取的能量会被阻尼消耗而不发生颤振,只有在速度超过某一值时,才会发生颤振。若吸取的能量正好等于消耗的能量,则结构维持等幅振动,与此状态对应的速度称为颤振临界速度(简称颤振速度)。当气流速度跨越颤振速度时,振动开始发散,导致灾难性的结构破坏(如图 7-12 所示)。

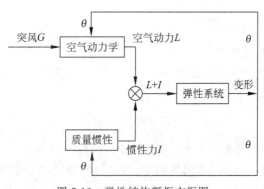

图 7-12　弹性结构颤振方框图

2. 旋翼桨叶发生颤振的原因和处理方法

1）旋翼桨叶颤振发生的原因

旋翼桨叶颤振是旋翼的扭转（变距）运动与挥舞运动耦合而形成的不稳定现象。当旋翼桨叶受扰动在平衡位置附近振动时，由于剖面重心与气动力中心焦点不重合，气动力和惯性力的作用使桨叶产生扭转变形，引起迎角变化。由于迎角的变化，桨叶上就有附加的气动力的作用，如果该附加的气动力在桨叶振动过程中起激振力的作用，即对振动系统做功，就会发生颤振。

2）旋翼桨叶颤振处理方法

对于铰接式旋翼来说，桨叶的结构挥舞-摆振和弯曲-变距的耦合量较小，一般可以忽略不计。因此，只考虑气动力和惯性力的挥舞-变距耦合。由于桨叶扭转刚度比变距刚度大得多，因此在颤振分析时可以认为桨叶是刚性的，扭转主要是由变距产生的。又由于桨叶挥舞刚度主要是离心力引起的，因此挥舞面的弯曲刚度也可以当作刚性来考虑。这样，铰接式旋翼桨叶颤振分析模型可采用刚性变距和刚性挥舞二自由度耦合的简化模型。桨叶颤振的临界转速与桨叶弦向重心位置、挥舞调节系数及扭转固有频率有关，所以为了防止颤振，桨叶设计时一般需要加前缘配重。

3. 经典颤振和失速颤振

颤振作为气动弹性动稳定性问题，具有多种现象形态，其中的物理关系有时相当深奥以致很难理解。而就其空气动力方面发生的原因而言，颤振问题可分为两大类。

1）经典颤振

经典颤振的特征是它发生于势流中，因此流动分离和边界层效应对颤振过程没有重要影响。这类颤振主要发生于飞行器结构的流线型剖面升力系统中，通常称为经典颤振。

2）失速颤振

失速颤振与流动分离和旋涡的形成有直接关系，其颤振现象和经典颤振问题具有不同的特性。失速颤振是一种升力面颤振，如果在全部或一部分振动时间里流动发生分离，处于失速状态，那么颤振现象就与经典颤振所表现出的特性有所不同。它的发生既不取决于惯性力、弹性力和气动力的耦合，也不取决于运动和运动引起的气动力间的相位差。此外，失速颤振主要是扭转振动。作为一种近似分析方法，可以假定颤振频率和在静止空气中的扭转固有振动频率相等，且其振幅是有限的，因而增大扭转固有频率，即增加扭转刚度或减少质量转动惯量，可以提高失速颤振速度。

7.4.2 旋翼桨叶的经典颤振

1. 旋翼桨叶颤振运动方程

典型旋翼桨叶翼段力学模型如图 7-13 所示，在不考虑外力干扰的情况下，其气动弹性运动方程为

$$m\ddot{h} + S_a\ddot{\alpha} + C_h\dot{h} + K_h h = Q_h$$
$$S_a\ddot{h} + I_a\ddot{\alpha} + C_a\dot{\alpha} + K_a\alpha = Q_a$$

$(7\text{-}45)$

式中，h 表示翼段的沉浮运动位移，向下为正；α 表示翼段绕刚心 E 的俯仰角，抬头为正；m 为翼段质量；I_a 为翼段绕 E 的转动惯量；S_a 为翼段的质量静矩，其值为 $S_a = mx_a$，质心 G

位于 E 之后时为正；C_h 和 C_α 分别为翼段的沉浮和俯仰阻尼系数；K_h 和 K_α 分别为翼段的沉浮和俯仰刚度；Q_h 和 Q_α 分别为对应的广义非定常气动力。

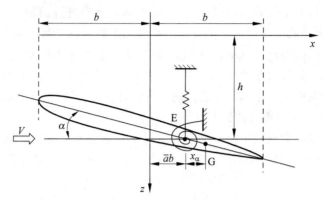

图 7-13　旋翼桨叶翼段力学模型

二元翼段颤振理论是研究多旋翼无人机旋翼桨叶颤振问题的重要基础。它能引导人们深入了解经典颤振问题的数学和物理关系，并进一步认识某些重要参数变化对颤振的影响。

引用拉格朗日方程，对于一个具有 n 个广义坐标的系统，有

$$\frac{\mathrm{d}}{\mathrm{d}t}\left(\frac{\partial T}{\partial \dot{q}_i}\right) - \frac{\partial T}{\partial q_i} + \frac{\partial U}{\partial q_i} = Q_i \quad (i = 1, 2, \cdots, n) \tag{7-46}$$

式中，T 为系统的动能；U 为势能；Q_i 为与 q_i 相应的广义力。应用拉格朗日方程可得颤振运动方程为

$$\begin{aligned} m\ddot{h} + S_\alpha \ddot{\alpha} + K_h h &= Q_h \\ S_\alpha \ddot{h} + I_\alpha \ddot{\alpha} + K_\alpha \alpha &= Q_\alpha \end{aligned} \tag{7-47}$$

2. 旋翼桨叶颤振方程的求解

旋翼桨叶运动方程的矩阵形式是

$$\boldsymbol{M}\ddot{\boldsymbol{q}} + \boldsymbol{Q}_z \dot{\boldsymbol{q}} + (\boldsymbol{K} + \boldsymbol{Q}_G)\boldsymbol{q} = \boldsymbol{0} \tag{7-48}$$

式中，$\boldsymbol{Q}_G$ 称为气动刚度矩阵；$\boldsymbol{Q}_z$ 称为气动阻尼矩阵；$q = \dfrac{1}{2}\rho V^2$ 为速压（动压），ρ 为空气密度。

考虑颤振临界状态，这时旋翼桨叶做简谐运动，即

$$\begin{aligned} h &= h_0 \mathrm{e}^{\mathrm{i}\omega t} \\ \alpha &= \alpha_0 \mathrm{e}^{\mathrm{i}\omega t} \end{aligned} \tag{7-49}$$

代入颤振运动方程(7-47)，经整理后得到颤振行列式。通过数值计算（如有限元法、有限差分法等）求解颤振行列式，可得到颤振的临界速度和颤振频率。

根据计算精度和工作量的要求，颤振运动方程的求解通常采用以下三种方法之一进行。

1）基于定常气动力理论的颤振计算

采用定常气动力理论进行颤振计算时，假设升力只与每一时刻的实际攻角有关，删去一切气动惯性及气动阻尼项，只保留与各广义坐标成比例的气动刚度。

基于定常气动力理论的颤振计算得到的颤振速度值一般都不可定量应用，但它却给出了一个重要的结论，即两个固有频率越接近，颤振速度越低。所以，旋翼桨叶设计人员常应

用该结论尽量使颤振的两个主模态的固有频率远离,并称之为"频率分离"原则。

2）基于准定常气动力理论的颤振计算

为了定性地分析非定常效应,可使用准定常气动力理论进行颤振计算。在定常气动力学理论中,假设旋翼桨叶可以用一连续分布的旋涡来代替。为了简化计算,准定常假设认为从后缘脱落的自由涡的影响可以不计,即不考虑后缘脱落涡对翼面气动力的影响,认为气动弹性力学问题只与由振动引起的附加气动力有关。由于准定常气动力理论考虑了桨叶翼剖面运动以及该运动对气流方向和时变迎角的影响,因此提高了颤振计算的精度。

3）基于非定常气动力理论的颤振计算

虽然由准定常气动力理论可以得到比定常气动力理论更加精确的结果,但它对真实情况的描述还不够充分。例如,旋翼桨叶的运动对气流有干扰,后缘的尾涡会脱落,该旋涡产生的下洗会影响桨叶上的气流,这是准定常气动力所没有考虑的。在非定常气动力理论中,考虑了自由涡的作用。因此,在二元流动的范围内,非定常气动力理论是准确的理论。

7.4.3　旋翼桨叶的失速颤振

1. 失速颤振的定义

失速颤振是升力面处于失速迎角附近时发生的气动弹性自激振动。多旋翼无人机在前飞状态下,因为旋翼桨叶要在接近失速迎角的状态下工作,所以时常会遇到失速颤振问题。当旋翼桨叶剖面迎角增大到失速区时,就会出现失速颤振。桨叶失速颤振是旋翼桨叶翼型在高迎角范围内振动时,振动阻尼成为负值时发生的自激周期振动。它的发生不取决于惯性力、弹性力及气动力等经典颤振的特征条件,而是一种比较复杂的气动弹性现象,这种现象出现时会伴随一种特殊的噪声,同时可凭肉眼观察到旋翼桨叶桨尖部分有相当大的振幅。

失速颤振和经典颤振在对旋翼桨叶翼型结构特性变化上的影响具有诸多不同之处。例如,改变惯性轴的位置,对失速颤振的影响甚微,甚至于有可能在惯性轴处于弹性轴之前时发生失速颤振。这种情况在经典颤振中是不可能发生的。又如,非耦合弯曲与扭转频率比值的大小对失速颤振也几乎没有影响。

影响失速颤振的因素很多,首先,失速颤振主要呈现出扭转振动,所以可近似认为颤振频率与扭转固有频率相当。所以,当提高扭转固有频率或减小质量转动惯量时,可以提高失速颤振的临界速度。再者,增强结构阻尼,也能消除或降低失速颤振的危险。减小展弦比,一般能使颤振区缩小。

2. 旋翼桨盘左右两侧工作环境的差异

旋翼转动时,沿着桨叶展向,各个剖面的迎角经历着大范围的周期变化,尤其是当前进比越来越高时。为了保持大前进比时旋翼滚转方向的配平,桨盘前行侧($\psi = \pi/2$)的桨叶工作在相对较高的动压和相对较小的迎角状态;而后行侧($\psi = 3\pi/2$)的桨叶工作在相对较低的动压和相对较大的迎角状态(如图7-14所示)。由于这种气动差异,会产生两种限制飞行速度的现象:

(1)前行侧桨叶越来越高的流速,形成跨声速流

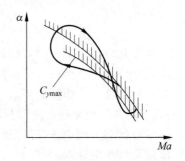

图7-14　旋转桨叶在转动一周时迎角与 Ma 数的关系

条件,致使临界马赫数(Ma)阻力大增;

（2）后行侧桨叶越来越大的迎角产生翼型失速条件。

靠近桨尖的翼型在旋转一周过程中,迎角与马赫数(Ma 数)的关系可用 8 字形图表示,如图 7-14 所示。其中还表示了阻尼迅速增加和 $C_{y\max}$ 边界线。当桨叶 $C_y(\alpha,Ma)$ 超过 $C_{y\max}$ 边界时,就可能发生失速颤振。研究方位角 $\psi =$ 237°这一点,弦向压力分布 p 和 Ma 数分布如图 7-14 所示。靠近前缘,Ma 数可达 1.4,由于前缘受冲击,导致后缘气流分离,原来的压力分布被破坏;这时压力分布产生低头力矩,桨叶低头产生负气动阻尼,引起失速颤振。这种现象一直到 $\psi =$ 360°才会改善,失速颤振是桨叶在局部方位角范围内发生的现象,不可能无限制扩大,但对振动水平有明显影响。要解决这个问题,一般采用前缘修正的翼型(如 NPL9615),提高翼型的 $C_{y\max}$,使 $C_{y\max}$ 边界超出 8 字形(如图 7-15 所示)。

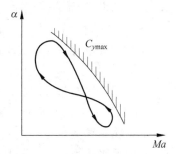

图 7-15　提高桨叶翼型最大升力系数 $C_{y\max}$ 可避免失速颤振

3. 失速颤振的特点

（1）当桨叶剖面迎角达到失速范围时,颤振速度急剧下降,颤振频率逐渐增加,并趋近于桨叶在静止空气中的扭转固有频率。桨叶的振动以扭转振动为主,弯曲振动的振幅可以略去不计。

（2）因为边界层分离条件与雷诺数密切相关,所以提高雷诺数会使不稳定颤振区明显缩小。

（3）由于旋翼旋转过程中,桨叶失速颤振现象历时很短,振动发散通常只经历很短的时间,因此不会产生毁灭性的振动。

（4）旋翼飞行器失速颤振发生与否主要取决于多旋翼无人机的前飞速度(前进比)和桨叶载荷。

（5）旋翼桨叶的发散速度必须与失速颤振一起考虑,它是一个重要参数。如果旋翼的转数很高,致使相对气流速接近临界发散速度,桨叶就会大幅度扭转,其迎角可能超过失速角,从而引起失速颤振。

4. 失速颤振的分析方法

由于旋翼桨叶失速颤振现象是高度的非线性过程,目前可用两种方法来研究分析它:

（1）通过定义(振幅相关的)等效刚度和等效阻尼,在频域中进行求解;

（2）在时域中利用数值方法直接求解桨叶挥舞-变距耦合的非线性运动方程。

7.4.4　旋翼桨叶其他类型的耦合稳定性分析

多旋翼无人机气动弹性稳定性问题主要由最低阶振型的振动构成,即由旋翼桨叶挥舞及摆振零阶(铰接式)或一阶(无铰式)振型、扭转一阶振型的振动构成。桨叶挥舞、摆振、扭转三个自由度的运动之间存在着繁多的耦合关系,包括惯性、气动、弹性及几何等各种形式的耦合。在不同的条件下,不同的耦合关系起主要作用,也就相应地形成不同的动力稳定性问题。除了颤振是由旋翼桨叶扭转(变距)运动与挥舞运动耦合而形成的不稳定现象以外,旋翼桨叶其他类型的运动自由度耦合也存在着稳定与不稳定的问题,其中比较常见的有变距-摆振耦合不稳定性和挥舞-摆振耦合不稳定性等。

1. 变距-摆振耦合不稳定性

多旋翼无人机在飞行过程中,旋翼桨叶摆振时桨距的变化引起了挥舞运动,而挥舞所产生的旋转面内的科氏力又反馈于摆振运动。在一定的频率及相位条件下,这个科氏力对摆振运动成为负阻尼,就有可能出现不稳定运动。整个耦合运动的振动频率约相当于摆振的固有频率 ω_i。实际上,这个运动是挥舞与摆振耦合的不稳定运动,只是摆振对挥舞的耦合是通过摆振对变距的耦合来实现的。桨叶扭转角 φ 与摆振角 ξ 的关系可用下式表示

$$\varphi = -k_\xi \xi \tag{7-50}$$

式中,k_ξ 为变距-摆振几何耦合系数。当 k_ξ 为负值时,桨叶后摆使桨叶桨距角加大,反之,当 k_ξ 为正值时,桨叶后摆使桨叶桨距角变小。

为了说明旋翼桨叶变距-摆振耦合运动出现不稳定的情况,现以案例来具体说明其机理。假设旋翼桨叶摆振零阶振型固有频率约为旋翼转速 Ω 的三分之一,也就是说远低于其挥舞零阶振型固有频率 Ω。又假设该旋翼存在比较大的正的变距-摆振几何耦合,$k_\xi > 0$,这样,当旋翼在旋转面内受到一个初始扰动而按零阶振型固有频率自由振动时,同时又会产生桨距的变化,这个桨距的变化与摆振运动是反相的,后摆最大时桨距最小,前摆最大时桨距最大。由于这个桨距的变化又会引起桨叶挥舞运动,挥舞激振力(桨距变化)的频率大大低于挥舞固有频率。这样,所引起的挥舞运动就与桨距变化接近同相,而与摆振运动反相,桨叶后摆最大时挥舞到最低位置,前摆最大时桨叶位置最高。挥舞运动产生了旋转面的科氏力,它却正好与摆振速度是同相的。当桨叶由后向前摆动时,桨叶挥舞速度向上,相应地产生向前的科氏力,而当桨叶向后摆动时,科氏力又正好是向后的。这样科氏力对于摆振运动就是一个负阻尼。当这个负阻尼大于垂直铰减摆器提供的正阻尼时,就会产生不稳定运动。

对于铰接式旋翼,变距-摆振耦合一般都不会很大,而且减摆器又提供较大的阻尼,因而这种不稳定运动还是很罕见的。但是对于无铰式旋翼,变距与摆振有较显著的弹性耦合,而且一般又没有减摆器,对这个问题就应给予足够的重视。

2. 挥舞-摆振耦合不稳定性

除了经过变距-摆振耦合而形成的摆振对挥舞的耦合以外,还存在着由于摆振速度而引起的直接的摆振对挥舞的耦合。摆振速度改变了桨叶的离心力和气动力,从而改变了桨叶挥舞力矩。这个由于科氏力而产生的挥舞对摆振的耦合,在一定条件下就会产生所谓挥舞-摆振不稳定运动。有人对这个问题进行了分析计算,得出的典型的不稳定区如图 7-16 所示。

图 7-16 上的横坐标及纵坐标分别为挥舞及摆振最低阶固有频率与旋翼转速之比 $\bar{\omega}_{\beta 1}$ 及 $\bar{\omega}_{\xi 1}$,对应不同的总距 θ_0 得出不同的稳定边界。由图 7-16 可以看出,不稳定区的中心对应于 $\bar{\omega}_{\beta 1} = \bar{\omega}_{\xi 1}$ 的条件,而只有当 $\bar{\omega}_{\xi 1} > 0.90$ 时,才有可能出现不稳定运动。总距越大,不稳定区也越大。桨叶安装角越大,变距-摆振耦合越强,不稳定区越大,不稳定区中心在 $\bar{\omega}_\xi = \bar{\omega}_\beta \approx 1.15$。对于具有垂直铰的全铰接式旋翼,或摆振柔软的无铰式或无轴承式旋翼,一般不可能落入不稳

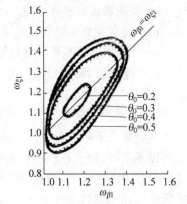

图 7-16 挥舞-摆振耦合运动的
稳定边界

定区；但对于摆振刚硬的旋翼和没有垂直铰的旋翼，$\bar{\omega}_{\xi 1}$ 有可能大于 Ω，就要注意出现这个问题的可能性；对于无铰式旋翼，其频率特性也完全可能符合不稳定运动的要求，需要注意这个问题。

7.5 多旋翼无人机旋翼与机体耦合气动弹性稳定性

多旋翼无人机旋翼-机体耦合振动系统的动不稳定性问题是一种自激振动问题。这种形式的自激振动主要有多旋翼无人机的"地面共振"和"空中共振"，如果发生在多旋翼无人机地面工作状态，则称为"地面共振"；如果发生在多旋翼无人机空中工作状态，则称为"空中共振"。

7.5.1 旋翼-机体耦合系统的动不稳定性

多旋翼无人机"地面共振"与"空中共振"是一种旋翼和机体耦合的动不稳定性运动（自激振动），主要的自激振动源是旋翼后退型摆振运动与 N 个旋翼的总重心水平运动的机体模态的耦合。

"地面共振"是多旋翼无人机在地面开车或滑行、滑跑时发生的。机体系统是由机体支持在起落架上所构成的。地面共振的发散速度极大，往往在几秒钟内就会造成机体及旋翼的破坏。

"空中共振"是无铰式及其他新型旋翼出现后，带有这种旋翼的多旋翼无人机在飞行中遇到的与地面共振类似的自激振动问题，因为是在空中发生的，所以称为空中共振。

1. "地面共振"机理

对于有 N 个旋翼的多旋翼无人机，在地面工作状态能够产生"地面共振"的内因是它存在两个机械振动系统，以及这两个系统振动特性之间的特定关系。这两个振动系统是：第一个是由各旋转桨叶绕垂直铰摆振组成的 N 个旋翼振动系统耦合而构成的一个旋翼中心（或 N 个旋翼的总重心）；第二个是由机体在起落架上组成的机体振动系统。多旋翼无人机发生"地面共振"的外部条件（外因）是多旋翼无人机受到足够大的外界初始扰动（例如强烈突风、粗暴着陆、滑跑颠簸等）。

多旋翼无人机"地面共振"的本质是：每个旋翼后退型摆振运动与桨毂中心有平移的机体模态相耦合。地面运转的多旋翼无人机受到外界初始扰动后，N 个旋翼的各片桨叶不均匀地摆振起来，产生 N 个不平衡的回转离心力，集中作用于旋翼中心（或 N 个旋翼的总重心），其合力激起机体在起落架上的振动；旋翼中心作为机体上的一点，跟着机体一起振动，但它同时又是 N 个旋翼耦合系统上的一点；旋翼中心的振动，又以基础激振的方式，反过来对 N 个旋翼在旋转平面里引发激振，影响（加剧或削弱）各片桨叶原有的振动。

如果这两个振动系统的振动特性具有这样的特定关系——N 个旋翼耦合系统产生的离心激振力合力的频率和全机在起落架上振动的某阶固有振动频率相同或接近，而对应该阶固有频率的固有振型又能使旋翼中心（或 N 个旋翼的总重心）在旋转平面里发生振动，同时桨叶减摆器和起落架缓冲支柱的阻尼在振动一周中消耗的功比上述激振力对系统做的功小，则桨叶的摆振和全机在起落架上的振动就会互相加剧，恶性循环，几秒钟内就可使振幅大到毁坏多旋翼无人机的程度，这种现象就是"地面共振"。

如果所有的桨叶减摆器和起落架缓冲支柱的阻尼足够大,或者 N 个旋翼系统产生的离心激振力合力的频率和全机在起落架上的振动频率相差足够远,那么这个振动系统因外界干扰而激起的振动就会彼此削弱,直至消失,就不会发生"地面共振"。

"地面共振"的能量来源于发动机和旋翼的旋转动能,在发生"地面共振"时,随着振幅的扩大,旋翼转速下降(在不操纵发动机的情况下),发动机的部分功率被用来扩大振幅并损坏多旋翼无人机,因此必须采取正确的处置办法。

2. "空中共振"机理

和"地面共振"的情形类似,多旋翼无人机在空中悬停或飞行状态下有可能发生"空中共振",特别是无铰旋翼或无轴承旋翼的多旋翼无人机,必须考虑"空中共振"问题。空中共振是一种在飞行中出现的旋翼与机体耦合的动不稳定现象,除了摆振运动外,挥舞运动也在其中起了很大的作用,因而空气动力对其有显著影响。

由于多旋翼无人机的机体是一个弹性系统,它有自己的固有振频和振型,多旋翼无人机在空中飞行时,如果弹性机体的某阶振动使 N 个旋翼中心(或 N 个旋翼的总重心)在这阶振动时在旋翼旋转平面上振动,就有可能产生"空中共振",其机理和"地面共振"的机理是一样的,只不过用弹性机体振动系统代替了机体在起落架上的振动系统。弹性机体的固有频率一般高于多旋翼无人机在起落架上的振动频率,从可能发生自激振动的观点来看,只考虑较低的一阶或两阶固有振动就足够了。

对于无铰旋翼或无轴承旋翼多旋翼无人机,桨叶存在着挥舞、摆振和扭转运动的气动弹性耦合,弹性桨叶的挥舞运动还与刚性机体的横滚和俯仰运动有着强烈的耦合,这些耦合的存在是产生无铰旋翼或无轴承旋翼多旋翼无人机"空中共振"的内在因素。"空中共振"就是由于后退型摆振运动与机体(视为刚体)运动及挥舞运动相耦合而产生的。多旋翼无人机在空中工作状态下,机体模态不受起落架影响,机体模态的频率主要取决于桨叶的挥舞刚度和机体本身的惯性,旋翼桨叶的模型则取决于旋翼的结构形式,在无铰旋翼或无轴承旋翼多旋翼无人机"空中共振"分析中,必须考虑空气动力的作用。空气动力起着主要的阻尼作用。

7.5.2 旋翼-机体耦合振动系统分析

1. 旋翼振动系统

进行多旋翼无人机"地面共振"分析时,要考虑 N 个旋翼的振动。每个旋翼的运动主要是基阶模态的后退型摆振运动,可以略去气动力的影响,只需考虑桨叶在旋转平面内的摆振运动。在地面工作状态下,旋翼在外界干扰力的作用下引起摆振运动,由于各片桨叶摆振运动的相位不一致,旋翼总重心偏离桨毂中心,并在旋翼旋转平面里按一定的频率和轨迹做回转运动,产生作用在桨毂中心的不平衡的回转离心力。由于多旋翼无人机有 N 个旋翼,因此有 N 个作用在桨毂中心的不平衡的回转离心力,它们构成一个合力作用于机体,激起全机在起落架上的振动。

当每个旋翼桨毂中心在旋转平面里按 $y = y_0 \sin\omega t$ 做简谐振动时,旋翼上任一片桨叶的强迫振动的频率有两个:$\Omega - \omega$ 和 $\Omega + \omega$。激振力对垂直铰力矩的幅值 A 都等于

$$A = \frac{1}{2} S_{cj} \omega^2 y_0 \tag{7-51}$$

式中,Ω 为旋翼转速;S_{cj} 为桨叶绕垂直铰的质量静矩;ω 为振动频率;y_0 为初始幅值。

同时，由于桨叶的振动，在桨叶共振条件下，从振动桨叶传给桨毂中心的惯性激振力 P_y 也是简谐变化的，其频率同样是 ω，大小为

$$P_y = km_{ye}\omega^2\left(y_0\sin\omega t + \frac{\rho_c}{2}\xi_0\cos\omega t\right) \tag{7-52}$$

式中，ρ_c 为桨叶重心到垂直铰的距离；ξ_0 为桨叶摆振振幅。

2. 机体振动系统

机体的振型指 N 个旋翼的总重心（即旋翼中心）有水平方向位移的那些振型。进行"地面共振"分析时，把机体简化为刚体，构成一个通过弹性的起落架支持在地面上所构成的振动系统，提供机身振动系统的质量特性（质量和转动惯量）；起落架缓冲支柱和机轮提供刚度和阻尼特性。因此，机体在起落架上的振动相当于一个刚体在弹性支座上的振动。机体振动系统共有 6 个自由度，即有 6 个固有振频，6 个固有振型。有意义的主要是侧移和横滚两个模态。当 $\Omega - \omega_\xi$ 等于或接近机体在起落架上的固有频率时，系统就会出现不稳定运动（如图 7-17 所示）。

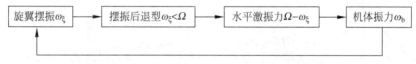

图 7-17　机体振动系统稳定性分析示意图

由于多旋翼无人机机体的质量、刚度和阻尼特性在纵向平面内基本上是对称分布的，因此它在纵向平面里的振动和横向平面里的振动基本上是互相无关的，振型也可以按纵向和横向分开。

机体振动系统中，N 个旋翼的总重心由于在构造上是 N 个旋翼和机体的连接点，因此在"地面共振"分析中具有重要的地位：它是机体振动系统承受 N 旋翼激振力的总作用点，同时机体又按这一点的运动规律对 N 个旋翼振动系统实行基础激振。研究机体振动系统的主要目的就是获得 N 个旋翼的总重心这一点的运动特性。由于分析"地面共振"问题时，只需考虑 N 个旋翼分别在旋转平面里的运动，所以只需要研究 N 个旋翼的总重心在旋转平面里的运动特性，只有这个运动特性对机体的平面运动发生影响。于是，机体振动系统的任一振动形态都可以变换为 N 个旋翼的总重心旋转平面内的平面当量模型来进行"地面共振"分析。

3. 旋翼-机体耦合系统动不稳定频率图

旋翼与机体是通过旋翼中心（N 个旋翼的总重心）耦合起来的，当桨叶按其摆振固有频率进行摆振并构成后退型振型时，N 个旋翼在旋转平面内的合力就是一个旋转矢量，通过旋翼中心对机体模态激振，激起机体振动，而机体振动时又通过旋翼中心对旋翼进行激振。在一定频率范围和一定的阻尼条件下，旋翼系统与机体互相激励，产生不稳定运动。

铰接式旋翼系统一般只可能发生"地面共振"，旋翼中心摆振后退型频率与机体在起落架上振动的频率（能引起旋翼中心平移的模态频率）相交，交点是"地面共振"的不稳定中心。在这个频率周围有可能出现不稳定区，不稳定区的大小与旋翼摆振阻尼和机体在起落架上的振动阻尼有关。在设计时，对高频区发生共振，采用提高频率，使共振区跑出工作转速范围的方法；对低频区发生共振，则采用增加阻尼，消除共振不稳定区的方法。

无铰旋翼多旋翼无人机桨叶摆振频率较高,旋翼摆振后退型频率较低,要消除"地面共振"所需阻尼量较小,因此,无铰旋翼多旋翼无人机的"地面共振"比铰接式旋翼的"地面共振"缓和。但无铰旋翼多旋翼无人机在飞行时有可能发生"空中共振",原因是无铰旋翼挥舞刚度较大,多旋翼无人机飞行时,旋翼摆振周期性、挥舞周期性和机体滚转或俯仰运动耦合发生不稳定振动,如图 7-18(a)所示。

图 7-18(b)给出了 $(\Omega-\omega_\xi)$ 或 $(\omega_\xi-\Omega)$ 随转速的变化,可以看出,对于铰接式旋翼,在工作转速范围内可能存在"地面共振",而"空中共振"只可能在转速很低时发生,没有意义。对于摆振柔软的无铰式旋翼,"地面共振""空中共振"都可能存在。对于摆振刚硬的无铰式旋翼,在工作转速附近及其以内,不存在这个问题。

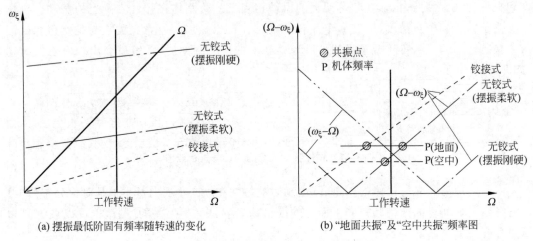

(a) 摆振最低阶固有频率随转速的变化   (b) "地面共振"及"空中共振"频率图

图 7-18　旋翼-机体耦合系统不稳定频率图

本章小结

与其他飞行器相比,直升机的气动弹性力学问题属于所有飞行器气动弹性力学领域中最复杂的问题之一。多旋翼无人机作为直升机家族中的新成员,不可避免地要遇到直升机技术发展过程中所遇到的所有难题,其中气动弹性力学问题就是最为突出的难题。气动弹性力学主要关心的问题之一是弹性结构在气流中的稳定性,包括扭转变形发散、颤振、地面共振和空中共振等。多旋翼无人机气动弹性力学问题是非线性的,涉及非定常流动的研究方法等。常用的非定常气动力计算方法有准定常气动力计算方法、二元非定常气动力计算方法、线性非定常气动力近似计算方法和非线性非定常方程的计算方法等。单片桨叶的气动弹性力学分析是进一步全面分析的基础,一片桨叶的运动自由度耦合的主要形态包括挥舞-摆振耦合、挥舞-扭转耦合、摆振-扭转耦合以及挥舞-摆振-扭转全耦合运动等。

多旋翼无人机在飞行过程中所遇到的气动弹性现象是多种多样的。按照是否考虑惯性力,可以把气动弹性问题分成两类:一类是只包含空气动力和弹性力相互作用的气动弹性问题,称为气动弹性静力学问题;另一类是包含空气动力、弹性力和惯性力相互作用的气动弹性问题,称为气动弹性动力学问题。发散属于静气动弹性稳定性问题,其现象可以描述为:在一个完全确定的临界风速下,弹性升力系统受到定常升力的作用,使其扭转变形不断扩大直至破坏。在气动弹性动力学的领域内,最令人关注的问题就是颤振,它分为经典颤振和失速颤振两大类。除了颤振,比较常见的旋翼桨叶其他类型耦合稳定性类型有变距-摆振耦合不稳定性和挥舞-摆振耦合不稳定性等。多旋翼无人机旋翼-机体耦合振动系统的动不稳定性问题是一种自激振动问题。这种形式的自激振动主要有多旋翼无人机的"地面共振"和"空中共振",如果发生在多旋翼无人机地面工作状态,则称为"地面共振";如果发生在多旋翼无人机空中工作状态,则称为"空中共振"。

　　本章学习的重点是了解有关气动弹性力学、系统稳定性和临界稳定状态、气动弹性方框图、多旋翼无人机气动弹性力学的特点等基本物理概念;了解和熟悉定常、非定常和准定常气动力,以及 N-S 方程和 Euler 方程、速度势方程、小扰动速度势方程、偶极子格网法和Floquet 定理等基础知识;熟悉和掌握非定常气动力计算常用方法;了解和掌握旋翼桨叶运动自由度耦合的基本概念,包括其定义、耦合效应的根源和分类,以及挥舞-摆振耦合、变距-挥舞耦合、变距-摆振耦合和旋翼桨叶挥舞-摆振-变距全耦合等旋翼桨叶运动自由度耦合主要形态的内容;熟悉和掌握旋翼气动弹性静力学的基本概念,旋翼桨叶发散的基本原理和临界速度,以及旋翼桨叶扭转-挥舞发散等知识;熟悉和掌握旋翼颤振的基本概念,对经典颤振和失速颤振的差别、特性和处理方法有比较深的认识和了解;熟悉和掌握多旋翼无人机"地面共振"机理和"空中共振"机理。

习题

1. 画出气动弹性三角形示意图,按图说明多旋翼无人机气动弹性力学的特点。
2. 简述 N-S 方程和 Euler 方程、小扰动速度势方程和偶极子格网法的基本内容。
3. 非定常气动力常用的计算方法有哪些? 比较这些计算方法的优缺点。
4. 什么是旋翼桨叶运动自由度耦合? 简述旋翼桨叶运动自由度耦合效应的根源和分类。
5. 旋翼桨叶运动自由度耦合的主要形态有哪些?
6. 以旋翼桨叶发散为例,说明旋翼气动弹性静力学的定义。
7. 如何计算旋翼桨叶扭转发散临界速度?
8. 简述旋翼桨叶发生颤振的原因和处理方法。
9. 什么是经典颤振和失速颤振? 两者有哪些相同点和区别?
10. 写出旋翼桨叶颤振运动方程,并说明其求解方法。
11. 简述旋翼桨盘左右两侧工作环境的差异、失速颤振的特点和分析方法。
12. 什么是变距-摆振耦合不稳定性和挥舞-摆振耦合不稳定性?
13. 简述多旋翼无人机"地面共振"机理。
14. 简述多旋翼无人机"空中共振"机理。
15. 分析对比旋翼振动系统和机体振动系统的基本概念和内容。

第8章

多旋翼无人机
飞行控制技术

主要内容

(1) 多旋翼无人机飞行控制系统的基本概念。

(2) 多旋翼无人机飞行姿态的数字表示。

(3) 多旋翼无人机飞行动力学建模。

(4) 多旋翼无人机 PID 控制和卡尔曼滤波。

(5) 多旋翼无人机的自动飞行控制。

8.1 多旋翼无人机飞行控制系统的基本概念

飞行控制技术是多旋翼无人机的核心技术部分,多旋翼无人机的各项性能在很大程度上都取决于其自动飞行控制系统的设计。自动飞行控制系统的基本任务是保持多旋翼无人机姿态与航迹的稳定,自主导航飞行与航迹控制,起飞着陆控制,以及按照地面操控指令的要求,改变姿态与航迹等。

8.1.1 多旋翼无人机系统的基本概念

1. 多旋翼无人机人-机系统

多旋翼无人机在天空中飞翔时机上没有搭载驾驶员,看似无人驾驶,但实际上它并不是真正离开了人的驾驶,只不过它的驾驶员是在地面上对它进行远程操纵控制。为了使多旋翼无人机能够在机上没有驾驶员操控的情况下仍然保持正确飞行,就必须使它具有一定的自主飞行能力,也就是说,多旋翼无人机上需要有一套自动飞行控制系统,能够控制它按照期望的要求飞行。同时,多旋翼无人机的飞行情况还要能被地面监视和操控,以保证地面上的驾驶员能够实时地了解它的飞行状态,并在需要的时候,例如多旋翼无人机的飞行出现异常状态时,能够及时干预它的飞行,确保飞行安全。因此,对于多旋翼无人机来说,虽然机上无人操作,但地面必须有人对它进行监控。

在这种模式下,有关多旋翼无人机飞行与任务状态的遥测信息应当实时地传送到地面,供地面人员掌握其工作状况;另外,地面人员对多旋翼无人机的操控要求、干预措施等也应当能以遥控指令的方式发给它,并由它执行。这就构成了一个完整的人-机系统,这是一种闭环控制回路系统,又称多旋翼无人机系统。在这种人-机系统中,多旋翼无人机上接收并执行指令、负责控制其飞行及发送状态信息的功能模块就是飞行控制系统,而地面上承担监视多旋翼无人机状态、操控飞行的设备称为地面指挥控制系统,在多旋翼无人机和地面指控系统之间传送遥控遥测信息的是测控链路系统。所以,机载自动控制系统、地面指控系统和测控链路就成为了多旋翼无人机系统闭环信息控制物理实体。

2. 多旋翼无人机飞行状态与飞行姿态的关系

控制多旋翼无人机发生运动的改变,需要改变所有旋翼受到的气动力和气动力矩,即通过协调改变各旋翼升力的大小来实现姿态控制。需要对旋翼旋转转速或总距进行精准的同步调制,采用俯仰、滚转和偏航三种运动方式中的一种或多种的组合,首先改变其飞行姿态,然后实现不同的飞行状态。多旋翼无人机的飞行状态与其飞行姿态的关系如下。

(1) 垂直飞行状态:当旋翼飞行器悬停、垂直上升或下降时,机体保持与地面平行。

(2) 前后飞行状态:通过向前或向后倾斜机体来实现向前飞或向后飞。

(3) 侧向飞行状态:通过向左或向右倾斜机体来实现左右侧飞。

3. 多旋翼无人机的飞行平衡、稳定性和操作性

1) 平衡

多旋翼无人机的平衡指作用于机体上的各力之和为零,各力重心所构成的各力矩之和也为零。多旋翼无人机处于平衡状态时,其飞行速度的大小和方向都保持不变,也不绕重心转动。平衡状态包括俯仰平衡、航向平衡和滚转平衡。

(1) 俯仰平衡:作用于多旋翼无人机的各俯仰力矩之和为零,机体不绕横轴转动。

(2) 航向平衡:作用于多旋翼无人机的各偏转力矩之和为零,机体不绕立轴转动。

(3) 滚转平衡:作用于多旋翼无人机的各滚转力矩之和为零,机体不绕纵轴滚转,滚转角不变。

2) 稳定性

多旋翼无人机的稳定性指它在飞行中,受微小扰动(如阵风、发动机工作不均衡、机体重心的偶尔偏转等)而偏离原来的平衡状态,并在扰动消失后,不需要通过飞控系统操纵就能自动恢复原来平衡状态的特性。多旋翼无人机的稳定性包括俯仰稳定性、方向稳定性和滚转稳定性。其稳定性的强弱,一般由摆动衰减时间、摆动幅度、摆动次数来衡量。多旋翼无人机受到扰动后,恢复原来平衡状态时间越短,摆动幅度越小,摆动次数越少,稳定性就越强。

3) 操纵性

多旋翼无人机的操纵性指它在飞控系统协调操纵各个旋翼升力大小时,改变飞行状态的特性。多旋翼无人机除应有必要的稳定性外,还应有良好的操纵性,这样才能保证其有意识地飞行。多旋翼无人机飞控系统操纵动作协调、简单、省力,多旋翼无人机反应快,操纵性就好,反之则不好。多旋翼无人机的操纵性包括俯仰操纵性、方向操纵性和滚转操纵性。影响多旋翼无人机操纵性的因素有总体布局、机体结构、重心位置、飞行速度、飞行高度、迎角等。

8.1.2 多旋翼无人机飞行控制的基本概念

1. 多旋翼无人机系统的操控方式

根据多旋翼无人机系统的空地闭环控制结构,对多旋翼无人机的操控方式通常有如下几种。

1) 自主飞行方式

自主飞行方式也称程序控制方式,指由机载自动控制系统控制多旋翼无人机按照预先设定的航路自动完成飞行,期间不需要人的参与。工作在自主飞行方式下时,机载计算机解算出待飞距、偏航距,并判断当前航段是否结束等制导信息,选择自动驾驶模态。

2) 指令控制方式

指令控制方式是由多旋翼无人机驾驶员通过地面指令输入设备发送遥控或遥调指令,控制多旋翼无人机飞行的方式。这是一种非连续的操控方式,多旋翼无人机通过飞控系统来响应这些指令,实现对多旋翼无人机飞行的控制。

遥控指令通常可分为飞行模态控制、任务设备控制、发动机控制以及航路操作等指令。飞行模态控制包括纵向和横向侧飞模态两类,其中纵向遥控指令包括悬停、平飞、爬升、下滑等指令,横向侧飞遥控指令包括直飞、左转弯、右转弯以及盘旋等指令;任务设备控制指令包括有效载荷和任务设备控制器等指令;发动机控制指令用于控制发动机的工作状态;航路操作指令主要指从当前航路点切入某个航路点的航点切换指令。遥调指令用于对飞行高度、水平位置、俯仰角、滚转角、航向角等飞行参数进行调节。

2. 多旋翼无人机飞行控制的基本原理

多旋翼无人机在空间的运动包括姿态运动和轨迹运动,其运动过程主要体现在姿态的变化和轨迹的变化。根据其性质,运动可以分为两类,即质心的平动和绕质心的转动。平动运动包括了前后平移、上下升降和左右侧移,转动运动则包括了俯仰、偏航和滚转运动。所以,多旋翼无人机控制的基本问题就是实现对多旋翼无人机 6 个自由度的平动和转动运动的自动控制。

图 8-1 所示是一个闭环反馈控制系统,首先由传感器测量多旋翼无人机的飞行状态数据,包括飞行姿态、航向、高度和速度等,然后以预期飞行状态输入数值为基准,由控制器按照控制律解算出控制信号,并交给执行机构来驱动改变操纵旋翼转速(或总距),从而改变旋

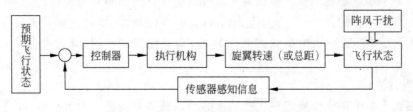

图 8-1 自动飞行控制的反馈控制原理

翼空气动力和力矩,以此控制多旋翼无人机的飞行状态。例如,当多旋翼无人机水平飞行受到阵风干扰时,它会偏离原有状态;传感器感受到偏离方向和大小,输出相应信号给控制器;控制器按照负反馈控制原理计算出需要的控制量,经放大处理后通过执行机构控制旋翼转速或总距的大小。由于整个系统是按负反馈原理工作的,其结果是使多旋翼无人机趋向原始状态。当多旋翼无人机回到原始状态时,传感器输出信号为零,旋翼转速(或总距)也就回到原位,多旋翼无人机重新调整到原始飞行状态。

3. 飞行控制系统的基本功能和设计要求

自动飞行控制系统是一个能够直接控制多旋翼无人机飞行姿态运动和轨迹运动,并能改善飞行品质的控制系统,即,在无人直接参与条件下自动地控制多旋翼无人机飞行的一套自主控制系统。它对多旋翼无人机飞行实施全权限控制与管理,对多旋翼无人机的功能与性能起决定性作用。

1) 自动飞行控制系统的基本功能

(1) 自动驾驶功能,保持姿态、航向、高度和航迹的稳定。

(2) 改善多旋翼无人机操纵性、稳定性功能。

(3) 自主导航飞行、航迹控制,起飞着陆控制,以及垂直升降、悬停、过渡飞行控制等。

2) 自动飞行控制系统的设计要求

(1) 系统方案设计要求:结合通用规范的选择与修订,得出飞行控制系统设计的纲领性文件。

(2) 功能要求:自动飞行控制功能、地面遥控功能要求、状态检测与故障处理功能、飞行管理功能、任务设备管理功能。

(3) 性能指标要求:姿态航向稳定、控制精度和响应时间要求,高度保持精度要求,空速保持精度要求、模态切换要求、抗风能力要求、稳定余度要求等。

(4) 机载计算机、传感器选择与安装设计要求。

(5) 飞行控制软件设计要求。

(6) 接口交联关系要求:飞控系统与管理系统的机械、电气接口特性、通信帧结构等。

(7) 地面监测与控制要求:遥测数据种类、数量、显示布局、处理方法、指令设置,功能、按键等。

(8) 设备安装和设备供电要求。

4. 多旋翼无人机飞行姿态的解算步骤

姿态解算是指飞行控制系统控制器读取自身传感器数据,实时计算多旋翼无人机的姿态角,例如翻滚角(roll)、俯仰角(pitch)、偏航角(yaw)。控制器根据这些信息即可计算各个旋翼升力的输出量,使多旋翼无人机保持平衡稳定,或者保持一定倾斜角,使飞行器朝着某设定方向飞行。姿态解算是多旋翼无人机稳定飞行的关键技术之一,解算速度和精度直接关系到飞行器飞行中的稳定性和可靠性。

1) 飞行姿态自动控制的流程

自动飞行控制系统首先通过陀螺仪、磁力计和加速度计等传感器获取多旋翼无人机飞行姿态(俯仰、横滚和偏航)的相对于基准姿态(角度)变化的信息;然后经滤波(卡尔曼滤波等)处理,获得方向余弦矩阵和四元数,得到欧拉角;最后使用 PID 控制或者 PI、PD 控制(P为比例,I 为积分,D 为微分)将系统反馈值和期望值进行比较,并根据偏差不断修复,直至达到期望的预定值。通过 PID 自动控制算法处理、输出期望的脉宽调制（PWM）波给执行机构，控制旋翼的转速或总距的大小，从而得到一个期望的力，控制多旋翼无人机的前后、左右、上下飞行。

2）飞行姿态解算的步骤

主要包括数据滤波算法、姿态检测算法和姿态控制算法三个步骤。

（1）数据滤波算法：采用滤波技术进行姿态数据处理，如卡尔曼滤波等，将获取的陀螺仪、磁力计和加速度计等传感器数据进行去噪声及融合，得出正确的飞行姿态（角度）数据。

（2）姿态检测算法：将获得的滤波后的传感器数据进行计算，得出飞行器自身坐标系与地面坐标系的飞行数据偏差。飞行姿态的三个自由度可以用欧拉角表示，也可以用四元数表示。姿态检测算法的作用就是将加速度计、陀螺仪等传感器的测量值解算成姿态，进而作为系统的反馈量。常用的姿态检测算法有卡尔曼滤波、互补滤波等。

（3）姿态控制算法：控制多旋翼无人机飞行姿态的三个自由度，以给定姿态与姿态检测算法得出的姿态偏差作为输入，被控对象的输入量作为输出（例如姿态增量），从而达到控制多旋翼无人机飞行姿态的目的。最常用的姿态控制算法就是 PID 控制及其各种 PID 扩展（分段、模糊等）、自适应控制等。多旋翼无人机自动飞行控制系统结构一般采用双闭环的形式，分姿态变换和位置变换进行控制。

8.2　多旋翼无人机飞行姿态的数学表示

多旋翼无人机飞行姿态有多种数学表示方式，如四元数、欧拉角和旋转矩阵等。实时计算多旋翼无人机飞行姿态的核心在于旋转，使用四元数来保存飞行姿态，包括机体倾斜和方位。由于姿态控制算法的输入参数必须是欧拉角，因此在获得四元数之后，要将其转化为欧拉角，然后输入到姿态控制算法中。

8.2.1　坐标系统与欧拉角

任意系统的运动方程，都是针对某一特定的参考坐标系建立的。对于多旋翼无人机来说，选用恰当的坐标系，可使运动方程的形式简单，便于分析和求解。

1. 右手定则和坐标系定义

1）右手螺旋定则

在生产实践中，左、右手定则的应用都是较为广泛的，这里采用右手定则定义坐标系统。右手定则下的坐标轴和旋转正方向规定：右手的拇指指向 x 轴的正方向，食指指向 y 轴的正方向，中指所指示的方向即是 z 轴的正方向。要确定轴的正旋转方向，用右手的大拇指指向轴的正方向，弯曲手指，那么手指所指示的方向即是轴的正旋转方向。本章采用的坐标系和后面定义的角度正方向都沿用右手定则。

2）地面惯性坐标系

地面惯性坐标系用于研究多旋翼无人机相对于地面的运动状态，确定机体的空间位置坐标。它相对于地球是静态的，且忽略地球曲率，即，将地球表面假设为平面。在地面上选一点 O_e 作为多旋翼无人机起飞位置。先让 x_e 轴在水平面内指向某一方向，z_e 轴垂直于地面向下。然后,按右手定则确定 y_e 轴(如图 8-2 所示)。

3) 机体坐标系

机体坐标系的原点 O_b 取在多旋翼无人机的重心上,坐标系与多旋翼无人机固连,符合右手规则。x_b 轴在多旋翼无人机对称平面内指向机头,z_b 轴在飞机对称平面内,垂直于 x_b 轴向下。然后,按右手定则确定 y_b 轴(如图 8-3 所示)。

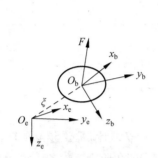

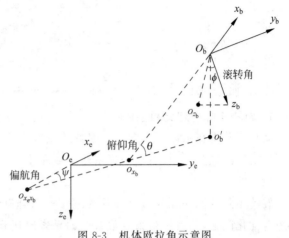

图 8-2　机体坐标系与惯性坐标系的
关系示意图

图 8-3　机体欧拉角示意图

2. 欧拉旋转和欧拉角

一个笛卡儿直角坐标系统相对于另一个笛卡儿直角坐标系统的取向总可以用三个连续的欧拉旋转描述,在航空宇航应用中,这些欧拉旋转相继绕笛卡儿直角坐标系统的三个坐标轴,按右手螺旋定则进行。

欧拉角是由欧拉引入的用于描述刚体姿态的三个角。任何两个笛卡儿直角坐标系统间的相对取向可以用欧拉角描述,并按照某一特定顺序进行旋转。把参考坐标系统转到指定坐标系统方向上,这三个欧拉角依次称为俯仰角、偏航角和滚转角。

机体坐标系与地面惯性坐标系之间的夹角就是多旋翼无人机的姿态角,又称为欧拉角(见图 8-3)。

(1) 俯仰角 θ:机体轴与地平面(水平面)之间的夹角,以机体抬头为正。

(2) 偏航角(方位角)ψ:机体轴在水平面上的投影与地轴之间的夹角,以机头右偏为正。

(3) 滚转角(倾斜角)ϕ:多旋翼无人机对称面绕机体轴转过的角度,右滚为正。

图 8-3 所示俯仰角 θ 为正,偏航角 ψ 为正,滚转角 ϕ 为负。

假定机体旋转的角速率为 $^b\omega = [\omega_{xb} \quad \omega_{yb} \quad \omega_{zb}]^T$,那么,欧拉角变化率与机体角速度的关系为

$$\begin{bmatrix} \omega_{xb} \\ \omega_{yb} \\ \omega_{zb} \end{bmatrix} = \begin{bmatrix} 1 & 0 & -\sin\theta \\ 0 & \cos\phi & \cos\theta\sin\phi \\ 0 & -\sin\phi & \cos\theta\cos\phi \end{bmatrix} \begin{bmatrix} \dot{\phi} \\ \dot{\theta} \\ \dot{\psi} \end{bmatrix} \tag{8-1}$$

进一步可以得到

$$\dot{\boldsymbol{\Theta}} = \boldsymbol{W}^{\mathrm{b}} \boldsymbol{\omega} \tag{8-2}$$

$$\boldsymbol{\Theta} = \begin{bmatrix} \phi & \theta & \psi \end{bmatrix} \tag{8-3}$$

当 $\theta \approx 0$ 及 $\phi \approx 0$ 时,可以认为

$$\begin{bmatrix} \dot{\phi} \\ \dot{\theta} \\ \dot{\psi} \end{bmatrix} = \begin{bmatrix} \omega_{\mathrm{xb}} \\ \omega_{\mathrm{yb}} \\ \omega_{\mathrm{zb}} \end{bmatrix} \tag{8-4}$$

8.2.2 旋转矩阵表示方法

1. 旋转矩阵的定义和性质

旋转矩阵是在乘以一个向量的时候改变向量的方向但不改变向量大小的矩阵。旋转矩阵不包括反演,它可以把右手坐标系改变成左手坐标系或反之。所有旋转加上反演形成了正交矩阵的集合。

旋转矩阵的原理在数学上涉及的是一种组合设计——覆盖设计,主要涉及离散数学中的组合优化问题,其目标是组合集合中的元素以达到某种特定的要求。在多旋翼无人机飞行姿态解算中,旋转矩阵用于表示一个坐标系在另外一个坐标系的姿态。若飞行姿态用旋转矩阵 $\boldsymbol{R}$ 表示,则 $\boldsymbol{R}$ 具有以下性质。

(1) 两个向量的点积在它们都被同一个旋转矩阵操作(相当于旋转)之后的点积相等,例如 $\boldsymbol{a} \cdot \boldsymbol{q} = \boldsymbol{R}\boldsymbol{a} \cdot \boldsymbol{R}\boldsymbol{q}$,其中 $\boldsymbol{a}$ 和 $\boldsymbol{q}$ 为两个任意 3×1 的向量。

(2) 旋转矩阵的逆即为其转置,即 $\boldsymbol{R}^{-1} = \boldsymbol{R}^{\mathrm{T}}$ 或 $\boldsymbol{R}^{-1} \cdot \boldsymbol{R}^{\mathrm{T}} = \boldsymbol{I}$,其中 $\boldsymbol{I}$ 为单位矩阵。

(3) 旋转矩阵中的向量满足

$$^{\mathrm{e}}\boldsymbol{b}_1 = \boldsymbol{R}_{\mathrm{b}}^{\mathrm{eb}} \boldsymbol{b}_1 = \boldsymbol{R}_{\mathrm{b}}^{\mathrm{e}} \boldsymbol{e}_1$$

$$^{\mathrm{e}}\boldsymbol{b}_2 = \boldsymbol{R}_{\mathrm{b}}^{\mathrm{eb}} \boldsymbol{b}_2 = \boldsymbol{R}_{\mathrm{b}}^{\mathrm{e}} \boldsymbol{e}_2$$

$$^{\mathrm{e}}\boldsymbol{b}_3 = \boldsymbol{R}_{\mathrm{b}}^{\mathrm{eb}} \boldsymbol{b}_3 = \boldsymbol{R}_{\mathrm{b}}^{\mathrm{e}} \boldsymbol{e}_3$$

式中左上标 b、e 分别表示向量在机体坐标系内和地面惯性坐标系内。

2. 旋转矩阵的形成

基本旋转矩阵可以通过三步来完成。假设全局坐标系 F_{w} 固定于地面保持静止,而随飞行器转动的坐标系 F_{b},其初始姿态与 F_{w} 重合,为 F_{b0},然后 F_{b0} 按以下顺序旋转至最终的姿态 F_{b}。

(1) F_{b0} 绕 F_{w0} 的 z 轴按右手坐标系规则转动 ψ 角,即偏航角,并假设 F_{b0} 转动后的新姿态为 F_{b1}。

(2) F_{b1} 绕 F_{b1} 的 y 轴按右手坐标系规则转动 θ 角,即俯仰角,并假设 F_{b1} 转动后的新姿态为 F_{b2}。

(3) F_{b2} 绕 F_{b2} 的 x 轴按右手坐标系规则转动 ϕ 角,即翻滚角,F_{b2} 转动到最终坐标系 F_{b2}。

以上三次转动分别都是绕自身坐标系的某一个轴,而不是绕地面惯性坐标系的坐标轴。

以上三次转动分别对应三个基本旋转矩阵：

$$\boldsymbol{R}_z(\psi) = \begin{bmatrix} \cos\psi & \sin\psi & 0 \\ -\sin\psi & \cos\psi & 0 \\ 0 & 0 & 1 \end{bmatrix} \tag{8-5}$$

$$\boldsymbol{R}_y(\theta) = \begin{bmatrix} \cos\theta & 0 & -\sin\theta \\ 0 & 1 & 0 \\ \sin\theta & 0 & \cos\theta \end{bmatrix} \tag{8-6}$$

$$\boldsymbol{R}_x(\phi) = \begin{bmatrix} 1 & 0 & 0 \\ 0 & \cos\phi & \sin\phi \\ 0 & -\sin\phi & \cos\phi \end{bmatrix} \tag{8-7}$$

由此可得到

$$\boldsymbol{R}_b^e = (\boldsymbol{R}_e^b)^{-1} = (\boldsymbol{R}_e^b)^T = \boldsymbol{R}_z^{-1}(\psi)\boldsymbol{R}_y^{-1}(\theta)\boldsymbol{R}_x^{-1}(\phi) = \boldsymbol{R}_z(-\psi)\boldsymbol{R}_y(-\theta)\boldsymbol{R}_x(-\phi)$$

从机体坐标系 O_b 旋转到地面惯性坐标系 O_e 的转换关系为（旋转矩阵）：

$$\boldsymbol{R}_b^e = \begin{bmatrix} \cos\theta\cos\psi & \sin\theta\sin\phi\cos\psi - \cos\phi\sin\psi & \cos\phi\sin\theta\cos\psi + \sin\phi\sin\psi \\ \cos\theta\sin\psi & \sin\theta\sin\phi\sin\psi + \cos\phi\cos\psi & \sin\theta\cos\phi\sin\psi - \sin\phi\cos\psi \\ -\sin\theta & \cos\theta\sin\phi & \cos\theta\cos\phi \end{bmatrix} \tag{8-8}$$

假定

$$r_{11} = \cos\theta\cos\psi$$
$$r_{21} = \cos\theta\sin\psi$$
$$r_{31} = -\sin\theta \tag{8-9}$$
$$r_{32} = \cos\theta\sin\phi$$
$$r_{33} = \cos\theta\cos\phi$$

由旋转矩阵 $\boldsymbol{R}_b^e$ 反求欧拉角

$$\left. \begin{array}{l} \psi = \arctan\dfrac{r_{21}}{r_{11}} \\[2mm] \theta = \arcsin(-r_{31}) \\[2mm] \phi = \arctan\dfrac{r_{32}}{r_{33}} \end{array} \right\} \tag{8-10}$$

当 $\theta = \pm\pi/2$ 时存在奇异性问题，在奇异情况下，人为设定 $\phi = 0$。

仅考虑刚体旋转（不考虑平动），由动力学知识可知，对任意向量 ${}^e\boldsymbol{r} \in \mathbb{R}^3$ 求导（如图 8-4 所示），得到

$$\frac{\mathrm{d}^e\boldsymbol{r}}{\mathrm{d}t} = {}^e\boldsymbol{\omega} \times {}^e\boldsymbol{r} \tag{8-11}$$

其中 × 表示向量的叉乘。于是可以得到

$$\frac{\mathrm{d}[{}^e\boldsymbol{b}_1 \quad {}^e\boldsymbol{b}_2 \quad {}^e\boldsymbol{b}_3]}{\mathrm{d}t} = {}^e\boldsymbol{\omega} \times [{}^e\boldsymbol{b}_1 \quad {}^e\boldsymbol{b}_2 \quad {}^e\boldsymbol{b}_3] \tag{8-12}$$

进一步可以得到

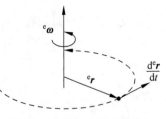

图 8-4 刚体旋转运动示意图

$$\frac{d\boldsymbol{R}_b^e}{dt} = \boldsymbol{R}_b^e \left[{}^b\boldsymbol{\omega}\right]_\times \tag{8-13}$$

由式(8-13)可以看出,采用旋转矩阵表示避免了奇异性问题。然而,方程(8-13)中包含有 9 个自由变量,因此求解微分方程的计算量比较大。

8.2.3　四元数表示方法

1. 四元数的定义

所谓四元数,就是把四个元素组合起来形成的高阶复数,四个元素中,一个是实部,其余三个是虚部。如把四元数的集合考虑成多维实数空间,四元数就代表着一个四维空间,而复数对应的为二维空间。四元数与欧拉角、旋转矩阵是等价的,但又不同于欧拉角表示。四元数表示法没有奇异点的问题,正是因为这个优点,单位四元数在飞行器姿态估算的核心算法中非常常见。

设由多旋翼无人机机体轴确定的坐标系为 b,地面惯性坐标系为 e,则由 b 系到 e 系的坐标变换矩阵称为姿态矩阵。姿态表示根据惯性器件的输出实时计算出姿态矩阵。因为 e 系和 b 系均为直角坐标系,各轴之间始终保持垂直,所以可将坐标系理解成刚体,当只研究两个坐标系间的角位置关系时,可对一个坐标系作平移,使其原点与另一个坐标系的原点重合。因此,两坐标系间的空间角位置关系可理解成刚体的定点转动。从这一基本思想出发,可获得姿态表示的四元数算法及旋转矢量算法。

四元数一般用向量的形式表示为

$$\boldsymbol{q} = \begin{bmatrix} q_0 \\ \boldsymbol{q}_v \end{bmatrix} \tag{8-14}$$

式中,q_0 为四元数的标量部分,$\boldsymbol{q}_v = [q_1\ \ q_2\ \ q_3]^T$ 为四元数的向量部分。

2. 四元数与旋转

假如 $\boldsymbol{q}$ 表示旋转,而 $\boldsymbol{v}_1 \in \mathbb{R}^3$ 表示向量,那么在旋转 $\boldsymbol{q}$ 下,向量 $\boldsymbol{v}_1$ 变为向量 $\boldsymbol{v}_1'$。可以用如下形式表示向量旋转的这个过程:

$$\begin{bmatrix} 0 \\ \boldsymbol{v}_1' \end{bmatrix} = \boldsymbol{q} \otimes \begin{bmatrix} 0 \\ \boldsymbol{v}_1 \end{bmatrix} \otimes \boldsymbol{q}^{-1} \tag{8-15}$$

单位四元数的物理含义是

$$\boldsymbol{q} = \begin{bmatrix} \cos\dfrac{\theta}{2} \\ \boldsymbol{v}\sin\dfrac{\theta}{2} \end{bmatrix} \tag{8-16}$$

定义一个单位四元数,可以得到

$$\boldsymbol{q} = \begin{bmatrix} \cos\dfrac{\theta}{2} \\ \sin\dfrac{\theta}{2} \end{bmatrix} = \begin{bmatrix} \boldsymbol{v}_0^T \boldsymbol{v}_1 \\ \boldsymbol{v}_0 \times \boldsymbol{v}_1 \end{bmatrix}$$
$$= \begin{bmatrix} 0 \\ \boldsymbol{v}_1 \end{bmatrix} \otimes \begin{bmatrix} 0 \\ \boldsymbol{v}_0 \end{bmatrix}^* \tag{8-17}$$

由图 8-5 可知，$\boldsymbol{v}_0$、$\boldsymbol{v}_1$ 和 $\boldsymbol{v}_2$ 的内积与外积相等，三个向量处于同一个平面，$\boldsymbol{v}_1$ 与 $\boldsymbol{v}_2$ 的夹角也为 $\theta/2$。

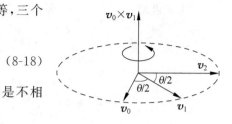

$$\begin{bmatrix} 0 \\ \boldsymbol{v}_2 \end{bmatrix} = \boldsymbol{q} \otimes \begin{bmatrix} 0 \\ \boldsymbol{v}_0 \end{bmatrix} \otimes \boldsymbol{q}^{-1} \tag{8-18}$$

式(8-15)表示向量旋转过程，它与坐标系旋转是不相同的。坐标系旋转由下式表示：

$$\begin{bmatrix} 0 \\ \boldsymbol{v}_1' \end{bmatrix} = \boldsymbol{q}^{-1} \otimes \begin{bmatrix} 0 \\ \boldsymbol{v}_1 \end{bmatrix} \otimes \boldsymbol{q} \tag{8-19}$$

图 8-5　四元数旋转示意图

3. 四元数与旋转矩阵转换

假定地面惯性坐标机体坐标系的旋转四元数为 $\boldsymbol{q}_e^b = [q_0 \quad q_1 \quad q_2 \quad q_3]^T$，其中右上标表示从惯性坐标系 e 旋转到机体坐标系 b 的单元四元数，则有（坐标系旋转）

$$\begin{bmatrix} 0 \\ ^e\boldsymbol{r} \end{bmatrix} = (\boldsymbol{q}_b^e)^{-1} \otimes \begin{bmatrix} 0 \\ ^b\boldsymbol{r} \end{bmatrix} \otimes \boldsymbol{q}_b^e = \boldsymbol{q}_e^b \otimes \begin{bmatrix} 0 \\ ^b\boldsymbol{r} \end{bmatrix} \otimes (\boldsymbol{q}_e^b)^{-1}$$

展开得到

$$\begin{bmatrix} 0 \\ ^e\boldsymbol{r} \end{bmatrix} = \begin{bmatrix} q_0 & q_1 & q_2 & q_3 \\ -q_1 & q_0 & -q_3 & q_2 \\ -q_2 & q_3 & q_0 & -q_1 \\ -q_3 & -q_2 & q_1 & q_0 \end{bmatrix} \begin{bmatrix} q_0 & -q_1 & -q_2 & -q_3 \\ q_1 & q_0 & -q_3 & q_2 \\ q_2 & q_3 & q_0 & -q_1 \\ q_3 & -q_2 & q_1 & q_0 \end{bmatrix} \begin{bmatrix} 0 \\ ^b\boldsymbol{r} \end{bmatrix}$$

由此可得到四元数与旋转矩阵转换表达式

$$^e\boldsymbol{r} = \boldsymbol{C}^b \boldsymbol{r} \tag{8-20}$$

$$\boldsymbol{C}(\boldsymbol{q}_e^b) = \begin{bmatrix} q_0^2 + q_1^2 - q_2^2 - q_3^2 & 2(q_1 q_2 - q_0 q_3) & 2(q_1 q_3 + q_0 q_2) \\ 2(q_1 q_2 + q_0 q_3) & q_0^2 - q_1^2 + q_2^2 - q_3^2 & 2(q_2 q_3 - q_0 q_1) \\ 2(q_1 q_3 - q_0 q_2) & 2(q_2 q_3 + q_0 q_1) & q_0^2 - q_1^2 - q_2^2 + q_3^2 \end{bmatrix} \tag{8-21}$$

4. 四元数与欧拉角转换

$$\begin{bmatrix} 0 \\ ^b\boldsymbol{r} \end{bmatrix} = (\boldsymbol{q}_e^b)^{-1} \otimes \begin{bmatrix} 0 \\ ^e\boldsymbol{r} \end{bmatrix} \otimes \boldsymbol{q}_e^b$$

$$= (\boldsymbol{q}_z(\psi) \otimes \boldsymbol{q}_y(\theta) \otimes \boldsymbol{q}_x(\phi))^{-1} \otimes \begin{bmatrix} 0 \\ ^e\boldsymbol{r} \end{bmatrix} \otimes (\boldsymbol{q}_z(\psi) \otimes \boldsymbol{q}_y(\theta) \otimes \boldsymbol{q}_x(\phi))$$

$$= (\boldsymbol{q}_x(\phi))^{-1} \otimes \left((\boldsymbol{q}_y(\theta))^{-1} \otimes \left((\boldsymbol{q}_z(\psi))^{-1} \otimes \begin{bmatrix} 0 \\ ^b\boldsymbol{r} \end{bmatrix} \right. \right.$$

$$\left. \left. \otimes \boldsymbol{q}_z(\psi) \right) \otimes \boldsymbol{q}_y(\theta) \right) \otimes \boldsymbol{q}_x(\phi) \tag{8-22}$$

根据旋转欧拉角的顺序，可得

$$\boldsymbol{q}_e^b = \boldsymbol{q}_z(\psi) \otimes \boldsymbol{q}_y(\theta) \otimes \boldsymbol{q}_x(\phi) \tag{8-23}$$

$$\left. \begin{aligned} \boldsymbol{q}_x(\phi) &= \begin{bmatrix} \cos\dfrac{\phi}{2} & \sin\dfrac{\phi}{2} & 0 & 0 \end{bmatrix}^T \\ \boldsymbol{q}_y(\theta) &= \begin{bmatrix} \cos\dfrac{\theta}{2} & 0 & \sin\dfrac{\theta}{2} & 0 \end{bmatrix}^T \\ \boldsymbol{q}_z(\psi) &= \begin{bmatrix} \cos\dfrac{\psi}{2} & 0 & 0 & \sin\dfrac{\psi}{2} \end{bmatrix}^T \end{aligned} \right\} \tag{8-24}$$

由此可得到

$$\boldsymbol{q}_\mathrm{e}^\mathrm{b} = \begin{bmatrix} \cos\dfrac{\phi}{2}\cos\dfrac{\theta}{2}\cos\dfrac{\psi}{2} + \sin\dfrac{\phi}{2}\sin\dfrac{\theta}{2}\sin\dfrac{\psi}{2} \\[2ex] \sin\dfrac{\phi}{2}\cos\dfrac{\theta}{2}\cos\dfrac{\psi}{2} - \cos\dfrac{\phi}{2}\sin\dfrac{\theta}{2}\sin\dfrac{\psi}{2} \\[2ex] \cos\dfrac{\phi}{2}\sin\dfrac{\theta}{2}\cos\dfrac{\psi}{2} + \sin\dfrac{\phi}{2}\cos\dfrac{\theta}{2}\sin\dfrac{\psi}{2} \\[2ex] \cos\dfrac{\phi}{2}\cos\dfrac{\theta}{2}\sin\dfrac{\psi}{2} - \sin\dfrac{\phi}{2}\sin\dfrac{\theta}{2}\cos\dfrac{\psi}{2} \end{bmatrix}$$

化简得到

$$\phi = \arctan\frac{2(q_0 q_1 + q_2 q_3)}{1 - 2(q_1^2 + q_2^2)} \tag{8-25}$$

$$\theta = \arctan[2(q_0 q_2 - q_1 q_3)] \tag{8-26}$$

$$\psi = \arctan\frac{2(q_0 q_3 + q_1 q_2)}{1 - 2(q_2^2 + q_3^2)} \tag{8-27}$$

当 $\theta = \pm\pi/2$ 时,发生奇异,人为设定 $\phi = 0$。

5. 四元数变化率与机体角速度的关系

根据坐标旋转的复合四元数得

$$\boldsymbol{q}_\mathrm{e}^\mathrm{b}(t + \Delta t) = \boldsymbol{q}_\mathrm{e}^\mathrm{b}(t) \otimes \Delta\boldsymbol{q} \tag{8-28}$$

式中,$\Delta\boldsymbol{q}$ 为摄动:

$$\Delta\boldsymbol{q} = \begin{bmatrix} 1 & \dfrac{1}{2}\cdot{}^\mathrm{b}\boldsymbol{\omega}\,\Delta t \end{bmatrix}^\mathrm{T} \tag{8-29}$$

式中 ${}^\mathrm{b}\boldsymbol{\omega}$ 为机体角速度。对式(8-28)求解可得

$$\dot{\boldsymbol{q}}_\mathrm{e}^\mathrm{b}(t) = \frac{1}{2}\begin{bmatrix} 0 & -{}^\mathrm{b}\boldsymbol{\omega}^\mathrm{T} \\ {}^\mathrm{b}\boldsymbol{\omega} & -[{}^\mathrm{b}\boldsymbol{\omega}]_\times \end{bmatrix}\boldsymbol{q}_\mathrm{e}^\mathrm{b}(t) \tag{8-30}$$

式中机体角速度 ${}^\mathrm{b}\boldsymbol{\omega}$ 可由三轴陀螺仪近似测出来,那么以上微分方程为线性的。式(8-30)表示了四元数与机体角速度的关系。其特点是不奇异,维数适中,多旋翼无人机自驾仪基本采用这种形式。

8.2.4　多旋翼无人机姿态表示方法的比较

多旋翼无人机飞行姿态的数学表示主要有旋转矩阵、欧拉角、四元数三种方法,其优缺点比较如表 8-1 所示。

(1) 欧拉角最容易使用。当需要为物体指定方位时,欧拉角能大幅简化人机交互操作,包括直接键盘输入方位、在代码中指定方位、在调试中测试。

(2) 如果需要在坐标系之间频繁转换,就选择旋转矩阵形式。当然,这并不意味着不能用其他格式来保存方位,可以在需要的时候转换到旋转矩阵格式。

(3) 当需要大量保存方位数据时,就使用欧拉角或四元数。四元数可能是最好的选择,而欧拉角也不错,可少占用 25% 的内存。

(4) 平滑的插值只能用四元数完成,因为除了四元数,没有其他方法能提供平滑插值。

在使用其他方法时,可以先转换到四元数然后再插值,插值完毕后再转换回原来的方法。

(5) 快速连接和四元数叉乘能将角位移序列转换为单个角位移,用矩阵做同样的操作明显会慢一些。四元数共轭提供了一种有效计算反角位移(角位移求逆)的方法,通过旋转矩阵也能达到同样的目的,但不如四元数容易。

(6) 四元数与矩阵的转换要比欧拉角与矩阵之间的转换稍微快一些。

(7) 四元数仅包含 4 个数,要比旋转矩阵用 9 个数"经济",但比欧拉角的参量个数多 33%。

表 8-1　旋转矩阵、欧拉角、四元数三种方法的比较

任务/性质	旋转矩阵	欧 拉 角	四 元 数
在坐标系间旋转	能	不能(需转换到矩阵)	不能(需转换到旋转矩阵)
连接或增量旋转	能,但比较慢	能	能,比旋转矩阵快
插值	基本上不能	能,但可能遭遇万向锁或其他问题	可平滑插值
易用程度	难	易	难
参量个数	9 个数	3 个数	4 个数
有无奇异问题	无奇异	俯仰角为 90 度时有奇异	无奇异
方位表达方式	是唯一的	不唯一,同一方位有无数种方法	不唯一,有两种互相关联的方法

8.3　多旋翼无人机飞行动力学建模

数学模型是分析系统特征的有效工具,要掌握一个系统的本质,就需要建立这个系统的数学模型。多旋翼无人机的运动受施加在其上的力和力矩的影响,需要采用动力学模型来描述和表示多旋翼无人机系统的行为。

8.3.1　建模假设和模型结构

1. 建模假设和符号定义

多旋翼无人机建模的主要目的是,要为控制律设计获取描述大范围飞行包线内动力学特性的数学模型,这个模型主要包括 4 个关键部分:刚体运动学模型、刚体动力学模型、控制分配模型和动力系统模型。为了建立多旋翼无人机动力学数学模型,需要采用刚体假设,即假设多旋翼无人机在飞行过程中为刚性物体。刚性物体是一种粒子系统,粒子之间的距离不变,可以利用各种不同的方法来表示刚体三维空间的动态运动。建模假设和符号定义如下:

(1) 多旋翼无人机是刚体;

(2) 多旋翼无人机的质量和转动惯量是不变的;

(3) 多旋翼无人机机体重心与中心一致;

(4) 多旋翼无人机只受重力和旋翼拉力,其中旋翼拉力沿 z_b 负方向,而重力沿 z_e 方向;

(5) 奇数标号的旋翼桨叶逆时针转动,偶数标号的旋翼桨叶顺时针转动。

2. 模型结构

(1) 刚体运动学模型。刚体运动学模型跟质量与受力无关,只研究速度、加速度、位移、位置、角速度等参量,常以质点为模型。

（2）刚体动力学模型。刚体动力学模型与一般刚体运动模型最大的不同是，拉力方向始终与机体轴 z_b 的负方向一致。

（3）控制分配模型。其他多旋翼和 4 旋翼的区别就在这个控制分配模型上。

（4）动力系统模型。通过控制分配模型，电动多旋翼无人机得到每个旋翼期望的转速（电动机）；油动多旋翼无人机得到每个旋翼期望的油门值。

多旋翼无人机建模流程图如图 8-6 所示。

图 8-6　多旋翼无人机建模流程图

8.3.2　多旋翼无人机刚体运动学模型和动力学模型

运动学从几何的角度描述和研究物体位置随时间的变化规律，不涉及物体本身的物理性质和加在物体上的力，只研究与质点运动学模型有关的速度、加速度、位移、位置、角速度等参量。动力学主要研究作用于物体的力与物体运动的关系，既涉及物体运动又涉及受力情况，所研究的都是跟物体质量有关系的问题。动力学是物理学和天文学的基础，也是许多工程学科的基础。

1. 多旋翼无人机刚体运动学模型

1）基于欧拉角的运动学模型

$$^e\dot{\boldsymbol{p}} = {}^e\boldsymbol{v}$$

$$\dot{\boldsymbol{\Theta}} = \boldsymbol{W}^b\boldsymbol{\omega}$$

2）基于旋转矩阵的运动学模型

$$^e\dot{\boldsymbol{p}} = {}^e\boldsymbol{v}$$

$$\dot{\boldsymbol{R}} = \boldsymbol{R}[^b\boldsymbol{\omega}]_\times$$

3）基于四元数的运动学模型

$$^e\dot{\boldsymbol{p}} = {}^e\boldsymbol{v}$$

$$\dot{q}_0 = -\frac{1}{2}\boldsymbol{q}_v^T \cdot {}^b\boldsymbol{\omega}$$

$$\dot{\boldsymbol{q}}_v = \frac{1}{2}(q_0\boldsymbol{I}_3 + [\boldsymbol{q}_v]_\times){}^b\boldsymbol{\omega}$$

2. 多旋翼无人机惯性系下的位置动力学模型

多旋翼无人机只受重力和旋翼拉力 f，其中旋翼拉力沿 z_b 负方向，而重力沿 z_e 方向。

$$^e\dot{\boldsymbol{v}} = g\boldsymbol{e}_3 - \frac{f}{m}{}^e\boldsymbol{b}_3 \tag{8-31}$$

3. 多旋翼无人机机体系下的位置动力学模型

$$^e\boldsymbol{v} = \boldsymbol{R}^b\boldsymbol{v} \tag{8-32}$$

两边求导，经整理后有

$$^b\dot{\boldsymbol{v}} = -[^b\boldsymbol{\omega}]_\times{}^b\boldsymbol{v} + g\boldsymbol{R}^T\boldsymbol{e}_3 - \frac{f}{m}\boldsymbol{e}_3 \tag{8-33}$$

4. 多旋翼无人机姿态动力学模型

基于建模假设,在机体坐标系建立多旋翼姿态动力学方程如下

$$\boldsymbol{J}^{\mathrm{b}}\dot{\boldsymbol{\omega}} = -^{\mathrm{b}}\boldsymbol{\omega} \times (\boldsymbol{J}^{\mathrm{b}}\boldsymbol{\omega}) + \boldsymbol{G}_{\mathrm{a}} + \boldsymbol{\tau} \tag{8-34}$$

式中,$\boldsymbol{\tau} = \begin{bmatrix} \tau_x & \tau_y & \tau_z \end{bmatrix}^{\mathrm{T}} \in \mathbb{R}^3$ 表示旋翼在机体轴上产生的力矩;$\boldsymbol{G}_{\mathrm{a}}$ 表示旋翼产生的陀螺力矩;$J \in \mathbb{R}^{3 \times 3}$ 表示多旋翼无人机的转动惯量。

8.3.3　多旋翼无人机控制分配模型

1. 标准四旋翼无人机控制分配模型

四旋翼无人机是多旋翼无人机中最为流行的机型结构,通常有十字形和 X 字形两类(如图 8-7 所示)。根据假设,四旋翼无人机只受重力和旋翼拉力,其中旋翼拉力沿 z_{b} 负方向,而重力沿 z_{e} 方向。

作用在机体上的总拉力为

$$f = \sum_{i=1}^{4} T_i = C_{\mathrm{T}}(\tilde{\omega}_1^2 + \tilde{\omega}_2^2 + \tilde{\omega}_3^2 + \tilde{\omega}_4^2) \tag{8-35}$$

(1) 对于十字形四旋翼无人机,旋翼产生的力矩为

$$\begin{bmatrix} f \\ \tau_x \\ \tau_y \\ \tau_z \end{bmatrix} = \begin{bmatrix} C_{\mathrm{T}} & C_{\mathrm{T}} & C_{\mathrm{T}} & C_{\mathrm{T}} \\ 0 & -dC_{\mathrm{T}} & 0 & dC_{\mathrm{T}} \\ dC_{\mathrm{T}} & 0 & -dC_{\mathrm{T}} & 0 \\ C_{\mathrm{M}} & -C_{\mathrm{M}} & C_{\mathrm{M}} & -C_{\mathrm{M}} \end{bmatrix} \begin{bmatrix} \tilde{\omega}_1^2 \\ \tilde{\omega}_2^2 \\ \tilde{\omega}_3^2 \\ \tilde{\omega}_4^2 \end{bmatrix} \tag{8-36}$$

(2) 对于 X 字形四旋翼,无人机旋翼产生的力矩为

$$\begin{bmatrix} f \\ \tau_x \\ \tau_y \\ \tau_z \end{bmatrix} = \begin{bmatrix} C_{\mathrm{T}} & C_{\mathrm{T}} & C_{\mathrm{T}} & C_{\mathrm{T}} \\ \dfrac{\sqrt{2}}{2}dC_{\mathrm{T}} & -\dfrac{\sqrt{2}}{2}dC_{\mathrm{T}} & -\dfrac{\sqrt{2}}{2}dC_{\mathrm{T}} & \dfrac{\sqrt{2}}{2}dC_{\mathrm{T}} \\ \dfrac{\sqrt{2}}{2}dC_{\mathrm{T}} & \dfrac{\sqrt{2}}{2}dC_{\mathrm{T}} & -\dfrac{\sqrt{2}}{2}dC_{\mathrm{T}} & -\dfrac{\sqrt{2}}{2}dC_{\mathrm{T}} \\ C_{\mathrm{M}} & -C_{\mathrm{M}} & C_{\mathrm{M}} & -C_{\mathrm{M}} \end{bmatrix} \begin{bmatrix} \tilde{\omega}_1^2 \\ \tilde{\omega}_2^2 \\ \tilde{\omega}_3^2 \\ \tilde{\omega}_4^2 \end{bmatrix} \tag{8-37}$$

2. 多旋翼无人机控制分配模型

对于多旋翼无人机模型(假定旋翼数为 n),奇数标号的旋翼桨叶逆时针转动,偶数标号的旋翼桨叶顺时针转动,如图 8-8 所示。

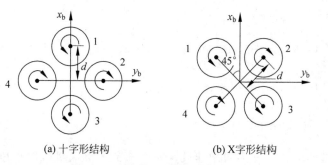

(a) 十字形结构　　　(b) X字形结构

图 8-7　四旋翼无人机结构示意图

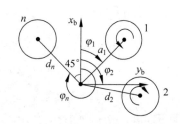

图 8-8　n 旋翼无人机结构示意图

$$\begin{bmatrix} f \\ \tau_x \\ \tau_y \\ \tau_z \end{bmatrix} = \begin{bmatrix} C_T & C_T & \cdots & C_T \\ -d_1 C_T \sin\varphi_1 & -d_2 C_T \sin\varphi_2 & \cdots & -d_n C_T \sin\varphi_n \\ d_1 C_T \cos\varphi_1 & d_2 C_T \cos\varphi_2 & \cdots & d_n C_T \cos\varphi_n \\ C_M \delta_1 & C_M \delta_2 & \cdots & C_M \delta_n \end{bmatrix} \begin{bmatrix} \widetilde{\omega}_1^2 \\ \widetilde{\omega}_2^2 \\ \cdots \\ \widetilde{\omega}_n^2 \end{bmatrix} \tag{8-38}$$

式中，$M_n \in \mathbb{R}^{4 \times n}$，$\delta_i = (-1)^{i+1}$，$i = 1, 2, \cdots, n$。

8.3.4 多旋翼无人机飞行控制通道和线性简化模型

1. 多旋翼无人机飞行控制通道的划分

多旋翼无人机飞行控制系统是一个多通道控制系统，即多输入多输出的控制系统。控制的目的就是使无人机的姿态和位置满足期望的要求。按照负反馈控制原理，控制系统需要通过传感器实时感知多旋翼无人机的姿态和位置参数，根据这些参数和控制任务的要求，按照一定的飞行控制律生成控制指令信号，再经过放大和调整，通过改变相应电机转速或旋翼总距来改变旋翼拉力和力矩，进行飞行控制。

如图8-9所示，多旋翼无人机欠驱动系统由4个输入（总拉力 f 和三轴力矩 τ）控制6个输出（位置 p 和姿态角 Θ）。设计多旋翼飞行控制器时，可以采用内外环的控制策略，其中内环对多旋翼无人机飞行姿态角进行控制，而外环对多旋翼无人机位置进行控制。由内外环控制实现多旋翼飞行器的升降、悬停、侧飞等飞行模态。

图8-9 多旋翼无人机控制输入与输出关系示意图

2. 多旋翼无人机线性简化模型

基于多旋翼无人机飞行控制非线性模型，忽略 $-^b\boldsymbol{\omega} \times (\boldsymbol{J} \cdot {}^b\boldsymbol{\omega}) + \boldsymbol{G}_a$，得到简化的多旋翼无人机模型如下

$$\left.\begin{aligned} {}^e\dot{\boldsymbol{p}} &= {}^e\boldsymbol{v} \\ {}^e\dot{\boldsymbol{v}} &= g\boldsymbol{e}_3 - \frac{f}{m}\boldsymbol{R}_b^e \cdot \boldsymbol{e}_3 \\ \dot{\boldsymbol{\Theta}} &= \boldsymbol{W}^b\boldsymbol{\omega} \\ \boldsymbol{J}^b\dot{\boldsymbol{\omega}} &= \boldsymbol{\tau} \end{aligned}\right\} \tag{8-39}$$

由此可导出

$$\ddot{p}_{xe} = -\frac{f}{m}(\sin\psi\sin\phi + \cos\psi\sin\theta\cos\phi) \tag{8-40}$$

$$\ddot{p}_{ye} = -\frac{f}{m}(-\cos\psi\sin\phi + \cos\phi\sin\theta\sin\psi) \tag{8-41}$$

$$\ddot{p}_{ze} = g - \frac{f}{m}\cos\theta\cos\phi \tag{8-42}$$

式中，$^e\boldsymbol{p} = [p_{xe}, p_{ye}, p_{ze}]^T \in \mathbb{R}^3$ 为对地位置；$^e\boldsymbol{v}$ 为对地速度；$^b\boldsymbol{\omega}$ 为多旋翼无人机机体角速度；$\boldsymbol{R}$ 为旋转矩阵；$\boldsymbol{J}$ 为转动惯量矩阵，其他符号定义详见8.3.3节。

假设多旋翼无人机处于悬停状态，即 $\boldsymbol{p} \approx \boldsymbol{p}_d$，$\theta \approx \phi \approx 0$，$\psi \approx \psi_d$，$\dot{\boldsymbol{p}} \approx 0$，$\dot{\theta} \approx \dot{\phi} \approx \dot{\psi} \approx 0$，标

称输入给定值为 $f \approx mg, \tau \approx 0$。此时有 $\sin\phi \approx \phi, \cos\phi \approx 1, \sin\theta \approx \theta, \cos\theta \approx 1$。通过把在平衡点的小角度线性化,此时

$$\boldsymbol{R}\boldsymbol{e}_3 \approx \begin{bmatrix} \theta\cos\psi + \phi\sin\psi \\ \theta\sin\psi - \phi\cos\psi \\ 1 \end{bmatrix} \tag{8-43}$$

可得到多旋翼无人机的线性模型。

(1) 水平通道模型。由式(8-40)和式(8-41)可得到线性模型

$$\dot{\boldsymbol{p}}_{\mathrm{h}} = \boldsymbol{v}_{\mathrm{h}} \tag{8-44}$$

$$\dot{\boldsymbol{v}}_{\mathrm{h}} = -g\boldsymbol{A}_\psi\boldsymbol{\Theta}_{\mathrm{h}} \tag{8-45}$$

由于可认为 $\boldsymbol{\Theta}_{\mathrm{h}}$ 是输入数值,而且 $-g\boldsymbol{A}_\psi$ 可以得到,因此可以认为输入是 $-g\boldsymbol{A}_\psi\boldsymbol{\Theta}_h$,水平通道模型是线性的。式中,

$$\boldsymbol{p}_{\mathrm{h}} = \begin{bmatrix} p_{\mathrm{x}} \\ p_{\mathrm{y}} \end{bmatrix}, \quad \boldsymbol{R}_\psi = \begin{bmatrix} \cos\psi & -\sin\psi \\ \sin\psi & \cos\psi \end{bmatrix}, \quad \boldsymbol{A}_\psi = \boldsymbol{R}_\psi\mathrm{diag}(1, -1), \quad \boldsymbol{\Theta}_{\mathrm{h}} = \begin{bmatrix} \theta \\ \phi \end{bmatrix}$$

(2) 高度通道模型。由式(8-42)可得到高度通道线性模型

$$\dot{p}_{\mathrm{z}} = v_{\mathrm{z}} \tag{8-46}$$

$$\dot{v}_{\mathrm{z}} = g - \frac{f}{m} \tag{8-47}$$

(3) 姿态模型。由式(8-39),采用小角度假设 $\boldsymbol{W} \approx \boldsymbol{I}_3$,可得到姿态线性模型

$$\dot{\boldsymbol{\Theta}} = \boldsymbol{\omega} \tag{8-48}$$

$$\boldsymbol{J}\dot{\boldsymbol{\omega}} = \boldsymbol{\tau} \tag{8-49}$$

8.4　多旋翼无人机 PID 控制和卡尔曼滤波

PID(Proportional Integral Derivative,比例积分微分)控制是最早发展起来的控制策略之一,由于其算法简单、鲁棒性好和可靠性高,被广泛应用于工业过程控制,尤其适用于可建立精确数学模型的确定性控制系统。正因为 PID 控制的简单易用性,它成为了最早实用化的控制器,应用近百年仍然处于无法取代的地位。

8.4.1　PID 控制的基本概念

1. PID 控制器的定义

PID 控制器是一个在工业控制应用中常见的反馈回路部件,它把收集到的数据和一个参考值进行比较,然后把两者差别用于计算新的输入值,这个新的输入值的目的是让系统的数据达到或者保持在设定的参考值。PID 控制器可以根据历史数据和差别的出现率来调整输入值,使系统更加准确且稳定。

PID 控制器的比例单元 P、积分单元 I 和微分单元 D 分别对应目前误差、过去累计误差及未来误差。若不知道受控系统的特性,一般认为 PID 控制器是最适用的控制器。借由调整 PID 控制器的三个参数可以调整控制系统,设法满足设计需求。控制器的响应可以用控制器对误差的反应速度、控制器过冲的程度及系统振荡的程度来表示。典型的单级 PID 控制器如图 8-10 所示。

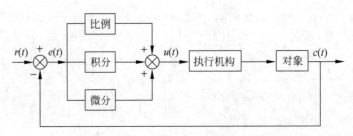

图 8-10 典型的单级 PID 控制器结构框图

有些应用只需要 PID 控制器的部分单元,将不需要单元的参数设为零即可。因此 PID 控制器可以变成 PI 控制器、PD 控制器、P 控制器或 I 控制器。其中又以 PI 控制器最为常用,因为 D 控制器对系统噪声十分敏感,但如果没有 I 控制器,则系统一般不会回到参考值,而是存在一个稳定的误差量。

2. PID 控制微分方程和传输函数

PID 控制本质上是一个函数,输入是期望的参考轨线,输出是控制信号。该控制信号再输入到被控系统中,使得被控系统的输出能够较好地贴合期望轨线。

1) PID 控制器的微分方程

(1) 连续形式:

$$u(t) = K_P e(t) + K_I \int_0^t e(\tau) \mathrm{d}\tau + K_D \frac{\mathrm{d}e(t)}{\mathrm{d}t} \tag{8-50}$$

(2) 离散形式:

$$u(t) = K_P e(t) + K_I \sum_{i=0}^{k} e(i) + K_D [e(k) - e(k-1)] \tag{8-51}$$

式中,$u(t)$ 为控制输出;K_P 为比例增益;K_I 为积分增益;K_D 为微分增益;e 为误差=设定值(SP)−反馈值(PV);t 为目前时间;τ 为积分变量,数值从 0 到目前时间 t。

2) PID 控制器的传递函数

$$H(s) = \frac{K_D s^2 + K_P s + K_I}{s + C} \tag{8-52}$$

式中 C 是一个取决于系统带宽的常数。

3. PID 控制器功能

(1) 比例控制器。比例控制器是最简单的一种控制器。不同比例增益 K_P 下,受控变量的阶跃响应(K_I 和 K_D 维持定值)如图 8-11 所示。

比例控制考虑当前误差,误差值和一个正值的常数 K_P(表示比例)相乘。K_P 只是在控制器的输出和系统的误差成比例的时候成立。比例控制的输出如下:

$$P_{out} = K_P e(t) \tag{8-53}$$

若比例增益大,在相同误差量下会有较大的输出;但若比例增益太大,则会使系统不稳定。相反地,若比例增益小,则在相同误差量下,其输出较小,因此控制器会响应较慢。这会导致当有干扰出现时,其控制信号可能不够大,无法修正干扰的影响。

比例控制在误差为 0 时,其输出也会为 0。若要让受控输出为非零的数值,就需要有一个稳态误差或偏移量。稳态误差和比例增益成正比,和受控系统本身的增益成反比。若加

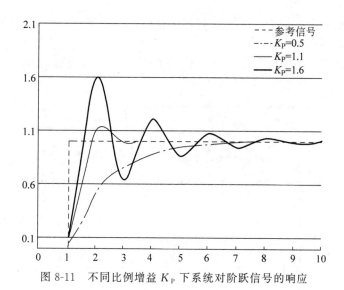

图 8-11 不同比例增益 K_P 下系统对阶跃信号的响应

入一个偏置，或是加入积分控制，可以消除稳态误差。

（2）积分控制器。不同积分增益 K_I 下，受控变量随时间的变化（K_P 和 K_D 维持定值）如图 8-12 所示。

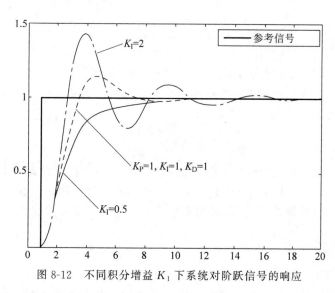

图 8-12 不同积分增益 K_I 下系统对阶跃信号的响应

积分控制考虑过去误差。将误差值在过去一段时间内的总和（误差和）乘以一个正值的常数 K_I。K_I 根据过去的平均误差值找到系统的输出结果和预定值的平均误差。一个简单的比例系统会振荡，会在预定值附近来回变化，因为系统无法消除多余的纠正。通过加上负的平均误差值，平均系统误差值就会渐渐减小。所以，最终这个 PID 回路系统会在设定值处稳定下来。

积分控制的输出如下

$$I_{out} = K_I \int_0^t e(\tau) d\tau \tag{8-54}$$

积分控制会加速系统趋近设定值的过程，并且消除纯比例控制器出现的稳态误差。积分增益越大,趋近设定值的速度越快,不过因为积分控制会累计过去所有的误差,所以可能会使反馈值出现过冲情形。

(3) 微分控制器。不同微分增益 K_D 下,受控变量对时间的变化(K_P 和 K_I 维持定值)如图 8-13 所示。

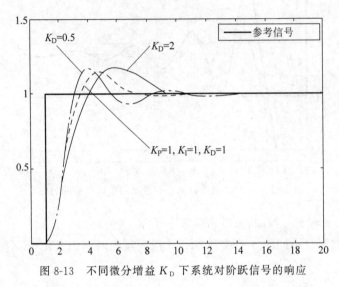

图 8-13　不同微分增益 K_D 下系统对阶跃信号的响应

微分控制考虑将来误差,计算误差的变化率,并和一个正值的常数 K_D 相乘。这个变化率的控制会对系统的改变作出反应。导数的结果越大,控制系统就越能对输出结果作出更快速的反应。这个 K_D 参数也是 PID 被称为可预测的控制器的原因。K_D 参数有助于减少控制器短期的改变。实际问题中一些速度缓慢的系统可以不需要 K_D 参数。

微分控制的输出为

$$D_{out} = K_D \frac{de(t)}{dt} \tag{8-55}$$

微分控制可以提升整定时间[①]及系统稳定性。不过因为纯微分器不是因果系统,所以在 PID 系统实现时,一般会为微分控制加上一个低通滤波器以限制高频增益和噪声。实际应用中较少用到微分控制,估计 PID 控制器中只有约 20% 用到了微分控制。

8.4.2　PID 参数调试

1. PID 参数调试的基本概念

PID 的参数调试是指透过调整控制参数(比例增益、积分增益/时间、微分增益/时间)让系统达到最佳的控制效果。稳定性(不会有发散性的振荡)是首要条件。此外,不同系统有不同的行为,不同的应用其需求也不同,而且这些需求还可能会互相冲突。PID 只有三个参数,在原理上容易说明,但 PID 参数调试是一项困难的工作,因为要符合一些特别的判据,而且 PID 控制有其限制存在。历史上有许多不同的 PID 参数调试方式,包括齐格勒-尼科尔斯方法等,其中也有一些已申请专利。

PID 控制器的设计及调试在概念上很直接,但若有多个(且互相冲突的)目标(例如高稳

---

① 整定时间指输入信号发生变化后,系统输出信号从初始状态到达最终稳定状态所需的时间。

定性及快速的暂态时间)都要达到,实际上很难完成。PID控制器的参数若仔细调试会有很好的效果,若调试不当则效果会很差。一般而言,初始设计常需要不断地进行环路模型仿真,并且修改参数,直到达到理想的性能或是可接受的偏差为止。有些系统有非线性的特性,在无负载条件下调试的参数可能无法在满负载的情况下正常工作。这样的系统可以利用增益规划的方式进行修正(在不同的条件下选用不同的数值)。

(1)稳定性。若PID控制器的参数未挑选妥当,其控制器输出可能就是不稳定的,也就是其输出发散过程中可能有振荡,也可能没有振荡,且其输出只受饱和或机械损坏等原因所限制。不稳定一般是因为增益过大,特别是针对环路延迟时间很长的系统。一般而言,PID控制器会要求响应的稳定,不论程序条件及设定值如何组合,都不能出现大幅振荡的情形。不过有时可以接受临界稳定的情形。

(2)最佳性能。PID控制器两个基本的需求是调整能力(抑制扰动,使系统维持在设定值)及命令追随(设定值变化下控制器输出追随设定值的反应速度)。有关命令追随的一些判据包括上升时间及整定时间。有些应用可能基于安全考虑,不允许输出超过设定值;也有些应用要求在到达设定值过程中的能量消耗最小化。

2. PID参数调试的效果指标

(1)上升时间。上升时间是受控对象的输出从 0 到第一次增加到稳态输出值所消耗的时间(或输入 y 从 10% 增加到 90% 所消耗的时间)。

(2)超调量。超调量指在响应过程中,超出稳态值的最大偏离量与稳态值之比,即

$$\sigma\% = \frac{y_{\max} - y_{\infty}}{y_{\infty}} \times 100\% \tag{8-56}$$

(3)调节时间。调节时间是输出曲线最终收敛于稳态值(5% 以内)所用的时间。

(4)稳态误差。稳态误差是稳态值与参考信号输入值之差,即 $e_{ss} = r - y_{\infty}$。

3. PID调试的内容

P、I、D 3 个参数的内容有:

(1)P,比例控制系统的响应快速性,快速作用于输出;

(2)I,积分控制系统的准确性,消除过去的累积误差,回到准确轨道;

(3)D,微分控制系统的稳定性,具有超前控制作用。

在参数调试的时候,所要做的就是在系统结构允许的情况下,在这三个参数之间权衡调整,达到最佳控制效果,实现稳快准的控制特点,如表8-2所示。

表 8-2　PID 3 个参数增加的影响

	上升时间	超调量	调节时间	稳态误差	系统稳定性
K_P 增加	减小	增加	小幅减小	减小	下降
K_I 增加	小幅减小	增加	增加	大幅减小	下降
K_D 增加	小幅减小	减小	减小	几乎不变	提高

4. PID参数调试的步骤

(1)把 P、I 和 D 参数都归零或取固件默认值。

(2)逐步增大 P,一直到输出响应发生振荡,再稍微减小 P。

（3）加入少量积分信号,用于修正存在的稳态误差。一般在偏航通道和定高模式时会出现稳态误差。

（4）加入少量的 D 看看效果。注意：一些飞控板会尽量避免使用 D,因为微分项对测量噪声非常敏感。在传感器测量信号本身有较大噪声,且后期信号滤波处理并不好的情况下,应该尽量减小 D 的使用,否则反而会造成系统的不稳定。

（5）如果加入 D 后对输出响应有改善效果则可以适当增加 D,同时调整 P 使得上升时间较短且超调较小或无超调。

（6）反复调整 P、I 和 D 的值,直到输出响应达到最佳效果。

5. PID 的积分饱和

积分饱和指执行机构已经到极限位置,仍然不能消除偏差时,由于积分作用,尽管 PID 差分方程式所得的运算结果继续增大或减小,但执行机构已无相应的动作(如图 8-14 所示)。积分饱和是理想 PID 算法实现时常见的问题。若设定值有大的变动,其积分量会有大幅的变化,大到输出值被上下限限制而饱和,因此系统会有过冲;而且即使误差量符号改变,积分量变小,但输出值仍被上下限限制,维持在上限(或下限)。此时输出看似没有变化,系统仍会持续地过冲,一直到输出值落在上下限的范围内,系统的反馈值才会开始下降。此问题可以用以下方式处理：

（1）在控制变量离开可控制范围时,暂停积分；

（2）让积分值限制在一个较小的上下限范围内；

（3）重新计算积分项,使控制器输出维持在上下限之间的范围内。

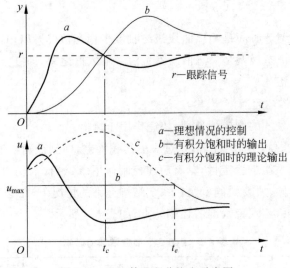

图 8-14　PID 算法积分饱和示意图

6. 串级 PID 控制器

两个 PID 控制器可以组合在一起得到更佳的效果,这种方法称为串级 PID 控制。两个 PID 控制器中的一个 PID 控制器负责外回路,控制多旋翼无人机的飞行高度和水平位置等主要物理量；另一个 PID 控制器负责内回路,以外回路 PID 控制器的输出作为其目标值,控制快速变化的飞行姿态角参数等。

实际工作中,串级 PID 控制器内外回路控制器的参数可能会差很多。外回路的 PID 控制器有较大的时间常数,对应所有的飞行高度和水平位置控制需要的时间;内回路的 PID 控制器反应会比较快。每个控制器可以调整出符合其真正控制期望的系统,从而提高多旋翼无人机的自主飞行控制系统的工作效率,即,采用串级 PID 控制器的主要优点是可以增加控制器的工作频率,减小其控制响应时间常数。

8.4.3　卡尔曼滤波器

基于卡尔曼滤波的 PID 控制系统通过卡尔曼滤波器对系统的一些噪声进行滤波处理之后,对系统的随机误差进行了比普通 PID 更进一步的补偿,获得了更为精确的系统模型,从而使系统的稳定性和精度以及响应时间都得到了有效的提高。

1. 卡尔曼滤波的定义

卡尔曼滤波(Kalman Filtering)是一种利用线性系统状态方程,通过系统输入输出观测数据,对系统状态进行最优估计的算法。因为观测数据中包括系统中的噪声和干扰的影响,所以最优估计也可看作滤波过程。数据滤波是去除噪声,还原真实数据的一种数据处理技术,卡尔曼滤波在测量方差已知的情况下,能够从一系列存在测量噪声的数据中估计动态系统的状态。由于便于计算机编程实现,并能够对现场采集的数据进行实时的更新和处理,卡尔曼滤波是目前应用最为广泛的滤波方法,在通信、导航、制导与控制等领域得到了较好的应用。

卡尔曼滤波是现代控制理论以及控制系统工程中的一个重要课题。在很多现代工程应用中都可以找到卡尔曼滤波的身影,它的一个典型实例是从一组有限的、对物体位置的、包含噪声的观察序列预测出物体的坐标位置及速度。对于复杂、不稳定、非线性系统(也称为倒立摆系统),大多数传统的做法是采用单纯的 PID 控制模式,这种控制模式虽然可以在一定程度上满足系统的要求,但有精度差、响应时间长、稳定性不高等不足之处。造成这种情况的一个原因是控制信号中含有噪声干扰,噪声干扰会在很大程度上影响系统的性能。另外,除了以上提到的外界干扰外,系统内部也存在干扰,主要包括建模时因抽象和简化而引入的结构干扰以及实际系统中因参数变化而引入的参数干扰。因此,为了提高系统的稳定性,使之具有较短的响应时间和较高的控制精度,采用基于卡尔曼滤波器的 PID 控制系统很有必要。

2. 卡尔曼滤波器的工作原理

在现代随机最优控制和随机信号处理技术中,信号和噪声往往是多维非平稳随机过程,其时变性导致功率谱不固定。受噪声干扰的状态量是个随机量,不可能测得精确值,但可对它进行一系列观测,并依据一组观测值,按某种统计观点对它进行估计。使估计值尽可能准确地接近真实值,这就是最优估计。真实值与估计值之差称为估计误差。若估计值的数学期望与真实值相等,这种估计称为无偏估计。卡尔曼滤波利用目标的动态信息,设法去掉噪声的影响,得到一个关于目标位置的好的估计(如图 8-15 所示)。这个估计可以是对当前目标位置的估计(滤波),也可以是对于将来位置的估计(预测),也可以是对过去位置的估计(插值或平滑)。

卡尔曼滤波理论采用时域上的递推算法在计算机上进行数据滤波处理。卡尔曼最初提出的形式现在一般称为简单卡尔曼滤波器。最常见的卡尔曼滤波器是锁相环,它在计算机

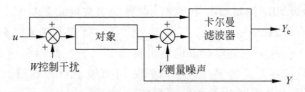

图 8-15 卡尔曼滤波器结构图

和几乎任何视频或通信设备中广泛存在。卡尔曼滤波器是一个最优化自回归数据处理算法（Optimal Recursive Data Processing Algorithm），对于解决很大部分的问题，它是最优、效率最高、最有用的。卡尔曼滤波器的广泛应用已经超过 30 年，包括机器人导航、控制、传感器数据融合，军事方面的雷达系统以及导弹追踪等。近年来被应用于计算机图像处理，例如头像识别、图像分割、图像边缘检测等。

3. 卡尔曼滤波算法

卡尔曼滤波算法主要包括 5 个基本公式，可以很容易用计算机编程实现这 5 个公式。

（1）状态预测。利用系统的过程模型，预测下一状态的系统。根据现在的系统状态，可以基于系统的上一状态预测现在状态：

$$\hat{x}_{k|k-1} = \boldsymbol{\Phi}_{k,k-1}\hat{x}_{k-1|k-1} + u_{k-1} \tag{8-57}$$

式中，$x_{k|k-1}$ 是利用上一状态预测的结果；$x_{k-1|k-1}$ 是上一状态最优的结果。

（2）误差协方差预测。到现在为止，系统结果已经更新了，可是，对应于 $x_{k|k-1}$ 的协方差还没更新。用 P 表示协方差：

$$\boldsymbol{P}_{k|k-1} = \boldsymbol{\Phi}_{k,k-1}\boldsymbol{P}_{k-1|k-1}\boldsymbol{\Phi}_{k,k-1}^{\mathrm{T}} + \boldsymbol{\Gamma}_{k,k-1}\boldsymbol{Q}_{k-1}\boldsymbol{\Gamma}_{k,k-1}^{\mathrm{T}} \tag{8-58}$$

式中，$\boldsymbol{P}_{k|k-1}$ 是 $x_{k|k-1}$ 对应的协方差；$\boldsymbol{P}_{k-1|k-1}$ 是 $x_{k-1|k-1}$ 对应的协方差；$\boldsymbol{\Gamma}^{\mathrm{T}}$ 表示 $\boldsymbol{\Gamma}$ 的转置矩阵；$\boldsymbol{Q}$ 是系统过程的协方差。

（3）卡尔曼滤波增益。在有了现在状态的预测结果后，再收集现在状态的测量值。结合预测值和测量值，可以得到现在状态 K 的最优化估算值：

$$\boldsymbol{K}_k = \boldsymbol{P}_{k|k-1}\boldsymbol{H}_k^{\mathrm{T}}(\boldsymbol{H}_k\boldsymbol{P}_{k|k-1}\boldsymbol{H}_k^{\mathrm{T}} + \boldsymbol{R}_k)^{-1} \tag{8-59}$$

（4）状态估计校正：

$$\hat{x}_{k|k} = \hat{x}_{k|k-1} + \boldsymbol{K}_k(z_k - \hat{z}_{k|k-1}) \tag{8-60}$$

式中 $\hat{z}_{k|k-1} = \boldsymbol{H}_k\hat{x}_{k|k-1}$。

（5）误差协方差估计校正。到现在为止，已经得到了 K 状态下最优的估算值 $x_{k|k}$。但是为了要使卡尔曼滤波器不断地运行下去直到系统过程结束，还要更新 K 状态下 $x_{k|k}$ 的协方差：

$$\boldsymbol{P}_{k|k} = (\boldsymbol{I} - \boldsymbol{K}_k\boldsymbol{H}_k)\boldsymbol{P}_{k|k-1} \tag{8-61}$$

4. 基于卡尔曼滤波器的 PID 控制系统结构

对于复杂、不稳定非线性系统，采用卡尔曼滤波器的 PID 控制系统的结构如图 8-16 所示。与传统的 PID 控制系统的结构图相比较，在被控对象输出值之后附加了一个卡尔曼滤波器，通过该滤波器将系统的测量噪声和控制干扰量进行消减，消减过程主要体现在经过滤波后的输出值经过反馈之后又回到了系统中，从而使系统的性能得以提高。采用卡尔曼滤波器后，只要合理选用 PID 控制器参数，就可以得到稳定的系统输出，能显著减小噪声的影响；同时，也能够有效减少系统的峰值时间，减小振荡次数，快速地使系统达到稳定。

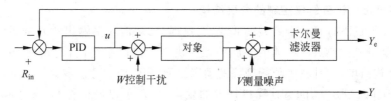

图 8-16　采用卡尔曼滤波器的 PID 控制系统的结构图

8.5　多旋翼无人机的自动飞行控制

　　自动飞行控制系统是多旋翼无人机的核心,多旋翼无人机要完成自主飞行,需要控制系统对内回路(姿态回路)和外回路(高度和水平位置回路)都具有良好的控制特性。从有人驾驶向无人驾驶的发展,实际上是从飞行自动化向飞行自主化的发展。飞控系统要扮演决策与控制的双重角色。

8.5.1　飞行控制系统的总体结构和分层结构

1. 多旋翼无人机飞行控制系统总体结构

　　多旋翼无人机飞行控制系统总体结构由机上及地面两部分组成,机上和地面系统通过数据通信系统直接耦合。地面驾驶员将操纵信号和飞控指令输入地面飞控系统计算机,经过计算机处理后,通过数据通信系统传输到机上自动驾驶仪系统计算机,经处理后再控制多旋翼无人机的飞行运动(如图 8-17 所示)。

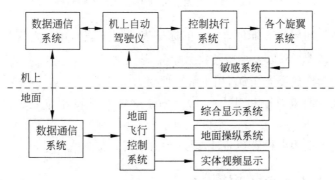

图 8-17　多旋翼无人机飞行控制系统原理图

　　多旋翼无人机飞行控制方式有指令控制和自主控制两种。不论采取何种控制方式,机上系统的飞行参数和系统状态参数都要由机上自动驾驶仪通过数据通信系统传输到地面飞控系统,并在综合显示屏上显示出来。此外,地面显示系统还要显示多旋翼无人机实体及相对运动的视景,这些信息显示可使地面驾驶员了解多旋翼无人机系统飞行状态及发出操纵信号或控制指令,地面飞控系统也可根据这些信息自动发出控制指令。多旋翼无人机的飞行控制是很复杂的,其关键是实现自动化。由于飞行系统动力学不稳定,响应特性又快,操纵频繁,人力难以胜任,尤其是在恶劣的飞行环境中和远距离飞行时,必须采用自主控制方式。

2. 多旋翼无人机自驾仪控制的分层结构

多旋翼无人机飞行是一个典型的非线性、强耦合、多输入多输出的复杂系统,其飞行控制问题一直是研究的热点。经典的多旋翼无人机飞行控制系统(自驾仪)采用 PID 控制方法,由于其结构简单,并且较少依赖精确的动态模型,PID 控制方法成为最常见的选择之一。目前,除了 PID 控制方法,随着计算机技术的发展,出现了以最优控制、自适应控制等为代表的多变量现代控制方法,如线性二次型最小二乘法,反馈线性化方法,非线性 H_∞ 优化方法,鲁棒、低阶补偿器设计方法,神经网络方法,模糊逻辑方法,学习控制技术,智能控制方法等。

自主飞行是无人机系统区别于有人驾驶飞行器最重要的技术特征,实现多旋翼无人机系统的自主控制,提高自驾仪智能程度是多旋翼无人机飞行控制系统的重要发展趋势。为了实现全自主飞行控制,多旋翼无人机的飞行控制(自驾仪)在内外环分层基础上,可以进一步细分为 4 个层次,分别为位置控制、姿态控制、控制分配和动力控制(如图 8-18 所示)。

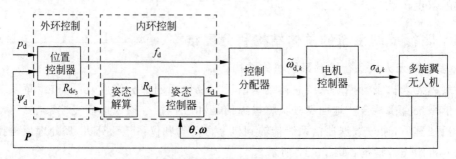

图 8-18　多旋翼无人机自主控制闭环框图

(1) 位置控制。期望的三维位置 $\boldsymbol{p}_{\mathrm{d}}$(下标 d 表示期望值),用于解算期望姿态角 $\boldsymbol{\Theta}_{\mathrm{d}}$(滚转、俯仰和偏航 $\phi_{\mathrm{d}},\theta_{\mathrm{d}},\psi_{\mathrm{d}}$),以及期望总拉力 f_{d}。

(2) 姿态控制。期望姿态角 $\boldsymbol{\Theta}_{\mathrm{d}}$,用于解算期望力矩 τ_{d}。

(3) 控制分配。期望力矩和升力 τ_{d}、f_{d},用于解算电机转速 $\tilde{\omega}_{\mathrm{d},k}$,或发动机油门 $\sigma_{\mathrm{d},k}$,$k=1,2,\cdots,n$。

(4) 动力控制。期望电机转速 $\tilde{\omega}_{\mathrm{d},k}$,或发动机油门 $\sigma_{\mathrm{d},k}$,$k=1,2,\cdots,n$。

8.5.2　多旋翼无人机位置控制

1. 产生期望欧拉角的位置控制

1) 传统的 PID 设计

(1) 水平通道模型:由式(8-44)和式(8-45)以及期望水平位置动态,有

$$\ddot{\boldsymbol{p}}_{\mathrm{h}}=\ddot{\boldsymbol{p}}_{\mathrm{hd}}-\boldsymbol{K}_{p_{\mathrm{hd}}}(\dot{\boldsymbol{p}}_{\mathrm{h}}-\dot{\boldsymbol{p}}_{\mathrm{hd}})-\boldsymbol{K}_{p_{\mathrm{h}}p}(\boldsymbol{p}_{\mathrm{h}}-\boldsymbol{p}_{\mathrm{hd}}) \tag{8-62}$$

从而有

$$\boldsymbol{\Theta}_{\mathrm{hd}}=-g^{-1}\boldsymbol{A}_{\psi}^{-1}(\ddot{\boldsymbol{p}}_{\mathrm{hd}}-\boldsymbol{K}_{p_{\mathrm{hd}}}(\dot{\boldsymbol{p}}_{\mathrm{h}}-\dot{\boldsymbol{p}}_{\mathrm{hd}})-\boldsymbol{K}_{p_{\mathrm{h}}p}(\boldsymbol{p}_{\mathrm{h}}-\boldsymbol{p}_{\mathrm{hd}})) \tag{8-63}$$

式中 $\boldsymbol{K}_{(*)}$ 表示参数。当考虑定点控制时,有

$$\dot{\boldsymbol{p}}_{\mathrm{hd}}=\ddot{\boldsymbol{p}}_{\mathrm{hd}}=\boldsymbol{0}_{2\times 1} \tag{8-64}$$

（2）高度通道模型：由式（8-46）和式（8-47），以及期望高度位置动态，有

$$\ddot{p}_z = \ddot{p}_{zd} - k_{p_z d}(\dot{p}_z - \dot{p}_{zd}) - k_{p_z p}(p_z - p_{zd}) \tag{8-65}$$

可得到

$$f_d = mg - m(\ddot{p}_{zd} - k_{p_z d}(\dot{p}_z - \dot{p}_{zd}) - k_{p_z p}(p_z - p_{zd})) \tag{8-66}$$

当考虑定点控制时，可得到

$$f_d = mg - m(-k_{p_z d}\dot{p}_z - k_{p_z p}(p_z - p_{zd})) \tag{8-67}$$

2）开源自驾仪 PID 设计

（1）水平通道模型：为了使 $\lim\limits_{t\to\infty}\|e_{ph}(t)\| = 0$，先针对 $\dot{p}_h = v_h$ 得到期望速度

$$v_{hd} = \boldsymbol{K}_{p_h}(\boldsymbol{p}_{hd} - \boldsymbol{p}_h) \tag{8-68}$$

在 $\dot{\boldsymbol{p}}_{hd} = 0$ 的前提下，如果

$$\lim_{t\to\infty}\|\boldsymbol{e}_{v_h}(t)\| = 0$$

那么

$$\lim_{t\to\infty}\|\boldsymbol{e}_{p_h}(t)\| = 0 \tag{8-69}$$

式中 $\boldsymbol{e}_{v_h} \overset{\Delta}{=} \boldsymbol{v}_h - \boldsymbol{v}_{hd}$，速度能达到期望，位置也就能达到期望。

为了使 $\lim\limits_{t\to 0}\|\boldsymbol{e}_{p_h}(t)\| = 0$，先针对式（8-45）有

$$\boldsymbol{\Theta}_{hd} = g^{-1}\boldsymbol{A}_\psi^{-1}\left(\boldsymbol{K}_{v_h p}\boldsymbol{e}_{v_h} + \boldsymbol{K}_{v_h i}\int \boldsymbol{e}_{v_h} + \boldsymbol{K}_{v_h d}\dot{\boldsymbol{e}}_{v_h}\right) \tag{8-70}$$

如果

$$\lim_{t\to\infty}\|\boldsymbol{\Theta}_h(t) - \boldsymbol{\Theta}_{hd}(t)\| = 0 \tag{8-71}$$

那么

$$\lim_{t\to\infty}\|\boldsymbol{e}_{v_h}(t)\| = 0 \tag{8-72}$$

角度能达到期望，速度也就能达到期望。

（2）高度通道模型：类似于水平通道设计，高度通道控制器设计如下。

$$v_{zd} = -k_{p_z}(p_z - p_{zd}) \tag{8-73}$$

$$f_d = m\left(g + k_{v_z p} + k_{v_z i}\int e_{v_z} + k_{v_z d}\dot{e}_{v_z}\right) \tag{8-74}$$

竖直方向速度能达到期望，高度也就能达到期望。

开源自驾仪 PID 设计水平通道模型和高度通道模型的步骤如图 8-19 所示。

3）加饱和的 PID 控制

在传统 PID 和自驾仪 PID 中，如果

$$\boldsymbol{\Theta}_{hd} \gg 2\pi$$

造成角度误差很大，小角度假设被破坏，计算结果位置误差很大，控制器设计就没有意义了，因此加饱和非常必要。

加饱和的 PID 控制方法是在开源自驾仪 PID 设计中，增加对 $\boldsymbol{e}_{v_h}$ 和控制器右端的限幅。

$$\boldsymbol{e}_{v_h} = \mathrm{sat}_{gd}(\boldsymbol{v}_h - \boldsymbol{v}_{hd}, a_1) \tag{8-75}$$

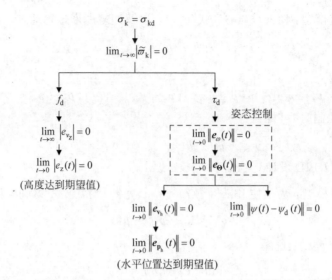

图 8-19　开源自驾仪 PID 设计水平通道模型和高度通道模型步骤示意图

$$\boldsymbol{\Theta}_{hd} = \mathrm{sat}_{gd}\left(g^{-1}\boldsymbol{A}_{\psi}^{-1}\left(\boldsymbol{K}_{v_{h}\mathrm{p}}\boldsymbol{e}_{v_{h}} + \boldsymbol{K}_{v_{h}\mathrm{i}}\int\boldsymbol{e}_{v_{h}} + \boldsymbol{K}_{v_{h}\mathrm{d}}\dot{\boldsymbol{e}}_{v_{h}}\right), a_{2}\right) \qquad (8\text{-}76)$$

式中 $a_1, a_2 \in \mathbb{R}_+$。$\mathrm{sat}_{gd}(\boldsymbol{x}, a)$ 为保方向饱和函数。

保方向饱和函数 $\mathrm{sat}_{gd}(\boldsymbol{x}, a)$ 与传统的饱和函数 $\mathrm{sat}(\boldsymbol{x}, a)$ 的区别为,虽然饱和函数限制 $\mathrm{sat}(\boldsymbol{x}, a)$ 的每个分量的绝对值不大于 a,但它与 $\boldsymbol{x}$ 的方向可能不同。而保方向饱和函数 $\mathrm{sat}_{gd}(\boldsymbol{x}, a)$ 不仅可以限制最终向量每个分量的绝对值不大于 a,还可以保证 $\mathrm{sat}_{gd}(\boldsymbol{x}, a)$ 的方向与 $\boldsymbol{x}$ 相同。即,保方向饱和函数可以保证多旋翼无人机直线飞行,而传统的饱和函数则不行。

为了避免油门过大,同样需要加入饱和。在传统 PID 控制器设计中,我们需要对控制器的右端进行如下限幅。

$$f_d = \mathrm{sat}_{gd}(m(g + k_{p_z\mathrm{d}}\dot{p}_z + k_{p_z\mathrm{p}}(p_z - p_{z_\mathrm{d}})), a_3) \qquad (8\text{-}77)$$

式中 $a_3 \in \mathbb{R}_+$。同样地,在开源自驾仪 PID 设计中,我们增加对 $\boldsymbol{e}_{v_z}$ 和控制器的右端的限幅。

$$\boldsymbol{e}_{v_z} = \mathrm{sat}_{gd}(v_z - v_{z\mathrm{d}}, a_4)$$

$$f_d = \mathrm{sat}_{gd}\left(m\left(g + k_{v_z\mathrm{p}}\boldsymbol{e}_{v_z} + k_{v_z\mathrm{i}}\int\boldsymbol{e}_{v_z} + k_{v_z\mathrm{d}}\dot{\boldsymbol{e}}_{v_z}\right), a_5\right) \qquad (8\text{-}78)$$

式中 $a_4, a_5 \in \mathbb{R}_+$。对于一维变量,保方向饱和函数 sat_{gd} 与传统的饱和函数 sat 的作用相同。

2. 多旋翼无人机飞行高度和位置调参方法

多旋翼无人机飞行高度调参在定高模式下进行,位置调参在悬停模式下进行,调整原则大同小异。分别理解 PID 各个参数的作用,分析飞行现象与响应曲线,做有针对性的调整,如图 8-20 和图 8-21 所示。

8.5.3　多旋翼无人机姿态控制

1. 姿态控制的基本概念

多旋翼无人机采用分层控制,外层控制器为内层控制器提供指令,即,把外环控制器得到的值当作理想值。这里就是将 $\boldsymbol{\Theta}$ 或者 $\boldsymbol{R}_d$ 作为姿态控制的期望。后续的姿态控制的目标

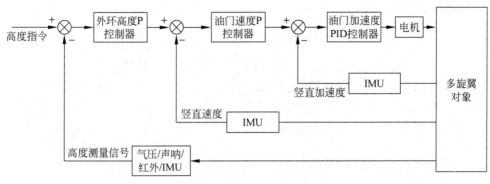

图 8-20　飞行高度 PID 调参方法示意图

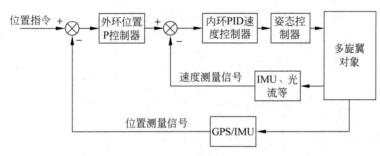

图 8-21　飞行水平位置 PID 调参方法示意图

就是完成

$$\lim_{t \to \infty} \| \boldsymbol{\Theta}_h(t) - \boldsymbol{\Theta}_{hd}(t) \| = 0$$

或者

$$\lim_{t \to \infty} \| \boldsymbol{R}^T \boldsymbol{R}_d - \boldsymbol{I}_3 \| = 0 \qquad (8\text{-}79)$$

不仅如此,一般要求收敛速度比水平通道动态快 4～5 倍。从水平通道看,可以认为姿态控制目标 $\boldsymbol{\Theta}_h = \boldsymbol{\Theta}_{hd}$ 或 $\boldsymbol{R}(t) = \boldsymbol{R}_d(t)$ 被"瞬间"实现。因此,目标像击鼓传花一样,传给姿态控制了。只要姿态控制被很好地实现,水平位置跟踪的问题就被完全解决了。

多旋翼无人机姿态控制是其位置控制的基础。常见的刚体姿态描述方法为欧拉角描述方法和旋转矩阵描述方法,这两种方法的优缺点可参见表 8-1。

2. 基于欧拉角的控制器设计

姿态控制的目标是已知参考姿态角 $\boldsymbol{\Theta}_d = [\boldsymbol{\Theta}_{hd}^T \quad \psi_d]^T$,设计控制器 τ_d 使得 $\lim_{t \to 0} \| \boldsymbol{e}_{\boldsymbol{\Theta}}(t) \| = 0$,其中 $\boldsymbol{e}_{\boldsymbol{\Theta}} \triangleq \boldsymbol{\Theta} - \boldsymbol{\Theta}_d$。这里 $\boldsymbol{\Theta}_{hd}$ 是由位置控制器给定的,而 ψ_d 是任务规划给定的。为了达到这个目的,可以先针对

$$\dot{\boldsymbol{\Theta}} = \boldsymbol{\omega} \qquad (8\text{-}80)$$

设计角速度的期望 $\boldsymbol{\omega}_d$ 为

$$\boldsymbol{\omega}_d = -\boldsymbol{K}_{\boldsymbol{\Theta}} \boldsymbol{e}_{\boldsymbol{\Theta}} \qquad (8\text{-}81)$$

式中 $\boldsymbol{K}_{\boldsymbol{\Theta}} \in \mathbb{R}^{3 \times 3}$ 是正定的常值对角矩阵,所有元素都大于 0。以上两式构成了角度控制环。接下来的任务是针对

$$\boldsymbol{J} \dot{\boldsymbol{\omega}} = \boldsymbol{\tau} \qquad (8\text{-}82)$$

设计转矩的期望τ_d,有

$$\tau_d = -K_{\omega p} e_\omega - K_{\omega i} \int e_\omega - K_{\omega d} \dot{e}_\omega \qquad (8\text{-}83)$$

式中 $e_\omega \overset{\Delta}{=} \omega - \omega_d$,$K_{\omega p}$、$K_{\omega i}$、$K_{\omega d} \in \mathbb{R}^{3\times3}$,以上两式构成了角速度控制环。

3. 多旋翼无人机飞行姿态 PID 调参方法

(1)用多旋翼无人机飞控自带的参数进行简单试飞(做好安全防护措施),记录飞行操作现象,分析飞控日志文件,获取姿态响应曲线(如图 8-22 所示)。

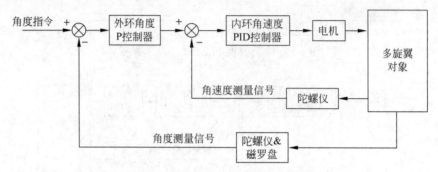

图 8-22　飞行姿态 PID 调参方法示意图

(2)调整内环角速度 P 增益,使得响应快速,无振荡,无超调。

(3)略微调整内环角速度 I 和 D 增益,进一步优化响应,适当返回去调整速度 P 增益。

(4)同理,调整偏航内环角速度 P 增益,接着调整内环 I 和 D 增益,最后调整外环 P 增益。

(5)根据飞行效果,针对性地微调各个系数。

8.5.4　多旋翼无人机控制分配

1. 控制分配的基本概念

控制分配问题可描述为:给定 $u_v(t)$,寻找 $\delta(t)$ 使得

$$u_v(t) = g(\delta(t)) \qquad (8\text{-}84)$$

式中 $g: \mathbb{R}^m \to \mathbb{R}^n$ 为被控系统中执行机构控制输入到伪控制输入的映射。通常假设操纵机构偏转量与其产生的控制力矩之间为线性函数关系,则可得到线性控制分配问题:

$$u_v(t) = B \delta(t) \qquad (8\text{-}85)$$

式中 $B \in \mathbb{R}^{m\times n}$ 为已知控制效率矩阵。

2. 控制分配的自驾仪实现

式(8-62)和式(8-63)分别表示十字形四旋翼无人机的控制分配模型和多旋翼无人机的控制分配模型。对于四旋翼来说,$M_4 \in \mathbb{R}^{4\times4}$ 可逆,可直接求逆得到控制分配矩阵 $P_4 = M_4^{-1}$,其中 $P_4 \in \mathbb{R}^{4\times4}$。这种分配是唯一的。然而,对于旋翼数大于 4 的多旋翼,分配可以有无穷多种。分配过程中,可能让某个旋翼的转速达到饱和。因此,好的控制分配算法就十分重要。在开源的自驾仪中,一般的算法是通过求伪逆得到控制分配矩阵,即

$$P_n = M_n$$

式中，$\boldsymbol{P}_n \in \mathbb{R}^{n \times 4}$，$\boldsymbol{M}_n \in \mathbb{R}^{4 \times n}$。

在实际中，通过控制器得到期望拉力 f_d 和期望力矩 $\boldsymbol{\tau}_d$ 后，进一步有

$$\begin{bmatrix} \widetilde{\omega}_{d1}^2 \\ \widetilde{\omega}_{d2}^2 \\ \vdots \\ \widetilde{\omega}_{dn}^2 \end{bmatrix} = \boldsymbol{P}_n \begin{bmatrix} f_d \\ \boldsymbol{\tau}_d \end{bmatrix} \tag{8-86}$$

式中 $\boldsymbol{P}_n$ 与参数相关。由上式可得到每个旋翼的期望转速 $\widetilde{\omega}_{di}$，$i = 1, 2, \cdots, n$。

在工程实际中，$\boldsymbol{M}_n$ 中的参数未知，即 C_T、C_M、d 未知时，如何进行控制分配？要说明这个问题，首先定义映射矩阵为

$$\boldsymbol{M}_n(C_T, C_M, d) = \begin{bmatrix} C_T & C_T & \cdots & C_T \\ -dC_T \sin\varphi_1 & -dC_T \sin\varphi_2 & \cdots & -dC_T \sin\varphi_n \\ dC_T \cos\varphi_1 & dC_T \cos\varphi_2 & \cdots & dC_T \cos\varphi_n \\ C_M \sigma_1 & C_M \sigma_2 & \cdots & C_M \sigma_n \end{bmatrix} \tag{8-87}$$

它满足

$$\boldsymbol{M}_n(C_T, C_M, d) = \boldsymbol{P}_a \boldsymbol{M}_n(1, 1, 1)$$

式中 $\boldsymbol{P}_a = \mathrm{diag}(C_T \quad dC_T \quad dC_T \quad C_M)$。因此，有如下关系

$$\boldsymbol{M}_n(C_T, C_M, d) = \boldsymbol{M}_n(1, 1, 1) \boldsymbol{P}_a^{-1} \tag{8-88}$$

其中 $\boldsymbol{M}_n(1, 1, 1)$ 为已知参数，$\boldsymbol{P}_a^{-1}$ 是未知参数。

以六旋翼无人机为例：

$$\boldsymbol{M}_6(C_T, C_M, d) = \begin{bmatrix} C_T & C_T & C_T & C_T & C_T & C_T \\ 0 & -\dfrac{\sqrt{3}\,dC_T}{2} & -\dfrac{\sqrt{3}\,dC_T}{2} & 0 & \dfrac{\sqrt{3}\,dC_T}{2} & \dfrac{\sqrt{3}\,dC_T}{2} \\ dC_T & \dfrac{dC_T}{2} & -\dfrac{dC_T}{2} & -dC_T & -\dfrac{dC_T}{2} & \dfrac{dC_T}{2} \\ C_M & -C_M & C_M & -C_M & C_M & -C_M \end{bmatrix}$$

$$\boldsymbol{M}_6(1, 1, 1) = \frac{1}{6} \begin{bmatrix} 1 & 0 & 2 & 1 \\ 1 & -\sqrt{3} & 1 & -1 \\ 1 & -\sqrt{3} & -1 & 1 \\ 1 & 0 & -2 & -1 \\ 1 & \sqrt{3} & -1 & 1 \\ 1 & \sqrt{3} & 1 & -1 \end{bmatrix} \tag{8-89}$$

于是

$$\begin{bmatrix} \widetilde{\omega}_{d1}^2 \\ \widetilde{\omega}_{d2}^2 \\ \vdots \\ \widetilde{\omega}_{d6}^2 \end{bmatrix} = \boldsymbol{M}_6(1, 1, 1) \boldsymbol{P}_a^{-1} \begin{bmatrix} f_d \\ \boldsymbol{\tau}_d \end{bmatrix} = \boldsymbol{M}_6(1, 1, 1) \begin{bmatrix} f_d/C_T \\ \tau_{dx}/dC_T \\ \tau_{dy}/dC_T \\ \tau_{dz}/dC_T \end{bmatrix} \tag{8-90}$$

自动驾驶仪中,控制器都是 PID 控制器。可以通过调节 PID 参数来补偿未知量。

8.5.5 多旋翼无人机动力控制

1. 电动机控制

1) 开环控制

在开源自驾仪中,电机为开环控制,在得到 f_d、τ_d 之后,期望每个旋翼的转速为 $\widetilde{\omega}_k$,$k=1,2,\cdots,n$,可通过控制分配直接得到,其与期望油门值成正比。开环控制器可以设计为

$$\sigma_{dk}=a\widetilde{\omega}_{dk}+b \tag{8-91}$$

式中参数 a、b 可以通过位置和姿态控制器中的 PID 参数来补偿(如图 8-23 所示)。

图 8-23 多旋翼无人机电机系统的开环控制及工作框图

2) 闭环控制

假设多旋翼无人机的每个旋翼的转速为 $\widetilde{\omega}_k$,$k=1,2,\cdots,n$,大多数多旋翼都配置无刷直流电机,其利用反电势力感知转子的整流,利用高频脉宽调制模块(PWM)控制电机的电压。下面给出利用电机油门实现电机控制的控制器设计。控制目标为:设计每个电机的输入油门 σ_{dk},使 $\lim\limits_{t\to\infty}|\widetilde{\omega}_k-\widetilde{\omega}_{kd}|=0$。以油门作为输入的电机模型,对应到多旋翼上每个电机的动态模型为

$$\widetilde{\omega}_k=\frac{1}{T_m s+1}C_R\sigma_k+\widetilde{\omega}_b \tag{8-92}$$

式中油门 σ_k 为输入,转子转速 $\widetilde{\omega}_k$ 为输出。电机控制的目标是使控制误差最小化。

$$\sigma_{dk}=-k_{\widetilde{\omega}}\bar{\widetilde{\omega}}_k \tag{8-93}$$

式中,$\widetilde{\omega}_k=\widetilde{\omega}_k-\widetilde{\omega}_{dk}$ 为误差;$k_{\widetilde{\omega}}\in\mathbb{R}_+$,$\widetilde{\omega}_k$ 为实际转速,可以通过嵌入在速度控制器中的电子整流器测得。

2. 燃油发动机控制

多旋翼无人机上的燃油发动机控制一般可以分为开环控制和闭环控制。开环控制仅适用于剩余功率大、转速稳定的微型多旋翼无人机,其优点是控制简单方便,但是控制品质差,对于飞行中可能遇到的干扰扰动抑制效果差。目前多旋翼无人机燃油发动机控制大都采用闭环控制,如图 8-24 所示。

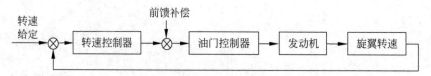

图 8-24 多旋翼无人机燃油动力系统的闭环控制及工作框图

本章小结

飞行控制技术是多旋翼无人机的核心技术部分,其基本任务是保持多旋翼无人机姿态与航迹的稳定,实现自主导航飞行与航迹控制,起飞着陆控制,以及按照地面操控指令的要求,改变姿态与航迹,并完成导航计算、信息收集、遥测数据传送、任务控制与管理等。多旋翼无人机飞行姿态有多种数学表示方式,如四元数、欧拉角和旋转矩阵等。多旋翼无人机建模的主要目的是要为控制律设计获取描述大范围飞行包线内动力学特性的数学模型,主要包括 4 个关键部分:刚体运动学模型、刚体动力学模型、控制分配模型和动力系统模型。基于卡尔曼滤波的 PID 控制系统通过卡尔曼滤波器对系统的一些噪声进行滤波处理之后,对系统的随机误差进行了比普通 PID 更进一步的补偿,获得了更为精确的系统模型,从而使系统的稳定性和精度以及响应时间都得到了有效的提高。为了实现全自主飞行控制,多旋翼无人机的飞行控制在内外环分层基础上,可以进一步细分为 4 个层次,分别为位置控制、姿态控制、控制分配和动力控制。

本章学习的重点是多旋翼无人机人-机系统,以及它的飞行状态与飞行姿态的关系、飞行平衡、稳定性和操作性等基本概念;了解和熟悉多旋翼无人机系统的操控方式、飞行控制的基本原理、基本功能、设计要求和飞行姿态解算步骤等基础知识;熟悉和掌握多旋翼无人机飞行姿态的数学表示,包括欧拉角、旋转矩阵和四元数表示方法;了解和掌握多旋翼无人机飞行动力学建模方法,包括刚体运动学模型、位置动力学模型和姿态动力学模型,它们的线性简化模型,以及标准四旋翼无人机和多旋翼无人机控制分配模型;熟悉和掌握 PID 控制器的功能、参数调试、积分饱和、串级 PID 控制器和卡尔曼滤波的工作原理;熟悉和掌握多旋翼无人机位置控制、姿态控制、控制分配和动力控制的内容。

习题

1. 什么是多旋翼无人机人-机系统?多旋翼无人机飞行状态与飞行姿态有何关系?

2. 什么是多旋翼无人机的飞行平衡、稳定性和操作性?

3. 多旋翼无人机系统的操控方式有哪几种?简述多旋翼无人机飞行控制的基本原理。

4. 多旋翼无人机飞行姿态的数学表示方法有哪几种?它们各有什么优缺点?

5. 写出多旋翼无人机刚体运动学模型、位置动力学模型和姿态动力学模型的方程式。

6. 写出标准四旋翼和多旋翼无人机的控制分配模型。

7. 什么是多旋翼无人机的飞行控制通道?

8. 写出多旋翼无人机线性简化模型的方程式。

9. 什么是 PID 控制器?写出 PID 控制微分方程和传输函数。

10. 简述 PID 控制器功能的内容。

11. 什么是 PID 参数调试?简述 PID 参数调试的效果指标、调试的内容和步骤。

12. 什么是 PID 的积分饱和、串级 PID 控制器?

13. 什么是卡尔曼滤波?简述卡尔曼滤波器的工作原理、卡尔曼滤波算法。

14. 基于卡尔曼滤波器的 PID 控制系统结构有何特点？

15. 简述多旋翼无人机飞行控制系统总体结构和分层结构的内容。

16. 简述产生期望欧拉角的位置控制、飞行高度和位置调参方法。

17. 什么是多旋翼无人机姿态控制？简述基于欧拉角的控制器设计和姿态 PID 调参方法。

18. 简述控制分配的概念和控制分配的自驾仪实现。

19. 简述多旋翼无人机动力控制电动机控制的内容。

第**9**章

多旋翼无人机复合材料结构设计

主要内容

（1）航空结构材料发展历程与复合材料的基本概念。

（2）多旋翼无人机复合材料结构设计与材料设计。

（3）多旋翼无人机复合材料基础构件设计。

（4）多旋翼无人机复合材料机身设计。

（5）多旋翼无人机复合材料旋翼系统设计与螺旋桨结构设计。

9.1 航空结构材料发展历程和复合材料的基本概念

材料是航空飞行器赖以存在和发展的物质基础,航空材料泛指用于制造航空飞行器的材料。在人类航空发展史上,航空材料与航空飞行器两者是在相互推动下不断发展的,其中航空材料一直发挥着先导和基础作用,在很大程度上对航空飞行器的发展和创新起到决定性作用。

9.1.1 航空结构材料发展的历程

航空飞行器的发展历程,是以材料性能的进步和提高为主要标志的,"一代材料,一代飞行器"是航空工业发展的生动写照。航空结构材料至今已经历了三个大的发展阶段,目前已进入并处于第三阶段。

1. 第一阶段：木布结构时代

在人类航空事业发展史的早期阶段(1903—1918年),即,从1903年莱特(Wright)兄弟创造的固定机翼飞机滑跑起飞成功,到1918年的十多年间,飞机结构较为简单,主要用到的材料有木材、蒙布、金属丝、钢索等。这期间所有的飞机都用木三夹板、木条等做飞机大梁和飞机骨架,采用亚麻布做机翼的翼面,因此这一阶段被人们称为飞机的木布结构阶段。

2. 第二阶段:金属时代

从 1919 年世界上第一架金属飞机——F-13 旅客机诞生之日起,直到 2004 年,在长达 85 年间,用于飞机制造的航空结构材料都是金属,或以金属为主,辅助以其他材料,因此称这一阶段为金属时代。金属时代以金属材料制造的飞机为主,一般把金属用量达到整机结构材料总重 51% 以上的飞机称为"金属飞机";把金属用量达到整机结构材料总重的 91% 以上的飞机称为"全金属飞机"。俗话说"坚强如钢",在人们的头脑中,采用金属材料就意味着强度高、刚度硬、寿命长、稳定性好,是品质优良的飞机。

3. 第三阶段:复合材料时代

现代高性能复合材料与金属(铝、钢)相比,具有质轻、高强度、高模量、耐高温、耐腐蚀、抗低温、疲劳/断裂特性好,以及价格相对较低廉等一系列优良性能。将大量复合材料应用于航空飞行器结构上,可以减轻结构重量、增加有效载荷、提高安全性和隐身性,对其结构轻质化和高性能化起到了至关重要的作用。以复合材料为核心的结构设计是影响现代航空发展的关键技术之一。

航空飞行器结构使用高性能复合材料技术始于 20 世纪 60～70 年代,美国国家航空航天局(NASA)首先制订了航空复合材料技术发展和飞机服役计划,以推进和扩大复合材料的航空应用。到了 21 世纪的前 10 年,高性能复合材料在波音 787 飞机上的用量高达 50%。现在世界上新设计研制的航空飞行器型号,大多数的复合材料用量都已经超过结构总重的 51% 以上,即达到了以"复合材料为主,金属材料为辅"的标准,称为复合材料飞机。2005 年 10 月,美国贝奇飞机制造公司制造出世界上第一架全复合材料密封固定翼飞机,复合材料用量达到全机结构重量的 98%。因此人们把 2005 年作为航空结构材料的"复合材料时代"元年,标志着航空结构材料的发展已从全金属时代进入了全复合材料时代。

9.1.2 复合材料的基本概念

在航空材料的发展阶段正处于复合材料时代的今天,包括多旋翼无人机在内的"多旋翼无人机结构设计",实质上指的就是"多旋翼无人机复合材料结构设计"。为此,人们需要更深入细致地探讨和了解有关复合材料的定义、构成、特性、工艺方法和检测技术等内容。

1. 复合材料的定义

复合材料是用经过选择的、含一定数量比的两种或两种以上的组分,通过人工复合方法,组成的多相、三维结合且各相之间有明显界面的、具有特殊性能的固体材料。

该定义不仅明确指出复合材料是"通过人工复合的"和"有特殊性能的"材料,而且还指明了复合材料的组分、结构特点及与其他材料(如简单混合物、化合物、合金)的特征区别。因此,需要强调:航空复合材料不包括自然形成的具有某些复合材料形态的物质、化合物、单相合金和多相合金。

复合材料定义的内涵如下:

(1) 复合材料具有可设计性。复合材料的组分和相对含量是由人工选择和设计的。

(2) 复合材料是由两种或两种以上不同性能的组元材料通过宏观或微观复合形成的一种新型材料,组元之间存在着明显的界面。

（3）复合材料是由人工制造，而非天然形成的。

（4）组成复合材料的某些组分在复合后仍然保持其固有的物理和化学性质（区别于化合物和合金），但赋予复合材料以优良的特殊性能。

（5）复合材料的性能取决于各组成相性能的协同。它具有新的、独特的和可用的性能，这种性能是单个组分材料性能所不及的，特别是强度、刚度、韧性和高温性能。

2. 复合材料的组分

组分指混合物的组成成分，复合材料的组分指构成复合材料的组元材料。由于复合材料是由多组分构成的，其性能直接受各组分的性能、含量、配比、相几何等因素影响。各组分材料虽然保持其相对独立性，但复合材料的性能却不是组分材料性能的简单叠加，而是有着重要的改进。一般地，复合材料的性能优于其组分材料的性能，并且有些性能是原来组分材料所没有的。复合材料结构改善了组分材料的刚度、强度、热学等性能。

复合材料的组分可分为基体组分、增强组分和填充组分三种，其中基体组分采用各种树脂或金属、非金属材料，增强组分采用各种纤维状材料或其他材料。增强材料（组分）在复合材料中起主要作用，由它提供复合材料的刚度和强度。基体材料（组分）起配合作用，它用来支持和固定增强材料、传递增强材料之间的载荷、保护增强材料等。用于航空飞行器结构的复合材料组分主要有以下几类。

1）树脂基纤维增强材料

航空飞行器用的复合材料种类不少，但是其中的绝对主力是树脂基纤维复合材料。在纤维复合材料中，纤维起增强作用，是增强体，承受大部分载荷，因此称为增强材料。基体和纤维通过界面连接在一起，基体将载荷经界面传递给纤维（增强材料），不仅能够充分发挥纤维的抗张性能优异的特点，还能起到使载荷均匀分布和保护纤维免遭外界损伤的作用。树脂基纤维复合材料的类型主要有以下几种。

（1）碳纤维。碳纤维（carbon fiber，CF）是一种含碳量在 90% 以上的无机高分子纤维，其中含碳量高于 99% 的称石墨纤维，是近数十年来为满足高性能航空飞行器对材料的需求而发展起来的一种新型材料。碳纤维是目前已知的比强度、比模量最好的材料。它比铝还要轻，比钢还要硬，比重是铁的四分之一，比强度是铁的十倍；具有优越的抗张强度和抗拉模量，在化学组成上非常稳定，还具有高抗腐蚀性。对碳纤维的最直观描述就是这种材料基本不会开裂。用碳纤维复合材料代替钢或铝，减重效率可达 20%～40%，因而在航空领域内得到广泛的应用。

（2）玻璃纤维。玻璃纤维（glass fiber，GF）是一种性能优异的无机非金属材料，种类繁多；优点是绝缘性好、耐热性强、抗腐蚀性好，机械强度高，但缺点是较脆，耐磨性较差。玻璃纤维主要用于对强度要求较高的聚合物基复合材料的制作，如火箭发动机的壳体、飞机螺旋桨叶、起落架和雷达罩等，也可用作炮盖、炮弹引信和火箭筒壳体、深水水雷外壳、防弹衣、炮弹箱等的材料。

（3）硼纤维。硼纤维也称为硼丝，是一种耐高温的无机纤维。硼纤维是高性能复合材料重要的增强纤维品种之一，是用化学气相沉积法使硼沉积在钨丝或碳纤维状芯材上制得的直径为 $100\sim200\mu m$ 的连续单丝。硼纤维在 20 世纪 60 年代得到开发应用，其最突出的优点有力学性能高、抗弯曲性能好、密度低；主要缺点是制备工艺复杂，不易大量生产，价格昂贵。

（4）芳纶纤维。芳纶纤维的全称是芳香族聚酰胺纤维，是一种性能优异的高科技合成纤维。其类型可分为邻位、间位及对位 3 种，其中邻位芳纶无商业价值；对位芳纶产品主要有美国杜邦公司的凯芙拉（Kevlar）；间位芳纶产品主要有杜邦公司的 Nomex 和美国帝人公司的 Conex 等，其中凯芙拉是一种新型高科技合成纤维，具有高强度、高模量和耐高温、耐酸耐碱、重量轻等优良性能，其强度是钢丝的 5～6 倍，模量为钢丝或玻璃纤维的 2～3 倍，韧性是钢丝的 2 倍，而重量仅为钢丝的 1/5 左右，在 560℃的温度下，不分解，不熔化。它具有良好的绝缘性和抗老化性能，经久耐用。

2）树脂基体材料

复合材料的基体是指在复合材料中粘接增强材料和填料，使之成为整体并传递载荷的主要组分材料。复合材料的基体基本上按原材料的类别区分，可分为树脂（高聚物）基、金属基、陶瓷基、玻璃与玻璃陶瓷基、碳基（包括石墨基）和水泥基等几种类型。其中树脂基体在航空复合材料中应用很广泛，其工艺成熟，尤其是热固性高聚物使用历史长。用于航空复合材料的树脂基体组分主要有以下两类。

（1）热固性树脂基体。热固性树脂在固化后，由于分子间交联，形成网状结构，其优点是刚性大、硬度高、耐温高、不易燃、受压不易变形、制品尺寸稳定性好。热固性树脂基体主要有环氧树脂、双马来酰亚胺、聚酰亚胺、聚酯、酚醛、异氰酸酯等类型。多旋翼无人机结构复合材料的树脂基体，以热固性树脂为主。热固性树脂被大量地用来制造多旋翼无人机的各种结构件，如旋翼、机翼、机身、尾翼等主承力结构件。从耐热性角度考虑，用作轻质高效结构材料的热固性高性能树脂基体主要有 3 大类，即 130℃以下长期使用的环氧树脂体系、150～220℃下长期使用的双马来酰亚胺树脂体系和 260℃以上使用的聚酰亚胺树脂体系。

（2）热塑性树脂基体。高性能热塑性基体主要是一些半结晶型的新型热塑性树脂，如聚醚醚酮（PEEK）、聚醚酮（PEK）、聚苯硫醚（PPS）、聚醚酰亚胺（PEI）等。这些新型的热塑性树脂是在 20 世纪 80 年代开发出来的，与热固性树脂基体相比，具有耐温性、工艺性及可再生重复使用等方面的优势，已被开发用于制造多旋翼无人机结构件。

3）填充材料

复合材料不仅包括基体材料和增强材料，有时候在基体材料中还会加入填充材料。填充材料也称为功能辅助材料，是主要以粉末、颗粒的形式加入到基体中以改善复合材料力学性能，或赋予复合材料以某种特殊功能的细微固体材料的统称。填充材料还可包括微珠、短纤维或其他形状的细微材料，如现在广泛研究的纳米材料，也可看成是一种新型的填充材料。

有些填充材料虽然也能提高或改善复合材料力学性能，但填料不能归类于增强材料，其主要目的不是在于增强，而是在于增加辅助功能，更多的是赋予某种声、光、电、热、磁和生物化学上的功能。复合材料的改性主要体现在性能上的改进和成型工艺的改进，如果把改性也作为填料的一种功能，则目前所用的大多数填料都可归类于功能填料。用功能填料制备的复合材料称为功能复合材料。填充材料覆盖的范围很广，种类繁多，而且新的品种还在不断研发，从材料属性看，填料大致可分为金属填料、无机非金属填料和有机高分子填料。但用得最多的是用无机矿物质和它们的化合物制备的填料。填料主要的应用对象是树脂基复合材料。

3. 复合材料的界面

复合材料的性能不仅取决于组分材料各自的性能，还依赖于基体材料与增强材料的界面性质。两者黏合性好，能形成较理想的界面，对于提高复合材料的刚度和强度是很重要的。由于组成复合材料的几相材料中（至少有两相），一般有一相以溶液或熔融流动状态与另一相或其他相接触，然后进行物化（固化）反应使相与相之间结合在一起，而两相互相作用的结果即生成复合材料的界面，因此界面并不是单纯的一个几何面，而是一个过渡区域。一般来说，这个区域从与增强物内部性质不同的那一点开始，到基体内与基体性质相一致的某点终止。该区域材料的结构与性能不同于两相组分材料中的任一相，称此区域为界面相或界面层。

界面对复合材料的性能，如刚度、疲劳、裂纹及韧性等重要力学参数具有很大的影响。界面的微观结构包括界面的组成和结构，界面区的成分及其分布，近界面基体一侧的位错密度及其分布等。复合材料的界面会受到温度、与基体和增强剂结构性能匹配度等各种因素的影响，而且这些因素的影响作用几乎是决定性的。测定界面性能的方法主要有单丝拔出试验、微脱粘试验、微键强测试以及微压痕试验、双悬臂梁法等非直接方法。

9.2　多旋翼无人机复合材料结构设计

多旋翼无人机结构设计与所选用的结构材料密切相关，一般分为通用结构设计（简称结构设计）和复合材料结构设计两种。通用结构设计选用的结构材料为传统的单相材料（如金属），复合材料结构设计选用的结构材料为由两相组分材料复合而成的复合材料。复合材料结构设计首先要满足通用结构设计的一般原则和基本要求，然后还要考虑许多自身特有的结构设计特点。

9.2.1　多旋翼无人机结构设计的定义、特点和过程

1. 多旋翼无人机复合材料结构设计的定义

多旋翼无人机复合材料结构设计分为三个互相关联的层次：

（1）材料设计。根据多旋翼无人机的技术要求和使用条件，对组分材料进行选择，对复合材料的性能（包括力学性能、物理性能、化学性能等）进行设计。具体的内容包括增强材料、基体材料、功能辅助材料的选择；组分比设计；铺层设计等。

（2）结构设计。多旋翼无人机结构设计是根据载荷、介质、环境条件，结合工艺与材料性能，通过计算分析与强度、刚度、稳定性计算和校核，设计出不使产品发生破坏和过大变形尺寸的结构，既确保安全，又减少材料消耗。虽然结构设计目标与通用的（金属材料）结构设计目标基本相同，但是复合材料在性能、失效模式、耐久性和损伤容限机理，以及制造工艺、质量控制等方面与金属材料有显著差异。对此，必须对结构设计要求做出补充和完善。

（3）工艺设计。针对多旋翼无人机复合材料结构设计的产品图纸、性能要求和数量，选择合适的成型工艺方法，使该产品不仅成型方便、质量稳定，而且成本较低。

2. 多旋翼无人机复合材料结构设计特点

多旋翼无人机复合材料结构设计与通用结构设计（如金属材料）相比具有以下特点：

（1）材料性能的可设计性。复合材料结构设计可充分利用复合材料性能可设计性的特点，通过选择适当的纤维取向、铺层比例和铺层顺序，发挥沿纤维方向的优良性能优势，并避免使用弱横向性能和剪切性能，即，通过剪裁材料和优化铺层来满足结构设计要求，实现结构优化设计。

（2）设计/制造的一体化。结构件成型与材料成型同时完成，制造工艺方法选择和质量控制至关重要。通过设计/制造一体化，可以实现设计和制造组织的协同及流程的协同，从而提高产品的质量。结构成型工艺方法不仅应保证实现设计确定的增强纤维取向、铺层比例和铺层顺序，还应满足结构尺寸和构型对工艺设备、模具以及质量稳定的要求。

（3）材料的缺陷敏感性。由于复合材料对缺口、裂纹、分层等缺陷敏感，材料破坏模式多样，损伤扩展往往缺乏规律性，因此，设计值通常以初始缺陷/损伤对结构的影响为基础，考虑结构、载荷、破坏模型等按静力覆盖疲劳原则确定。需要注意，对某些敏感区的局部铺层设计，如对连接区、局部冲击、应力集中点、开口附近等处的铺层一般应进行局部调整和加强；在结构尺寸和结构外形突变区要设计铺层过渡；采取相应措施解决层合板复合材料的某些区域易产生分层，以及可能引发的结构承载能力下降或失效的问题。

（4）结构的整体性。复合材料具有可整体化成型制造大型复杂制件的优点。在多旋翼无人机结构设计中，应在不增加工装复杂程度的情况下尽量减少零件数量，设计成整体件。这样可不用紧固件或减少紧固件的数量，减轻结构重量，提高结构效率，并可减少钻孔、装配和由孔引起的应力集中问题，以及降低制造成本。

（5）承载路径的连续性。复合材料构件与金属构件不同，除具有一定的形状外，还可以具有不同的层合板构型。为了保证结构中各元件之间正常的载荷传递路径，要使各构件之间和各构件的各个部分之间的承载路径尽量连续。连接的形式和方法应与传递载荷的性质（拉压、剪切等）和方向相适应，尽量避免偏心和切口效应。同一构件需拼接时，其纤维取向也应连续。

（6）结构良好的工艺性。多旋翼无人机复合材料结构工艺性主要指固化成型工艺性和装配工艺性。复合材料结构设计必须考虑工艺分离面划分、成型工艺方法和整体化成型的可行性；采用不同成型工艺方法，结构工艺性考虑的重点不同。装配工艺性设计的考虑重点在于配合精度、连接技术和组装方法。

3. 多旋翼无人机复合材料结构设计过程

一般情况下，通用结构设计（如金属材料）根据材料手册提供的性能数据，选择所需材料的牌号和规格，然后进行具体的结构设计。而复合材料结构设计选材时必须同时考虑材料的力学性能、使用环境和工艺性（如树脂体系的固化温度、固化时间和工艺方法）等因素。因为复合材料的结构设计与材料设计同时进行，材料与结构一次成型，所以在结构设计时既要对组成构件各部分的层合板参数进行设计，还要选择构件的构造形式和几何尺寸。在初步设计阶段就应对结构的可维护性、可修理性和维修的费用进行考虑与评估，因而综合设计思想在复合材料结构设计中的体现非常突出。

多旋翼无人机复合材料结构技术已日趋成熟。采用复合材料带来的结构效益不仅在于材料具有的高比强度、高比刚度带来的结构减重效益，而且还包括材料优异的疲劳性能和耐介质腐蚀性能，使机体寿命延长和维修间隔延长，以及通过结构优化设计、材料和工艺改进带来的结构性能和功能、效能的改善与提高，使运营成本下降等综合效益。当然，复合材料对外来物冲击敏感,也给结构损伤容限带来了不少麻烦。总之,复合材料结构的效益在相当大的程度上取决于多旋翼无人机结构设计师(包括结构分析师)和工艺师对复合材料认知水平和经验积累及其合作的程度。

多旋翼无人机复合材料结构设计的综合过程大致分为 4 个阶段:设计需求、材料设计、结构设计、结构验证,如图 9-1 所示。

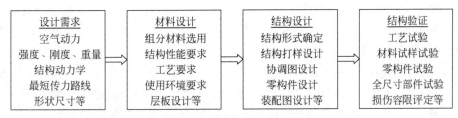

图 9-1　复合制料结构设计流程图

9.2.2　多旋翼无人机复合材料结构设计积木式方法

因为复合材料的特点是对外载荷、工作环境和自身固有缺陷敏感度高,具有多种潜在失效模式,所以不能像金属材料那样采用最底层的材料性能来预计全尺寸部件的分析方法。积木式方法是目前航空复合材料工业界广泛认可的复合材料结构设计研制、取证方法。

1. 积木式方法的原理

积木式方法(Building Block Approach,BBA)如图 9-2 所示,是以支持技术为保障,综合考虑各项设计要求,试件尺寸和时间规模、环境复杂程度逐级增加,数量逐级减少,后一级利用前一级结果进行,试验与分析相结合的低技术风险、低费用复合材料设计研制和验证/取证技术。其目的是能在研制计划进程早期更有效地评定技术风险。积木式方法通常分为试样、元件、组合件、部件,直到全尺寸试件等多级积木块,逐级进行试验分析,最终实现结构取证。

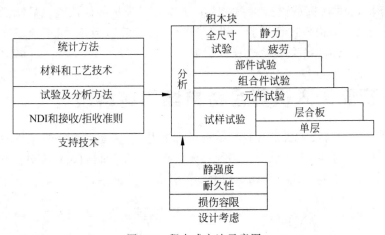

图 9-2　积木式方法示意图

积木式方法的依据是假设由低级试件所得到的结构/材料对外载荷的响应,可以直接转换到上一级较高的试件。如,试样级得到的复合材料性能数据(含变异系数和置信度等)可以直接推广应用到元件级、组合件和部件级结构中。

2．积木式方法的步骤

（1）第一步，建立材料性能。积木式方法的第一步是建立材料性能，是对准备使用的每种复合材料拟定并实施适当的材料设计许用值试件试验方案。

每种类型和环境（温度和湿度）所需要的试件批数和重复试件数量取决于部件所处的开发阶段（原型、工程样件和量产型）。通常将这一步称为材料级试验，用于确定材料的一般性能和收集材料许用值数据。其中包含材料筛选和选择，编制材料与工艺规范和确定许用值三个阶段。

材料筛选和选择因涉及大量备选材料的选材，通常局限于基本试件；同时由于此阶段对材料控制有限，不能只依据这组数据确定材料许用值，只能提供估计值，用于比较和初始设计。编制材料与工艺规范阶段是为了验证规范，要通过这个阶段识别出设计需要的关键力学性能，可以用这一阶段数据导出初步材料许用值。确定许用值阶段采用材料规范和工艺规范对材料进行充分的控制，可以得出用于设计稳定的设计许用值，建立有效的 A 基准和 B 基准许用值，确定环境影响、缺口影响、铺层影响、制造缺陷影响和工艺敏感度。材料级试验大部分是在这个阶段进行的，同时也可作为用于适航取证的数据库的组成部分。

（2）第二步，确定试验设计值。积木式方法的第二步是元件组合件试验确定设计值，是在第一步的基础上引入一定的尺寸效应（通常是初步构型的一般尺寸）。本阶段的样件设计很特殊，完全不能通用。本步骤包含元件级试验和组合件试验。元件级试验主要选取结构中经常重复出现的、典型的局部结构细节制造样件（比如接头、加筋条、梁和典型夹层结构），主要目标是进一步稳定设计许用值，确定一般元件制造缺陷影响和工艺敏感度。组合件试验主要选取结构典型的部件段进行试验，用于评定局部损伤带来的载荷重新分配对结构造成的影响。与元件级试验相比，约束条件和载荷条件与真实情况比较接近，并且可以发现二次载荷效应，面外载荷更能代表全尺寸构件。组合件试验用于评估之前取得的许用值与尺寸放大的影响和静力、疲劳损伤影响。

（3）第三步，静力和疲劳试验。积木式方法的第三步是部件试验最后阶段的静力和疲劳试验，使用全尺寸结构件进行试验。进行到设计极限载荷为止，用于验证之前得出的应力-应变曲线，与金属构件最终的力学试验类似。

9.3　多旋翼无人机复合材料结构材料设计

材料设计是多旋翼无人机复合材料结构设计的基础，关系到结构完整性、结构效率、耐久性、工艺性和结构成本，十分重要。多旋翼无人机结构复合材料设计充分反映了复合材料性能特点，以及复合材料结构与金属结构之间的显著差异。

9.3.1　多旋翼无人机复合材料结构材料设计的定义与选材

1．材料设计的定义

1）材料设计的定义

材料设计是指应用已知理论与信息，通过理论与计算预报新材料的组分、结构与性能，或者说，通过理论设计来"定做"具有特定性能的新材料的方法。材料设计可根据设计对象所涉及的空间尺度划分为显微结构层次、原子分子层次和电子层次设计,以及综合考虑各个层次的多尺度材料设计。从工程角度来看,材料设计依据产品所需材料的各项性能指标,利用各种有用信息,建立相关模型,制定具有预想的微观结构和性能的材料及材料生产工艺方法,以满足特定产品对新材料的需求。

2) 材料设计的目的

材料设计的目的是按指定性能指标出发,确定材料成分或相的组合,按生产要求设计最佳的制备方法和工艺流程,以制得合乎要求的各种材料。内容包括三个方面:

(1) 材料结构性能关系的研究设计。

(2) 材料使用性能预测设计。

(3) 材料成分结构研究设计。

3) 材料设计的三个层次

(1) 微观层次设计。空间尺度 1nm,原子电子层次的设计。

(2) 连续模型。典型尺度在 $1\mu m$ 量级,材料被看成连续介质,不考虑单个原子分子的行为。

(3) 工程设计。宏观材料,设计大块材料的加工和使用性能的设计研究。

多旋翼无人机复合材料结构材料设计属于工程设计层次,包括结构选材、单层性能和设计许用值确定等内容。由于复合材料具有结构成型与材料成型同时完成的工艺特点,使得结构设计与结构成型工艺密不可分,即,结构设计必须考虑其成型工艺的可行性。对整体成型,这一特点更加突出。因此,设计选择的结构方案必须具有良好的结构工艺性,如图 9-3 所示。

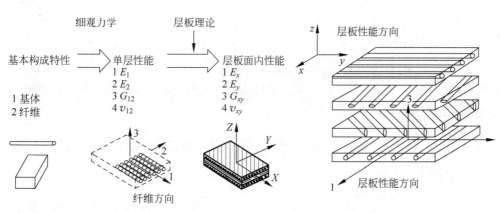

图 9-3　多旋翼无人机复合材料与铺层设计

2. 复合材料结构选材的基本要求

多旋翼无人机复合材料结构选材主要选用树脂基体和增强纤维。复合材料结构选材的基本要求与金属材料大体上是相同的,但必须突出考虑复合材料特有的性能。应按多旋翼无人机复合材料结构具体使用部位(主承力结构还是次承力结构)、受载情况和工作环境条件,选择具有良好耐使用环境性(耐湿热、耐冲击、耐介质等)的复合材料品种类型。所选复合材料的性能应与结构设计性能要求相匹配,综合考虑结构完整性、强度、刚度、稳定性、结构疲劳/耐久性、耐湿/热性能、动力学特性、工艺性,以及成本、使用经验、材料来源等因素,综合权衡折中、择优选用。

1）满足结构轻质高强要求

对于多旋翼无人机复合材料结构,结构减重是主要目标之一,这是通过结构选材来实现的。比强度、比刚度高的组分材料,如碳纤维,是首先考虑入选的材料,但碳纤维成本高,因此在开发低成本的碳纤维的同时,在满足结构强度、刚度的前提下,也可考虑混杂纤维增强的方式。另外要考虑的就是复合材料的韧性,这取决于树脂基体,涉及冲击损伤阻抗和含缺陷/损伤后的剩余强度、开孔拉伸和压缩强度以及连接挤压强度等性能。

2）满足结构使用环境要求

（1）使用温度应高于结构最高工作温度。在最严峻的工作环境条件（如湿/热）下,其力学性能不能有显著下降;长期工作环境下,力学性能要稳定。

（2）应具有耐燃油、耐介质、耐自然老化和耐沙蚀、雨蚀等方面的性能。

3）满足结构特殊性能要求的原则

（1）个别结构部位应满足电磁屏蔽、防静电和搭接电阻等电磁性能要求。

（2）满足阻燃要求和燃烧时烟雾毒性等内部结构材料特性要求。

4）成熟材料要求

在进行结构选材时,应尽量使用性能已得到充分表征、有使用经验和有可靠且稳定供应渠道的材料。应选择经过适航认证的,有使用经验的成熟的材料,尽量压缩材料品种,保证供货渠道稳定可靠。若选用以前从未使用过的新类型的复合材料,应通过足够的试验验证后才能选用。

5）满足工艺性能的要求

所选各材料体系及其固化工艺之间应匹配协调,具有良好的工艺性,其中成型固化工艺性包括树脂黏性、铺覆性和成型固化工艺参数。按复合材料结构成型工艺选择与工艺相对应的树脂体系,即,所选复合材料的成型工艺与结构成型工艺方法相匹配。所选材料应具有与不同材料良好的匹配性,应避免或减少碳纤维复合材料与铝合金之间出现电偶腐蚀,可采取增加钛合金用量、减少铝合金用量等措施。

9.3.2 多旋翼无人机复合材料结构材料设计的选材

1. 增强纤维的选用

增强纤维是复合材料的承载主体,它赋予复合材料高强度和高模量等力学性能,对复合材料抗损伤性能也有重要贡献。因此,多旋翼无人机结构复合材料的增强纤维品种及其体积含量一旦选定,由纤维控制的复合材料的力学性能就基本确定。选择纤维时应根据性能和成本进行综合评价。航空飞行器结构中常用纤维的性能如表 9-1 所示。

（1）碳纤维由于性能好,纤维类型和规格多,成本适中,在飞行器结构中应用最广。

（2）凯芙拉（Kevlar）性能虽然尚佳,但在湿热环境下性能明显下降,一般不用于主承力结构中。

（3）玻璃纤维由于刚度低,通常只用于整流罩、雷达罩、舱内装饰结构等一些次要受力结构中。

（4）硼纤维直径太粗且刚硬,成型和加工比较困难,且价格十分昂贵,故应用不多。

表 9-1 航空飞行器结构中常用纤维的性能

纤维类型	直径/μm	密度/($g \cdot cm^{-3}$)	拉伸强度/GPa	拉伸模量/GPa
E 玻璃	8.14	2.54	3.45	72.4
S 玻璃	8.14	2.49	4.58	86.2
HP-聚乙烯	10.12	0.97	2.79	87.0
Kevlar49	12	1.44	3.62	130
Kevlar149	12	1.44	3.47	186.2
高强度碳纤维 T300	7.0	1.76	3.53	230
中模量高强度碳纤维 T800H	5	1.81	5.49	294
高模量碳纤维(HM400)	6.5	1.87	3.10	405
超高模量碳纤维(GY80)	8.4	1.96	1.86	572
硼纤维	50.203	2.60	3.44	406.7

2. 基体材料的选用

树脂基体是复合材料的另一组分材料,它对纤维起着支撑、保护及传递载荷的作用。基体性能对复合材料的横向力学性能、压缩和剪切性能、耐老化性能、耐湿/热性能、介电性能、阻燃性能、耐腐蚀性能等有决定性的影响。复合材料成型工艺性能,如流变性能、黏性和铺覆性、凝胶时间、预浸料贮存稳定性、成型温度、压力、时间等,也主要是由树脂基体直接支配的。

通常对复合材料树脂基体的要求是:强度高、韧性好;耐介质、湿热性能好;成型温度低、压力小、时间短;预浸料贮存期长、加压带宽、工艺性能好;与增强纤维黏结性好;玻璃化转变温度高、固化后收缩率低、毒性小等。目前航空飞行器结构中常用树脂基体的性能比较如表 9-2 所示。

表 9-2 航空飞行器结构中常用树脂基体的性能比较

性能	树脂类型			
	环氧树脂	双马树脂	聚酰亚胺树脂	高性能热塑性树脂
工艺性能	优	良	差	良
力学性能	优	优	良	优
耐热性/℃	130 以下	250 以下	288 以下	300 以下
韧性	良	良	差	优
尺寸稳定性	优	优	优	优
成本	低	中	高	高

9.4 多旋翼无人机复合材料基础构件设计

多旋翼无人机复合材料基础构件有多种结构形式,包括复合材料层合板、加筋板、夹层、格栅结构及复合材料结构连接等,其中以层合板及层合件结构最为常见。

9.4.1 复合材料层合板设计

层合板是复合材料结构的最基本结构单元,是大多数复合材料结构中广泛采用的结构形式。层合板设计是复合材料结构设计的重要内容,它充分体现了利用单层的纤维取向进行层合板性能剪裁的特点。层合件设计是在层合板设计基础之上扩展,增加了许多结构特点和结构完整性要求的设计工作,其中加筋板设计是层合件设计的典型代表。

1. 复合材料层合板设计的定义

复合材料层合板是由一层层的单层叠加(铺层),通过黏合、压制组成的结构形式,它拥有多个纤维铺层方向,是大多数复合材料结构的内在结构形式。复合材料层合板的力学特性,既取决于组成层合板的各单层的力学性能,又取决于铺层方向、铺层序列和层数。

层合板设计又称铺层设计,最能体现复合材料应用单层与方向相关特性,是复合材料结构设计特有的内容。层合板设计主要包括选择单层铺设角、确定各铺设角单层的层数(铺层比)和铺层顺序,见图9-4。铺层顺序也叫铺层编码,一方面,它记录每一单层的铺设方向,按铺层编码进行铺层操作可以避免铺层出错;另一方面,每一结构的铺层编码将归档在技术文件中,为以后的结构检测和维修提供依据。

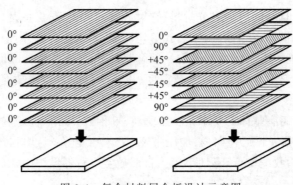

图9-4 复合材料层合板设计示意图

2. 复合材料层合板设计方法

层合板的设计方法是根据设计载荷和工艺制造的条件,并结合已有类似结构的铺层方式和设计人员的经验,初步确定层合板的铺层方式。然后用复合材料力学方法求出相应的层合板性能,在给定设计要求和载荷条件下,对这种复合材料结构进行刚度和强度分析,再根据结构分析修改铺层方式。常用的层合板设计方法如下。

(1)等代设计法。等代设计又称等刚度设计,是将准各向同性层合板等刚度替换其他材料(如铝合金板)。在载荷和使用环境基本不变的情况下,稍微考虑一些复合材料的特点,采用相同形状(或适当改变形状)的复合材料构件代替其他材料,并用原来的设计方法进行设计。一般采用等刚度设计后,再作强度校核。减重效果可达10%～15%。

(2)准网格设计法。准网格设计法,又称应力比设计法,是不考虑机体的刚度和强度,仅考虑纤维的刚度和强度,按应力方向和大小确定铺层比例和总数的设计方法。这是一种按载荷大小进行的初步设计方法,利用图9-3所示单层纤维方向与内力方向一致性要求,主要考虑复合材料中纤维的承载能力,所得结果可供层合板初步设计参考,适用于面内变形下的层合板设计。

(3)毯式曲线设计法。毯式曲线是复合材料的工程弹性常数或强度随层合板铺层比例变化所构成的列阵图,如图9-5所示。毯式曲线设计法是以经典层合板理论为依据进行的以刚度为主的设计方法,其步骤是首先利用经典层合板理论,画出毯式曲线;然后对于设计给定刚度或强度要求的层合板,利用毯式曲线确定各定向单层的比例和层数。一般情况下,层合板设计选择 0°、±45°、90° 共 4 种铺层,建立[0°/±45°/90°]系列层合板的面内模量和强度的关系曲线,即毯式曲线。使用毯式曲线即可查到所要求模量(或强度)对应的 0°、±45°、90° 铺层的比例,供初步设计应用。

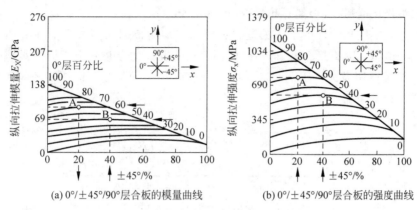

图 9-5　复合材料层合板毯式曲线

(4) 排序法设计方法。排序法设计方法利用计算机排列出不同顺序的[0°/±45°/90°]系列层合板性能,供设计选择,以解决毯式曲线没有计及铺层顺序影响的问题。

(5) 强度设计方法。强度设计方法是金属材料结构普遍采用的设计方法,但在复合材料结构设计中难以应用。因为复合材料层合板强度不仅与铺设角、铺层比例和铺层顺序有关,而且与强度准则、刚度计算与刚度退化模型有关,不可简单求解,故层合板强度设计方法难以实施。

(6) 气动弹性剪裁法。气动弹性剪裁设计方法是利用层合板刚度的可设计性,特别是耦合效应,控制翼面结构气动弹性变形,以提高静、动气动弹性特性的一种以最小结构重量为设计目标的优化设计方法。这是复合材料结构所特有的设计技术,已成功用于复合材料前掠翼设计和机翼优化设计。其原理是利用复合材料的各向异性及其各种耦合效应进行铺层设计,以获得预期的结构柔度特性或产生某种希望的特定变形规律来提高设计性能和静、动气动弹性特性(如提高机翼的颤振速度;防止前掠翼的扭转扩大并提高其发散临界速度)。

(7) 多约束目标优化设计法。多约束目标优化设计方法是一种满足刚度、强度、稳定性、振动、气动弹性等多约束目标最小结构重量的铺层优化设计方法,也是一种广义的气动弹性剪裁设计。复合材料层合板性能可剪裁设计,使零膨胀系数、负泊松比等特殊要求的设计成为可能。

9.4.2　复合材料加筋板设计

复合材料加筋板是由层合板与加筋条构成的层合件,因为复合材料加筋板结构具有整体成型性好、承载效率高、连接件数量少等诸多优势,所以在飞行器结构上获得了广泛的应用。

1. 复合材料加筋板定义

复合材料加筋板指结构设计中,在层合板垂直于面板方向使用加筋条,以提高面板和整体结构的承载能力。加筋条和面板为整体结构,或者采用胶结或焊接的方式连接在一起,其类型属于典型的复合材料层合件。加筋条的剖面形状有"T"形、工字形、"J"形、帽形等,可以用作无人机翼面蒙皮壁板、梁腹板、肋腹板,是复合材料层合件典型代表。加筋板的结构型式直接关系到加筋板的受力特性和使用寿命,加筋板结构设计的重点是使传力路线连续合理,刚度、泊松比匹配,减少偏心和减少应力集中等。

多旋翼无人机结构设计中常用的复合材料纵向加筋板剖面型式见图 9-6,加筋板的承载能力与结构的型式有直接关系,即不同的剖面型式及结构参数具有不同的承载能力。开剖面加强筋工艺性明显优于闭剖面加强筋;反过来,闭剖面加强筋的扭转刚度和弯曲稳定性能大幅优于开剖面加强筋。

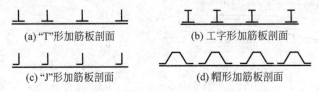

(a) "T"形加筋板剖面　　　　(b) 工字形加筋板剖面

(c) "J"形加筋板剖面　　　　(d) 帽形加筋板剖面

图 9-6　常用加筋板剖面几何形状

2. 复合材料加筋板设计的原则

复合材料加筋板设计要求与金属加筋板设计要求基本相同,一般原则有:

(1) 在设计载荷下,应变水平不得超过设计许用应变。

(2) 稳定性要求:虽然结构试验已证实,复合材料加筋板有屈曲(失稳)或后屈曲承载能力,但其对疲劳的影响尚不清楚,通常要满足在使用载荷下不得屈曲,在设计载荷下允许后屈曲但不能发生破坏的要求。对于如整体油箱等有功能要求的重要部位,在设计载荷下也不允许屈曲。

(3) 加筋条与蒙皮之间应满足刚度、泊松比匹配,以使固化内应力和翘曲变形减至最小。

(4) 加筋条与蒙皮结合处、加筋条端部等细节设计应避免应力集中,以防止发生脱胶、分层等。

9.4.3　复合材料夹层结构设计

复合材料夹层结构是一种高刚度/重量比的高效结构形式,通常由比较薄的面板与比较厚的芯子胶接而成,其主要特点是使用低密度夹心材料增加层合板的厚度,从而达到提高材料刚度的目的。这样,在重量增加很少的前提下,可大幅度地提高结构的刚度。夹层结构减重效果显著,具有质量轻、弯曲刚度与强度大、抗失稳能力强、耐疲劳、吸音和隔热等优点,在航空飞行器上获得广泛应用。

1. 复合材料夹层结构定义

复合材料夹层结构由作为上下面板的层合板与夹芯材料(也称芯子或芯材)构成,用胶粘剂把面板和芯子连接在一起,是一种结构复合型材料,如图 9-7 所示。其主要功能和效果是增强稳定性。夹层结构将具有密度小、吸能缓冲能力强、吸声性能好等优点的芯材与强度较高的板材复合,发挥二者结构和功能上的优势,使得夹芯结构具有独特的优异功能,包括具有轻质、比强度高、比刚度高的特点,并且具有消声、透波、隔热、保温,以及良好的减震吸能性能,因而在航空飞行器上具有广阔的应用前景。

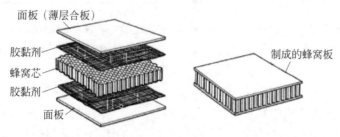

图 9-7　复合材料蜂窝夹层结构组成示意图

2. 夹芯材料结构特点

夹层结构的材料主要有两大部分,一是上下面板材料,二是夹芯材料。面板材料可以是金属材料,多用铝、钛合金和不锈钢薄板材。而复合材料面板多用纤维增强的复合材料层合板,包括玻璃纤维、碳纤维或其他纤维增强的复合材料层合板。

在选材时,首先要考虑的是面板和芯材的匹配,实现这两种力学性能大相径庭的材料的完美结合,充分发挥各自优点,既满足使用要求,又不浪费材料。其次是胶黏剂的选用,用于黏结面板和夹芯材料的胶黏剂要有足够的剪切强度和韧性,才能把剪切应力从面板传递到芯材,保证黏结层不先于芯材而破坏,最终保持夹层结构的整体性。另外,胶黏剂不能与芯材或面板发生化学反应,其固化成型温度不能影响芯材和面板的性能。当然还要考虑耐热、环境、老化等问题。

要制造一个有效的夹层结构,表皮必须很好地结合到芯材的表面,使荷载能够传递。因此,树脂必须芯材相容,芯材必须有合适的表面形貌,才能产生良好的机械结合力。夹芯材料的作用机理是将剪切力从表皮层传向内层,使两个表皮层在静态和动态载荷下都能保持稳定,并且吸收冲击能来提供抗破坏性能。从受力结构上分析,可认为芯材就像是工字钢的腹板,在受力的翼板之间,腹板是一种轻量的隔板。工字钢的翼板承受着主要的拉力和压力,因此,腹板可以相对轻一些。同样,夹层结构中的芯材相对于表皮材料来说是比较轻的。

3. 按芯材材质分类

(1)泡沫铝芯材。一般认为当材料的孔隙率在40%～98%时可称为泡沫材料或多孔材料。泡沫铝夹芯材料是以泡沫铝做芯材,以复合材料或金属板做面板的一类夹芯材料。这种夹芯材料既能充分发挥泡沫铝所具有的优异的吸能、吸声、吸震特性,又很好地避免了泡沫铝强度低的缺点。

(2)聚合物泡沫芯材。聚合物泡沫是一种最常见的芯材,最大特点是面板和泡沫塑料夹芯层黏结牢固,适用于受力不大和保温隔热性能要求高的部件。常用的泡沫塑料有聚氯乙烯(PVC)、聚苯乙烯(PS)、聚氨酯(PU)、聚醚酰亚胺(PEI)、苯乙烯—丙烯腈(SAN)或丙烯酸酯—苯乙烯(AS)、聚甲基丙烯酰亚胺(PMI)、发泡聚酯(PET)等。

(3)蜂窝和异型芯材结构。蜂窝和异型芯材是常用的夹芯材料结构,其夹芯材料可分为金属和非金属两大类;根据其芯材形式不同,分为蜂窝结构和异型结构两类。

9.4.4 复合材料格栅结构设计

格栅结构是一种整体结构稳定性好、结构效率高、生存力强的结构形式。格栅结构与加筋板结构不同，是整体格形骨架密加筋板或壳。若采用金属材料加工制造格栅结构，无论是热加工方法还是冷加工方法制造，都是十分困难、昂贵的。但是，采用复合材料制造格栅结构，情况就发生了根本变化，加工制造变得较为简单方便。

1. 复合材料格栅结构的定义

格栅结构是指用格形（方形格、菱形格）加肋骨架的加肋板或加肋壳（筒壳或锥壳）。由于格间距小，格形加肋骨架形似网状，故又称网格结构。金属格栅结构早在二战时就已经出现，如当时英国 Wellington 轰炸机机身就采用金属格栅结构。复合材料格栅结构概念20世纪70年代由美国麦道公司首先提出，其基本思想是：整个结构由加肋骨架与蒙皮组成，加肋骨架呈正多边形网格分布，结构表现各向异性。这种结构形式刚刚出现就以较高的可设计性、优良的潜在性能而广受关注。

复合材料格栅结构采用了包含有斜肋的多向肋条组合结构以及规则排列的几何不变静定格单元，具有整体稳定性好，对局部初始缺陷敏感性小，抗冲击能力强，结构生存能力高等优点，是一种结构效率很高的结构型式。它能够提供很高的单位质量刚度，能显著地减轻结构重量。由于航空飞行器结构对各个方向的强度与刚度要求不是等同的，在某个方向结构要承受荷载的大部分，这就要求根据受力情况的不同来安排加肋骨架的取向，从而实现减重、承载的高效结合。格栅结构通过格形加肋骨架的设计安排，可以实现这一整体性要求。常见的4种格栅结构应用在圆柱壳上的效果如图9-8所示。

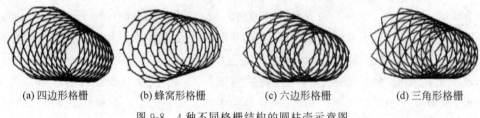

(a) 四边形格栅　　　(b) 蜂窝形格栅　　　(c) 六边形格栅　　　(d) 三角形格栅

图 9-8　4 种不同格栅结构的圆柱壳示意图

2. 复合材料格栅结构的特性

复合材料格栅结构主要具有以下特点：

（1）格栅结构在几何形式上具有较好的拓扑优化性，方形格、菱形格、等角形格等多种格形可满足结构不同部位的设计要求，如图 9-9 所示。对于相同重量的结构，格栅结构的截面惯性矩大，抗弯、抗屈曲性能良好，其肋条具有较高的法向高度，与加筋板结构相比，能获取更高的结构效率。

（2）格栅结构是一个开放式结构，格栅骨架可以用纤维束（带）连续短程铺放制成，充分发挥纤维定向承载能力，且格形骨架整体性好。与蜂窝夹层结构相比，克服了夹层结构由于水分浸入夹芯层而影响结构的抗腐蚀性能的缺陷；格栅结构的肋条是相对独立的，在冲击荷载作用下，即使有一根受损，裂纹也不易传播，整体性能好。

（3）格栅结构具有结构型式的各向异性，与材料力学性能各项异性的复合材料协同工作，能更好满足结构各方向强度与刚度的不等同要求，提高结构效率，满足航空飞行器结构

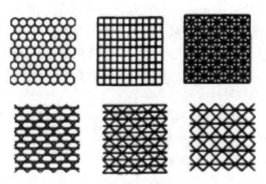

图 9-9 各种格栅形格示意图

的轻质化要求。

（4）格栅结构每一个等角形格单元都是几何不变的超静定结构（方形格和菱形格为静定结构），如图 9-10 所示，抗失稳能力强，结构稳定性好。即使局部格形出现破损，其周围的大块格形骨架仍为几何不变结构，因此格栅结构生存力强，开口补强简单易行。

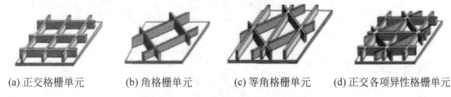

(a) 正交格栅单元　　　　(b) 角格栅单元　　　　(c) 等角格栅单元　　　　(d) 正交各项异性格栅单元

图 9-10 不同形状格栅单元示意图

（5）由于格栅结构是开放的复合材料空间结构型式，因此其既可以进行多功能结构设计，也为结构的局部健康与损伤监测以及修复带来了方便。

（6）格栅结构对局部初始缺陷敏感性不强，一般不会发生层合板常见的微裂纹及分层。

（7）格栅结构制造工艺过程可以实现机械化、自动化生产，实现低成本制造。

9.5 多旋翼无人机复合材料机身设计

多旋翼无人机机身的具体结构型式虽然多种多样，但从结构承力型式来看大致可分为桁架结构和薄壁结构两大类，其中薄壁结构按承力型式可分为桁梁式结构、桁条式结构、硬壳式结构三种类型。

9.5.1 无人机机身典型结构型式

1. 桁架结构

桁架是一种由直杆组成的一般具有三角形单元的平面或空间结构，主要承受轴向拉力或压力，从而能充分利用材料的强度，减轻自重和增大刚度。空间桁架与其他部件的连接点均设在空间桁架的节点上，节点上均装有传递集中力的对接接头，杆件以轴向力的形式承受载荷。机身的弯矩、剪力和扭矩均由桁架承受。桁架通过对上下弦杆和腹杆的合理布置，可适应结构内部的弯矩和剪力分布。由于水平方向的拉、压内力实现了自身平衡，整个结构不对支座产生水平推力。桁架的优点是结构布置灵活,应用范围非常广。桁架梁和实腹梁相比,在抗弯方面,由于将受拉与受压的截面集中布置在上下两端,增大了内力臂,因此以同样的材料用量,实现了更大的抗弯强度。在抗剪方面,通过合理布置腹杆,能够将剪力逐步传递给支座。这样,无论是抗弯还是抗剪,桁架结构都能够使材料强度得到充分发挥。

无人机桁架式机身骨架材料主要有金属和复合材料两种,其中复合材料骨架和撑杆常用碳纤维管制成,通过胶接方式连接成为整体。与金属骨架相比较,复合材料骨架力学性能优良、强度高、韧性好,耐压、耐热、阻燃、抗紫外线老化、防静电,而且表面纹路清晰、高端大气,还有最重要的一条优点是重量轻,与金属材料相比可减重30%。

大多数微小型无人机机身都是采用支架式结构,采用的材料大多为碳纤维复合材料,如图9-11所示。机身主体通常做成长方形或椭圆形盒子形状,可将飞控板、电调、电池等机载设备固定安放其中。从机身主体伸出几根碳纤维复合材料管,其顶端用于安装电动机和螺旋桨。机身主体(盒子)下方安装有碳纤维复合材料机身支架,起到支撑机体的作用。

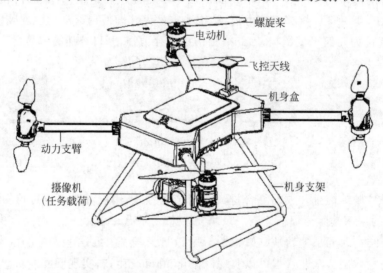

图9-11 微型无人机复合材料支架式机身结构

2.薄壁结构

薄壁结构一般是由纵向结构元件(梁、桁条)和横向结构元件(隔框)组成的骨架,以及覆盖在外面并形成光滑表面的受力蒙皮相互连接而组成的空间结构。薄壁结构按承力型式可分为以下三种类型。

(1)桁梁式结构。桁梁式结构由大梁、桁条、蒙皮和隔框等铆在一起,成为一个受力的整体。其中大梁较强,全机的弯曲、扭转、剪切载荷主要由大梁来承受。桁条较弱,仅起支持蒙皮,维持外形的作用。蒙皮厚度很薄,刚度较小,几乎不参与承受和传递弯矩;蒙皮只以剪应力的形式承受和传递扭矩,剪力全部由蒙皮承担。另外,蒙皮还承受由加强隔框传来的各部件的集中载荷。隔框与桁条用来保持机身的外形,其中加强隔框还承受各部件传来的集中载荷,并分散给蒙皮,因此,加强隔框与蒙皮铆在一起。无人机复合材料机身桁梁式结构由大梁和隔框、支撑件构成的骨架,外包加筋层合板蒙皮组成,通常不能一次成型。

(2)桁条式结构。桁条式结构又称半硬壳式结构,它没有大梁,蒙皮较厚,桁条较多、较粗,结构分段处的传力接头的布置也较分散,机身弯矩全部由蒙皮与桁条承受,其他受力与桁梁式机身相同。桁条式结构的受力特点是:桁条同时起到支持蒙皮和承受弯矩的作用;由于蒙皮厚度较厚,刚度较大,它不仅以剪应力的形式承受和传递扭矩,而且还不同程度地与桁条一起以正应力的形式承受和传递弯矩。无人机复合材料机身桁条式结构一般由面板和加强件组成,面板多为层合板,加强件多为薄壁杆件。

(3) 硬壳式结构。硬壳式结构又称为蒙皮式结构。这种机身结构没有纵向骨梁(如桁条),只有刚度较大的蒙皮和横向隔框。厚壁筒壳,无纵向构件,蒙皮厚或采用夹层结构。硬壳式结构具有较大的抗扭刚度,由蒙皮承担结构总体弯曲、剪切、轴力和扭矩载荷。无人机复合材料机身硬壳式结构由层合板或夹层板组成,可一次整体成型,适用于承受分布载荷的情形,但对于受集中载荷的部位应进行局部加强处理。

9.5.2　复合材料结构整体化设计

复合材料技术一直存在三个技术挑战:提高复合材料及其制件的性能,降低复合材料及其制件的成本,符合复合材料自身规律的制件设计。这三者之间有区别但更有联系,一个典型的发展方向就是当前非常热门的复合材料结构整体化技术。

1. 复合材料结构整体化的定义

复合材料结构制造工艺具有特殊性,不同的结构组分既可以直接通过纤维的连续铺放、编织或缠绕等方法结为一体,也可通过共固化或胶接共固化等途径在复合材料结构的材料成型过程中结为一体,还可以通过二次胶接等连接方式构成。与相同功能的金属结构相比,采用紧固件连接的零件数量可大幅度减少。复合材料结构的这一特征被称为结构整体化。

航空复合材料结构整体化技术的基础首先是复合材料结构整体化设计技术,然后是整体化制造技术,而复合材料的高性能化技术则是二者的支撑。如此,形成了先进复合材料技术学科的材料技术、设计技术和制造技术三足鼎立的架构。复合材料结构整体化设计是将若干个分离的结构件整合设计成一个较大的整体结构件。在材料与制造技术方面,整体化技术的突破口是用机械化、特别是自动化的制备代替传统铺层手工活和手艺活,而无论是机械化/自动化的铺放技术还是手工操作的铺放技术,将小尺度的碳纤维丝组装成为工程尺度的大型结构,其共性基础是复合材料结构跨尺度、多层次的定型和预制,包括半柔性预浸料的铺放预制以及干态柔性织物的定型与预制等。复合材料结构的整体化程度最终取决于预制件的整体化程度。

2. 复合材料整体化结构的特点

(1) 不同的结构组分直接通过纤维编织结为一体,如通过纤维编织结合筋条/蒙皮的整体结构。

(2) 不同结构组分通过共固化或胶接共固化的途径在复合材料结构的材料形成过程中结为一体,如通过胶接共固化和二次胶接结合蒙皮/Ⅱ接头/墙的整体结构。

(3) 下蒙皮与墙通过二次固化形成整体下壁板,上蒙皮与整体的下壁板通过机械连接形成一个完整的机翼结构。

(4) 左右蒙皮通过共固化形成一体的机翼壁板,即,将左侧机翼蒙皮与右侧机翼蒙皮设计制造成整体共固化的、左右一体的上机翼和下机翼壁板,形成一个完整的机翼结构。

（5）机身整体化壁板，其特点为蒙皮与帽形筋条共固化而成的机身整体化壁板结构，如图 5-17 所示。

3．多旋翼无人机机身结构整体化设计步骤

无人机机身结构的形状通常并不是可以任意选定的，因为在总体设计阶段，一般已确定了各部件的外形、相对位置以及相互间连接交点的位置，在进行部件结构打样设计时应尽量保持它们的协调关系。

无人机复合材料机身结构整体化设计任务是进行机身结构型式选择与主要受力构件的布置和设计，要实现的目标包括：首先，机身外形应达到空气动力学和隐身技术要求，以保证无人机具有期望的飞行性能，且应有足够的强度和刚度，以保证相连的各部件正常工作；其次，机身应有足够的开敞性，以便安装设备和武器装备、维护修理。无人机复合材料机身结构整体化设计的全过程如图 9-12 所示，大致分为 3 个步骤。

（1）明确设计条件。明确设计条件，如性能要求、载荷情况、环境条件和工艺条件等。性能要求包括结构使用寿命内的安全，结构形状、尺寸的要求；载荷情况即结构承受的静载荷、动载荷（含冲击载荷和交变载荷）；环境条件指除使用寿命内的机械载荷外，可能遇到的其他各种情况，如力学条件和大气、气象条件等。

（2）材料设计。材料设计包括原材料选择、铺层性能的确定（单层板的设计）、复合材料层合板、夹层结构、加筋板和格栅结构的设计等。

（3）结构设计。结构设计包括复合材料典型结构件（如杆、梁、板、壳等）的设计，以及复合材料机身整体结构（如桁架、薄壁结构等）的设计。

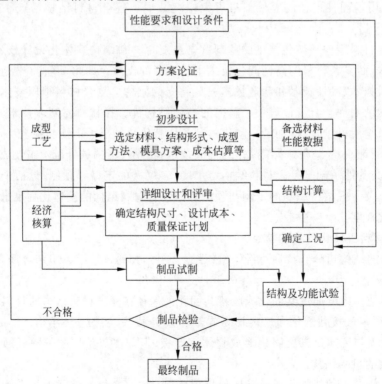

图 9-12　无人机复合材料机身结构整体化设计的全过程

9.5.3　多旋翼微型无人机机身结构设计要点

1. 多旋翼微型无人机机身结构的特点

多旋翼微型无人机机身大多都采用支架式结构,机身和起落装置融为一体,结构比较简单实用,通常称之为机架。机架作为多旋翼无人机飞行和垂直起降的基础平台,所有的部件和设备都要安装在它上面。机架下方安装有起落架,用于支撑全机重量,避免螺旋桨离地太近而发生触碰,以及消耗和吸收四旋翼无人机在着陆时的撞击能量,它采用的材料大多为碳纤维复合材料。图 9-13 是一个典型机架的结构示意图,从图上可以看出,机架主体(机身)结构主要以托架(或托架板)为基础,其外形通常做成长方形或椭圆形盒子形状,可将飞控板、电调、电池等机载设备固定安放其中。托架是机架主体(机身)承受外载荷的主要结构件,在托架上安装有从机架主体(机身)伸出的几根碳纤维复合材料管,其顶端用于安装电动机和螺旋桨,起到飞行中产生升力的作用。在托架上还安装有向下方伸展的碳纤维复合材料支架(起落架),起到垂直起落时在地面支撑整个机体的作用。

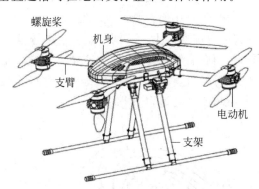

图 9-13　多旋翼微型无人机机架结构示意图

2. 多旋翼微型无人机机架结构设计

采用碳纤维圆管作为多旋翼微型无人机机架的主要材料是最佳选择,因为圆管材料的强度较方管更有保障,且不易变形,从而可以使机架承受多种外力,对弯矩的削弱也很有效果。此外,由于碳纤维复合材料具有优良的特性(高比强度、高比刚度、可设计性强、疲劳性能好、耐腐蚀等),可以大幅减小整个机架的质量,以及有效提高支臂和支架的结构强度,对于承受启动电机瞬间的突变扭力很有帮助,支撑效果好,且结构稳定。为了把各个碳纤维圆管连接起来,并固定到各自位置上,通常采用航空层板作为托架和主要拼接材料。通过渗胶、浸渍、干燥、热压等工艺进行加工,即可得到结构强度较好的机架,能满足多旋翼微型无人机机体结构设计要求。机架组装完成后应该考虑的问题如下。

(1) 考虑飞控安装的位置及飞控的朝向,以飞控为中心考虑其他部件的安装。

(2) 考虑电调安放的位置和电调的电源线和信号线的走线方式。

(3) 考虑电机的安装位置,要注意电机安装桨后,两桨是否会有交叉。

(4) 考虑其他设备的安装。安装接收器或 GPS 时,需要考察是否有安装这些部件的位置,应既不影响原本走线方式,也不会妨碍桨的旋转,同时不受其他部件的电磁干扰。

9.6 多旋翼无人机复合材料旋翼系统设计

旋翼系统是多旋翼无人机最重要的关键动部件,其基本结构形式是若干片桨叶与一个桨毂相连,桨毂安装于旋翼轴上,旋翼轴通过主减速器将旋翼与机身连成一个整体,并由发动机带动旋翼系统运转。每片桨叶类同于固定翼无人机的一个机翼,要产生向上的升力,与此同时还要产生向前(前飞)、向左或向右(侧飞)、向后(后退飞行)和空中悬停等各种飞行姿态所需的力。

9.6.1 旋翼系统气动环境和桨叶结构设计特点

1. 旋翼系统气动环境特点

多旋翼无人机在飞行过程中,旋翼系统既是升力面又是操纵面,这种特殊的气动结构和飞行方式,使得旋翼系统的气动环境非常复杂。多旋翼无人机前飞时,旋翼气流是非对称分布的,旋翼后行侧的桨叶气动迎角要比前行侧的气动迎角大。由于旋翼锥度的存在,使得前飞来流对挥起的前方旋翼和后方旋翼产生了不同的垂向速度分量。前飞来流将在前方桨叶上产生一个向上的速度分量,而在后侧桨叶上,它将产生一个向下的速度分量,这两个速度分量的差异导致迎角分布的差异。这种差异结果使得旋翼桨叶上的诱导速度非均匀分布,即,导致旋翼流场中存在复杂畸变的尾涡,如图 9-14 所示。

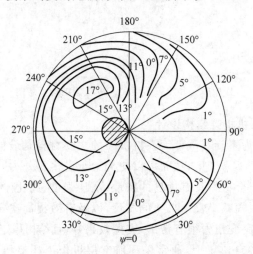

图 9-14　桨叶在旋转一周过程中剖面迎角的变化

旋翼桨叶尾涡对旋翼的流场、性能具有重大的影响,在一些飞行状态下,还会出现强烈的桨涡干扰现象;大速度前飞时,旋翼前行桨叶存在非线性、跨声速、可压缩的流动,并伴随激波的产生;大迎角或大机动飞行时,旋翼后行桨叶上存在气流分离或动态失速;桨尖区域是一个敏感的区域,它既是桨叶的高动压区,又是桨尖涡的形成和逸出之处,桨尖形状小的改变就能导致桨尖涡的涡强和轨迹有大的变化,从而影响旋翼的流场、气动载荷、噪声和动力稳定性。因此要获得优良的旋翼气动设计,需要研究旋翼流场、旋翼专用翼型、旋翼气动布局以及气动弹性等问题,建立相应的分析模型和设计方法,指导旋翼系统的研发。气动设计分析方法是先进旋翼系统研制的基础,旋翼桨叶几何外形气动设计的研究主要包括桨尖形状、桨叶平面形状、桨叶扭转角分布及桨叶翼型配置这几个方面的研究。

2. 旋翼桨叶结构设计特点

旋翼桨叶结构设计通过结构元件布置和主要尺寸参数的确定,使旋翼桨叶具有合适的结构动力学特性(固有频率、振型等)。旋翼桨叶结构的设计步骤首先是进行动力学设计,然后进行静强度校核,最后通过试验考核设计结果,得到使用寿命。此外,桨叶设计还要保证其具有较小的振动和噪声水平。

结构动力学设计一般通过改变结构的刚度、质量及其分布来调整结构的振动固有特征(固有频率、振型等),改变结构各个振动自由度相互之间的耦合关系,改变结构的阻尼特性等技术途径来解决动力学问题。旋翼桨叶是一个柔韧的、固有频率较低的细长弹性体,在旋翼轴和桨毂带动下旋转工作时,高速旋转的桨叶承受着很高的离心力载荷和交变的气动载荷,产生很高的交变应力。在这些载荷引起的弯矩和扭矩作用下,桨叶结构会发生变形和振动,反过来导致气动力发生改变。因此,桨叶在工作过程中会出现复杂的振动和气动弹性问题。特别是当旋翼无人机前飞时,旋翼气动载荷中存在着明显不同谐波的周期变化部分,而细长的、刚度很低的旋翼桨叶本身的固有频率又往往难以做到远离主要阶次气动激振力的频率,这样旋翼桨叶实际上是在持续的弹性振动下工作。旋翼结构设计中必须设法降低强迫振动的振幅,避免出现旋翼系统及其与旋翼无人机机体结构耦合振动等动不稳定现象。

旋翼桨叶的结构型式,一方面要满足旋翼气动效率和疲劳强度等设计要求,另一方面却又要受到材料工艺水平的限制。因此,为了提高旋翼桨叶的气动效率,要求桨叶采用先进翼型、桨叶外形误差小、在局部气动载荷作用下的外形畸变要小;为了提高疲劳强度,设计要求选用疲劳许用应变高的材料,要求结构避免出现引起应力集中的因素。此外,还要考虑旋翼桨叶弦向重心、扭转刚度以及弯曲振动固有频率范围要求等。20 世纪 70 年代以后,旋翼系统采用复合材料桨叶。复合材料的应用为设计和制造非常规桨叶外形提供了条件,使桨叶外形设计可以做到精细化,实现优化设计。通过改变桨叶扭转规律、翼型配置、采用特型桨尖等,可以使桨叶性能大幅度提高,振动和噪声水平大幅降低,使用寿命增长。

9.6.2　旋翼桨叶选用复合材料的优势和大梁结构设计 ◀━━━━━━

1. 旋翼桨叶选用复合材料的优势

与其他结构件选用复合材料的主要目的是减重不同,旋翼桨叶选用复合材料不是为了减轻重量。这是因为旋翼桨叶必须具有足够的旋转动能,以保证桨叶在发动机出现故障时能继续自转,继续提供一定的拉力,使旋翼无人机实现自转下滑,缓慢下落。因此,旋翼桨叶必须保证具有足够的重量。复合材料桨叶与金属桨叶相比较,具有以下优势:

(1) 复合材料高比强度、优异的疲劳性能(高的疲劳许用应变)和损伤缓慢扩展特性,对于承受由旋转离心力(展向拉伸力)、挥舞弯矩和摆振弯矩的综合作用等所引起的旋翼桨叶上的相当高的平均拉应力和交变应力幅是十分有利的。同时,也允许采用较大的桨叶扭转角。与金属桨叶相比,在重量和动态特性、质量分布控制相同的条件下,复合材料桨叶处于比较低的应力水平,疲劳寿命可达 6000 飞行小时以上,甚至是无限寿命。

(2) 复合材料的高比模量及刚度可剪裁设计以及不同铺层的选择,非常有利于调整旋翼桨叶的质量分布及挥舞、摆振和扭转刚度分布,以达到预定的调频设计要求。

（3）复合材料高阻尼特性，如图9-15所示，可以用来改善桨叶结构动态特性，以降低由飞行载荷在旋翼上产生的载荷的量值和振动水平。

（4）复合材料桨叶结构一般采用闭合压模压制固化成型方法制造，能够很好地保证桨叶几何外形精度要求，这是金属桨叶制造工艺很难做到的。复合材料桨叶制造工艺在模压过程中使用上下分离模，并在固化过程中施加内压（由填芯过盈量提供），就能使桨叶精度要求（包括桨叶扭转角、表面粗糙度和型面尺寸）严格地符合模腔的型面。这种工艺方法允许桨叶有均匀厚度的或非均匀厚度的斜削度、翼型改变；允许桨叶有几何外形非线性扭转以及非均匀的或集中的质量分布，所有这些对旋翼桨叶设计都是十分重要的。这种设计有较大的

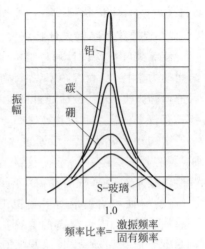

图 9-15　材料阻尼特性示意图

自由度，与金属桨叶制造工艺相比，承载能力可提高 10%～15%。这种结构的造型有可能改善对桨叶谐振的控制，使桨叶的固有频率和由气动载荷或惯性载荷引起的振动频率最有效地分离。完善的结构造型提供了较好的气动特性，也能改进桨叶性能。

（5）复合材料强度、刚度性能剪裁设计与桨叶气动力设计相结合，模压固化成型工艺技术提供支持，以满足桨叶气动设计精细化的要求。这意味着旋翼桨叶可获得最佳的气动效率、最低的振动响应。

（6）以连续纤维缠绕接头衬套形成桨叶根部接头，可使桨叶根部连接处的重量和应力集中降至最小，并且能够将纤维增强复合材料的高疲劳寿命的优点扩展应用到关键的根部连接接头上。这也是复合材料旋翼桨叶达到长寿命的先决条件之一。

（7）复合材料固有的多路传载特点，使复合材料旋翼桨叶本身就具有一定的抗弹击损伤能力、高的可靠性和生存力。至于设计师担心的复合材料较低的层间剪切强度、湿/热环境影响、老化问题，现已被证实均没有给复合材料旋翼桨叶设计和应用带来太大的麻烦。

2. 复合材料桨叶大梁结构设计

桨叶剖面构型分析选择直接关系到桨叶的结构承载能力、动力学特性以及成型工艺性、损伤容限特性等诸多性能，是桨叶结构设计最重要的一环。复合材料旋翼桨叶的典型剖面构造形式，按照大梁的构造划分为 C 形梁桨叶、D 形梁桨叶和多腔梁桨叶 3 种类型；按照剖面分隔或封闭区间划分，有单闭腔、双闭腔和多闭腔等形式。

1）C 形梁桨叶

复合材料桨叶最简单的剖面构造是 C 形梁单闭腔结构，如图9-16所示，这种构型类似金属 C 形梁结构，具有结构简单、工艺性好，易于成型制造且有利于桨叶弦向重心布置等优点。但是采用后部开口 C 形梁结构的旋翼桨叶剖面抗扭刚度低。对于弦长较大的桨叶，翼

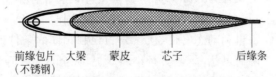

前缘包片　大梁　蒙皮　芯子　后缘条
（不锈钢）

图 9-16　复合材料旋翼 C 形梁单闭腔桨叶剖面示意图

型后段区蒙皮与填充材料的胶接强度是这种结构的设计难点，所以这种构型通常适用于中小型旋翼无人机的桨叶。

旋翼复合材料C形梁单闭腔桨叶的突出特点是C形大梁提供桨叶75%～80%的挥舞弯曲刚度、30%～40%的摆振弯曲刚度，抗扭盒形件或内抗扭层承扭，但扭转刚度偏小。C形大梁采用玻璃纤维单向带制造，充分利用和发挥了纤维增强复合材料优异的纵向拉伸强度和疲劳强度，以满足桨叶离心力载荷和挥舞载荷的承载设计要求，以及桨叶根部的纤维绕衬套连接，从而实现了桨叶寿命的大幅度提高。复合材料纤维铺放为C形梁剖面形状带来了设计的灵活性，并且其与±45°铺层蒙皮相结合，使复合材料桨叶可以实现挥舞刚度、摆振刚度和扭转刚度三者的最佳匹配。

2）D形梁桨叶

复合材料桨叶D形梁结构既可承受旋转离心力、挥舞弯矩和摆振弯矩，又可承扭，从而大幅提高桨叶扭转刚度。但是D形梁工艺性复杂，有的旋翼桨叶采用金属大梁，一般为二次胶接共固化成型，填芯块采用泡沫芯、蜂窝芯均可。多用于中型/重型旋翼无人机。

由于D形梁桨叶的复合材料蒙皮参与桨叶总体受力，因此桨叶扭转刚度得到显著提高。复合材料桨叶D形梁一般有一个±45°纤维铺层（或缠绕）的管形件内衬，再在其上铺放0°纤维，形成既可承受离心力又可承受挥舞、摆振、扭转载荷的D形桨叶大梁。D形梁桨叶的抗弹击损伤能力优于C形梁桨叶，其成型工艺性比C形梁桨叶复杂，费用更高。

桨叶单闭腔结构的刚度与强度相对较低，对于弦长较大的桨叶，其后段区域蒙皮和填充材料的黏结强度要求较高，为此可采用双闭腔结构。双闭腔D形梁结构较单闭腔C形梁结构相对复杂，但能提高桨叶的扭转刚度和桨叶后缘蒙皮的黏结强度，如图9-17所示。

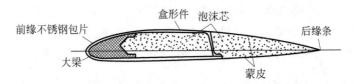

图9-17　复合材料旋翼D形梁单闭腔桨叶剖面示意图

3）多闭腔结构桨叶

复合材料桨叶多闭腔结构充分利用了复合材料的可设计性，使桨叶内部的结构设计效能趋于优化，其刚度、重量和强度特性更优。多闭腔大梁的桨叶是一种多路传力结构，桨叶内部有加强梁，如Z形梁、I形梁、Ⅱ形梁等，桨叶破损安全特性好。多管梁多闭腔结构形式的桨叶构造最复杂，其构造特点是多路传力，桨叶具有很好的破损安全特性。但是多闭腔结构复杂，工艺质量要求高，工艺制造难度较大。

为了改进复合材料多闭腔结构桨叶制造工艺，可采用多个管梁单元构成大梁，管梁、蒙皮、后缘盒形件可分别预成型后再在模具内共固化成型，如图9-18所示，从而大幅减少模具占用时间，降低制造成本。这样复合材料桨叶多闭腔结构既可保留D形梁优点，又简化了制造工艺，并适合先进薄翼型，多路传力、损伤安全性好。

图9-18所示复合材料多闭腔桨叶采用闭模共固化工艺成型，从工艺角度考虑可划分为三部分：大梁前盒形件、后盒形件（后缘蒙皮、后缘条）以及泡沫填充结构组件（泡沫芯子、前Z形梁、后Z形梁）。桨叶根段结构在大梁前盒形件中增加了颈部补强层，后盒形件逐渐减

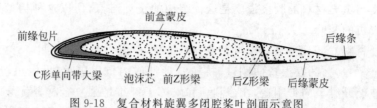

图 9-18　复合材料旋翼多闭腔桨叶剖面示意图

小至取消,泡沫填充块略有变化。该复合材料桨叶主要结构特点有:

(1) C形大梁。桨叶大梁材料为高强度玻璃纤维单向带。单向带纤维缠绕在桨根处两个不锈钢衬套上形成桨叶根部连接接头。桨叶通过衬套连接固定在桨毂上。

(2) 承扭盒形件。前承扭盒由 4 层高模量碳纤维布±45°铺层、外包 1 层玻璃布的前缘蒙皮与 4 层高强度碳纤维布±45°铺层的前 Z 形梁腹板构成。后承扭盒由 2 层高强度碳纤维布±45°铺层、外包 1 层玻璃布的后缘蒙皮与前 Z 形梁腹板构成。后 Z 形梁仅有 1 层玻璃布±45°铺层,用以支撑后缘上、下蒙皮并防止蒙皮脱胶。填充材料为聚氨酯泡沫。

(3) 后缘条。后缘条玻璃布沿桨叶后缘铺放在后缘上、下蒙皮之间。

(4) 根部连接区加强。桨叶根部是桨叶受力最大的部位,又是桨叶的连接接头部位。为此,采用 8 层高强碳纤维布±45°铺层补强,以提供抗扭承载能力和刚度。两个不锈钢衬套装在接头填块中,保证大梁纤维粗纱光滑绕过。

(5) 前缘包片。前缘包片是桨叶的防砂蚀层,由 0.6mm、0.4mm、0.5mm 三种厚度的不锈钢片构成。包片还起到雷电防护作用。

(6) 泡沫填充块。泡沫填充块在桨叶共固化成型过程中利用其外形过盈(单面余量0.6mm)提供压力,实现闭合模具内部加压,以保证 C 形大梁具有良好的质量,蒙皮具有良好的表面质量,并对桨叶蒙皮提供支持。桨叶叶身部分采用了密度为 $50kg/m^3$ 的聚氨酯泡沫,在根部连接区采用两块密度为 $80kg/m^3$ 和 $200kg/m^3$ 的聚氨酯泡沫。

9.6.3　旋翼桨毂结构设计要求和复合材料桨毂特点

多旋翼无人机旋翼型式指旋翼桨叶与旋翼轴的连接方式,也就是旋翼桨毂的结构型式。旋翼桨毂结构型式,对旋翼飞行器的气动性能、振动、重量、维修成本、操纵性、稳定性等都有重大影响,结构简单、可靠、低成本、高效的桨毂的设计是航空业界一致关注的关键技术。

1. 多旋翼无人机桨毂结构设计要求

旋翼桨毂的设计是旋翼无人机结构设计中最为关键也是最为复杂的部分。常见的桨毂结构型式有铰接式、跷跷板式、无铰式和无轴承式等,在进行桨毂的结构型式选择时,在总体设计技术要求下,尽可能降低研制风险和成本,最大限度利用成熟技术,根据所设计旋翼无人机的类型特点和性能要求选择动力性能匹配、技术可行的结构型式。

旋翼桨毂结构主要设计要求如下:

(1) 能承受并传递桨叶的各种载荷给机身。桨叶载荷包括升力、离心力;挥舞弯矩、摆振弯矩和扭矩;垂直切力和水平切力等。

(2) 能提供桨叶挥舞、摆振、变距运动自由度,以实现满足旋翼无人机气动特性要求和飞行要求的旋翼操纵。

(3) 满足刚度、强度条件,还要有优异的疲劳寿命。

（4）要有良好的使用维护性和可修理性。

2. 复合材料旋翼桨毂特点

在旋翼飞行器发展历史上，金属全铰接式桨毂虽然起到了积极、重要的作用，但是，它结构复杂、笨重，机械铰使用寿命短、维修成本高，难以满足现代旋翼无人机发展需求，因此，取消机械铰链是复合材料旋翼桨毂研制的核心目标。由于桨叶挥舞、摆振和变距都是在一定幅值内的摆动运动，因此通过柔性件的变形也能满足桨叶运动自由度的要求。利用复合材料各向异性的特点有可能取消各种机械铰。

采用复合材料柔性件和弹性轴承的星形柔性桨毂是复合材料桨毂设计技术的首次突破性进展，而将复合材料设计成柔性元件提供桨叶挥舞和摆振运动，把桨叶和桨毂作为一个整体系统的各种新型桨毂，实现了结构简洁、零件少、重量轻、视情维修、破损安全、长寿命（甚至无限寿命）的设计目标。此后研制开发的可提供桨叶所有运动自由度，又可传递离心力和挥舞、摆振和扭转载荷的柔性梁桨毂（无轴承桨毂），实现了"无铰"（无轴承）桨毂的设计目标。复合材料旋翼桨毂结构的特点有：

（1）结构简洁，重量轻。

（2）破损安全设计，疲劳寿命大幅度提高。

（3）可视情维修，大幅降低维修成本。

（4）弹击损伤容限增加。

（5）可靠性提高。

9.6.4 复合材料无轴承桨毂结构设计

1. 复合材料无轴承桨毂结构设计原理

随着旋翼桨毂结构材料、制造工艺及结构动力学技术的发展，旋翼桨毂的结构设计经历了由简单到复杂，再由复杂到更简单的发展过程。复合材料的优点在旋翼桨毂设计上得到了充分的发挥，它为旋翼桨毂结构的改进和优化，以及优良的旋翼动力学特性提供了可能。更重要的是，复合材料大幅度提高了在交变载荷作用下的旋翼使用寿命，由此带来了十分可观的经济效益。此外，复合材料具有良好的破损安全效能，耐撞击、对缺口效应不敏感，即使被小口径武器击穿，由于扩散缓慢，也不会骤然断裂，这些特性适应了现代旋翼无人机的要求。

复合材料无轴承旋翼桨毂是取消了挥舞、摆振和变距三个机械铰的"无铰"桨毂，桨叶的挥舞、摆振和变距运动自由度都由柔性元件变形提供。由此会产生强烈的变距-挥舞-摆振弹性耦合，它既要影响旋翼结构动力学特性，又要影响旋翼飞行器的飞行力学特性。因此，空气动力学与结构动力学相结合成为无轴承旋翼桨毂设计的突出特点。而无轴承旋翼桨毂的出现也正是旋翼动力学理论及其综合分析技术发展的结果。无轴承旋翼桨毂是旋翼技术的重大进展。

无轴承桨毂的主要结构是单向复合材料制成的柔性梁，柔性梁外端同桨叶相连接，内端同固定的旋翼轴上的连接盘相连接。柔性梁在保证一定的弯曲刚度和强度的情况下，扭转刚度很低，起到了挥舞、摆振和变距铰的作用。无轴承桨毂结构设计关键技术如下：

（1）为实现无轴承旋翼桨毂设计方案，必须在桨毂中有能适应桨叶大俯仰角（两个方向都达到 35°）而操纵力又低的扭转柔性臂（梁）取代变距铰（轴承）。设计要求这根柔性臂必须足够的柔软,从而将振动和阵风灵敏性减到最小,但同时又要有足够的强度以承担桨叶离心力。目前,所用的设计方案基本上采用单或双柔性梁结合变距操纵杆或变距套管(又称根套)的结构布局。柔性梁外端对变距是柔软的,操纵变距杆即可满足变距要求;同时,柔性梁内端对弯矩又是柔软的,提供桨叶挥舞和摆振运动自由度。

(2) 无轴承旋翼桨毂的另一个问题是挥舞等效铰的外伸量控制。旋翼飞行器操纵品质由桨毂中心与挥舞铰之间的距离决定,这个距离称为铰链外伸量(又称铰链偏置量),用旋翼半径的百分数来表示。典型的铰接式桨毂的外伸量为 4%～5%。而复合材料柔性梁的外伸量通常为 12%～14%。据资料介绍,大量实验数据已证明柔性梁的外伸量可能实现的下限值不会小于 8%。

2. 复合材料桨毂核心构件结构设计

旋翼复合材料桨毂的核心构件是既能承受离心力载荷,又能实现桨叶挥舞、摆振和扭转运动的柔性梁。复合材料柔性梁结构设计涉及高载荷传递、组合变形引起的应变、突出的疲劳问题等多种复杂因素,并且有些因素要求之间是相互矛盾、制约的。对旋翼桨毂,设计要求结构紧凑、空气阻力要小;重量尽可能地轻,但高的离心力载荷要求结构承载截面不能小于某一尺寸(或足够大);挥舞运动要求低的挥舞刚度,摆振刚度还要考虑地面共振等因素的影响,变距则要求低的扭转刚度。因此,柔性梁截面设计是一个难题。柔性梁设计的基本方案是梁元件与套管组合方案。即离心力载荷和挥舞、摆振弯曲载荷主要由梁元件承担,而变距载荷则主要由套管元件承扭,"交叉梁""组合梁"和柔性梁无轴承旋翼桨毂,基本上采用了这一方案。

柔性梁构型所用复合材料的选择也十分关键,材料的不同特性有利于按照载荷的需要进行铺层剪裁。从扭转特性方面考虑,碳纤维比玻璃纤维具有更高的强度和刚度,重量也更轻。但迄今为止,除了根段连接区域外,柔性梁基本上选用玻璃单向纤维增强材料,这是出于柔性梁的严酷受力环境要求,也是由玻璃纤维具有更高的破坏应变和对初始工艺制造缺陷更不敏感所决定的。复合材料柔性梁通常为复合材料层合板结构件。柔性梁设计的关键在柔性段结构强度及动力学特性要求之间的匹配,既要保证有足够的强度和疲劳寿命,又要满足总体提出的动力学特性要求,通常情况下,其初始破坏模式为层间剪切破坏,出现分层,而不是增强纤维破坏。这样可以延长疲劳损伤扩展时间,而不会引起支臂特性明显退化。

柔性梁梁元件截面形状的选择主要考虑:选择合理结构形状,如矩形、十字形和 H 形梁等,降低构件扭转刚度、制造工艺和成本。为了降低柔性支臂的扭转刚度,一般采用无纬带铺设。但在受力比较复杂的连接端,要铺设加强材料,通常采用 +45°/−45° 和 0°/90° 织物布来承担剪应力,并铺设在柔性梁元件两侧边上,有利于承受弯矩和剪应力。另外,应尽量避免在无纬带上打孔,以免破坏纤维的连续性,影响强度和疲劳寿命。

目前,在旋翼飞行器上应用比较成功的复合材料桨毂结构方案有以下两种。

1) 复合材料交叉梁式旋翼桨毂结构方案

复合材料交叉梁式旋翼桨毂方案是一种应用比较广泛的无轴承旋翼桨毂结构方案,桨叶的主要承力件是一根单向碳纤维大梁,原理简图如图 9-19 所示。旋翼桨叶采用复合材料多闭腔结构,桨叶的外形由 ±45° 铺层的玻璃钢蒙皮构成,蒙皮与大梁之间充填泡沫塑料。到达根部,蒙皮就转变成为空心的扭管,空心扭管与大梁没有联系,其内端连操纵摇臂。作用在操纵摇臂上的操纵力从扭管向外传至大梁,大梁在扭管中的那一部分产生扭转变形而实现变距。这个方案引人注目地采用了交叉梁的布局,桨叶的离心力在大梁中自身得到平衡,有可能大幅减轻旋翼的重量。与一般无铰式旋翼相比,重量可减轻 50%。

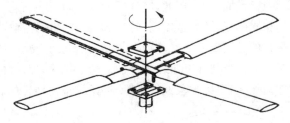

图 9-19　复合材料交叉梁式旋翼桨毂方案示意图

2) 复合材料双梁和单梁旋翼桨毂方案

复合材料双梁和单梁旋翼桨毂方案也是目前应用比较广泛的两种无轴承旋翼桨毂结构方案,其中复合材料双梁方案指采用双柔性梁/变距操纵杆的旋翼桨毂结构方案;复合材料单梁旋翼桨毂方案指采用单柔性梁/变距套管的旋翼桨毂结构方案,如图 9-20 所示。柔性梁采用单向玻璃纤维粗纱(承受离心力,提供挥舞和摆振弯曲刚度)和 ±45°玻璃纤维(承受扭转和挥舞、摆振剪力)制成。变距套管、变距操纵杆均采用碳纤维复合材料制成。

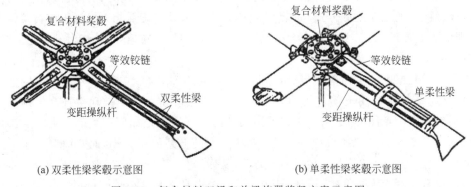

(a) 双柔性梁桨毂示意图　　　　　　　(b) 单柔性梁桨毂示意图

图 9-20　复合材料双梁和单梁旋翼桨毂方案示意图

9.7　多旋翼无人机复合材料螺旋桨结构设计

轻小型多旋翼无人机的旋翼系统大多都采用定距式的空气螺旋桨,桨叶总距固定不变,其结构特点是桨叶与桨毂连成一体,尺寸(直径)比较小。优点是构造简单,重量轻,最高效率可达 85%～90%,在轻小型多旋翼无人机上得到广泛应用。

9.7.1　空气螺旋桨结构特点和工作原理

空气螺旋桨又称"螺旋桨",是靠桨叶在空气中旋转而产生拉力(推进力)的装置。其结构由若干桨叶和中央桨毂组成。当螺旋桨被发动机输出轴带动旋转时,桨叶的斜面把空气往后推去,桨叶从而得到反作用力,即拉力(推进力)。

1. 空气螺旋桨结构特点

空气螺旋桨两边修成扭转的桨叶,中间开孔与发动机轴相连接。螺旋桨要承受高速旋

螺旋桨性能的重要参数之一。一般情况下,直径增大拉力随之增大,效率随之提高,所以在结构允许的情况下尽量选直径较大的螺旋桨。此外还要注意螺旋桨桨尖气流速度不应过大($<$0.7倍声速),否则可能出现激波,导致效率降低。

（2）桨叶数目（B）。可以认为螺旋桨的拉力系数和功率系数与桨叶数目成正比。多旋翼无人机一般采用结构简单的双叶桨,只是在螺旋桨直径受到限制时,采用增加桨叶数目的方法使螺旋桨与发动机获得良好的配合。

（3）实度（σ）。各片桨叶实占面积与螺旋桨旋转面积（πR^2）的比值,叫做旋翼实度,以希腊字母 σ 表示。它的影响与桨叶数目的影响相似。随着实度增加,拉力系数和功率系数增大。

（4）桨叶角（β）。桨叶角随半径变化,其变化规律是影响螺旋桨工作性能的最主要的因素。习惯上以70%直径处桨叶角值为该桨桨叶角的名称值。

（5）几何螺距（H）。桨叶剖面迎角为零时,桨叶旋转一周所前进的距离。它反映了桨叶角的大小,更直接指出螺旋桨的工作特性。桨叶各剖面的几何螺矩可能是不相等的,习惯上以70%直径处的几何螺矩为名称值。通常按照直径和螺距标明螺旋桨型号,如64/34,表示直径为64英寸,几何螺矩为34英寸。

2. 空气螺旋桨功率设计

1）功率型飞行器的定义

从能量观点来看,多旋翼无人机的螺旋桨是"能量转换器":把发动机的能量转变成有效功,提供给多旋翼无人机作为驱动螺旋桨旋转的动力。螺旋桨旋转所产生的气动力,即多旋翼无人机克服重力所需的拉力。通常人们把这种类型的飞行器称为功率型飞行器。对于功率型飞行器,电能或燃油消耗率同功率的产出大致成比例,因而飞行器飞行时的功率需求是非常重要的问题。

2）需用功率和剩余功率

（1）需用功率。多旋翼无人机螺旋桨的可用功率指发动机的出轴功率减去传动装置等的功率损失后输送给螺旋桨的功率。给定多旋翼无人机的重量、发动机的功率特性、多旋翼无人体的空气动力特性,根据力的平衡原理可以求出在某一高度的可用功率和需用功率随多旋翼无人机飞行速度的变化关系。这个关系就是估算多旋翼无人机飞行性能的根据。

（2）剩余功率。多旋翼无人机发动机所能提供的总的功率减去相应飞行条件下的需用功率就得到了该飞行条件下的剩余功率。剩余功率描述了发动机功率储备的大小,是多旋翼无人机具备作机动飞行能力的重要度量。多旋翼无人机发动机可用功率减去平飞需用功率的剩余功率基本上都能用于爬高。有了不同高度的曲线族,根据可用功率与需用功率的对比情况就可确定多旋翼无人机的各项飞行性能。

9.7.3 复合材料螺旋桨选用的材料和成型工艺

1. 复合材料螺旋桨选用的材料

复合材料螺旋桨成型选用的主要材料有:

（1）上、下壳体材料:碳纤维预浸料。

（2）腹板:碳纤维预浸料。

（3）腹板胶接及合模胶接:胶黏膜。

复合材料螺旋桨成型过程是综合了结构一体化设计、模具设计制造、热压罐工艺、开合模技术等多学科的系统工程。其具体成型过程细节处还需在实际操作中进行修正,更重要的是在成型完成后要进行一系列的检测及验证工作,包括翼型检验、风洞试验、静强度试验、疲劳试验、环境试验等,以保证复合材料螺旋桨各项性能指标满足需求。

2. 复合材料螺旋桨成型工艺

可用于复合材料成形的工艺较多,主要有手糊成型工艺、喷射成型工艺和RTM成型技术等几大类。不同成型工艺对增强纤维和树脂类型的要求不同,其所能达到的结构尺寸稳定程度差异也较大,因此,需根据桨叶结构的特点,选择合适的成型工艺。

(1)手糊成型。手糊成型是复合材料工业最早使用的一种工艺方法,主要特点在于手工操作、开模成型、成型工艺中树脂和增强纤维需完全暴露于操作者和周围环境中。采用手糊成型工艺加工复合材料夹芯结构螺旋桨,制作成本相对较低,但尺寸精度和稳定性难以保证,往往需粘接等第二次加工,粘接工艺需要粘接平台或型架以确保粘接面的贴合,生产工艺会更加复杂和困难。

(2)喷射成型。喷射成型工艺成型制品多采用短纤维,桨叶的强度和刚度无法保证,且不能根据需要调整纤维结构。桨叶纤维含量、均匀程度等在很大程度上取决于操作工人的技术水平,可控性较差,并且需要雾化和分散,原材料的损耗较大。在大模压成型过程中预浸料的流动、充模、固化反应速度都与温度有密切关系,由于薄壁、形状复杂的复合材料螺旋桨加工温度不易控制,温度过高或过低都将严重影响成型桨叶的性能。模压成型模具设计与制造较为复杂,所需成本较高。

(3)RTM成型。树脂转移模塑成形(Resin Transfer Molding,RTM)工艺的工艺过程如图9-22所示,包括两个步骤:第一步,预成型坯的加工;第二步,树脂的注入和固化。因为这两步可分开进行,所以RTM工艺具有高度的灵活性和组合性,便于实现"螺旋桨材料

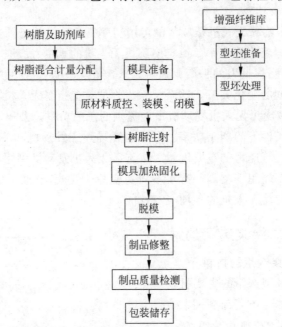

图9-22 树脂转移模塑成形(RTM)工艺过程图

设计"目标。RTM 成型工艺技术是一种闭模成型技术,具有材料组分可精确控制、制件空隙率低、吸水率小、工艺过程简单、低成本、制件质量好、受环境影响小等优点,国内外已有很多采用 RTM 工艺成功生产复合材料螺旋桨的实际案例。

本章小结

材料是航空飞行器赖以存在和发展的物质基础。航空材料泛指用于制造航空飞行器的材料,在很大程度上对航空飞行器的发展和创新起到决定性作用。航空飞行器的发展历程,是以材料性能的进步和提高为主要标志的,"一代材料,一代飞行器"是航空工业发展的生动写照。航空结构材料至今已经历了三个大的发展阶段:木布结构时代、金属时代和复合材料时代。

复合材料是用经过选择的、成一定数量比的两种或两种以上的组分,通过人工复合,组成的多相、三维结合且各相之间有明显界面的、具有特殊性能的固体材料。复合材料与金属(铝、钢)相比,具有质轻、高强度、高模量、耐高温、耐腐蚀、抗低温、疲劳/断裂特性好,以及价格相对较低廉等一系列优良性能。将大量复合材料应用于航空飞行器结构上,可以减轻结构重量、增加有效载荷、提高安全性和隐身性,对其结构轻质化和高性能化起到了至关重要的作用。以复合材料为核心的结构设计是影响现代航空发展的关键技术之一。

本章学习的重点是学习和了解复合材料的定义、组分和界面,熟悉多旋翼无人机复合材料结构设计中三个互相关联的层次——材料设计,结构设计和工艺设计之间的关系,进而掌握多旋翼无人机复合材料结构设计积木式方法的原理和实施步骤;了解和熟悉多旋翼无人机复合材料结构设计的选材要求,包括增强纤维的选用和基体材料的选用;熟悉和掌握多旋翼无人机复合材料基础构件设计方法,包括复合材料层合板、加筋板、夹层结构、格栅结构等基础构件;了解和熟悉多旋翼无人机复合材料机身设计的内容,特别要掌握复合材料整体化结构的特点和设计步骤;学习和了解多旋翼无人机旋翼系统气动环境特点及旋翼桨叶选用复合材料的优势,掌握复合材料桨叶大梁结构设计要点;熟悉和掌握旋翼桨毂结构设计要求和复合材料桨毂特点,以及多旋翼无人机复合材料螺旋桨成型工艺流程。

习题

1. 航空结构材料发展的历程可划分为哪三个阶段?
2. 什么是复合材料及其界面?复合材料组分主要包含哪些类型?
3. 简述多旋翼无人机结构设计的定义、特点和过程。
4. 简述多旋翼无人机复合材料结构设计积木式方法的原理和步骤。
5. 复合材料结构选材的基本要求有哪些?
6. 简述复合材料层合板设计的定义及设计方法。
7. 简述复合材料加筋板的定义和设计原则。
8. 简述复合材料夹层结构定义、特点和分类。

9. 简述复合材料格栅结构的定义和特性。

10. 什么是复合材料结构整体化？有何特点？

11. 多旋翼微型无人机机身结构有何特点？

12. 旋翼桨叶选用复合材料有哪些优势？

13. 简述三种典型复合材料桨叶大梁的特点。

14. 多旋翼无人机桨毂结构设计要求和特点有哪些？

15. 简述空气螺旋桨结构特点和工作原理。

16. 画出树脂转移模塑成形(RTM)工艺过程图。

第10章

多旋翼无人机总体设计

主要内容

(1) 多旋翼无人机设计的基本概念。

(2) 多旋翼无人机总体设计及后续过程。

(3) 多旋翼无人机的类型分析与选择。

(4) 多旋翼无人机总体参数的分析与选择。

(5) 多旋翼无人机总体布局设计。

10.1 多旋翼无人机设计的基本概念

新型号的多旋翼无人机设计是其研制过程中最为重要的一个阶段,需要采用系统工程设计的方法,具有综合权衡与全面协调、反复迭代与多轮逼近等特点。它对新机研制工作具有全局性的影响,设计质量的好坏直接影响多旋翼无人机研制的全局,关系其成败。

10.1.1 多旋翼无人机研制流程和设计定义

1. 多旋翼无人机研制流程

研制一种新型号的多旋翼无人机,从设计方案的提出到试制、生产并投入市场使用,需要进行大量的科学研究、工程设计、分析计算、试验验证、工艺试制、飞控调试和软件开发等工作。为了比较清晰地描述这个复杂过程,通常把多旋翼无人机研制过程分为若干个阶段,包括方案论证阶段、方案设计阶段、工程研制阶段、设计定型阶段、生产定型阶段、使用维护阶段等(如图 10-1 所示)。

2. 多旋翼无人机设计的定义

所谓设计,是一个创造性的综合信息处理过程,通过多种元素如线条、符号、数字、色彩等方式的组合,把产品的形状以平面或立体的形式展现出来。它是将人的某种目的或需要

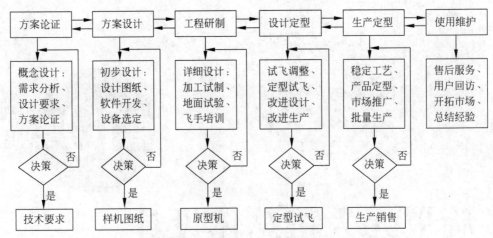

图 10-1　多旋翼无人机研制过程示意图

转换为一个具体的物体或工具的过程；是把一种计划、规划设想、问题解决的方法，通过具体的操作，以理想的形式表达出来的过程。

多旋翼无人机设计是设计人员应用气动、结构、动力、材料、工艺、电子和计算机软硬件等学科知识，通过分析、综合和创造思维将设计要求转化为一组能完整描述多旋翼无人机的参数（文档、图纸和软件）的活动过程。多旋翼无人机设计是一门应用科学，是各项先进的科学技术综合应用的结果，其内容涉及空气动力学、飞行动力学、结构动力学、气动弹性力学、航空发动机、自动控制技术、计算机技术、自控软硬件以及制造工艺等多种学科和专业技术领域。离开先进的科学技术，没有坚实的基础理论的指导，多旋翼无人机设计技术不可能得到进步和发展，现代多旋翼无人机设计就无法进行，而现代科学技术的发展也促进了多旋翼无人机设计技术的不断创新和进步。

10.1.2　多旋翼无人机设计的重要性、设计要求和原则

1. 多旋翼无人机设计的重要性

由于在设计阶段要全面确定整个多旋翼无人机新型号的产品策略、外观、结构、性能和功能等，从而确定整个生产系统的布局，因此，多旋翼无人机设计的意义重大，具有"牵一发而动全局"的重要意义。如果多旋翼无人机的设计缺乏生产观点，那么生产时就将耗费大量费用来调整和更换设备、物料和劳动力。相反，好的产品设计，不仅表现在性能和功能上的优越性，而且表现在便于制造，生产成本低，从而使新机型号的综合竞争力得以增强。许多在市场竞争中占优势的多旋翼无人机设计和生产企业都十分注意产品设计的细节，致力于设计出造价低而又具有先进独特功能的产品。许多公司都把设计看作热门的战略工具，认为好的设计是赢得顾客的关键。

2. 多旋翼无人机的设计要求

一项成功的设计，应满足多方面的要求。这些要求有社会发展方面的，有产品性能、功能、质量、效益方面的，也有使用要求或制造工艺要求，主要包括以下几个方面。

1）社会发展要求

设计和试制新产品，必须以满足社会需要为前提。这里的社会需要，不仅是眼前的社会

需要,而且还包括较长时期的发展需要。为了满足社会发展的需要,开发先进的多旋翼无人机新型号,加速技术进步是关键。为此,必须加强对国内外技术发展的调查研究,尽可能吸收世界先进技术。有计划、有选择、有重点地引进世界先进技术,有利于赢得时间,尽快填补技术空白,培养人才和取得经济效益。

2) 安全性要求

多旋翼无人机的安全性指其在使用过程中不发生重大或灾难性事故的程度,可用最大容许的故障概率来表示。故障概率越小,安全性越好,它与多旋翼无人机及其设备的可靠性有密切关系。安全是多旋翼无人机新型号研制、生产、使用和维修保障的首要要求,是多旋翼无人机完成规定功能和任务而不造成人员伤亡、设备损坏或环境损害的前提,是人们始终关注的焦点。在设计多旋翼无人机新型号时,要充分考虑系统或部件可能产生的故障,驾驶员可能的操控误差和外因事故的影响。要求设计者精心设计,想方设法估算出并降低系统的事故概率。

3) 可靠性要求

多旋翼无人机可靠性指它在规定的条件下、规定的时间内,实现规定功能的能力。多旋翼无人机的可靠性越高,它可以无故障工作的时间就越长,其中包含了耐久性、可维修性、设计可靠性三大要素。耐久性指产品使用无故障性或使用寿命长;可维修性指当发生故障后,能够很快、很容易地通过维护或维修排除故障;设计可靠性指设计的时候必须充分考虑多旋翼无人机新型号的通用性、易使用性和易操作性。

4) 经济效益要求

设计和试制新产品的主要目的之一是满足市场不断变化的需求,以获得更好的经济效益。好的设计可以解决顾客所关心的各种问题,如产品功能和性能如何、是否容易装配、能否重复利用、产品质量如何等;同时,好的设计可以节约能源和原材料、提高劳动生产率、降低成本等。所以在设计多旋翼无人机新型号结构时,一方面要考虑它的功能、质量,另一方面要顾及原料和制造成本的经济性,同时,还要考虑它是否具有投入批量生产的可能性。

5) 使用要求

多旋翼无人机新型号要为社会所承认,并能取得经济效益,就必须从市场和用户需要出发,充分满足使用要求,其中包括运输方便、操控简单、易于使用、维护方便,以及具有美观的外形和良好的标准化互通性等。

6) 制造工艺要求

生产工艺是对多旋翼无人机新型号设计的最基本要求,就是要求其结构应符合工艺原则,也就是在规定的产量规模条件下能采用经济的加工方法,制造出合乎质量要求的产品。这就要求所设计的多旋翼无人机新型号结构能够最大限度地降低产品制造的劳动量,减轻结构重量,减少材料消耗,缩短生产周期和制造成本等。

3. 多旋翼无人机设计的基本原则

1) 需求原则

多旋翼无人机新型号的功能要求来自于社会需求。产品要满足客观的需求,这是一切设计最基本的出发点。不考虑客观需求会造成产品的积压和浪费。客观需求是随着时间、地点的不同而发生变化的,这种变化的需求是多旋翼无人机产品设计升级换代的依据。客观需求有显需求和隐需求之分,显需求的发展可导致产品的不断改进、升级、更新、换代;隐需求的开发会导致创造发明,形成新颖的产品。

2)信息原则

多旋翼无人机新型号设计过程中的信息主要有市场信息、科学技术信息、技术测试信息和加工工艺信息等。设计人员应全面、充分、正确和可靠地掌握与设计有关的各种信息,用这些信息来正确引导产品规划、方案设计与详细设计,并使设计不断改进提高。

3)创新原则

设计人员的大胆创新,有利于冲破各种传统观念和惯例的束缚,创造发明出各种原理独特、结构新颖、性能优异、安全可靠的多旋翼无人机新型号。

4)系统原则

每个多旋翼无人机新型号都可以视为一个待定的技术系统,设计多旋翼无人机新型号就是要用系统论的方法来求出功能结构系统,通过分析、综合与评价决策,使新型号达到综合最优。

5)收敛原则

为了研发性能先进、构思崭新的多旋翼无人机新型号,在构思功能原理方案时,要采用发散思维。到了具体方案设计时,则必须综合多种信息,使用收敛思维。多旋翼无人机新型号研制过程在发散思维基础上进行收敛思维,通常都会取得很好的效果。

6)优化原则

无人机设计优化属于广义优化,包括方案择优、设计参数优化、总体方案优化。也就是要高效、优质、经济地完成设计任务。

7)继承原则

将前一代产品和前人的成果,有批判地吸收,推陈出新,加以发扬,为我所用,这就是继承原则。多旋翼无人机新型号设计人员悟性地掌握继承原则,可以事半功倍进行创新设计,可以集中主要精力去解决设计中遇到的主要问题。

8)效益原则

多旋翼无人机新型号设计中必须讲求效益,既要考虑技术经济效益,又要考虑社会效益。

9)时间原则

多旋翼无人机新型号上马后要加快设计研制,以抢先占领市场。同时,在设计时要预测产品型号研制阶段内同类产品可能发生的变化,保证新设计出来的多旋翼无人机新型号投入市场后不至于沦为过时货。

10)定量原则

在多旋翼无人机新型号设计过程中,方案评选、技术性能、生产工艺、经济效益等的评价,都尽量采用科学的定量方法。

11)简化原则

在确保多旋翼无人机新型号性能和功能的前提下,应力求简化新型号产品结构,以降低产品成本,并确保质量。在多旋翼无人机新型号初步设计阶段和改进设计阶段,尤应突出运用这个基本原则。

12)审核原则

要实现高效、优质、经济的设计,必须对每一项设计步骤的信息随时进行审核,确保每一步正确无误,以提高多旋翼无人机新型号设计质量。

10.1.3　多旋翼无人机设计任务和工作要求

1．多旋翼无人机设计的任务

多旋翼无人机设计的任务是确定其构型、布局、结构、防撞和飞控软硬件,以及其他各组成部分,以保证在一定的限度内使多旋翼无人机最有效地满足给定的技术要求。其内容包括总体技术方案论证,提出最佳技术方案,系统可靠性、维修性、保障性、安全性和生产性的综合与权衡,系统风险分析与控制,系统的费效分析,各分系统的兼容性设计、接口设计;对分系统提出技术要求及进行协调;详细的成本估算、研制周期估计,提出关键技术试验方法。

实质上,多旋翼无人机设计的任务是在现实的基础上最佳地拟定"技术文件",这些技术文件应保证在给定条件下使新设计多旋翼无人机能满足使用技术要求,通常可分为3 类:

(1) 多旋翼无人机的设计图纸、设计报告、计算报告、试验报告、自控设备和飞控软件程序等技术文件,这类技术文件说明设计的指导思想和原则,回答有关要研制怎样的多旋翼无人机的问题;

(2) 生产多旋翼无人机的方法和设备的工艺文件、设备清单和说明书,回答怎样制造生产的问题;

(3) 关于使用维护方面的技术文件,回答怎样正确使用多旋翼无人机的问题。

2．多旋翼无人机设计工作要求

(1) 要有明确的设计目标,并建立评估设计优劣的准则。由于对多旋翼无人机要求的多样性和复杂性,一般来说,要在一种型号的多旋翼无人机上完全反映或满足所有的使用要求是不可能的,设计人员的职责就是要处理好各种矛盾,对各种要求进行分析和综合,从而确定新设计多旋翼无人机的主要设计技术状态。

(2) 要考虑主、客观条件,处理好各种关系。在选择和确定设计技术状态及设计任务时,除了要考虑实际使用要求外,还要考虑客观条件,包括设计经费、设计周期、技术发展水平、试验手段、所需材料和配套产品的来源、生产工艺、飞控和防撞系统软硬件条件等单独的或综合的条件限制。这就是说,要正确处理先进技术和目前条件、当前需要与长远发展等方面的关系。

(3) 要有专门的设计机构,比较完善的试验、试制基地。多旋翼无人机的复杂性决定了其研制工作的特点。为了设计一种新型的多旋翼无人机,必须建立专门的设计机构,在这个机构里应拥有相关技术领域的专业人才,还包括比较完善的试验、试制、飞手培训和软件开发基地。

10.2　多旋翼无人机总体设计及后续过程

多旋翼无人机是现代各门高新科技的完美结合,从专业知识和技术角度来说,有空气动力学、结构力学、气动弹性力学、材料学和制造工艺等。多旋翼无人机总体设计的任务就是要把这些不同的专业技术和系统创造性地综合到一起,使其整体性能优化,达到规定的功能和性能要求。

10.2.1　多旋翼无人机总体设计定义和概念设计

1. 多旋翼无人机总体设计定义

多旋翼无人机总体设计指从概念设计到初步设计阶段进行总体方案设计的全过程,其最终目标是给出最优的新机总体方案。根据市场调研结果或用户要求的条件,综合运用一系列基础科学、应用科学和工程技术的最新成果,选择并确定多旋翼无人机新型号的布局形式和总体设计参数,经过论证计算、分析、修正,使所设计出来的新型号能以优良的性能,最大限度地满足市场需求及达到用户的要求。

总体设计对新机研制工作具有全局性影响,重大决策大部分都要在总体设计阶段做出。总体设计工作中的失误,不仅会对以后的设计工作产生不利的影响,造成时间和经济上的损失,而且往往会直接影响到新机研制的成败。因此,总体设计是多旋翼无人机研制中最为重要的一个阶段,包含了概念设计阶段和初步设计阶段两部分。

2. 概念设计的工作内容

方案论证阶段的概念设计根据客户提出的技术要求和型号需要,针对特定的产品型号进行必要性和可行性的论证研究。不但需要对型号项目的技术标准和投资额度进行分析,还需要考虑到相关技术发展趋势的影响,通过对技术、时间和资源的综合评价,根据理论计算、模拟试验等手段对不同方案进行选择和取舍,通过优化组合选择最优的方案。现代多旋翼无人机设计都采用计算机辅助设计,因此,在这个阶段通常可以选择几个方案进行对比分析,经过充分论证后初步确定它的构型和气动布置方案。

概念设计要求解决全局性的重大问题,因此必须深入、细致和慎重地进行。要尽可能充分利用已有的经验,以求概念设计作出的重大决策有坚实可靠的基础,避免以后出现不应有的重大反复。概念设计的主要工作内容如下。

1) 气动布局方案论证

包括多旋翼无人机的构形、型式和气动布局方案的评比和选择、模型吹风,飞行性能及其他气动特性的初步分析计算,全机和各部件(系统)主要参数的选择,各部件相对位置的确定等。最后,绘制全机三面图,并提交有关的分析计算报告。

2) 全机总体布局方案论证

包括多旋翼无人机全机各部件、各系统、附件和设备的布置等。此时要考虑布置得合理、协调、紧凑,保证正常工作和便于维护等要求,并结合重心定位要求一起进行。最后绘制全机总体布置图,并编写有关报告和说明书。

3) 全机总体结构方案论证

包括多旋翼无人机全机结构承力件的布置,全机传力型式的分析,主要承力构件的承力型式分析,全机设计分离面和对接型式的选择,全机各种结构的选择等。全机总体结构方案可结合全机总体布局一起进行,并在全机总体布置图上加以反映,需要有相应的报告和说明书。

4) 各部件和系统的方案论证

包括对各部件和系统的要求、组成、原理分析、结构型式、参数及附件的选择、软件开发等工作。应绘制有关部件的理论图、构造图和原理图,并编写有关的说明书。

5）全机重量计算、重量分配和重心定位

包括多旋翼无人机全机总重量的确定、各部分重量的确定、重心和惯量等计算工作。最后应提交有关重量和重心等的计算报告，并绘制重心定位图。

6）确定配件和设备清单

包括多旋翼无人机全机配套附件和设备等成件的选择和确定，新材料和新工艺的选择和确定。对要求新研创的成件、软件，要确定技术要求和协作关系。

10.2.2 多旋翼无人机初步设计和总体设计特点

1. 初步设计的工作内容

方案设计阶段的初步设计是将前面概念设计所得到的多旋翼无人机的几何参数、重量参数和能量参数进一步加以具体化，使其符合各种相互矛盾的要求。进一步确定气动布局、总体布局、主要部件的结构型式，以及飞控软件开发等。制作吹风模型和进行风洞吹风实验，根据实验结果进一步进行详细的气动力计算和稳定性计算，以及动力学问题的初步计算，进行较精确的多旋翼无人机重心定位计算。在这些计算的基础上，对多旋翼无人机的总体布置进行适当修改，调整重量计算和重心位置，并制造样机，协调多旋翼无人机各组合件和各系统相互的空间位置，设备安装布置等。

此阶段要提交的工作结果是经反复修改后的总体设计方案、外形理论图、结构打样图和系统原理图等，各种计算、分析和试验报告，供强度计算用的第二次外载荷计算报告，以及附件设备配套表、材料、工艺、软硬件开发及协作项目的清单目录，样机及其评审结果报告等。最后将按照此阶段工作成果做出选定该初步设计方案和实现该方案的决策。初步设计的主要工作内容如下。

1）气动方面

对所选多旋翼无人机方案进行全面的气动性能和稳定性计算、气动弹性计算，以及进一步的外载荷计算。同时还要进行风洞吹风实验，继续完善外形，给出各种设计计算所需的数据。

2）结构设计

绘制多旋翼无人机的结构草图，进行结构方案研究，对新结构和新工艺进行试验，并进行强度计算和验证性试验，同时要做好强度试验、振动试验和寿命试验等准备工作。

3）系统设计

要进行多旋翼无人机系统方案的地面模拟试验，进一步修改原理图，绘制安装草图，进行软件测试、协调性检查和强度估算等。

4）总体布局

改善多旋翼无人机外形和内部布置，绘制样机图，配合制作样机，以提供真实的外形和内部设备布置，供安装、协调和审查之用。此外，对影响全机的振动问题和气动弹性问题也要相应地做进一步的分析计算。

2. 多旋翼无人机总体设计的特点

多旋翼无人机总体设计是综合协调、折中权衡、反复迭代、逐渐逼近的过程，强调每一个步骤都要尽量给出具体的数据和判断。其主要特点如下。

1）综合协调、折中权衡

多旋翼无人机结构复杂，总体设计涉及多学科领域，如空气动力学、结构强度、航空发动机、自动控制、电子技术、机电设备、软件、材料及工艺等；同时，满足设计要求，可以有多种可行的方案；确定总体设计参数和进行分析，也有不同的工作量和确定精度的方法，因此特别需要各方面的综合协调，需要各专业之间的分工、合作和密切配合。

2）反复迭代、逐次逼近

多旋翼无人机新型号的研制要根据市场调研或客户的需要，拟定出技术要求，然后根据所拟定的技术要求确定多旋翼无人机总体设计方案。由于多旋翼无人机的设计要求是多方面的，而且往往是相互矛盾的，再加上多旋翼无人机设计的复杂性，所以一般不可能用解析的方法直接得到满足设计要求的总体方案，而只能是一个反复迭代、逐次逼近的动态过程。也就是说首先要有一个初始方案，在这个方案的基础上经过反复迭代逐步形成满足设计要求的最终方案。虽然每一轮迭代在步骤和原理上都是一样的，但并不是简单的重复，每迭代一次都要使总体方案更加完善、具体，以及更好地满足设计要求。方案的确定往往还与人的因素有关，这与一般的系统分析工作不同，几乎不存在唯一性。满足设计要求的方案往往会有若干个，这就涉及优化问题。在总体设计中广泛采用计算机辅助设计，利用计算机对多旋翼无人机总体方案设计进行综合优化，模拟上述过程，从而得到最优的设计方案。

3）创新性与科学性

设计就意味着创新，多旋翼无人机总体设计和其他设计工作一样，假如所提出的总体方案没有创新、没有特色，和现有的方案相比没有新意，那也就从根本上失去了总体设计的意义。在航空科学技术迅速发展的今天，多旋翼无人机设计中的创新性尤为重要。它首先要求设计者具有创新精神，勇于探索，进行创造性构思，并且要有渊博的理论基础知识和丰富的实践工作经验。但是，从另一方面看，由于多旋翼无人机设计是一项复杂的系统工程，它又与一般的工程设计过程不同，仅仅靠设计者的灵感、热情和丰富的想象力是不行的，必须要有可靠的技术基础才能保证设计的成功。也就是说，在总体设计的过程中应避免盲目创新，尽量减少因决策带来的风险。要注重收集、分析相关资料，充分吸取国内外型号设计中的经验教训。设计中所采用的各种新技术都要经过预先研究，并要进行充分的试验验证。而且，技术进步和创新是一个逐渐积累、逐步提高、不断完善的过程，一架新设计的多旋翼无人机采用新技术的比例要控制在15％左右，超过15％就会有风险。从这个意义上讲，掌握和利用好成熟的技术，或者说处理好继承与发展的关系是非常重要的，也就是创新性与科学性相结合。

10.2.3 多旋翼无人机详细设计、设计定型和生产定型

1. 详细设计的工作内容

工程研制阶段的详细设计的任务是提交对多旋翼无人机各部件、各系统及全机进行生产、安装、装配工作所需要的全部技术文件；整理和完成绘制原型机生产所需要的全部图纸（零件图、装配图、理论图），并进行全部必要的计算工作（气动、结构、强度、振动和疲劳方面的计算等）；继续进行性能、操稳、气动、动力学等方面的校核性试验，并利用校核试验结果和由图纸得到的重量、重心和惯量数据进行全面的性能、操稳等方面的计算；根据最后正式确定的外载荷进行零部件的强度校核计算，以及提前进行零构件、部件的强度试验或有关的振动试验。完成全机和零部件的重量、重心和惯量的计算，提交静力、动力试验任务书和飞行试验任务书。

最后依据原型机试制所需的全部图纸、技术文件和软件,完成原型机的加工试制,然后利用原型机进行地面试验。与此同时,要提前开展驾驶员(飞手)培训工作。

2. 设计定型的工作内容

到了设计定型阶段,多旋翼无人机的定型机与即将正式装备的机型已经没有太大差异。设计定型阶段的工作主要包括试飞调整、定型试飞、改进设计、改进生产等。定型试飞工作主要对与任务要求有关的成品性能和技术指标进行测试和检验。在新型号研制过程中,这个试飞阶段称为鉴定试飞或设计定型试飞。设计定型试飞全面地验证产品是否达到设计标准的要求,样机将按照试飞大纲的指标和规划的试飞步骤,按照标准要求分阶段验证机体、旋翼、发动机、机载成品和电子设备的功能和性能指标,评价多旋翼无人机气动力、结构、动力学和机载设备的配套性和兼容性,并且通过专业评估多旋翼无人机飞行性能、实用性和先进性指标数据,以及将试验飞行取得的数据与计划书和技术指标规划进行比对,比对结果用来指导新型号的改进设计和改进生产。

设计定型阶段所有定型试飞、检测和试验工作完成后,要进行阶段性验收,即进行设计定型。设计定型是按照多旋翼无人机新型号研制总要求,对新型号进行全面考核。

1)申请设计定型的要求

(1)经过设计定型试验,证明产品的性能达到批准的技术性能和使用要求,不得遗留重大质量问题。

(2)设计图样及文件完整、正确、协调。

(3)产品配套齐全。

(4)构成产品的所有配套设备、零部件、元器件、原材料、软件等有供货来源。

2)设计定型委员会审查验收

多旋翼无人机的设计定型由专门组织的设计定型委员会依据研制总要求和设计规范对新机研制全过程进行审查、考核和验收,通过后颁发定型证书。

3. 生产定型的工作内容

生产定型阶段的主要任务是对多旋翼无人机新型号小批量生产的质量稳定性及批量生产条件进行全面考核,目的是稳定工艺、设计资料归档,依照国家规定的标准系列化、通用化原则对新型号进行产品定型,为批量生产和市场推广打下基础。

1)申请生产定型的标准和要求

(1)具备成套批量生产条件,工艺符合国家有关产品质量管理规定,质量稳定,不遗留质量问题。

(2)经试验和试用,产品性能达到批准设计定型时的要求。

(3)生产与验收的各种图样、技术文件齐备。

(4)配套设备及零部件、元器件、原材料、软件供货有保障。

2)生产定型委员会审查验收

经过设计定型或技术鉴定后的多旋翼无人机系统,在新产品生产时还可能会有一定的更改,特别是工艺改进,改进后的多旋翼无人机系统进入小批量生产。首批生产的多旋翼无人机,经检验、试飞、工艺质量验证,并由专门组织的生产定型委员会审查,确认其符合批量生产标准,质量稳定可靠。审查通过后颁发生产定型证书,生产定型工作结束,转入批量生产。

10.3　多旋翼无人机的类型分析与选择

在多旋翼无人机总体设计方案论证阶段,首先需要依据技术要求选择所要研制多旋翼无人机的型式,因为不同型式的多旋翼无人机设计上有很大差异,甚至对生产、使用都会带来影响。因此,选择多旋翼无人机型式是多旋翼无人机总体设计方案论证阶段需要做出的影响全局的重要决策。

10.3.1　多旋翼无人机的类型分析

1. 多旋翼无人机动力装置分析

为多旋翼无人机提供动力,驱动旋翼旋转产生升力的系统称为动力装置,被视为多旋翼无人机的心脏。发动机特性的优劣对多旋翼无人机的各种使用性能都有很大影响,在多旋翼无人机总体设计过程中,首先会碰到选用哪种发动机才能最有效地满足其技术要求的问题。

由于对多旋翼无人机新型号的结构大小、飞行空域、速度、高度和用途等性能和使用功能的要求不同,因此选用的动力装置也不同。多旋翼无人机常用的发动机有电动机和燃油发动机两大类,其中电动机有直流无刷电机和直流有刷电机两类;燃油发动机有活塞式发动机和涡轮轴发动机两大类。

1) 直流电动机

直流电动机是目前多旋翼无人机使用最多、应用最广的动力装置。其作为航空动力装置的优点是结构简单、调速快捷、能源清洁、使用方便。缺点是不能用于大中型多旋翼无人机。

(1) 无刷直流电机:无刷直流电机属于外转子电机,没有电刷。它由电动机主体、电子调速器(电调)、电池和平衡充电器等部分组成,是一种典型的机电一体化产品。

(2) 空心杯有刷直流电机:微型多旋翼无人机采用空心杯电机(伺服微特电机),彻底消除了由于铁芯形成涡流而造成的电能损耗,使电动机的运转特性得到了极大改善。

2) 燃油发动机

由于电动型多旋翼无人机采用变速改变旋翼升力大小的方法限制了旋翼直径的长度,其续航能力和载重能力都受到很大的限制,因此大中型多旋翼无人机都要采用燃油发动机作为动力装置。油动型多旋翼无人机采用桨叶变距的方法来改变旋翼升力大小,所以旋翼直径基本不受限制,具有载重大、航程远、续航时间长等优点,不论是在民用还是军用领域都大有用武之地。

(1) 活塞式发动机:航空活塞发动机是依靠活塞在气缸中的往复运动使气体完成热力循环,将燃料的化学能转化为机械能的热力机械。在人类航空史上,活塞发动机曾经是航空动力的主力。

(2) 涡轮轴发动机:涡轮轴发动机是输出轴功率的涡轮喷气发动机,分为单轴式的定轴涡轮发动机和自由涡轮发动机两种类型。其中最常用的是自由涡轮发动机,它是双轴式的,动力涡轮和压气机之间没有机械联系,分开使用两根不同的轴,这就使得压气机在固定的工作状态下,有可能改变动力涡轮或旋翼的转速。

2. 多旋翼无人机旋翼数量分析

决定多旋翼无人机旋翼数量的因素,有以下几个方面。

1) 稳定性

多旋翼无人机在无风情况下飞行,从理论上讲,其飞行稳定性是八旋翼大于六旋翼,六旋翼大于四旋翼。原因是,对于一个运动特性确定的飞行器来说,能参与控制的量越多,越容易得到好的控制效果。四旋翼的多旋翼无人机是一个欠驱动系统,而六旋翼无人机就是一个完全驱动系统了。

2) 安全性

多旋翼无人机旋翼数量较多时,如果一台发动机突然失效,其动力保险系数大。例如,一方面,即使八旋翼无人机有两台发动机失效或六旋翼无人机有一台发动机失效,仍然有 4 台发动机可保障多旋翼无人机正常降落,而四旋翼无人机就只能靠旋翼自转下滑迫降了。但另一方面,旋翼数量越多,出故障的概率也越高,所以也不能简单地说旋翼越多越安全。

苏黎世联邦理工学院的研究人员表示,他们已经开发出了一种能够防止四旋翼无人机因为其中一个旋翼失灵而坠毁的算法。当一个旋翼失灵时,四旋翼无人机开始以特定算法设计的方式在空中旋转,不至于直接坠毁;最后会沿一定的角度慢慢下降,和平时的降落没有太大区别。

3) 体积尺寸

旋翼直径大小会给多旋翼无人机带来负面影响,因为旋翼数目多了,体积尺寸会加大。假设总拉力相同时,几个旋翼的桨盘总面积相同,那么四旋翼无人机每隔 90° 放置一个旋翼,其旋翼直径为 1,旋翼中心距离机体中心距离为 1;六旋翼无人机每隔 60° 放置一个旋翼,其旋翼直径为 0.8,旋翼中心距离机体中心距离为 1.414;八旋翼无人机每隔 45° 放置一个旋翼,其旋翼直径为 0.71,旋翼中心距离机体中心距离为 1.839。很容易看出,旋翼的数量越多,多旋翼无人机的体积尺寸也就会做得越大,结构会越复杂。

4) 旋翼折叠

旋翼越多,多旋翼无人机的折叠收纳就越是难题。六旋翼尚且可以折叠,八旋翼就一点办法也没有。即使是简单地拆掉旋翼支臂,旋翼数越多,在现场组装需要花的时间也就越多。而且,由于多旋翼无人机有旋翼安装顺序的要求,要安装的旋翼越多就意味着潜藏的出错可能越高。

综上所述,不同的旋翼数量的构型,其空气动力学特性也各具特色,其中四旋翼无人机的结构简单,机动性很好,能够做出 3D 特技,是最通用的选择;而六旋翼、八旋翼无人机则稳定性更好,是航空摄影摄像的良好平台;还有其他旋翼数量的构型也深受需求各异的用户喜爱。

3. 多旋翼无人机共轴旋翼分析

为了在不增大多旋翼无人机体积的情况下使多旋翼无人机的马力(总功率)更大,最简单的办法是把两个旋翼上下叠放。由发动机通过传动系统分别驱动两个大小相同、转向相反的旋翼转动(如图 10-2 所示),使它们产生的反扭矩相互抵消。

多旋翼无人机采用共轴式双旋翼,共轴反桨的

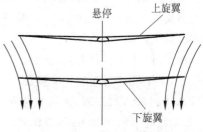

图 10-2　共轴式双旋翼工作原理示意图

上下一对旋翼的气流之间存在着相互干扰,这种气流干扰依据飞行状态的不同,对动力组合的效率影响有好有坏,其特点如下。

1)悬停状态效率提高

多旋翼无人机采用共轴式双旋翼,在悬停飞行状态下,两旋翼间的气动干扰会产生有利影响,能提高悬停效率,如图 10-3 所示。上旋翼尾迹的收缩通过下旋翼的引流得以扩张,从而增强了尾流的有效区,并可消除尾流的旋流损失。在相同总重下,共轴式旋翼的直径只相当于单旋翼直径的 0.78 倍。根据单旋翼和共轴式双旋翼模型的试验结果表明,在拉力系数与旋翼实度之比 $C_T/\sigma = 0.13\sim0.20$ 范围内,共轴式多旋翼无人机的悬停效率比单旋翼式的要高 $17\%\sim30\%$(如图 10-3 所示)。

2)前飞状态效率降低

与悬停状态相反,多旋翼无人机采用共轴式双旋翼,在前飞状态下,两旋翼间的气动干扰会产生不利影响,即双旋翼的气动干扰会产生附加的诱导损失,使旋翼气动效率损失 $15\%\sim20\%$。附

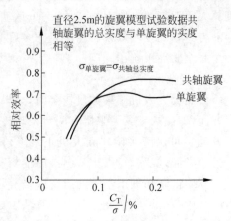

图 10-3 共轴式双旋翼与单旋翼
工作效率比较

加诱导损失的大小与两旋翼轴向距离 Y 和旋翼半径 R 之比(Y/R)有关。上下两旋翼之间轴向距离增大,双旋翼气动干扰产生的附加诱导损失减小。为了减小双旋翼气动干扰产生的附加诱导损失及避免两旋翼相碰撞,一般要求共轴式两旋翼之间轴向距离 Y 与旋翼半径 R 之比(Y/R)大于 0.2。

3)机体体积减小

多旋翼无人机采用共轴式双旋翼的方式的另一设计特点是减小了体积尺寸。例如,四轴八旋翼多旋翼无人机的体积约为八轴八旋翼多旋翼无人机的 54%,体积减小了几乎一半。由于体积尺寸减小,降低了纵向和横侧惯量矩,在飞行重量相同的条件下,共轴式双旋翼的惯量矩仅为单旋翼式的 $1/2$。其优点是体积小、结构紧凑、重量效率高,具有较大爬升率和使用升限。

4. 倾转旋翼式多旋翼无人机分析

多旋翼无人机旋翼桨叶在悬停状态和前飞状态下的工作环境是截然不同的,前飞时最大速度通常受到前行桨叶压缩性影响及后行桨叶气流分离的限制,其气动效率要比固定机翼低,最大飞行速度一般难以突破 370km/h。这就使得它虽然具有固定翼无人机所不具备的垂直起落和悬停能力,但是,其固有的弱点是飞得慢、飞不远。为了克服这一弱点,倾转旋翼式多旋翼无人机应运而生。它是一种将固定翼无人机和单旋翼无人直升机特点融为一体的多旋翼无人机。

例如,倾转四旋翼无人机的机身和普通固定翼无人机基本相似,两个机翼分别位于机身的前后,位于机翼两端的 4 个旋翼/发动机可以向上和向前转动。当 4 个旋翼/发动机从水平状态转到垂直状态时,无人机就可以像普通直升机一样实现垂直起降和悬停;当 4 个旋翼/发动机处于水平状态时,就能产生一个向前的拉力,使无人机能像固定翼飞机一般向前快速飞行。在 4 个旋翼/发动机处于这两种状态之间时,既产生了升力,又产生了拉力,能使

无人机以低速飞行。与普通无人直升机相比,倾转四旋翼无人机飞行速度快,航程远,升限高,噪声小,降落和起飞更迅速;与固定翼无人机相比,它能够垂直起降和空中悬停。

倾转旋翼式多旋翼无人机由于要兼顾多旋翼无人机模式和固定翼无人机模式的要求,因此,其旋翼与常规多旋翼无人机旋翼有明显不同。旋翼桨叶采用了很大的负扭转,并且沿展向翼型布置与弦长变化大;旋翼连同发动机短舱支撑在弹性机翼上,其支持刚度低,不同状态下支持刚度是变化的。由于这些特点,倾转旋翼式多旋翼无人机的空气动力学特性、动力学特性及飞行动力学特性与常规多旋翼无人机有很大的差异,特别是旋翼倾转过程中的动态气动特性、气动弹性力学特性、飞行动力学及飞行控制等问题都是其他飞行器所没有的。

5. 有翼式及复合式多旋翼无人机分析

提高正常型式多旋翼无人机的最大飞行速度,主要受到三方面的限制,即局部激波、气流分离及机体前倾,其中机体前倾对提高飞行速度的限制最为严重。采用在正常式多旋翼无人机上安装辅助机翼的办法可以部分地解决这些问题。在飞行速度较大时,有翼式多旋翼无人机的机翼也提供了一部分所需升力,从而减轻了旋翼的载荷。与正常型式多旋翼无人机相比较,在前飞速度及旋翼旋转速度相同的情况下,有翼式多旋翼无人机旋翼的桨叶载荷就可以选得大一些,而在最大飞行速度时的翼型升力系数仍然可以保持较小的数值,不至于出现气流分离。这样,一方面降低了悬停及低速飞行时的型阻功率,另一方面,大速度飞行时气动效率较高的机翼参与提供升力,整个多旋翼无人机的需用功率也会有所降低。

有翼式多旋翼无人机也有其缺陷及局限性。由于附加了机翼,多旋翼无人机的结构重量会有所增加;在垂直飞行状态下,机翼产生较大的垂直阻力,从而引起附加的功率损失;更为严重的问题是在大速度飞行时有翼多旋翼无人机机体的前倾要更大,因为在大速度飞行时由于机翼的卸荷作用使旋翼所需提供的升力减少,但由于机翼产生附加阻力,旋翼的水平拉力就需更大,这样机体的前倾就必须加大。因此,有翼式多旋翼无人机可能达到的最大飞行速度不见得会比正常型式多旋翼无人机大多少。

总之,要使多旋翼无人机的最大飞行速度大幅提高,仅仅加上一副机翼是不够的,还必须设法部分或全部地解决旋翼提供水平拉力的作用,这样就出现了所谓复合式多旋翼无人机。它不仅带有机翼,还有推进装置,如拉力螺旋桨或喷气推力。在飞行速度较大时,多旋翼无人机所需的水平拉力可以全部由推进装置提供,机体也就不需前倾,甚至可以在自转状态下工作而略为后倾。显然,对于复合式多旋翼无人机,机体前倾对前飞最大速度的限制就不再存在了,其飞行速度将比正常型式多旋翼无人机及有翼式多旋翼无人机大幅提高。此外,由于机翼的存在,在大速度飞行时多旋翼无人机的气动效率也比较高,这一点与有翼式多旋翼无人机相同。

由于旋翼的存在,复合式多旋翼无人机飞行速度的提高仍然受到限制。前飞速度很大时,为了避免局部激波的出现,旋翼转速不能很大,而前进比就会很大。随着前进比的增加,旋翼反流区也不断扩大,当前进比大于 1 时,后行桨叶几乎全部处在反流区中。这样,旋翼就在极其恶劣的条件下工作。目前看来,复合式多旋翼无人机的最大速度也难以超过 500km/h。

与正常式直升机相比,由于附加了机翼及推进装置等部分,复合式多旋翼无人机的结构重量增加。当然,在垂直飞行状态下机翼的垂直阻力也会引起附加的功率损失。

综合以上分析,可以得出如下结论。

(1) 无论有翼式还是复合式,都只适合于飞行速度要求较大的情况。因为只有在较大的最大飞行速度情况下,才有可能用较小尺寸的机翼提供较大的升力。这样才可能比较明显地改进多旋翼无人机的气动效率而不至于在重量效率及垂直飞行性能上损失过大。假如飞行速度要求很大(300km/h 以上),就只有复合式多旋翼无人机才能实现。

(2) 这两种型式的多旋翼无人机更适合于航程要求较大的情况。尽管这两种型式的多旋翼无人机在重量效率上往往有所损失,但是,由于大速度飞行时这两种型式多旋翼无人机的气动效率提高了,单位需用功率降低,因而相对燃油重量会有所降低,航程越远就越显著。因此,就有效载荷在总重中所占比例而言,航程越大,采用有翼式及复合式就越有利。此外,只有在航程较远的情况下,提高多旋翼无人机的飞行速度才能显著地提高多旋翼无人机运输的平均速度,从而提高单位运输率。

6. 涵道式无人机分析

涵道式无人机具有垂直起降和悬停的飞行特性,在体积、隐蔽性和飞行性能上都具有鲜明的特点,已成为当今微小型无人机研究开发领域的研究热点。涵道式无人机总体布局为涵道风扇式结构,主要由上载荷仓、下载荷仓、涵道风扇系统和机体支架 4 部分组成,如图 10-4 所示。上部为圆柱形载荷仓,可以用来安装摄像装置、飞行控制器以及各种电子设备供电电源,涵道中间安装了发动机、螺旋桨以及导流片等。发动机可以采用油机,也可采用电动机,主要取决于整个结构的质量:如果整体质量在 5kg 以下,可以考虑采用电池动

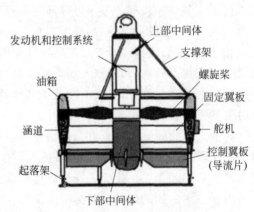

图 10-4　涵道式无人机结构示意图

力发动机;若质量大于 5kg,最好采用燃油发动机,可以延长飞行时间。螺旋桨由发动机直接驱动。下部载荷仓内部装载了姿态测量传感器,包括 3 轴陀螺仪、3 轴加速度计以及 3 轴磁力计、GPS 模块、气压传感器等,分别用来提供无人机姿态信息、地理位置、地速信息和气压高度信息。另外,在下载荷仓下平面安装了超声波传感器,用以测量超声波高度信息,用来控制无人机的起飞和降落。涵道内部是周向分布的 8～12 个导流片,控制舵片分布在导流片的下方,用来产生滚转、俯仰和偏航力矩。

涵道可以看作一种环形机翼,它将升力系统和推进系统有效地结合起来,在低空低速下增加飞行器的推力,当无人机前飞时又可以提供气动升力,以平衡重力,使螺旋桨提供的升力大部分转化成前进的动力,提高了效率。与普通的旋翼相比,涵道式旋翼除了旋翼产生拉力外,涵道壁还产生附加升力。普通螺旋桨产生的滑流会耗散一部分功率,而涵道可有效地将螺旋桨滑流转换成推力,这是同等直径的涵道风扇效率大于螺旋桨的一个原因。涵道气动结构设计的好坏决定了涵道升力系统的效率,影响涵道气动效率的结构参数有涵道出口面积与螺旋桨桨盘面积之比,涵道剖面翼型以及涵道截面的长宽比。

在悬停状态下,气流从正上方通过涵道时,其产生的升力或阻力都不能转化成无人机的升力,所以它本身并不产生升力。涵道能够增加升力,主要是由于它能加快气流通过螺旋桨

的速度来达到增加升力的作用。涵道限制了气体的自由流动,在设计中尽量使螺旋桨的直径接近于涵道的内径以减小螺旋桨桨尖和涵道内壁之间的距离,会大幅降低桨叶翼梢部位的气流绕流,从而提高螺旋桨的效率。在悬停状态下,没有侧风干扰时,控制舵片的攻角即为舵的偏角。当然,在考虑水平高速机动的情况下,就必须考虑水平方向气流速度对舵片的气动影响。

在前飞状态下,涵道本身也会产生升力和阻力,计算方法与固定翼飞机的机翼升力和阻力的计算方法一致,这也是涵道式无人机的最大优点。当高速前飞时,涵道本身可提供很大的升力,以平衡机体的重力,使螺旋桨的拉力可以大部分用来提供前飞的动力,提高了效率。

涵道式无人机总体结构有单旋翼结构和共轴双旋翼结构两种。

1) 单旋翼结构

单旋翼结构常见的机型内部结构如图 10-4 所示,一般采用环形结构设计,上部中间体中安装动力系统(活塞式发动机、发动机控制器、螺旋桨、有效载荷等)。其中螺旋桨为常见的定距桨,没有变距,没有挥舞,直接由发动机驱动。下部中间体由 8~12 块固定翼板稳定于涵道中央,内部搭载反馈系统。固定翼板(固定片)安置角不变,产生平衡单旋翼扭矩的效果。控制翼板(导流片)由伺服电机控制角度产生姿态控制力矩。

2) 共轴双旋翼结构

共轴双旋翼无人机提供反扭矩的方式显而易见:上下两个旋翼等速对转。该类涵道结构采用旋翼自动倾斜器,通过变距拉杆改变旋翼周期变距,从而控制飞行器姿态。

涵道型飞行器特点如下。

(1) 安全性:旋翼和发动机安置在涵道内部,这使得它对于操作者和周围环境有较好的安全性。

(2) 机动性:涵道型无人机的机动性特别适合在城市复杂环境下执行任务,可以在非常狭小的环境中进行起降和作业,比较适用于家庭、室内应用。

(3) 飞行效率:涵道壁可以有效地将螺旋桨滑流转换成推力,从而产生附加升力。同无人直升机相比,同等功耗下,涵道风扇会比同直径孤立旋翼产生更大拉力。

(4) 隐蔽性:螺旋桨位于涵道内部,涵道可以屏蔽气动噪声,从而降低了飞行器噪声的强度和传播距离。同时,由于动力系统被涵道包围起来,从而降低了发动机热辐射的扩散。

涵道型无人机现阶段并未受到市场的太多重视,原因更多在于控制难度、产品成熟度、飞行系统空间设计方面。另外,南京航空航天大学通过风洞实验分析了涵道风扇升力系统的升阻特性,指出涵道风扇作为升力装置仅适合于强调悬停和低速飞行性能的飞行器,这说明该机型的应用范围比较狭窄。

10.3.2　多旋翼无人机类型的选择

任何一种产品型式的出现都来源于特定市场的需求,市场需求是多旋翼无人机新型号研制第一位的,也是唯一的根据和理由。在着手进行总体设计时,首先要确定所设计的多旋翼无人机的型式,而型式选择主要的立足点是根据客户需求编写的设计技术要求。

1. 多旋翼无人机设计技术要求的内容

多旋翼无人机设计技术要求是研制多旋翼无人机的基本依据和出发点,它是根据对市场进行广泛调研和分析,并在当前研制水平的基础上结合长远发展需要而制定的。

1）多旋翼无人机的任务使命或用途

主要说明多旋翼无人机应该完成的主要任务或用途。

2）使用环境条件

主要说明多旋翼无人机使用的大气环境（温度、湿度、风速等）、气象条件（昼间、夜间等）和地面环境（高原、山区、平原、海上、沙丘、森林、草地、冰雪、沙尘、辐射等）。

3）主要装载要求

（1）任务载荷的类型、型号、功能、重量和尺寸等。

（2）装载货物的类型、重量和尺寸等。

（3）有无载人要求。如果有，列出旅客人数和座舱舒适程度等要求。

（4）特种设备类型（勘探、摄影、电子干扰及外挂装置等）、重量和尺寸等。

4）主要飞行性能要求

（1）悬停升限（有地效，无地效）或垂直爬升率。

（2）使用升限或最大爬升率。

（3）最大平飞速度。

（4）续航时间或航程（或活动半径）。

（5）单发停车性能（装有多台发动机的情况）。

5）重量要求

（1）最大起飞重量。

（2）正常起飞重量。

（3）空机重量。

（4）电池或燃油重量。

（5）最大任务载荷。

6）几何尺寸要求

（1）全机尺寸（长、宽、高的最大值）。

（2）旋翼数量和桨盘直径。

（3）座舱尺寸和容积。

7）飞行姿态平稳度要求

（1）俯仰角平稳度。

（2）滚转角平稳度。

（3）偏航角平稳度。

8）航迹控制精度要求

（1）无人机定位导航精度。

（2）航迹控制精度。

9）控制半径要求

地面测控与信息传输设备、多旋翼无人机之间进行测控和信息传输的最大距离。

10）可靠性与维修性要求

符合 GJB368A、GJB450A、GJB2547 等无人机的可靠性与维修性要求。

（1）可用性：起飞准备时间、再次起飞时间、准备撤收时间。

（2）可靠性：可靠性要求包括基本可靠性和任务可靠度两类，其中基本可靠性为平均故障时间;任务可靠度根据无人机任务剖面确定。

(3) 维修性:无人机系统的平均修复时间不大于规定值。

(4) 耐久性:无人机机体寿命和动力装置首翻期。

(5) 软件可靠性:按照国标和军标 GJB347、GJB438A、GJB439、GJB1267、GJB2787 等开发软件。

11) 保障性要求

无人机二级维修基层级(系统功能自检、性能测试、故障诊断)、基地级。

12) 安全性要求

多旋翼无人机系统的飞行、操作安全。

13) 其他要求

如起落场地、自转着陆、水面起降、抗风抗浪、运输条件、"三防"(防腐、防尘、防辐射)、机动性、抗坠毁性、残存性、维护性等。

14) 典型任务剖面

在设计技术要求中除了给出各项要求外,常常还给出一种或数种典型的使用曲线以便计算性能及载油量等,进行各种方案的详细对比,如图 10-5 所示。图 10-5 中各变量的含义为:T_0——在基地启动;T_1——带乘员、燃油垂直起飞;T_2——爬高到巡航高度 a;T_3——飞行 d_1 距离后降落,装载 x 吨载荷;T_4——垂直起飞;T_5——飞行 d_2 距离,无地效悬停、卸载;T_6——返回基地;T_7——带 t_{min} 余油着陆。

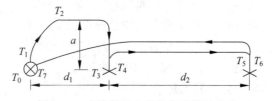

图 10-5　多旋翼无人机的典型使用曲线

2. 多旋翼无人机设计技术论证

一架多旋翼无人机的研制工作是否成功,往往用是否实现对其提出的设计技术要求来衡量。要求太高或不切实际,除增加研制难度外,常使研制工作拖延进度,甚至可能导致失败。要求过低,虽易于实现,但由于技术水平低,研制出来没有竞争力。所以,确定多旋翼无人机研制的设计技术要求是一件十分重要的工作。必须看到,多旋翼无人机研制的设计技术要求既反映了人们对多旋翼无人机使用的观点,也反映了人们对多旋翼无人机技术的掌握程度。因此,必须从需要和可能两方面辩证地、综合地分析这些要求,以求在一架具体的多旋翼无人机上得到最佳的体现。因此,必须通过科学论证与分析来确定其设计技术要求。论证的内容包括:

(1) 使用需求;

(2) 现有型号的缺陷或不足;

(3) 技术、经济可行性分析;

(4) 提出使用技术要求;

(5) 做出风险分析;

(6) 明确研制计划与周期。

通过调查研究,广泛收集资料,分析计算、仿真甚至试验等工作,最后提出论证报告,经有关部门审批后方能进入概念设计阶段。通常,论证所花的经费为整个型号全寿命周期费用的 3%～5%,但它却能影响研制阶段 70% 费用的使用效益。这就是常说的:成在论证,败也在论证。

10.4   多旋翼无人机总体参数的分析与选择

多旋翼无人机的总体参数对总体方案有着决定性的影响,在总体设计的初始阶段就要慎重地进行总体参数选择。其选择的依据是设计技术要求,为了正确选择这些参数,首先必须清楚多旋翼无人机总体参数与需用功率和飞行性能之间的关系、影响规律。

10.4.1   多旋翼无人机旋翼参数的分析与选择

1. 旋翼数量的分析和选择

根据设计技术要求对多旋翼无人机的安全性、稳定性、机体尺寸及使用功能等综合分析,选择旋翼数量。首先要确定机体形状与旋翼位置没有约束,旋翼位置可以在三维空间内互不干涉的前提下随意组合。但考虑实际应用中,简化的机体结构可以提高系统的可维护性,因此将各个旋翼放置在同一平面的同一圆周上,并将旋翼按顺时针方向定义为第 $n=1,2,3,\cdots,N$ 号旋翼(如图 10-6 所示)。旋翼数量的选取是为了解决某一方面的问题,即只在一定的重量范围和一定的飞行性能范围之内才是最有利的,超出了这个范围可能会适得其反。如果没有什么特殊的要求,一般在大多数情况下会选择四旋翼(如图 10-6 所示)。

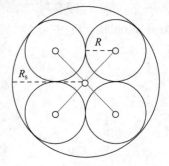

图 10-6   四旋翼无人机的旋翼位置示意图

2. 旋翼桨叶旋转方向的分析和选择

假定多旋翼无人机所有旋翼在同一平面的同一圆周上,旋翼的旋转方向可以分为两种布局,如图 10-7 所示。图 10-7(a)中对角线上的旋翼旋转方向相同,而图 10-7(b)中的旋转方向相反。

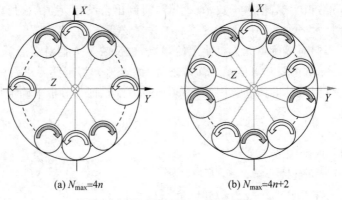

(a) $N_{max}=4n$ (b) $N_{max}=4n+2$

图 10-7   旋翼的旋转方向示意图

　　针对以上两种情况，现假设飞行中旋翼的转速为 ω，机体俯仰运动产生的转速变化量用 $\Delta\omega$ 表示，则对角线上旋翼的实际转速分别为 $\omega-\Delta\omega$ 和 $\omega+\Delta\omega$。如果这对旋翼的旋转方向相同，如图 10-7(a) 所示，旋转平面的旋转力矩被相互抵消，只有垂直于旋转平面方向的力矩有作用。

　　然而，如果两个旋翼的旋转方向相反，如图 10-7(b) 所示，旋转平面的旋转力矩不能相互抵消，会产生转速为 $2\Delta\omega$ 的旋转力矩。因此，对于旋翼数 $N=4n+2(n=1,2,\cdots)$ 的多旋翼无人机，采用相邻旋翼旋转方向交替布置的方法，即如图 10-7(a) 所示的旋翼旋转方向。但在俯仰运动时会产生耦合的偏航运动，使控制方法变得复杂。

　　为了解决上述问题，避免出现旋转平面旋转力矩不能相互抵消的现象，针对旋翼数量 $N=4n+2$ 的情况，采用如图 10-8(a) 所示的旋翼旋转方向。在俯仰运动时控制 x 轴上旋翼升力不变，其他旋翼相应地加减升力，结果如图 10-8(b) 所示。这种结构控制简单，可以减少俯仰运动时可能出现的耦合，从而实现机体良好的操作性能，如图 10-8(b) 所示。此外，对于旋翼个数不多的情况也可以将俯仰运动产生的转速变化 $\Delta\omega$ 按一定比例分解到各个旋翼，以消除所产生的偏航运动。

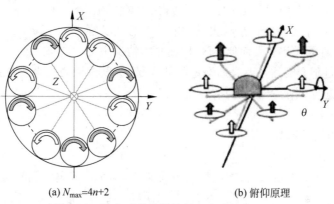

(a) $N_{\max}=4n+2$　　　　　　　　　(b) 俯仰原理

图 10-8　优化后的旋翼旋转方向及俯仰原理

3. 旋翼实度的分析和选择

1) 旋翼实度的定义

多旋翼无人机旋翼旋转起来桨叶所掠过的面积称为桨盘面积 $\pi R^2(\mathrm{m}^2)$。对于尺寸一定的机体，旋翼旋转面积越大，产生的升力也就越大，效率也就越高。旋翼所有桨叶实占面积与整个桨盘面积之比，叫做旋翼实度，以希腊字母 σ 表示。如 k 为桨叶片数，则

$$\sigma=\frac{Nk\displaystyle\int b\,\mathrm{d}r}{\pi R^2}\approx\frac{Nkb_7}{\pi R} \tag{10-1}$$

式中，N 为旋翼数量；R 为桨叶半径；b_7 为取 $\bar r=0.7$ 处特征剖面的桨叶宽度；σ 数值一般为 $0.04\sim0.11$。

2) 旋翼实度的选择

旋翼实度主要由以下三个条件确定。

(1) 在最大前飞速度时，旋翼气流分离区域应小于 1/4 桨盘面积。

$$\frac{C_\mathrm{T}}{\sigma}=\frac{1}{3}C_{y7}\kappa k_\mathrm{T}\leqslant\frac{1}{3}\kappa k_\mathrm{T}\,\frac{C_{y\max}}{1+3\mu} \tag{10-2}$$

（2）在使用升限高度，空气密度较小，因而需要更大的迎角以提供足够的拉力。桨叶实度大小应确保后行桨叶气流分离区域小于 1/4 桨盘面积。

（3）最大过载要求。一般军用多旋翼无人机要求 3.5 的最大过载；民用机要求 2.5 的最大过载。

$$\frac{nC_T}{\sigma} \leqslant \frac{1}{3}\kappa k_T C_{y\max} \qquad (10\text{-}3)$$

式中，n 为过载系数；C_T 为悬停时旋翼拉力系数；$C_{y\max}$ 为最大旋翼平均升力系数。

4. 旋翼半径的分析和选择

1）叶端损失系数

在旋翼拉力的计算中，因为旋翼存在叶端损失，所以桨盘面积应予修正，如图 10-9 所示。

对于实际旋翼来说，桨毂以及桨叶根部的剖面不是翼型，不会产生拉力，在桨叶尖部，作用也不能充分发挥。叶尖处的拉力之所以削弱，可以粗浅地解释为，拉力的产生，缘于桨叶上下表面有压差；但在叶尖处，由于气流可以绕过叶尖从下表面高压区到上表面低压区，因而实际情况中上

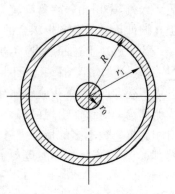

图 10-9　旋翼叶端损失示意图

下压差在叶尖附近不会突然地而是逐渐地降低为零，所以该处的拉力要打折扣，如图 10-9 所示。为计算方便起见，实际产生拉力的桨盘面积为

$$(\pi R^2)_{sj} = (\bar{r}_1^2 - \bar{r}_0^2)\pi R^2 = \kappa\pi R^2 \qquad (10\text{-}4)$$

于是，叶端损失系数为

$$\kappa = (\bar{r}_1^2 - \bar{r}_0^2) \approx 0.92 \qquad (10\text{-}5)$$

这样，引入叶端损失系数后，在同样的滑流速度变化下，旋翼实际拉力有所减小，为

$$T_{sj} = \kappa T_1 = 2\rho(\kappa\pi R^2)V_1 v_1 \qquad (10\text{-}6)$$

式中，T_{sj} 指实际拉力；T_1 指拉力的理论值。

也可以说，旋翼为了得到一定的拉力，实际的诱导速度 v_{1sj} 要比理论值大些。

$$v_{1sj} = \frac{1}{2}\left[-\bar{V}_0 + \sqrt{\bar{V}_0^2 + \frac{C_T}{\kappa}}\right] \qquad (10\text{-}7)$$

2）旋翼半径的选择

多旋翼无人机在有/无地效悬停时，旋翼的需用功率主要由诱导功率构成

$$P_i = \frac{1}{2}\rho(\Omega R)^3\pi R^2 JC_T\bar{v}_i = \frac{1}{4}\rho(\Omega R)^3\pi R^2 C_T^{3/2}\frac{J}{\sqrt{\kappa}} = \eta P \qquad (10\text{-}8)$$

$$R = \frac{T^{1.5}J}{\sqrt{2\rho\pi\kappa}\,\eta P} \qquad (10\text{-}9)$$

式中，η 为该状态下悬停效率；P 为该状态下发动机可用功率；J 为诱导功率修正系数；κ 为叶端损失系数。

5. 旋翼桨尖速度的分析和选择

1）旋翼桨尖速度的定义

旋翼桨叶是多旋翼无人机的关键部件之一，它既起升力面的作用，又是多旋翼无人机的

操纵面,对多旋翼无人机的性能、操纵稳定性及飞行安全都有重要影响。因此,多旋翼无人机总体设计一方面要保证桨叶在工作过程中安全可靠,另一方面还要使桨叶具有良好的气动外形,以提高旋翼的气动效率。

当旋翼半径 R 确定后,旋翼桨尖速度就取决于旋翼轴转速。空气中的声速,在标准大气压条件下约为 $340\mathrm{m/s}$,多旋翼无人机旋翼桨尖速度一般控制在声速的 $60\%\sim70\%$,为 $200\sim238\mathrm{m/s}$。

2) 旋翼桨尖速度的选择

旋翼桨尖速度 ΩR 的选择主要受到以下因素的影响。

(1) 过大或者过小的 ΩR 均会使得型阻功率增加。

(2) ΩR 的最大值受到噪声以及前行桨叶激波限制。

(3) ΩR 的最小值受到桨叶动能储备以及后行桨叶失速限制。

从质量方面看,在同样的半径下,桨尖速度越大,主减速器的传动比越小,因而主减速器的质量越小。在飞行速度要求较大时,桨尖速度 ΩR 按前行桨叶激波限制来确定。

$$\Omega R \leqslant Ma_{\mathrm{rx}}a_{\mathrm{s}} - V_{\max} \tag{10-10}$$

式中,Ma_{rx} 为前行桨叶桨尖不出现激波的最大马赫数,对中等厚度的一般翼型,容许马赫数为 0.8 左右,而对于较小厚度的翼型,容许马赫数可以提高到 0.9 左右。

6. 旋翼桨叶片数的分析和选择

在确定了旋翼实度以后,还有桨叶片数的确定和选择问题。旋翼实度一定时,桨叶片数越多,桨叶弦长越小。其优点与缺点如下。

1) 优点

(1) 减少机体振动水平。

(2) 减少桨尖损失,提高飞行性能。

2) 缺点

(1) 桨叶片数多,使桨毂结构变复杂。

(2) 桨毂重量和废阻增加,并因此增加了维护工作量。

与此相对比,桨叶片数较少的优点是桨毂简单,重量轻,成本也低;由于桨叶弦长大,桨叶扭转刚度提高,抗弹击损伤能力增强;另外,从气动特性看,桨叶片数少有利于减小桨涡干扰效应。其缺点是不利于减少机体的振动水平。近年来随着旋翼桨毂技术的发展,桨毂结构大大简化,桨毂的阻力、重量、维护性都有了很大改善。这使降低多旋翼无人机机体的振动水平成为选择桨叶片数的决定因素,因此,一般都选择较多的桨叶片数,例如 4 片。

7. 旋翼桨叶桨尖形状的分析和选择

桨叶的平面形状,特别是桨尖形状对旋翼性能有着重大的影响。桨叶桨尖区域是一个非常敏感的区域,它既是桨叶的高动压区,又是桨尖涡的形成和逸出之处,桨尖形状小小的改变就能导致桨尖涡的强度和轨迹有较大的变化,从而影响旋翼的流场、气动载荷和噪声。因此,采用合适的桨尖形状,能有效地改进旋翼的气动特性,如图 10-10 所示。桨叶尖部形状对旋翼的气动噪声

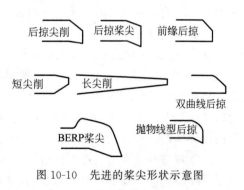

图 10-10　先进的桨尖形状示意图

和前行桨叶的激波失速有重要影响,还有可能给桨叶带来有利的动态扭转,因此,采用先进、合适的桨尖形状,能有效地改进旋翼的气动特性,可延缓气流分离(前、后行)、改善气动载荷分布及桨涡干扰、降低振动和噪声、提高气动效率等。

各种先进的桨尖形状如图 10-10 所示,包括后掠尖削、后掠桨尖、前缘后掠、短尖削、长尖削、双曲线后掠,抛物线型后掠等。研究表明,后掠桨尖能够缓解压缩性影响,同时,由于桨尖翼弦长度变小,使边缘涡流密度减小,又延缓了后行桨叶的气流分离,大幅改善了旋翼的气动特性。

8. 旋翼桨叶尖削形状和宽度的分析和选择

桨叶的平面形状设计除了要考虑桨尖形状对旋翼性能的影响以外,还要考虑桨叶的尖削比和桨叶宽度的影响。理论分析表明,带有负扭转的尖削桨叶与带有负扭转的矩形桨叶相比,悬停效率可以提高 2%～3%。此外,尖削桨叶的静挠度小,对多旋翼无人机的总体布局有利。

桨叶剖面的弦长就是该半径处的桨叶宽度。对于矩形桨叶,宽度沿径向不变;对于梯形桨叶或其他桨叶,桨叶宽度沿径向改变。为了表征桨叶宽度的变化,常用桨叶尖梢比 η_{ye} 这样一个概念,其定义为叶根宽度与叶尖宽度之比,一般 $\eta_{ye}=1\sim3$。在实际情况中,由于叶根及叶尖部分形状特殊,按延伸办法来处理。

旋翼桨叶宽度受到旋翼实度、桨叶半径和尖削比的限制,所以并不是一个独立的参数。只要旋翼实度、桨叶半径和尖削比三者的数值一确定下来,实际上桨叶的宽度也就确定了。

9. 旋翼桨叶翼型的分析和选择

旋翼桨叶翼型选择的准则是要满足多旋翼无人机机动性、巡航特性和悬停特性要求,方法是选择激波临界马赫数、最大升力系数和升阻比三项指标都比较大的翼型。主要综合考虑以下几点。

机动性:对高载荷系数,旋翼后行一侧在非常剧烈的气动力条件下工作,低马赫数和高攻角的组合产生了失速颤振现象,并且限制了飞行范围。为了使得这种现象推迟,翼型在低马赫数下必须具有好的升力能力。在机动条件下的桨盘后行一侧,典型的马赫数为 0.4,该马赫数对应的最大升力系数是描述翼型机动性能的重要参数,其机动能力与马赫数为 0.4 左右时翼型的最大升力系数有关。

巡航特性:发生在旋翼前行桨叶上的跨声速现象限制了多旋翼无人机的飞行速度。由于波阻增加,跨声速现象使需用功率急剧增加,而且当激波出现时,气动中心后移会引起剧烈的负力矩。这两个结果限制了在高速状态下的飞行包线,阻力发散马赫数是描述这两种现象并帮助设计具有高速性能的旋翼的重要参数。多旋翼无人机航程和最大速度与翼型的阻力发散马赫数有重要关系。

悬停特性:优化多旋翼无人机悬停特性的目的是在给定的飞行重量下使得需用功率最小,它与翼型的最大升阻比相对应。旋翼桨尖速度马赫数通常为 0.6～0.7,旋翼升力绝大部分是在此马赫数范围内产生的。悬停时,当旋翼桨尖速度为马赫数 0.6 时,与作用在桨叶上的平均升力情况一致,因此翼型升力系数达到马赫数 0.6～0.7 时的升阻比是描述悬停性能的重要参数。

综合考虑多旋翼无人机的机动性、巡航特性和悬停特性要求,通常采用先进的翼型族。其中,厚的翼型(一般是 12% 的厚度)将确保最大的升力,而中等厚度的翼型(一般是 9% 的厚度)也将始终产生高的升力,但它的更大的阻力发散马赫数允许这种翼型布置在更靠近桨尖的位置。简言之,在不损害高机动性的同时,为了尽可能提高最大飞行速度,可以在桨叶桨尖部分使用薄的翼型(一般是 7%～9% 的厚度)。这是由于更薄的翼型阻力发散马赫数更高,大速度飞行时可节省功率。而且,在桨尖选择更薄的翼型将减小旋翼的噪声。

10. 旋翼桨叶负扭转角的分析和选择

旋翼桨叶增加负扭转角是提高旋翼性能的重要措施之一,桨叶负扭转的作用如图 10-11 所示。

1) 悬停状态

旋翼桨叶负扭转可以提高旋翼的悬停效率,延缓后行桨叶上的气流分离。理论分析表明,理想的桨叶负扭转可以使旋翼的悬停效率提高 5%,这意味着多旋翼无人机的有效载荷可以增加 10%～20%。图 10-11 表示了桨叶负扭转角与悬停效率的关系,从图中可以看出:当桨叶负扭转小于 10° 时,旋翼悬停气动效率 η 随负扭转角 α 加大而增加;当负扭转超过 10°

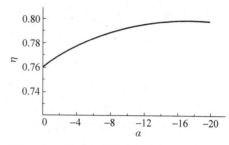

图 10-11　桨叶负扭转角与悬停效率的关系

以后,旋翼悬停气动效率的变化趋于平缓。因此在实际的桨叶设计应用中,一般采用 8° 左右的负扭转角。

2) 前飞状态

多旋翼无人机前飞时,旋翼桨叶负扭转有利有弊。它有利于诱导速度在桨盘上均匀分布,从而减小诱导功率,改善桨叶展向气动力分布。但是负扭转也使桨叶上的交变载荷增加,对桨叶的寿命和多旋翼无人机的振动水平带来不利影响,造成前飞时桨叶存在疲劳及振动问题。

综合考虑多旋翼无人机悬停和前飞两种飞行状态的利弊来选择桨叶负扭转角的数值,一般取值 6°～8°。

10.4.2　多旋翼无人机重量与动力参数的分析与选择

多旋翼无人机按照起飞全重分类,小于或等于 25kg 的有微微型、微型和轻型三种类型,一般都采用电动机作为发动机;起飞全重介于 25kg 和 150kg 之间的为小型多旋翼无人机,有采用电动机的,也有采用燃油发动机的;起飞全重大于 150kg 的大中型多旋翼无人机一般都要采用燃油发动机作为动力装置。

发动机特性的优劣对多旋翼无人机的各种使用性能都有很大影响,在多旋翼无人机总体设计过程中,首先会碰到选用哪种发动机能最有效地满足多旋翼无人机设计技术要求的问题。因此,多旋翼无人机总体设计必须根据发动机的性能和特点正确选择发动机,并达到与多旋翼无人机飞行性能的最佳匹配。

1. 多旋翼无人机总重量的初步确定

严格来说,只有在设计工作全部完成之后才能完全确定多旋翼无人机总重量,因为只有在这时才能最后确定各部件的重量。但是,为了便于各阶段设计工作的进行,有必要先确定总重量的第一次近似值,只能利用统计数据及经验公式来确定。

总重 G 可用下式表示,即

$$G = \frac{G_u}{\bar{G} - \bar{G}_f}$$ (10-11)

式中, G_u 为有效载荷,可根据设计技术要求中所规定的载荷重量、乘客人数(载人机)及可卸装备要求等加以确定; G_f 为电池或燃油重量,可根据所要求的航程或续航时间来确定。

1)根据航程来确定燃油重量

对于使用燃油发动机的多旋翼无人机,在给定航程 L 的条件下, G_f 可按下式近似得出 $(\bar{G}_f = G_f/G)$,即

$$\bar{G}_f = A \times 10^{-4} L$$ (10-12)

式中, L 为所要求的航程; A 为加权系数,其数值可根据经验统计数据而得出。采用活塞式发动机时, A 值一般为 $2.0 \sim 2.75$ 。采用涡轮轴发动机时 A 值差异较大,其值一般为 3.0 左右,个别也有高达 4.5 以上的。

2)根据续航时间 T 来确定燃油重量

对于使用燃油发动机的多旋翼无人机,在给定续航时间 T 的条件下, G_f 可按下式近似得出,即

$$\bar{G}_f = BT\sqrt{p}$$ (10-13)

式中, T 为所要求的续航时间; p 为桨盘载荷; B 为加权系数,其数值可根据经验统计数据而得出。采用活塞式发动机时, B 值一般为 0.007 ;采用涡轮轴发动机时 B 值一般为 0.0105 。

2. 桨盘载荷的分析和选择

1)桨盘载荷的定义

桨盘载荷 p 定义为旋翼的拉力(定常飞行时旋翼的拉力近似等于多旋翼无人机总重 G)与 N 个旋翼桨盘面积之比,常以 p 表示,即

$$p = \frac{G}{N\pi R^2}$$ (10-14)

p 表示旋翼单位扫掠面积所承受的重力。一般情况下桨盘载荷 $p = 150 \sim 450 \text{N/kW}$ 。

2)桨盘载荷的选择

桨盘载荷 p 的大小影响多旋翼无人机有效载荷占总重的比例,其影响是多方面的,而且又是相互矛盾的。在悬停升限或使用升限、最大爬升速度等性能要求一定时,加大桨盘载荷 p ,一方面使主减速器重量和桨叶重量减小;另一方面使多旋翼无人机单位需用功率加大,要选择更大的发动机,发动机和燃油重量都要加大,从而对有效载荷带来不利的影响。但是,桨盘载荷过小对于总体布置、使用以及工艺等方面都会带来不利的影响。桨盘载荷越小,旋翼直径就越大,桨叶长度也越大。桨叶越长,其挠度越大,在总体布置时就会遇到困难。

综合考虑,桨盘载荷的选择要遵循以下原则。

(1)多旋翼无人机总重越大,桨盘载荷也应选得越大。因为总重较大时,选取较大的桨盘载荷能获得较高的有效载荷。

(2)采用涡轮轴发动机时,桨盘载荷可以选得大一些,这样也可以获得较大的有效载荷。

(3)对以运输任务为主,而且对静、动升限有较高要求的民用多旋翼无人机,拟选择较

小的桨盘载荷。而对要求飞行速度高,机动性好,功率又比较富裕的军用多旋翼无人机,则可选择较大的桨盘载荷。

3. 功率载荷分析和选择

1) 功率载荷的定义

功率载荷 q 定义为

$$q = \frac{G}{N_e^{(0)}} \tag{10-15}$$

表示海平面标准大气状态下发动机额定功率所能举起的重量(重力)。

由于多旋翼无人机在定常直线飞行时重力接近于旋翼的拉力($T \approx G$),而发动机在海平面处输出功率 $N_e^{(0)}$ 可以化成某高度的旋翼可用功率($N_a = \xi A N_e^{(0)}$),于是 p 和 q 值可定义为

$$p = \frac{1}{2N} C_T \rho (\Omega R)^2 \tag{10-16}$$

$$q = \frac{1000 A \xi G_T}{N m_k (\Omega R)} \tag{10-17}$$

式中,$A = \pi R^2 N$ 为桨盘面积;ξ 为功率利用系数;C_T 为旋翼拉力系数;ρ 为空气密度;ΩR 为桨尖速度;m_k 为旋翼扭矩系数。由式(10-16)和式(10-17)消去 ΩR,可得

$$q \sqrt{p} = \frac{1000}{\sqrt{2}} A \xi \sqrt{\rho} \frac{C_T^{3/2}}{m_k} \tag{10-18}$$

因为

$$\eta_0 = \frac{C_T^{3/2}}{2 m_k}$$

$$\Delta = \rho / \rho_0$$

$$q \sqrt{p} = 1565.25 A \xi \eta_0 \sqrt{\Delta} \tag{10-19}$$

显然,$q \sqrt{p}$ 的最大值不超过 1565.25,在海平面处此值一般为 630~1050。p 和 q 的上述关系实质上是能量守恒的反映。随着技术的进步,多旋翼无人机有可能选择较大的桨盘载荷 p 值和较小的功率载荷 q 值。

2) 功率载荷的选择

随着多旋翼无人机悬停飞行高度的增加,单位需用功率也会增加,但是发动机可用功率 N_e 却随着高度增加而下降。到了某一高度,可用功率等于需用功率,这就是多旋翼无人机的理论悬停升限,用 H_H 表示。这时,功率的平衡关系为

$$\frac{1}{\xi} \bar{N}_r = A_e \bar{N}_e^{(0)} \tag{10-20}$$

式中,ξ 为功率利用系数;$\bar{N}_e^{(0)} = N_e^{(0)} / G (\mathrm{kW/h})$ 为海平面发动机单位额定功率;A_e 为发动机的高度特性系数,在海平面上为1。

很明显,采用较大的发动机以提高海平面发动机单位额定功率,可以直接提高悬停升限。当然,这必然会使多旋翼无人机的空机重量增加。假如在设计上可以降低单位需用功率,即使海平面发动机单位额定功率不变,悬停升限也能提高。或者,对于一定的悬停升限,采用较小的发动机就可以达到要求。要降低悬停状态下的旋翼需用功率 N_r,主要的措施是采用较小的桨盘载荷以降低诱导功率。当然,降低型阻功率也会有较明显的

效果。

提高功率利用系数 ξ 也可以改善多旋翼无人机的悬停升限。假如能设法改善发动机的高空特性,使 A_e 值加大(例如活塞式发动机采用废气增压等),悬停升限往往会得到显著的改善。当发动机出轴功率比多旋翼无人机悬停需用功率大时,就有一部分剩余功率,于是有可能用作垂直上升飞行。显然,当发动机特性一定时,减小悬停时需用功率,即可提高垂直上升速度,因而影响垂直爬升速度的因素和上述影响悬停升限的因素相同。

4. 电功率的分析和选择

1) 电机

电机分为有刷电机和无刷电机两类(参见 3.2.2 节)。有刷电机主要有空心杯和碳刷型的直流电机,体积可以做得非常小,价格相对较低。无刷电机的应用一般为较大型的飞行器,载重大,可以有更广泛的用途。无刷电机在型号命名上用 4 位数字来表示它的尺寸,前面 2 位数是电机转子的直径,后面 2 位数是电机转子的高度。一般而言,越大的电机,其转速和扭力也就越大。常见品牌有好盈、中特威、新西达等。

无刷电机 KV 值定义为"转速 n",意为当输入电压增加 1V 时,无刷电机空转转速增加的转速值。KV 值越大,速度越快,但扭力越小;KV 值越小,速度越慢,但扭力越大。实际使用中,大螺旋桨需要低 KV 电机,小螺旋桨需要高 KV 电机(因为需要用转速来弥补升力的不足)。如果高 KV 带大桨,力量不够,那么就很困难,实际还是低速运转,电机和电调很容易烧掉。如果低 KV 带小桨,完全没有问题,但升力不够,可能会造成无法起飞。一节锂电池的电压 3.7V 为 1S,微微型多旋翼无人机的电机常用 1S 电池驱动,而较大些的无人机采用无刷电机,所需电压一般为 2~3S,也就是 7.4~11.1V 来驱动。

2) 电调

电调即用于驱动电机的调速器。电调的作用就是将飞控板的控制信号转变为电流的大小,以控制电机的转速。因为电机的电流是很大的,通常每个电机正常工作时平均有 3A 左右的电流,如果没有电调的存在,飞控板 I/O 根本无法承受这样大的电流。同时,电调还充当了变压器的作用,将 11.1V 电压转变为 5V 为飞控板和遥控器供电。

电调有快速响应和慢速响应的区别,多旋翼无人机需要快速响应的电调。大多数常见电调是可以通过编程来设置响应速度的,由于电调有很多功能模式,选择不同的功能就需要对电调编程。编程的途径可以是直接将电调连接至遥控接收机的油门输出通道(通常是 3 通道),按照说明书在遥控器上通过扳动摇杆进行设置。这个方法比较麻烦,但成本较低。另外,还可以通过厂家的编程卡来进行设置(需要单独购买)。方法简单,不需接遥控器。为了保险起见,一定要将购买的电调设置为一致,否则难以控制。如果电调的启动模式不一样,那么有些都转得很快了,有些还转得很慢,这就有问题了。

3) 电池

多旋翼无人机使用重量轻、容量大的电源,动力型锂电池是首选,因为同样的电池容量,锂电池最轻,起飞效率最高。锂电池 1 节标准电压为 3.7V。电池容量用 mAh 表示,电池的容量越大,存储的能量就越大,可以提供的续航时间就越长,不过相应的重量也越大。如 2200mAh 电池,以 2200mA 放电,可持续放电 1h;如果以 4400mA 放电,可以持续放电 0.5h。

电池节数用 S 表示,锂电池 1 节标准电压为 3.7V,那么 2S 电池就是代表有 2 节 3.7V

电池在里面,电压为 7.4V。

4) 电机与螺旋桨的匹配

多旋翼无人机飞行时,为了抵消螺旋桨的反扭矩,相邻螺旋桨的旋转方向是不一样的,所以需要正反桨。正反桨的气流都向下吹。适合顺时针旋转的叫正桨,适合逆时针旋转的叫反桨。安装的时候,一定记得,无论正反桨,有字的一面是向上的(桨叶圆润的一面要和电机旋转方向一致)。

螺旋桨上面也标有 1045、7040 这些 4 位数字,其前面 2 位代表桨的直径(单位为英寸,1 英寸=25.4mm),后面 2 位是螺旋桨的螺距。螺旋桨越大,升力越大,但相应需要更大的力量来驱动;螺旋桨转速越高,升力也越大。电机的 KV 越小,转动力量就越大。因此,在选择电调时,要注意电调应和电机匹配,原则上电调的电流要和电机的峰值相同,最好是大一点(但不能过大)。不同电机需要使用对应的螺旋桨,对应关系如表 3-1 中所列。

5. 燃油发动机功率的分析和选择

发动机的功率状态分为最大应急功率、中等应急功率、起飞功率、最大连续功率状态等。从理论上讲,多旋翼无人机飞行状态的设计点应该和发动机功率状态相匹配,这样发动机和多旋翼无人机才能都处于最有利工作状态。但是实际上,在多旋翼无人机设计中往往很难做到这种最佳匹配状态。例如,军用多旋翼无人机做机动飞行的持续时间一般只有几秒或几十秒,但一旦需要进行加速、转弯、垂直跃升、改出俯冲等机动飞行时,发动机必须以最大可能的功率供给旋翼,以得到该多旋翼无人机的最大机动能力。因此,发动机的功率一般都选择得比较大,起飞重量与起飞功率之比都小于 2;而民用运输类多旋翼无人机则不同,考虑到其经济性,巡航或续航油耗低是其主要要求,所以一般起飞重量与起飞功率之比都在 2.5 左右。可见,任务使命不同,发动机功率的选择也不同,要根据使用要求,权衡比较各方面得失而定。选择发动机的主要要求有:

1) 发动机的有效功率 N_u

发动机的输出功率(即有效功率)是保证新设计的多旋翼无人机满足技术要求的基本条件。首先要求所选用的发动机能够保证在多旋翼无人机飞行包线范围内具有足够的功率。因此,在总体设计选择发动机时,不仅要考虑发动机在各种外界条件下的有效功率,以适应各种使用状态,还必须注意各种功率损失,并力图在设计中尽量减少各种损失,提高功率利用系数。

2) 发动机的比重 γ_e

发动机的比重 $\gamma_e=G_e/N_u$ 是表征发动机重量完善程度的参数,其中 G_e 为发动机重量。一般活塞式发动机 $\gamma_e=0.61\sim1.43\mathrm{kg/kW}$;一般涡轮轴发动机 $\gamma_e=0.12\sim0.48\mathrm{kg/kW}$。

大功率发动机的比重较小,随着科学技术的发展,发动机比重还将不断地减小。

在选择多旋翼无人机发动机时,为了保证具有较高的重量效率,在保证发动机可靠性的前提下,应使发动机比重越小越好。

3) 发动机的耗油特性 C_e

发动机的单位耗油率 C_e 是决定发动机及多旋翼无人机使用经济性的主要因素,是评价发动机的重要指标。为了提高多旋翼无人机有效载荷所占的比例,一方面要设法提高重量效率,另一方面还要在保证一定航程或续航时间要求的前提下,尽量降低相对燃油重量。

为此,要求多旋翼无人机发动机的单位耗油率 C_e 越小越好。

4) 发动机的高度特性

一般来说,高度增加,由于空气减少,发动机的有效功率也将相应减少。随着外界温度降低,单位空气流量的功率增加,单位耗油率随之降低。为保证在山区、高原地区使用,多旋翼无人机发动机应有良好的高空性能。

为了保证发动机在空中能产生一定的有效功率,除了按地面条件采用较大的功率储备外,对活塞式发动机常使用增压器(机械传动增压器或废气涡轮增压器)以提高进气密度,减缓功率下降。装有涡轮轴发动机的多旋翼无人机为保持良好的高空性能,常采用低空限制发动机功率的方法。此时发动机高度特性和发动机重量虽未变化,但传动系统的设计载荷减少,重量得以减轻。

5) 发动机的温度特性

环境温度升高后,进入发动机的空气密度减小,发动机的有效功率也就明显下降,而单位耗油率将增加。多旋翼无人机总体设计时也应考虑环境温度变化对发动机有效功率的影响,保持有一定的功率储备,以保证多旋翼无人机达到所要求的飞行性能。

6) 发动机的速度特性

在多旋翼无人机上安装涡轮轴发动机需考虑利用进气的冲压效应。由于速度的影响,进入发动机的总压缩比和流量都增加;随着速度的增加,功率将增加,而单位耗油率将减少。如,速度达 250km/h,功率可增加约 3%,而单位耗油率将减少约 2%。

7) 发动机的起动特性

多旋翼无人机的使用条件要求发动机在各种气候条件下都易于起动,以使发动机转速从零到达慢车转速。在冬季低温时,活塞式发动机的滑油黏度增大,需要加温暖机。涡轮轴发动机也有能点火喷油的最小转速,低于此转速需用起动装置带转。如,用电瓶使电动机起动时,在低温条件下电瓶放电能力减小,影响起动次数。在大型多旋翼无人机上为避免携带过多的起动电瓶,在机上可安装 50~80kW 的小型涡轮辅助动力装置,先用较小的起动发动机起动辅助动力装置,再由它向主发动机的起动装置提供能源。同时,还可在不起动主发动机仅利用辅助动力装置的情况下,检查液压、电气等系统能否正常工作。另外还要考虑发动机在空中起动的可能性。

8) 发动机的加速性

加速性指从慢车转速达到最大转速历时快慢的性能。发动机加速性直接影响多旋翼无人机的使用性,这对于要求迅速投入作战的军用多旋翼无人机是很重要的。一般要求从慢车加速到最大转速的时间为 3~5s,这对于活塞式发动机和定轴涡轮发动机尚不难达到,而自由涡轮发动机加速性较差,不易达到。

9) 单位横截面积的有效功率 N_c

单位横截面积的有效功率计算式为

$$N_c = N_u / S_{max} \tag{10-21}$$

式中 S_{max} 为发动机最大迎风面积。

单位横截面积的有效功率大,则在一定功率下其横截面积小,易于改善全机和发动机自身的气动特性,合理地实现总体布置。活塞式发动机 $N_c \approx 900kW/m^2$,涡轮轴发动机 $N_c \approx 1000 \sim 6000kW/m^2$。

10）发动机的可靠性

可靠性是对发动机的主要要求之一，它直接影响飞行安全。发动机可靠性一般用单位时间内故障次数来衡量。发动机工作的可靠性在很大程度上取决于其寿命。一般发动机寿命可分为保证寿命、修理寿命和总技术寿命。

（1）保证寿命：制造厂保证不发生停车事故的发动机工作小时数。

（2）修理寿命：经修理后修理厂保证的寿命延长的使用期限。

（3）总技术寿命：考虑多次修理后发动机的总使用期限，若超过总技术寿命仍继续修理，则不经济或技术上太困难。

一般活塞式发动机的保证寿命为 1000～1500h，涡轮轴发动机的保证寿命为 1500～2000h。

11）技术维护的简易性

技术维护特性是表征结构设计完善性的重要方面。涡轮轴发动机的使用维护比活塞式发动机简便得多，特别是近年来采用单元体设计和视情维护技术后，维护性有很大改进。但涡轮轴发动机易受沙尘磨损，高温部件多，需要特别注意防火安全。

12）成本和振动噪声

发动机成本约占全机成本的 20%，是最昂贵的部件之一，对其经济性必须予以注意。使用的经济性还和燃油价格有关，涡轮发动机使用的航空煤油价格只为活塞式发动机使用的航空汽油价格的 40%～50%。另外，还应考虑发动机的滑油消耗率，活塞式发动机滑油消耗量约为燃油的 10%，而涡轮轴发动机仅为 0.5kg/h，此量是微不足道的。

10.5　多旋翼无人机总体布局设计

总体布局设计是多旋翼无人机总体方案初步设计工作的最终阶段，是多旋翼无人机总体设计的重要工作内容之一。在多旋翼无人机的型式、主要总体参数以及各主要部件的参数和尺寸确定之后，要进行多旋翼无人机的总体布局设计。

10.5.1　多旋翼无人机总体布局设计的任务和要求

1. 多旋翼无人机总体布局的任务

多旋翼无人机总体布局工作的具体任务是：

（1）进行总体构型设计和协调；

（2）布置和协调各主要部件的相对位置和尺寸；

（3）具体安排多旋翼无人机内部的各种装载和设备；

（4）合理布置结构承力型式，布置和协调各主要结构承力件的相对位置及其尺寸。

实现多旋翼无人机的气动布局和重心定位要求。这 5 个方面不是孤立的，而是互相影响的，并具有内在的联系。总体布局的最终结果是绘制出总体布置图、交点数据图、重量分布和重心定位图，最后完成总体布局初期所绘制的三面图，以及说明和确定多旋翼无人机初步设计方案的各种技术文件，为全机详细设计提供依据。

2. 多旋翼无人机总体布局的要求

在多旋翼无人机总体布局设计中，对任何一个问题的处理都必须从全局出发，满足多方面的要求,考虑到各方面的影响,否则会造成返工。总体布局的主要要求如下。

1)空气动力要求

多旋翼无人机气动外形的优劣对其性能影响很大。部位安排时,应使全机外形尽量符合气动布局的原则,减小气动阻力并具有良好的操纵性和稳定性。

2)重心定位要求

多旋翼无人机所容许的重心变化范围是有一定限制的。在不同的装载及燃油消耗等使用情况下,必须满足多旋翼无人机重心定位要求,不超过容许的重心变化范围,并留有余地。

3)可靠性、维修性和保障性要求

在满足使用要求的前提下,结构应简单、可靠,尽可能采用标准化、规范化和积木式设计。在构造布置时,必须考虑对需要经常进行维护的部件(如发动机、传动系统、航电设备等)有良好的可达性,在使用及维护时,便于接近、检查、调整和装卸。机体设计应保证人员的进出方便和货物的装卸迅速。对大、中型多旋翼无人机,可考虑采用桨叶折叠方式,若必须采用分段拆开运输,应使分解和安装简单。

4)强度、刚度、最小重量要求

在满足强度规范所规定的强度、刚度要求的前提下,应尽量减轻多旋翼无人机的结构重量,提高重量效率。在结构布置时,应充分考虑其质量和刚度的分布对固有频率的影响,必须避免产生共振。

5)工艺要求和成本要求

良好的结构工艺性不仅可以缩短生产周期,而且能够大大降低成本。

(1)尽量采用圆形截面和单曲度的简单几何形状,以简化工艺和生产制造。

(2)尽量考虑结构的继承性。特别是对研制周期较长的动部件,更应该尽可能考虑结构的继承性。

(3)尽量减少零构件的种类,尽可能采用标准化、规格化和积木式的产品结构。

(4)合理划分和选取分离面,充分考虑装配工作的开敞性,以减少装配工作量。

(5)运用成本设计的概念,采用良好的结构工艺,降低生产和使用成本。

(6)从选材、布置、设计等各个方面来增加部件的使用寿命和返修寿命,延长返修间隔时间。

10.5.2 多旋翼无人机总体布局设计的内容

1. 外形结构的布局

多旋翼无人机外形结构以旋翼分布位置分为 I 型(或称为＋型)和 X 型两种布局。若最前与最后两个旋翼轴的连线与机体前进方向在同一直线上,多旋翼无人机呈 I 型,否则呈 X 型。由于 X 型结构的实用载荷前方的视野比 I 型的更加开阔,因此在实际应用中,多旋翼无人机大多采用 X 型外形结构。除了这两种类型以外,还有其他类型的外形结构,包括 V 型、Y 型和 IY 型等,如图 1-3 所示。

2. 桨盘平面的布置

通过改变旋翼轴线相对机体轴线的垂直线之间的角度,就可以改变多旋翼无人机前飞时机体的前倾角。在多旋翼无人机总体布局设计中,旋翼桨盘平面布置有两种方式,一种是水平布置,如图 10-12(a)所示;另一种是倾斜布置,如图 10-12(b)所示。

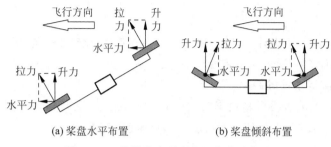

(a) 桨盘水平布置　　　　　　(b) 桨盘倾斜布置

图 10-12　旋翼桨盘平面布置方式示意图

旋翼桨盘平面水平布置的方案是旋翼轴线相对机体轴线的垂直线之间的角度为零,其优点是结构简单,缺点是前飞时机体要有一个前倾角,需要使用云台来保持摄影相机处于水平状态。而旋翼桨盘平面倾斜布置表示旋翼轴线相对机体轴线的垂直线之间的夹角不为零,旋翼轴线倾斜方向朝向机体中心,旋翼轴线向机体中心倾斜的角度称为旋翼轴内倾角。这种布局方案的优点是前飞时机体不必前倾,因此无须使用云台也能保持摄影相机处于水平状态。采取旋翼桨盘平面倾斜布置的多旋翼无人机,其旋翼数量至少应为 6。

3. 旋翼的安装位置

多旋翼无人机的旋翼一般都安装在从机身向外伸出的机臂上。旋翼桨盘平面与机臂的相对位置有两种情况,一种是旋翼位于机臂上方,另一种是旋翼位于机臂下方。

1) 旋翼位于机臂上方的布局特点

(1) 旋翼产生向上的升力为拉力。

(2) 旋翼在支臂上方旋转,受到支臂保护,着陆时不易碰到障碍而损坏桨叶。

(3) 旋翼不会遮挡摄影相机向下的视野。

2) 旋翼位于机臂下方的布局特点

(1) 旋翼产生向上的升力为推力。

(2) 旋翼在支臂下方旋转,桨叶下洗流完整。

(3) 气流低于飞控气压计高度,准确。

4. 旋翼和机体半径

图 10-13 表示多旋翼无人机体半径 H 与最大旋翼半径 R_m 关系的示意图。

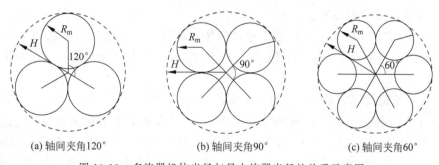

(a) 轴间夹角120°　　　　(b) 轴间夹角90°　　　　(c) 轴间夹角60°

图 10-13　多旋翼机体半径与最大旋翼半径的关系示意图

按照图 10-13 中的参数,可得到机体半径 H 与旋翼最大半径 R_m 存在如下关系(Q 表示轴间夹角)。

$$H = \left(1 + \frac{1}{\sin(Q/2)}\right) R_{\mathrm{m}} \qquad (10\text{-}22)$$

在多旋翼无人机总体设计中,减小机体尺寸对多旋翼无人机的惯性、有效负载具有很大影响,并最终影响最大飞行速度和航程。

5. 相邻旋翼桨叶之间的距离

多个旋翼的布置包括两相邻旋翼之间间距的确定。假定两相邻旋翼之间间距 L_{HB} 与旋翼半径 R 之比为 $\overline{L}_{\mathrm{HB}} = L_{\mathrm{HB}}/R$,当 $\overline{L}_{\mathrm{HB}} < 2$ 时两旋翼有重叠,而当 $\overline{L}_{\mathrm{HB}} \geqslant 2$ 时完全不重叠(见图 10-14)。

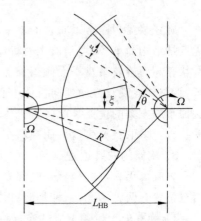

L_{HB} 容许的最小值取决于保证相邻两旋翼的桨叶没有相碰危险的条件。图 10-14 给出两相邻旋翼的俯视图,假如忽略桨叶的宽度,只考虑桨叶绕摆振铰的摆动,由图 10-14 可得

$$(\overline{L}_{\mathrm{HB}})_{\min} = \frac{\sin\xi}{\tan(\theta - \xi)} + \cos\xi \qquad (10\text{-}23)$$

式中,θ 为两个桨叶夹角的 $1/2$,$\theta = \pi/k$;k 是每个旋翼的桨叶片数;ξ 为桨叶摆动幅度的 $1/2$,可取前后限动角之和的 $1/2$。

由式(10-23)可以看出,桨叶数目越多,$(\overline{L}_{\mathrm{HB}})_{\min}$ 就越大。当然,实际上 L_{HB} 容许的最小值应该比式(10-23)所决定的数值大一些,这不仅是因为考虑到桨叶有宽度,而且还必须考虑传动系统齿轮的间隙、协调轴的扭转变形及旋翼支持系统的变形等。

图 10-14 两相邻旋翼间距最小值的确定

相邻两旋翼间距 L_{HB} 减小,两旋翼相互干扰作用就增加,诱导功率会有所增加,但机体长度或旋翼安装支臂却可以缩短,使结构重量有所降低,机身刚度增加。具体布置时要全面考虑这些因素,根据具体情况确定,还要考虑到内部装载对机体长度的要求。

6. 全机重心位置

在进行多旋翼无人机总体设计时,首先需要将重心设计到多旋翼的中心轴上。然后,另一个有关全机重心位置的问题,是将重心布置到多旋翼形成的桨盘平面上方还是下方。

1)多旋翼无人机前飞情况

在前飞状态下,多旋翼无人机全机重心位置对机体所受力矩的影响如图 10-15 所示。从中看出,根据前飞时重心在桨盘平面上下方位置的不同,机体所受力矩矢量的方向是相反的。

由于旋翼所受的气动阻力矢量与多旋翼无人机前飞方向相反,如果全机重心位置在桨盘平面上方,那么阻力形成的力矩会促使多旋翼无人机俯仰角朝发散方向发展,直至翻转。如果全机重心位置在桨盘平面下方,那么气动阻力形成的力矩会促使多旋翼俯仰角转向 0 度方向。因此,当多旋翼无人机在前飞状态时,重心在桨盘平面的下方会使前飞运动稳定。

2)多旋翼无人机受风干扰情况

多旋翼无人机飞行时受到阵风干扰的情况如图 10-16 所示。从中可见,当阵风吹来时,由于旋翼所受的气动阻力矢量与阵风吹来的方向相同,如果全机重心位置在桨盘平面下方,

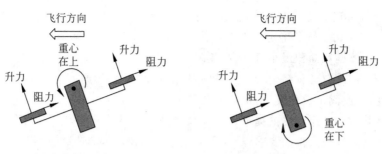

(a) 重心在桨盘平面上方受力分析　　　　(b) 重心在桨盘平面下方受力分析

图 10-15　前飞状态重心位置对机体所受力矩的影响示意图

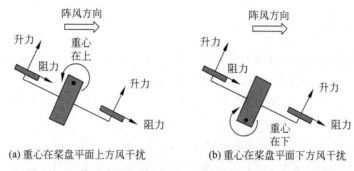

(a) 重心在桨盘平面上方风干扰　　　　(b) 重心在桨盘平面下方风干扰

图 10-16　前飞阵风状态重心位置对机体受力矩的影响示意图

那么气动阻力形成的力矩会促使多旋翼无人机俯仰角朝发散方向发展,直至翻转。如果全机重心位置在桨盘平面上方,那么气动阻力形成的力矩会促使多旋翼俯仰角转向 0 度方向。因此,当多旋翼无人机受到阵风干扰时,重心在桨盘平面的上方可以抑制阵风扰动。

3) 结论

综合分析多旋翼无人机在前飞状态下和受到阵风干扰时的受力情况,可知,无论全机重心位置是在桨盘平面的上方还是下方,都不能使多旋翼无人机飞行稳定。因此需要通过反馈控制来保持多旋翼无人机的飞行平衡。在实际飞行中,如果全机重心在桨盘平面很靠上的位置,就会使多旋翼无人机某个运动模态很不稳定。因此,在总体设计中最好将全机重心位置配置在桨盘平面周围,可以稍微靠下,这样有利于提高多旋翼无人机飞行稳定性。

7. 空气动力布局设计

对多旋翼无人机外形进行设计主要是为了降低飞行时的阻力,包括摩擦阻力、压差阻力、诱导阻力和干扰阻力等。需要进行流线型设计,使部件有良好的外形。气动布局设计内容有:

(1) 考虑多旋翼前飞时的倾角,减少最大迎风面积;

(2) 设计流线型机身,减小气动阻力;

(3) 考虑和安排各部件之间的相对位置关系,部件连接处尽量圆滑过渡,表面也要尽量光滑;

(4) 通过 CFD 仿真计算阻力系数,不断优化。

8. 机体的布局设计

机体的主要功用是安置旅客(载人型)及货物,并将多旋翼无人机的各主要部件(如旋翼、起落架、动力装置及传动系统等)连成一个整体。

在进行机体结构布置及确定其外形参数时,应着重考虑以下问题:

(1) 保证机体迎风面积最小,以减小废阻;

(2) (载人型)采取各种结构和安全措施,保证旅客的生存力;

(3) 刚度、强度满足负载要求,机体不会发生晃动、弯曲;

(4) 满足其他设计原则的前提下,重量越轻越好;

(5) 根据内部装载安排的要求,最大限度地利用机体内部容积,使内部布置紧凑合理;

(6) 旅客座舱应有良好的视界,并设有应急逃生出口;

(7) 满足可运输性要求,美观耐用。

本章小结

新型号多旋翼无人机的设计是其研制过程中最为重要的一个阶段,需要采用系统工程设计的方法,具有综合权衡与全面协调、反复迭代与多轮逼近等特点。从设计方案的提出到试制、生产并投入市场使用,需要进行大量的科学研究、工程设计、分析计算、试验验证、工艺试制、飞控调试和软件开发等工作。多旋翼无人机是现代多门高新科技的完美结合,从专业知识和技术来说,有空气动力学、结构力学、气动弹性力学、动力系统、材料学和制造工艺等。多旋翼无人机总体设计的任务就是要把这些不同的专业技术和系统创造性地综合到一起,使其整体性能优化,达到规定的功能和性能要求。总体设计是多旋翼无人机研制中最为重要的一个阶段,它是综合协调、折中权衡、反复迭代、逐渐逼近的过程,强调每一个步骤都要尽量给出具体的数据和判断,主要包含概念设计阶段和初步设计阶段两部分。概念设计是根据客户提出的技术要求和型号需要,针对特定的产品型号进行必要性和可行性的论证研究,不但需要对型号项目的技术标准和投资额度进行分析,还需要考虑到相关技术发展趋势的影响,通过对技术、时间和资源的综合评价,根据理论计算、模拟试验等手段对不同方案进行选择和取舍,通过优化组合选择最优的方案。初步设计是将前面概念设计所得到的多旋翼无人机的几何参数、重量参数和能量参数进一步加以具体化,使其符合各种相互矛盾的要求,进一步确定气动布局、总体布局、主要部件的结构型式、各主要系统的原理和组成,飞控软件开发等。

本章的重点是学习和了解多旋翼无人机研制流程、设计定义,以及多旋翼无人机设计的重要性、基本原则和任务要求;了解和熟悉多旋翼无人机总体设计定义、概念设计和初步设计的工作内容,总体设计的特点,以及详细设计、设计定型和生产定型的工作内容;学习和掌握多旋翼无人机类型分析,包括动力装置分析、旋翼数量分析、共轴旋翼分析、倾转旋翼式多旋翼无人机分析、有翼式及复合式多旋翼无人机分析和涵道式无人机分析;熟悉和掌握多旋翼无人机设计技术要求的内容和设计技术论证,多旋翼无人机总体参数的分析与选择,包括旋翼数量、桨叶旋转方向、实度、半径、桨尖速度、桨叶片数、桨尖形状、尖削比和宽度、翼型和负扭转角的分析和选择;学习和了解多旋翼无人机总重量的初步确定,桨盘载荷、功率载荷、电动机功率及燃油发动机功率的分析和选择;熟悉和掌握多旋翼无人机总体布局设计的任务、要求和内容,主要包括相邻旋翼桨叶之间的距离,旋翼与机体的间距,旋翼与发动机、传动系统相对位置的确定,起落架布置和机体的布置等。

习题

1. 多旋翼无人机研制过程分为几个阶段？各阶段的主要工作内容是什么？
2. 简述多旋翼无人机设计的重要性、设计要求、原则、任务和工作要求。
3. 什么是多旋翼无人机总体设计？简述概念设计和初步设计内容，总体设计特点。
4. 多旋翼无人机详细设计、设计定型和生产定型的工作内容有哪些？
5. 什么是多旋翼无人机？多旋翼无人机系统包括哪些分系统？
6. 简述多旋翼无人机动力装置分析、旋翼数量分析和共轴旋翼分析的内容。
7. 什么是倾转旋翼式多旋翼无人机、有翼式及复合式多旋翼无人机和涵道式无人机？
8. 多旋翼无人机设计技术要求和设计技术论证的内容有哪些？
9. 如何进行旋翼数量、桨叶旋转方向和旋翼实度分析和选择？
10. 如何进行旋翼半径、桨尖速度和桨叶片数分析和选择？
11. 列举 8 种以上旋翼桨叶桨尖形状类型。先进桨尖形状有何作用？
12. 简述旋翼桨叶尖削形状、翼型和负扭转角分析和选择方法。
13. 怎样初步确定多旋翼无人机的总重量？
14. 什么是旋翼桨盘载荷、功率载荷？
15. 如何进行电动机、燃油发动机功率分析和选择？
16. 多旋翼无人机总体布局设计的任务和要求有哪些？
17. 如何确定多旋翼无人机相邻旋翼桨叶之间的距离？
18. 如何确定旋翼与机体的间距、旋翼与发动机传动系统相对位置？
19. 简述起落架布置和机体的布置的内容。

参 考 文 献

[1] 高正.直升机空气动力学的新成果[M].北京:航空工业出版社,1999.

[2] 高正,陈仁良.直升机飞行动力学[M].北京:科学出版社,2015.

[3] 张呈林,郭才根.直升机总体设计[M].北京:国防工业出版社,2006.

[4] 张呈林,张晓谷,郭士龙,等.直升机部件设计[D].南京:南京航空学院,1985.

[5] 张晓谷.直升机动力学设计[M].北京:航空工业出版社,1995.

[6] 曹义华.现代直升机旋翼空气动力学[M].北京:北京航空航天大学出版社,2015.

[7] 全权.多旋翼飞行器设计与控制[M].北京:电子工业出版社,2018.

[8] 王华明,彭宁航.W Z-I直升机旋翼桨叶的设计[J].南京航空航天大学学报,1997(029):693-698.

[9] 航空航天工业部科学技术研究院.直升机动力学手册[M].北京:航空工业出版社,1991.

[10] 张晓谷,包劲松.直升机空中及地面共振统一分析模型的研究[C].第14届全国直升机年会论文集,1998.

[11] 方昌德,马春燕.航空发动机的发展历程[M].北京:航空工业出版社,2007.

[12] 黄和悦.DIY四轴飞行器——基于MSP430F5系列单片机与Android[M].北京:电子工业出版社,2015.

[13] 吴勇,罗国富,刘旭辉,等.四轴飞行器DIY——基于STM32微控制器[M].北京:北京航空航天大学出版社,2016.

[14] 曾庆华,郭振云.无人飞行控制技术与工程[M].北京:国防工业出版社,2011.

[15] 曹义华.直升机效能评估方法[M].北京:北京航空航天大学出版社,2006.

[16] 魏瑞轩,李学仁.先进无人机系统与作战运用[M].北京:国防工业出版社,2011.

[17] 黄燕晓,瞿红春.航空发动机原理与结构[M].北京:航空工业出版社,2015.

[18] 孙海,吴限德,郭峰.空中机器人(四旋翼)专项教育教材[M].哈尔滨:哈尔滨工程大学出版社,2013.

[19] 贾伟力,陈仁良.一种直升机总体概念设计方法[J].南京:南京航空航天大学学报,2011,43(3):289-295.

[20] 余旭东.飞行器结构动力学[M].西安:西北工业大学出版社,2012.

[21] 陈桂彬,杨超,邹丛青.气动弹性设计基础[M].北京:北京航空航天大学出版社,2010.

[22] 符长青.直升机旋翼非定常可压缩流升力面理论及其有限元方法[D].南京:南京航空学院,1981.

[23] 王伟,马浩,徐金琦,等.多旋翼无人机标准化机体设计方法研究[J].机械设计与制造,2014(05):147-150.

[24] 符长青.直升机无铰旋翼桨叶颤振有限元方法[D].南京:南京航空学院,1981.

[25] 符长青.直升机桨叶颤振的一种有限元分析[J].南京航空学院学报,1984(04):13-20.

[26] 楼武疆,王适存.直升机旋翼尾迹研究的进展[J].航空学报,1990,11(3):7.

[27] 徐国华,王适存.具有后掠桨尖的旋翼气动特性计算方法[J].空气动力学学报,1999(003):017.

[28] 符长青.直升机旋翼桨叶颤振有限元分析[D].南京:南京航空学院,1985.

[29] 符长青.直升机气动弹性力学发展现状[J].力学进展,1986,16(4).

[30] 符长青.直升机气动弹性力学发展现状(续)[J].力学进展,1987(01):70-77.

[31] 秦永元.惯性导航[M].北京:科学出版社,2014.

[32] LOZANO R.无人机——嵌入式控制[M].陈自力,蔚建斌,江涛,译.北京:国防工业出版社,2014.

[33] 梅庆.直升机传动轴系的动力学设计[J].机械传动,2005,29(5):19-22.

[34] 鲍凯.玩转四轴飞行器[M].北京：清华大学出版社,2015.

[35] 李远伟,奚伯齐,伊国兴,等.小型涵道式无人机的研究进展[J].哈尔滨工业大学学报,2010(042)：700-704.

[36] 蔡国玮,陈本美,李崇兴,等.无人驾驶旋翼飞行器系统[M].北京：清华大学出版社,2012.

[37] 胡跃明.非线性控制系统理论与应用[M].北京：国防工业出版社,2002.

[38] ANDERSON J D.计算流体力学基础及其应用[M].吴颂平,刘赵淼,译.北京：机械工业出版社,2009.

[39] 史金麟.关于非线性周期系的 Floquet 理论[J].数学学报,1993(01)：13-20.

[40] 符长青.风力机桨叶气动弹性稳定性[J].太阳能学报,1986(03)：3-12.

[41] 柏京兆,顾仲权.智能旋翼：一种极有前途的直升机振动主动控制技术[J].南京航空航天大学学报,1997(029)：615-620.

[42] 杨爱明.基于嵌套网格的直升机旋翼流场雷诺平均 Navier Stokes 方程数值模拟[D].西安：西北工业大学,2000.

[43] 韩景龙,陈全龙,员海玮.直升机的气动弹性问题[J].航空学报,2015,36(4)：22.

[44] 杨超,宋寿峰.对直升机动力学的现状与发展的分析[J].北京航空航天大学学报,1995,21(2)：46-52.

[45] 刘沛清.空气螺旋桨理论及其应用[M].北京：北京航空航天大学出版社,2006.

[46] 程金送,凌爱民.应用 Floquet 理论分析直升机旋翼—机身耦合动不稳定性[J].飞行力学,1991(2)：9.

[47] 薛海峰,向锦武,张晓谷.直升机前飞空中共振稳定性及各自由度间相互作用研究[J].航空学报,2005(04)：454-457.

[48] 陈平剑,徐玉貌.旋翼桨叶气动外形设计[C].第 23 届全国直升机年会论文,2007.

[49] 贾伟力,陈仁良.一种直升机总体概念设计方法[J].南京航空航天大学学报,2011,43(3)：289-295.

[50] 薛海峰,向锦武,张晓谷,等.变距/摆振耦合对直升机空中共振稳定性的影响[J].中国工程科学,2007,9(9)：58-62.

[51] 关越魏,何波贤,于仁清,等.基于四元数解算陀螺仪姿态角算法的实现[J].电脑编程技巧与维护,2015(9)：3.

[52] 王美仙,李明,张子军.飞行器控制律设计方法发展综述[J].飞行力学,2007,25(2)：4.

[53] 杨超,吴志刚,万志强,等.飞行器气动弹性原理[M].北京：北京航空航天大学出版社,2011.

[54] 徐国华,王适存.悬停旋翼的自由尾迹计算[J].南京航空航天大学学报,1998,30(2)：126-131.

[55] 杨卫平,高凤勤.飞机结构有限元建模指南[M].北京：航空工业出版社,2013.

[56] 符长青,符晓勤,曹兵.无人机复合材料结构设计与制造[M].西安：西北工业大学出版社,2019.

[57] FU C Q,WANG S C. Aeroelastic stability of rotor blades by lifting surface theory and finite element method[C]. Eleventh European Rotor Forum,September 10-13,1985,London,England.

[58] LOEWY R G. Review of rotary-wing V/STOL dynamic and aeroelastic problems[J]. Journal of the American Helicopter Society,1969,14(3)：3-23.

[59] DAT R. Aeroelasticity of rotary wing aircraft in helicopter aerodynamics and dynamics[J]. AGARD Lecture Series,1973,63(4)：937-952.

[60] FRIEDMANN P P. Recent development in rotary-wing aeroelasticity[J]. Journal of Aircraft,1977,14 (11)：1027-1041.

[61] FRIEDMANN P P. Formulation and solution of rotary-wing aeroelastic stability and response problems[J]. Vertica,1983,7(2)：101-141.

[62] ORMISTON R A. Investigation of hingeless rotor stability[J]. Vertica,1983,7(2)：143-181.

[63] LOEWY R G. Helicopter vibrations：a technological perspective[J]. Journal of the American Helicopter Society,1984,29(4)：4-30.

[64] REICHERT G. Helicopter vibration control—a survey[J]. Vertica,1981,5(1): 1-20.

[65] FU C Q,WANG S C. Aeroelastic stability of rotor blades by lifting surface theory and finite element method[J]. Vertica,1988,12(2): 125-148.

[66] BOHORQUEZ F. Rotor hover performance and system design of efficient coaxial rotary wing micro air vehicle[D]. Park: University of Maryland,College Park,2007.

[67] HARRINGTON A M. Optimal propulsion system design for a micro quad rotor [D]. Park: University of Maryland,College Park,2011.

[68] BRISTEAU P J,MARTIN P,SALAUN E,et al. The role of propeller aerodynamics in the model of a quadrotor UAV[C]. In: Control Conference (ECC) European: IEEE,2009: 683-688.

[69] SHOEMAKE K. Quaternions. Department of computer and information science[D]. Philadelphia: University of Pennsylvania,1994.

[70] BRESCIANI T. modeling, Identification and control of a quadrotor helicopter [D]. Lund: Lund University,2008.

[71] CARUSO M J. Applications of magnetoresistive sensors in navigation systems[R]. SAE Technical Paper,1997.

[72] KANO C W. PARK C G. Attitude estimation with accelerometers and gyros using fuzzy tuned Kalman filter[C]//Control Conference (ECC)European: IEEE,2009: 3713-3718.

[73] HESPANHA J P. Trajectory-tracking and path-following of underactuated autonomous vehicles with parametric modeling uncertainty [J]. Automatic Control, IEEE Transactions on, 2007, 52 (8): 1362-1379.

[74] LEE. T. J,LEOKY M,MCCLAMROCH N H. Geometric tracking control of a quadrotor UAV on SE(3)[C]. In: Proceedings of the 49th IEEE Conference on Decision and Control. Atlanta. Georgia, USA: IEEE,2010: 5420-5425.

[75] CHOPRA I. Perspectives in aeromechanical stability of helicopter rotors[J]. Vertica,1990,14(4): 457-508.

[76] FRIEDMANN P P. Renaissance of aeroelasticity and its future[J]. Journal of Aircraft,1999,36(1): 105-121.

[77] FRIEDMANN P P. Rotary wing aeroelasticity—a historical perspective[J]. Journal of Aircraft,2003, 40(6): 1019-1046.

[78] FRIEDMANN P P. Rotory—wing aeroelasticity—current status and future trends [J]. AIAA Journal,2004,42(10): 1953-1972.

[79] PETERS D A. How dynamic inflow survives in the competitive world of rotorcraft aerodynamics[J]. Journal of the American Helicopter Society,2009,54(1): 1-19.

[80] JOHNSON W. Milestones in rotorcraft aeromechanics Alexander A. Nikolsky honorary lecture[J]. Journal of the American Helicopter Society,2011,56(3): 1-24.

[81] KOMERATH N M. SMITH M J. TUNG C. A review of rotor wake physics and modeling[J]. Journal of the American Helicopter Society,2011,56(2): 1-19.

[82] DE OLIVEIRA M. Modeling,identification and control of a quadrotor aircraft[D]. Prague: Czech Technical University,2011.

[83] POUNDS P,MAHONY R,CORKE P. Modelling and control of a large quadrotor robot[J]. Control Engineering Practice,2010,18(7): 691-699.

[84] FARAGHER R. Understanding the basis of the Kalman filter via a simple and intuitive derivation [J]. IEEE Signal Processing Magazine,2012: 128-132.